计算流体力学验证和确认及不确定度量化

Verification, Validation, and Uncertainty Quantification for Computational Fluid Dynamics

王瑞利　胡星志　梁霄　林文洲　陈江涛　著

国防工业出版社

·北京·

内 容 简 介

验证和确认及不确定度量化已成为复杂系统建模与仿真（M&S）逼真度评价、仿真软件可信度评估、模型预测置信度提升的重要手段。本书总结和拓展了作者近年来在计算流体力学验证和确认及不确定度量化方面的研究成果，系统化阐述了计算流体力学验证和确认及不确定度量化的概念内涵、基本原理、基本活动、关键方法及实施流程等理论和方法体系，并对相关分析工具、自研软件及应用案例作了简要介绍。

本书适合于从事复杂工程 M&S、科学计算、计算流体力学的科研和工程技术人员及相关软件开发、软件质量评估者参考与阅读，同时也可作为相关专业的研究生参考使用。

图书在版编目（CIP）数据

计算流体力学验证和确认及不确定度量化／王瑞利等著．－－北京：国防工业出版社，2025.5．－－ISBN 978－7－118－13534－3

Ⅰ．O35

中国国家版本馆 CIP 数据核字第 2025T1B761 号

※

国防工业出版社 出版发行
（北京市海淀区紫竹院南路23号　邮政编码100048）
天津嘉恒印务有限公司印刷
新华书店经售

*

开本 710×1000　1/16　印张 23¼　字数 416 千字
2025 年 5 月第 1 版第 1 次印刷　印数 1—2000 册　定价 158.00 元

（本书如有印装错误，我社负责调换）

国防书店：（010）88540777　　书店传真：（010）88540776
发行业务：（010）88540717　　发行传真：（010）88540762

前言

随着计算机技术的不断发展,计算流体力学(Computational Fluid Dynamics,CFD)软件已成为航空与航天、兵器与国防、大气与海洋、事故与分析等重大工程的重要支撑,是武器型号结构与战标、飞机机翼与翼型及整机、船体外形结构、发动机等国家核心产品设计依赖的重要工具。CFD 技术的最大优点是可以真实、全过程、全时空、多工况、反复精密地进行,这种成本低、速度快、数据完备、无危害的特点,不仅可大大降低研发成本,缩短研发周期,而且可弥补实物试验测试的缺陷,拓展工况,填补极端环境与极端场景下不能做试验的遗憾。但 CFD 技术也有一些缺点,最明显的是由于流体流场、工程结构和材料演变行为的复杂性,其表征的数学物理模型往往是高度非线性的流体力学方程组、唯象行为模型和材料状态方程耦合在一起的偏微分方程组,不仅包括激波、稀疏波、间断等极端物理行为,而且模型的数学性质极为复杂,难以数学证明与解析求解,只能数值求解。而数值求解是集"物理模型、数学方法、软件设计、数值试验、预测应用"为一体的知识密集型很强的复杂系统,该系统由于建模的简化近似处理、离散逼近连续的计算处理、复杂算法逻辑到程序化实现、数值模拟结果海量数据到表征规律的凝练等多维度耦合,造成数值求解精度很难把握。为此,CFD 模拟结果有可能得到的是一个虚假的预测结果。如果基于这种不精准或错误的模拟结果作决策,很可能带来极大风险,甚至在重大工程设计中是灾难性的。这种不足使得 CFD 软件可信度和预测结果置信度越来越受到关注,亟须发展其评估理论与方法体系。

由于 CFD 是以建模为基础,以软件为支撑的,所以为了评估 CFD 软件预测结果的置信度与真实性,常常与建模和软件的可信度评估结合在一起。物理模型的适应性、软件的正确性是预测结果真实表现的必要条件,而预测结果的有效性、正确性、可重复性和真实性,充分反映了建模和软件的可信度。在计算流体力学领域及国内外高校和研究所中,验证和确认及不确定度量化(Verification,Validation,and Uncertainty Quantification,V&V&UQ)是目前各单位关注的焦点,在国内引起了军工、型号部门、制造业、运维等企事业单位和高校研究机构的高度关注，多家单位已成立专门研究部门与团队开展V&V&UQ研究。

国外现有同类书籍有美国著名偏微分方程数值解及计算流体力学专家罗奇（P. J. Roache）撰写的《计算科学和工程中的验证和确认》（*Verification and Validation in Computational Science and Engineering*），论述了验证和确认（Verification and Validation，V&V）活动及关键方法。美国在V&V领域一直很活跃的W. L. Oberkampf和他的学生C. J. Roy撰写的《科学计算中的验证和确认》（*Verification and Validation in Scientific Computing*），论述了V&V的基本概念、原理及步骤。

国内现有同类书籍有国防科技大学的廖瑛、邓方林、梁加红等编著的《系统建模与仿真的校核、验证与确认（VV&A）技术》，该书以导弹系统仿真为背景，研究了该类仿真系统VV&A的理论、技术和方法，侧重于导弹系统建模与仿真的评估。北京航空航天大学可靠性与系统工程学院的刘斌编著的《软件验证与确认》，该书以装备软件为背景，阐述了该类软件研制过程的验证和确认过程，侧重于软件测试技术。国防科学技术大学的唐见兵、查亚兵编著的《作战仿真系统校核、验证与确认及可信度评估》，该书针对作战仿真系统的特点，从VV&A的总体、形式化建模、VV&A主要过程以及可信度评估等方面展开研究。

CFD验证和确认及不确定度量化是软件可信度评估与预测结果置信度量化的重要途径。它是通过科学方法、标准流程、分析判断等手段，充分利用实验/试验数据的价值，不断为CFD建模与模拟产生证明，是实证CFD物理模型的适应性、软件正确性的最佳途径。验证（verification）是确定仿真过程是否正确的求解模型或求解模型精确程度，以及仿真过程是否满足规定需求的活动。验证活动可分为代码验证（code verification）和解验证（solution verification），代码验证主要是辨识软件内部源程序代码无编程错误（mistake），且各子程序或模块之间接口正确，保证满足编程语言规范要求；而解验证主要是建立在代码验证的基础上，通过软件外部表现行为辨识代码实施的正确性，以及分析各种数值误差是否是可接收的。确认（validation）是在严格验证的基础上，确定模型在预期用途内是否能表征真实世界或表征真实世界准确程度的活动，重点是通过与试验数据对比分析建模误差，量化模型可信度，实证模型的适应能力。不确定度量化（Uncertainty Quantification，UQ）是对建模与模拟中存在的不确定性因素对模拟结果造成影响程度的量化过程。V&V&UQ的目的是要发展有预测能力的高可信度数值模拟CFD应用软件。V&V&UQ是一个知识密集型、学科交叉性很强的科学研究，既是一种技术手段，也是一种管理方式，不仅涉及大量概念、术语、规范、标准和指南，以及基本原理、基本要素、基本活动等基本理论，而且还涉及大量方法、算法和软件，已引起国内外科技界、应用界、工程界的高度关注。本书面向CFD领域，系统化地形成了CFD验证和确认及不确定度量化的理论体系，涉及基本概念、基本原理、基本活动、关键方法及实施流程，与国内外出版的同类书籍相比，本书撰写具有两个鲜明特点：

（1）内容具体、实用。本书既借鉴了现有软件验证和确认研究成果，也针对性提出了CFD验证和确认及不确定度量化的概念内涵、术语标准与具体方法，大部分内容来自作者工作实际总结，具有很强的可操作性，对自主软件开发及CFD技术发展具有很强的指导作用。

（2）专业性强、实践性强。本书内容面向CFD领域，系统全面，立足于作者在软件验证和确认领域20余年的科学研究和工程实践经验，以及在不确定度量化相关方向上多年的积累，与实际需求联系紧密，有重要发展前景和有重大开拓使用价值。

全书共7章。第1章简单介绍了应用软件在复杂工程研究与设计中的作用及CFD软件可信度评估面临的挑战，简述了CFD软件的验证和确认。第2章详细介绍了CFD建模与仿真（Modeling and Simulation，M&S）过程，包括物理建模、数学方法、软件研制、问题计算、结果分析；其次介绍了格式数学基本理论，包括差分方程、误差理论、格式精度、对称性、守恒性，以及误差和不确定度的来源。第3章阐述了V&V涉及的建模与模拟、验证与确认、误差和不确定度、可信度、预测能力、参数标定等重要术语，给出了定义与内涵，以及V&V基本要素、基本内容和实施流程。第4章介绍了验证方法学、代码验证和解验证过程，以及验证的基本技术，包括自动化测试和人为构造解技术。第5章介绍了确认方法学，给出了确认实施基本流程，以及支撑确认活动的关键方法，包括确认结构层次图划分方法、确认试验、确认度量、参数标定等。第6章给出了不确定度量化策略、基本流程、基本方法和支撑软件及可信度评估。其中，不确定度量化方法包括敏感性分析、代理模型和活跃子空间等降维方法。第7章给出了相关模块求解算法、软件架构、实施流程、自研分析工具和应用案例。

本书的研究工作得到了"国家数值风洞工程"验证、确认和可信度量化理论及方法研究项目（No：NNW2019ZT7-A13）、国防基础科研科学挑战专项（No：TZ2019001）、国家自然科学基金面上项目（No：12171047）、国家自然科学基金与中国工程物理研究院联合重点基金项目（No：U2230208）和河南省科技开发联合基金重点项目（No：225200810032；No：235200810046）等资助，以及北京安怀信科技股份有限公司、河南省科学院数学研究所等的大力支持，在此深表感谢。

本书由王瑞利研究员、胡星志副研究员和梁霄副教授共同制定编写提纲，第1、2章由王瑞利撰写，第3章由全体作者共同撰写，第4、5章由王瑞利和梁霄共同撰写，第6、7章由王瑞利和胡星志共同撰写。本书在编写过程中，参考和引用了国内外众多学者的研究成果，并将其列在参考文献中，在这里向这些作者表示衷心的感谢。

由于作者水平有限，书中难免有疏漏和不妥之处，敬请广大读者批评指正。

作者
2024年7月于北京

目录

第1章 绪论 ········· 1
1.1 计算流体力学软件过程与特点 ········· 2
1.1.1 计算流体力学软件过程 ········· 3
1.1.2 计算流体力学特点 ········· 5
1.2 验证、确认与不确定度量化内涵及活动概述 ········· 7
1.2.1 验证和确认基本定义及内容概述 ········· 7
1.2.2 验证和确认概念与术语及标准现状 ········· 11
1.2.3 验证和确认基本活动 ········· 14

第2章 计算流体力学的建模与仿真 ········· 19
2.1 计算流体力学过程 ········· 20
2.1.1 物理建模–物理模型 ········· 22
2.1.2 数值建模–数值方法 ········· 25
2.1.3 软件研制–程序开发 ········· 27
2.1.4 问题试验–计算模拟 ········· 31
2.1.5 结果分析–预测评估 ········· 32
2.2 计算流体力学格式理论 ········· 34
2.2.1 差分格式理论 ········· 34
2.2.2 几种经典格式及特点 ········· 40
2.3 误差与不确定度来源 ········· 51
2.3.1 数值误差及不确定度量化 ········· 51
2.3.2 计算流体力学误差来源 ········· 57
2.3.3 不确定度量化与验证和确认 ········· 63

第3章 验证和确认及不确定度量化理论 ········· 64
3.1 基本概念和术语 ········· 64

3.1.1 建模与模拟 ··· 64
3.1.2 验证和确认 ··· 65
3.1.3 误差与不确定度 ··· 69
3.1.4 可信度与置信度 ··· 70
3.2 验证和确认基本理论 ·· 71
3.2.1 基本要素 ··· 71
3.2.2 基本活动 ··· 73
3.2.3 实施流程 ··· 76
3.2.4 关键方法 ··· 102

第4章 验证技术 ·· 103

4.1 验证的方法学 ·· 103
4.2 代码验证 ·· 105
4.2.1 软件质量保证 ··· 106
4.2.2 数值算法验证 ··· 113
4.3 解验证 ·· 115
4.3.1 误差与精度分析 ··· 115
4.3.2 网格收敛验证 ··· 118
4.4 验证基本方法 ·· 120
4.4.1 现象认定与等级划分技术 ··································· 120
4.4.2 软件自动化测试验证技术 ··································· 122
4.4.3 人为构造解验证技术 ······································· 123
4.5 流体力学人为构造解 ·· 126
4.5.1 二维平面坐标系下流体方程组的人为构造解 ··················· 127
4.5.2 二维柱坐标系下流体方程组的人为构造解 ····················· 130
4.5.3 三维流体力学方程组的人为构造解 ··························· 131
4.5.4 一维流体力学拉氏方程组解析解构造 ························· 140
4.5.5 流体力学人为构造解验证案例 ······························· 144
4.6 网格无关性分析 ·· 146
4.6.1 CFD 计算网格 ··· 147
4.6.2 离散格式性质 ··· 149
4.6.3 无关性分析 ··· 153
4.6.4 GCI 分析实施步骤 ··· 156

        4.6.5 GCI 软件框架 158
        4.6.6 实践案例 159

第 5 章　确认方法　167

5.1 确认方法学 167
5.2 确认基本流程 170
    5.2.1 创建模型确认层级关系图 172
    5.2.2 确认试验 175
    5.2.3 确认模拟 178
    5.2.4 单层与跨层确认活动 178
5.3 确认基本方法 187
    5.3.1 模型分层确认方法 187
    5.3.2 确认试验设计方法 189
    5.3.3 不确定度量化方法 191
5.4 确认度量方法 195
    5.4.1 常规方法 196
    5.4.2 假设检验 198
    5.4.3 TIC 不等式系数法 200
    5.4.4 置信区间法 200
    5.4.5 谱估计法 201
    5.4.6 基于累积分布匹配的面积度量 202
    5.4.7 基于试验数据的参数标定方法 211

第 6 章　不确定度量化　213

6.1 CFD 不确定度量化价值 214
    6.1.1 模型验证和确认 216
    6.1.2 不确定性优化设计 217
    6.1.3 基于 QMU 的复杂系统可靠性认证方法 218
6.2 CFD 不确定度来源及分类 220
    6.2.1 仿真系统不确定度来源 220
    6.2.2 CFD 中不确定度来源 222
    6.2.3 不确定度分类 223
    6.2.4 不确定度量化策略 225

6.2.5　CFD 中不确定度量化基本步骤 …………………………………… 226
6.3　不确定度量化中统计分析理论 ……………………………………………… 227
　　6.3.1　随机变量统计矩 ……………………………………………………… 228
　　6.3.2　随机变量相关性分析 ………………………………………………… 228
　　6.3.3　概率和累积分布函数 ………………………………………………… 231
　　6.3.4　最大似然估计法 ……………………………………………………… 231
　　6.3.5　3σ 法则 ………………………………………………………………… 233
6.4　抽样方法 ……………………………………………………………………… 233
　　6.4.1　蒙特卡洛方法 ………………………………………………………… 234
　　6.4.2　拉丁超立方抽样 ……………………………………………………… 234
　　6.4.3　重要性抽样 …………………………………………………………… 235
6.5　不确定度正向传播方法 ……………………………………………………… 236
　　6.5.1　敏感性分析 …………………………………………………………… 236
　　6.5.2　多元高次多项式回归代理模型 ……………………………………… 253
　　6.5.3　克里金插值方法 ……………………………………………………… 257
　　6.5.4　多项式混沌方法 ……………………………………………………… 260
　　6.5.5　活跃子空间降维 ……………………………………………………… 277
6.6　不确定度反向传播方法 ……………………………………………………… 282
　　6.6.1　贝叶斯方法 …………………………………………………………… 282
　　6.6.2　可变容差优化方法 …………………………………………………… 286
　　6.6.3　遗传算法 ……………………………………………………………… 287
6.7　软件可信度评估 ……………………………………………………………… 291
　　6.7.1　软件可信度评估原则 ………………………………………………… 291
　　6.7.2　软件可信度评估要素 ………………………………………………… 292
　　6.7.3　软件可信度评估理论 ………………………………………………… 293
　　6.7.4　基于层次分析法的软件可信度评估方法 …………………………… 294
　　6.7.5　软件可信度评估流程 ………………………………………………… 301
　　6.7.6　软件可信度评估结果 ………………………………………………… 301

≫ 第 7 章　软件及应用案例 …………………………………………………… 303

7.1　软件概况 ……………………………………………………………………… 303
　　7.1.1　PSUADE 软件 ………………………………………………………… 305
　　7.1.2　DAKOTA 软件 ………………………………………………………… 308

7.1.3　UCODE 软件 309
7.2　自主研发 V&V&UQ 软件 312
　　7.2.1　工业软件研发全生命周期模型 312
　　7.2.2　软件架构/框架 314
　　7.2.3　试验设计模块 315
　　7.2.4　敏感性分析模块 320
　　7.2.5　基于数据的多项式回归模块 327
　　7.2.6　基于数据的克里金插值模块 328
　　7.2.7　优化求解模块 329
　　7.2.8　遗传算法优化模块 331
7.3　软件功能及应用案例 335
　　7.3.1　基于试验数据参数标定的模型确认 335
　　7.3.2　基于代理模型的不确定度传播量化 344
　　7.3.3　基于克里金算法的机器学习模型优化及参数标定 345
　　7.3.4　基于实验数据的模型修正与确认 346

≫ 参考文献 356

第 1 章 绪 论

在20世纪50年代,人们就开始了计算流体力学方面的研究,早期的工作主要是研究钝头体超声速无黏绕流流场的数值解方法,研究钝头体绕流数值解的反方法和正方法。20世纪70年代,在计算流体力学中取得较大成功的是飞行器跨声速绕流数值计算方法的研究。进入20世纪80年代,计算机硬件技术取得了突飞猛进的发展,千万次机、亿万次机逐渐进入科学计算的范畴,再加之计算方法的不断改进和数值分析理论的发展,高精度数值模拟已不再是天方夜谭。同时,随着人类生产实践活动的不断发展,科学技术的日新月异,一大批高新技术产业对计算流体力学提出了更高的需求,同时也为CFD的发展提供了机遇。实践与理论的不断互动,形成计算流体力学的热点,从而推动计算流体力学不断向前发展。20世纪90年代以后,在计算模型方面,提出了一些新模型,如大涡模拟模型、考虑壁面曲率等效应的湍流模式、多相流模式、飞行器气动分析与热的一体化模型等。在计算方法方面,发展了遗传算法、无网格算法、改进型高精度的紧致格式、气动计算的变分原理、结构/非结构混合网格新技术、新型动网格技术等新方法。如今,CFD不再仅仅是为了配合实验,而是赋予数值仿真更新的内涵,数值仿真同理论分析、风洞试验相提并论,成为CFD科学研究的第三种手段。理论分析方法是用解析的方法来求流体力学方程的精确解。但由于流体力学方程组特别是高速流动,其主控方程是多自变量的非线性偏微分方程组,对这类方程组,经典的偏微分方程组理论几乎无能为力。例如,N-S方程组只有在特殊的边界条件下并经过许多简化之后才有解析解。因此,理论分析的方法在工程设计(如飞行器)中的应用范围非常有限,且研究越来越难。物理试验一直是流体力学研究和工程设计的重要手段,它能真实再现物理过程及现象,是一种直接研究方法。但是，物理试验受到经费、环境、安全、技术、政治等诸多因素的制约，能开展的实验/试验很有限。试验耗资大、周期长，消耗能源多，甚至在极端环境（如大气层、深海等）或极端条件（如高温、高压、高应变等）下做实验很难或根本不可能。另外，昂贵的试验成本，做大量的试验很不现实。试验得到的测试数据也是很有限的，往往不能反映整个物理的详细过程。例如，设计飞行器所需要的吹风时间和经费，飞行器的复杂按指数增加，且试验可能受壁面和支架的影响以及风洞直径的限制，只能使用很小的试验体，并在小的雷诺数和马赫数范围内试验；测量点数有限，数据采集受到试验时间的限制，难以观察流场的细微结构和历史；许多重要状态不能试验，如黏性效应、化学反应和非平衡状态等。因此，理论分析方法的简陋和物理试验成本的昂贵，特别是理论、实验/试验无法解决或难以解决的流体流动问题，即大型的、复杂的，甚至不可重复和危险的工程设计和试验，基于 CFD 技术是非常重要的途径。CFD 技术弊端是由于物理过程、工程结构和材料演变行为的复杂性，其表征的数学物理模型往往是高度非线性的偏微分方程、常微分方程和复杂函数耦合在一起的偏微分方程组，该模型的数学性质极为复杂，难以数学证明与解析求解，只能数值求解。为此，CFD 技术有可能得到的是一个虚假的模拟结果，如果基于这种不精准或错误的模拟结果作决策，很可能带来极大风险，甚至在重大工程设计中是灾难性的。可见，研制有预测能力的高可信度 CFD 应用软件成为关键。验证和确认及不确定度量化是研制有预测能力的高可信度 CFD 应用软件的重要手段。

1.1 计算流体力学软件过程与特点

自然界中诸多现象，如飞行器绕流流场、材料损伤与破坏、流体湍流、核爆炸过程、发动机燃烧室燃烧过程等均呈现出巨大的尺度效应，并伴随着不同尺度上的物理多样性和强耦合性，以及多个时间与空间尺度的强关联，这些典型多尺度问题的求解，一直是非常有挑战性的研究。计算流体力学是通过数值求解流体流场控制方程组，以数据方式或图像显示方式，在时间和空间上，用定量描述流场的数值解表征其流体在一定初始条件和边界条件下的演变过程，从而对流体流动和热传导等相关物理现象的系统所做的分析，以达到对系统动力学、物理问题研究的目的。

1.1.1 计算流体力学软件过程

CFD 过程首先需要建立模型，即根据相关专业知识将流体流动问题用数学理论/方程表示出来；其次，利用数值方法和计算机语言研制 CFD 应用软件；最后，利用 CFD 应用软件对问题进行求解、分析。CFD 软件研制大致包括前处理、主体计算和后处理三个部分。前处理包括复杂构型几何模型建立、网格划分、初始化系统；主体计算包括确定计算流体力学方法的控制方程，选择离散方法进行离散，选用数值计算方法，输入相关参数；后处理包括速度场、压力场、温度场、其他参数的计算机可视化及动画处理等。CFD 在工程实际应用中的优点大致归纳如下：①可以更细致地分析、研究流体的流动、物质和能量的传递等过程；②可以容易地改变计算条件、参数，以获取大量在传统实验中很难得到的信息资料；③整个研究、设计所花的时间大大减少；④可以方便地用于那些无法实现具体测量的场合，如高温、高压、危险的环境；⑤根据模拟数据，可以全方位地控制过程和优化设计。

近年来，以数值求解 Euler 方程和雷诺平均纳维－斯托克斯模拟（Reynolds Averaged Navier－Stokes，RANS）方程为代表的 CFD 技术已经广泛应用到航空、航天、气象、船舶、武器装备、水利、化工、建筑、机械、汽车、海洋、体育、环境、卫生等领域，且在全机流场计算、旋翼计算、航空发动机内流计算、导弹投放、飞机外挂物、水下探测、汽车外形等方面获得很好的效果。种种迹象表明，CFD 在解决工程实际问题方面具有重要的应用价值。

美国国家航空航天局（National Aeronautics and Space Administration，NASA）拥有一大批实力雄厚的高科技人员。美国空军把 CFD 看作其不可缺少的工具，每年在 CFD 上的投资巨大，其目的是缩短航空航天飞行器的设计周期以及发掘新飞行器的潜在性能。CFD 技术在美国航空工业中的应用广泛和深入，它已成为美国航空工业改进设计和解决问题的强有力工具。几乎所有公司都积极发展和加强自己公司的 CFD 能力，把使用 CFD 技术看作维持和确保美国航空工业在国际市场上的优势地位和竞争力的关键手段。

建模是数值模拟应用程序研制的核心问题，一般分为机理建模和唯象（辨识）建模两大类。机理建模是根据实际系统工作的物理过程，在某种假定条件下，按照相应的理论（如质量守恒、能量守恒定律，运动学、动力学、热力学、流体力学的基本原理等），推出能代表其物理过程的方程，结合其边界条件与初始条件，再采用适当的数学处理方法，来得到能够正确反映对象动静态特性的物理数学模型。其模型形式有代数方程、微分方程、差分方程、偏微分方程等（可以是线性、非线性、离散、分布参数）。在机理建模时，必须对实际问题进行深入的分析、研究，善于提取本质、主流方面的因素，忽略一些非本质、次要的因素，合理确定对问题有决定性影响的物理变量及其相互作用关系，适当舍弃对问题性能影响微弱的物理变量和相互作用关系，避免出现冗长、复杂、烦琐的公式方程堆砌。最终目的是要建立既简单清晰，又有相当精度，基本反映实际物理变化过程的模型。一般来说，机理模型的定性结论都是正确的。然而，机理模型都是在一定假设或简化条件下得到的，有时虽然模型的定性结论正确，但精度不一定能够满足工程需求。另外，有些实际问题的机理过程可能非常复杂，还有些问题的机理过程人们不是很清楚，此时机理建模方法往往也难以奏效。唯象建模是根据系统的输入输出时间函数来确定描述系统行为的数学模型。该数学模型没有物理意义，但能模仿和表征真实系统的行为。对系统进行表征的主要问题是根据系统的特性设计控制输入，使输出满足预先规定的要求，而唯象建模所研究的问题恰好是这些问题的逆问题。因此，仅仅完成物理数学模型的建立是不够的，还必须将原始系统数学模型变换成能够在计算机进行运算或试验的计算模型，这就涉及数值方法、算法和程序的问题。一般地，需要求解的计算模型形式是多种多样的（如状态方程、微分方程、差分方程、传递函数等），在求解时，都是通过计算机采用数值计算方法求取数值解。因此，计算格式是程序研制的又一个重要的基础理论，是数值模拟的核心。计算格式主要有几个方面的问题：①收敛性和数值稳定性；②精度；③速度；④并行性。这4个问题是目前科学计算基础共性算法和可计算建模的核心研究内容。建模与模拟最终体现在应用程序上，作为它的载体，首先必须是正确的，即程序正确求解了建模与模拟的综合性数值计算模型；其次程序模拟的结果应该是可信的，即能真实反映客观现象。论证程序具备这两点是当前科学计算应用程序建模与模拟的核心，是科学计算应用程序建模与模拟验证和确认的内容。发展高可信度的多物理程序涉及两个重要方面：一个是多物理程序自身研制，包括建模、计算方法、程序开发等，这一环节是数值模拟必不可少的；另一个是可信度的评估问题，这一环节在复杂多物理过程的数值分析中愈显重要。由于多物理问题的数学模型的求解过程相当复杂，只能借助于高速计算机进行数值实验,再加之认知缺陷,有些问题的物理建模、理论方法很难把握,必须针对数值实验结果的可靠性、可信度进行有效的评估。也就是说,多物理程序正确性和可信度评估这一环节不能缺少。由于所考虑问题的复杂性,这一问题已经成为当前基础理论研究、工程设计和系统性能评估的瓶颈问题,严重影响理论研究和实际工程设计的水平,制约了高端应用领域自主创新的能力,是未来国家核心竞争力的关键。

1.1.2 计算流体力学特点

CFD 软件不同于一般的办公应用软件。它是一类特殊的计算机应用软件,以再现、预测和发现真实客观系统运行规律和演化特征为主要目标。与其他计算机应用软件相比,CFD 应用软件的主要特征包括:

(1) 专业性强。其主要来自两个方面:一是物理建模,二是数值模拟。物理建模是根据真实系统的运行规律和演化特性,结合实际问题的客观物理现象,充分利用已有的或基于实验研究支撑的现代理论知识体系,根据物理的定律或假设,选择重要特征和相关数学近似方法,导出反映此现象的数学描述或公式,即建立能够描述真实世界关键过程、机理和功能(行为)的控制方程(组)及定解条件。在 CFD 中往往是多机理和多功能强耦合、高度非线性、非定常偏微分方程组(Partial Differential Equations,PDE)定解问题,难以给出解析解或精确解的双曲型偏微分方程组。简单来说,数值模拟就是模型的使用或执行。如果数学物理方程没有抓住真实客观系统的主要特征,或者计算方法不适应于数学物理方程,数值解就可能没有预测能力和可信度。CFD 技术只有经过物理建模和数值模拟的反复迭代,经过原理验证和实践确认之后,才能逐步形成可信度。CFD 技术艰深的理论背景与流体力学问题的复杂多变,一般工程技术人员很难深入地了解这门学科,由专家编制的程序用起来也不容易,因为总有不同条件、参数要根据具体问题以及运算过程随时做出修改调整,若不熟悉方法和程序,往往会束手无策。

(2) CFD 应用软件的数值模拟始终是一种近似。CFD 通常定义为确定性的,因为开展 CFD 的前提是数值模拟的所有必要信息都是已知的,理论上是不可改变的。只要给定计算几何形状、问题初边值条件、定义明确的数值方法等,模拟结果就是确定的。但是,由于它所涉及的是一些函数和方程,其基本变量在实际中都是连续的,如时间、距离、速度、温度、密度、压强、应力等,而数值模拟应用程序所涉及的数值方法往往是这些基本变量的非连续离散量，原则上说，大多数连续的数学问题都不可能基于连续方程量，只能通过有限步的计算得到完全精确的结果，它们的求解往往是基于非连续离散量，通过某种迭代过程最终收敛到解。这意味着所得结果的精度会受到 PDE 所选离散方法和理论精度的限值。在具体操作时，不可能永远迭代下去，而只能得到一个"充分接近"所期望结果的近似解，所处理的数据和计算的结果通常都是在一定范围内的近似值，它们与真实值之间存在着误差。误差在数值计算中是不可避免的，在考虑数值计算时应该能够分析误差产生的原因，并能将误差限制在许可的范围内。实际上，由于流体问题本身的复杂性，应用软件开发过程和人员的不确定性，即使研制一个简单的程序，不出错或没有缺陷也是不容易的。所以，CFD 应用软件的一个非常重要的方面就是找出一个能迅速收敛的迭代算法，并能估计近似解的精度。另外，由于在物理建模和计算方法方面不够精细，物理模型、计算方法或代码中含有一些经验因子，严重影响了 CFD 软件的计算精度。研究软件测试过程的度量技术和软件可靠性评估技术，通过测试分析误差产生的原因，误差在计算过程中的传播和对计算结果的影响，找出误差的边界，以达到量化误差和不确定度的目的，对评估软件的可信度和改进完善提高软件的预测能力具有重要的学术价值和应用前景。

（3）CFD 应用软件的研制周期长。其主要是由于对客观世界认识的缺陷和问题的复杂性，涉及的因素很多，综合性比较强，需要面向大规模和高效率计算。往往是边研究边应用，边开发边完善，更需要一套严格、通用、规范的研制模式，才能有效控制软件的正确性和提高软件的可信度。其最大特点是由于物理过程、工程结构和材料演变行为的复杂性，其表征的数学物理模型往往是高度非线性的偏微分方程、常微分方程和复杂函数耦合在一起的偏微分方程组，该模型的数学性质极为复杂，难以数学证明与解析求解，只能数值求解。为此，CFD 应用软件有可能得到的是一个虚假的模拟结果，如果基于这种不精准或错误的模拟结果作决策，很可能带来极大风险，甚至在重大工程设计中是灾难性的，这种不足使得仿真结果的真实性受到关注。为此，工程软件的预测结果是否可信成为各领域研究的焦点。

CFD 软件预测结果的可信度主要依赖于工程问题的物理现象转化为物理数学模型产生的建模误差（modeling error）和模型实现计算过程隐含的模拟误差（simulation error），以及程序源代码存在的缺陷（bug），最严重的是在软件应用时，计算模型中包含的未知因素（如数值参数、计算网格尺度的真值可能不知道或模糊）等带来的不确定度（uncertainty）。建模误差是由于知识不完备、认知局限，导致控制方程、初边值条件和本构关系等物理模型的简化引入的误差，如炸药反应率模型、湍流模型、表面不均匀温度近似等温处理等。模拟误差包括物理及数学模型离散化产生的离散误差（discretization error），以及求解离散方程及边界条件时的计算误差（computation error）。离散误差是由离散格式的截断误差、初边值的处理方法、网格的疏密与分布、网格质量，以及非定常问题的时间项离散等引起的。计算误差是由计算过程中计算机舍入误差和迭代不完全收敛等引起的。不确定度除了参数不确定度（parameter uncertainty），针对具体问题，使用哪种模型结构也会带来模型不确定度（modeling uncertainty）。此外，在数值求解过程中使用何种计算网格、离散格式和求解算法，以及求解达不到收效会带来模拟不确定度（simulation uncertainty）。这些参数、模型与求解方法的误差和不确定度都直接会影响 CFD 软件的可信度。

归根结底，精细逼真的建模和强大可靠的模拟是多物理过程应用程序的基础。应用程序采用的计算模型是在一定精度、一定条件下的简化而非真实客观现象的描述，应用程序开展的模拟是一个近似而非真实对象本身进行试验，因此，数值模拟结果不可能完全精确地再现真实过程，存在一个可信度问题，缺乏足够可信度的模拟是没有意义的。

1.2 验证、确认与不确定度量化内涵及活动概述

验证和确认（V&V）是模型有效性和精确度，以及软件可信度评估、预测结果置信度量化的最佳途径。V&V 是通过科学方法、标准流程、分析判断等手段，充分利用已知行为（如实验数据），不断为仿真建模与模拟产生证明，保证模型、方法、算法等程序实施的正确性，且误差和不确定度得到充分掌握与量化，达到量化物理模型再现客观实际的程度，是实证仿真模型的适应性、软件正确性的最佳途径。

1.2.1 验证和确认基本定义及内容概述

验证和确认既相互独立又相辅相成，二者很容易混淆。其定义和区别一直在各领域不断发展。早些年标准化程度比较低，定义和术语比较混乱，中文有多种翻译。例如，针对 Verification, Validation and Accreditation

（VV&A）译为"校核、验证与确认"或"校核、验证与验收"或"验证、确认与认可"等，这种情况仍在继续。然而，随着对仿真技术 VV&A 定义和用法的深入理解，逐渐变得标准化，使得交流/通信变得更加高效和精确。近几年，应用软件或仿真模型 VV&A 受到了空前的关注，人们对 VV&A 的定义逐渐趋于一致，基本上形成两大派别：仿真系统 VV&A（校核、验证与确认）和数值仿真 VV&A（验证、确认与认可）。

（1）仿真系统 VV&A。在多以确定性过程为核心的仿真系统领域，Verification, Validation and Accreditation 被译为校核、验证与确认。其含义如下：

Verification（校核）：确定仿真系统是否准确地代表了开发者的概念和设计意图，是否正确地按开发者意图建立了仿真模型，软件实现人员是否正确地实现了开发者的设计。

Validation（验证）：确定仿真系统代表现实世界的正确性程度，关心的是仿真系统究竟在多大程度上反映了真实世界的情况。

Accreditation（确认）：在前述校核与验证的基础上，由仿真系统的主管部门和用户组成验收小组，对系统的可接受性和有效性做出确认。

（2）数值仿真 VV&A。在多以微分方程及其数值求解过程为核心的数值仿真领域，Verification, Validation and Accreditation 被译为验证、确认与认可。其含义如下：

Verification（验证）：确定数值仿真过程是否正确的求解模型或求解模型准确程度，以及仿真过程是否满足规定需求的活动。验证是建立在科学规范推断的概念上，是推断数值格式是否正确离散方程（方程与格式）、程序是否正确实施（算法与代码）、软件是否达到用户要求（功能与模拟）等重要活动。

Validation（确认）：确定数值仿真结果在预期用途内是否能表征真实世界或表征真实世界准确程度的活动。确认是建立在定量准确评价的概念上，是评价模型描述实际物理过程/实验（试验）的准确程度、参数适应范围（量化不确定度）、确认域刻画实际问题/实验（试验）区域形状、预测域可信度评估等重要活动。

Accreditation（认可）：在前述验证和确认的基础上，由机构、官方、专家对模型与仿真过程、模拟结果认可的活动，是一个主观断定的确定过程。它是建立在验证和确认的基础上，由权威机构组织官方、专家正式地评定"数值仿真过程相对于某一特定的研究目的（应用对象）来说是否是可以被接受的过程"。认可同研究目的、仿真目标、接受标准、用户要求、相关输入/输出数据的质量（有效性）等因素有关。

在建模与仿真（M&S）领域，虽然 V&V 中文翻译不同，但对 Verification 和 Validation 的定义内涵是一致的。简单地说，Verification 是处理数学问题的，Validation 是处理物理问题的。其目的研发有预测能力的高可信度应用仿真软件，本书 VV&A 是指数值仿真的验证、确认和认可。

建模 V&V 的主要内容是考察从实际系统到概念模型的过程以及程序模拟输入、输出和实际系统输入、输出的比较，主要是需求（程序模拟输出、功能、接口等）的确定，当然也包括方程式、算法以及对于假设条件的简明描述。此外，还要说明与理论、概念、精度、逻辑、接口和解决方法相关的局限性。建模 V&V 的最终结果应该包括模型特性、输入/输出数据、接口结构、模型精确性指标、潜在的弱点和局限性以及概念模型和需求间的可追溯性。

模拟 V&V 的主要内容考察的是从概念模型到计算机模型的过程。对于软件来说，输入数据确认、决定计算机辅助工具和设计方法、软件测试和报告等都非常重要；对于硬件来讲，考察总体设计图、接口控制设计图、机械设计、电力设计和电磁兼容性等亦不可小视。此外，还有软件代码的校核以及软硬件集成校核等，这些都与软件工程的管理相通。由于所考察内容的不同，必然带来实施的技术方法的差异。建模 V&V 必须以领域专家为主体，模拟及 V&V 则是以程序模拟专家为主体。建模 V&V 的技术方法更多的是思辨的、逻辑的和实证的，具有创造性，而程序模拟 V&V 的技术方法更多的是工程的，具有行业标准的。

建模与模拟的 V&V 不等同于对软件实现所进行的功能测试和性能测试，它是伴随程序研制的整个生命周期的活动（图 1-1）。也就是说，V&V 不是 M&S 生命周期中的某一个阶段或步骤，而是贯穿于整个生命周期的一项连续活动。图 1-1 不仅展现了模拟系统开发全生命周期中 M&S 工作与 V&V 的关系，还证实了 V&V 贯穿全生命周期的规律。应该说，生命周期本质上是一个迭代过程且是可逆的。通过 V&V 发现的缺陷，有必要返回到早期的过程并重新开始，是一个迭代过程。

尽管软件研制生命周期的每个阶段或活动一般均经过严格的技术审查，以尽可能早地发现并纠正错误，但经验表明：阶段审查并不能发现所有错误，新的阶段或活动还会引入新的错误。有错是软件的属性，而且是无法改变的。关键在于如何避免错误的产生和消除已经产生的错误，使程

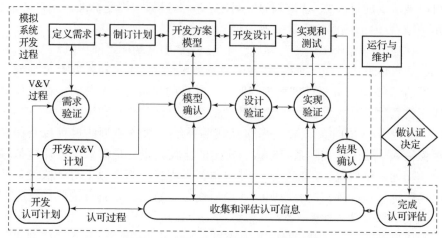

图 1-1　M&S 生命周期与 V&V 活动

序中的错误密度达到尽可能低的程度，进行验证和确认活动是最佳选择。验证和确认工作是在整个软件生命周期中对软件的规范性评估活动，以保证软件开发各个环节的正确性。如果早期开发中出现的错误不能及时发现和解决，将带到设计、编码、测试等各阶段，影响会逐步扩大。

V&V 活动覆盖整个 M&S 全生命周期，这是 M&S 的 V&V 工作的重要原则，应用程序越来越复杂，开发周期越来越长，开发的风险越来越大，从需求分析开始就考虑 V&V 的要求，并制定覆盖整个程序研制全生命周期的 V&V 方案，有助于及早发现设计和开发中存在的问题，及时纠正错误，才能保证最终的多物理过程应用程序有预测能力和可信度。

误差与不确定性是 V&V 最关注的问题，也是确认度量最难把握的问题。不确定性一般分为偶然不确定性和认知不确定性两种类型。例如，在 CFD 中，不确定性通常与"由于欠缺知识而在建模过程的某个阶段或操作中的潜在缺陷"有关。既存在模型参数或边界条件的固有不确定性，也存在由于真实流体与物理模型不同、模型参数估计不准确、模型数值离散精度不够等带来的认知不确定性，并将其分为参数不确定性（parameters uncertainty）、模型形式不确定性（model-form uncertainty）和逼近方法不确定性（numerical approximation uncertainty）。为了有效实施模型确认，着眼未来，有效决策或提高产品设计水平，无论不确定性是什么来源，其核心是要对其不确定性进行表征，尤其是从系统输入到系统输出的不确定性传播量化，包括时变不确定性因素处理，已成为急需解决的关键问题。

1.2.2 验证和确认概念与术语及标准现状

验证是确定仿真过程是否正确的求解模型或求解模型精确程度，以及仿真过程是否满足规定需求的活动。验证活动分为代码验证和解验证，代码验证主要是辨识软件内部源程序代码无编程错误，且各子程序或模块之间接口正确，保证满足编程语言规范要求，而解验证主要是建立在代码验证的基础上，通过软件外部表现行为辨识代码实施的正确性，以及分析各种数值误差是否是可接受的。确认是在严格验证的基础上，确定模型在预期用途内是否能表征真实世界或表征真实世界准确程度的活动，重点是通过与试验数据对比分析建模误差。不确定度量化（UQ）是对建模与模拟中存在的不确定性因素对模拟结果造成影响程度的量化过程。所以，仿真V&V&UQ技术，很早就受到国内外仿真专家、工程应用专家的高度重视。20世纪70年代，美国计算机仿真学会（SCS）就成立了"模型可信性技术委员会"（TCMC），负责制定与模型可信度相关的概念、术语和规范。此后，美国几大工程协会，如美国电器与电子工程师协会（IEEE）、美国核科学协会（ANS）、美国航空航天学会（AIAA）、美国机械工程协会（ASME）、美国国家航空航天局（NASA）、美国国防部（DoD）、美国能源部（DOE）、国际标准化组织（ISO）等，不断投入人力、物力和财力，组织专题研讨会，办专业期刊，开展V&V概念、术语、方法的讨论与研究，发布各自领域实施V&V的指南和标准，研制相关分析工具，编著专著。1984年，美国电器与电子工程师协会（IEEE）发布了V&V相关术语。这些术语后来被美国核科学协会和国际标准化组织（ISO）采用，建立了各自领域术语规范。1991年，NASA、海军与陆军联合，发起组织每年举办一次的"CFD验证与确认专题研讨会"，2016年，NASA在发布的《建模和模拟标准》中对V&V术语、概念和实施流程做出了明确定义和内涵说明，作为建模和模拟过程的指导性文件。美国国防部从20世纪90年代开始认识到V&V活动的重要性，先后发布相关术语定义和标准文件，对V&V活动进行官方指导。1996年，国防部建模与仿真办公室（DMSO）成立了军用仿真V&V工作技术小组，专门讨论验证、确认和认定技术发展的政策与规范，并逐渐形成了系统仿真领域的VV&A体系。1998年，美国航空航天学会组织各个行业的专家起草和发布了《计算流体动力学验证和确认的指南》（AIAA G-077—1998），1999年发布了《风洞试验不确定度估计标准》（AIAA S-071A—1999），并通过举办非确定性过程会议等方式推进 V&V 的研究。美国机械工程协会流体工程杂志成立了专门协调小组，其工作重点是对数值模拟中误差估计、不确定度量化、验证和确认、可信度评估方法的讨论，该小组组织了系列 ASME 论坛、研讨会，将 V&V 作为会议主题。从 2012 年开始，每年举办的"验证和确认国际会议"，专门讨论 V&V 的概念、术语、指南、方法和应用等，并逐渐颁布了系列 V&V 标准，2006 年颁布了《计算固体力学验证和确认指南》（ASME-V&V 10—2006），2009 年颁布了《计算流体力学和传热学验证和确认标准》（ASME-V&V 20—2009），2012 年颁布了《计算固体力学验证和确认概念的案例说明》（ASME-V&V 10.1—2012），2019 年对 ASME-V&V 10—2006 指南进行了修订，重新颁布了《计算固体力学验证和确认指南》（ASME-V&V 10—2019）。1997 年，由于全面禁止核试验条约的签订，武器库存与维护面临新的挑战，美国能源部下属的核武器三大实验室将 V&V 引入核武器库存管理计划，重新梳理了 V&V 活动，制定了 V&V 细则，并将 V&V 纳入众多规划中，其目的就是想通过 V&V，研发有预测能力的高可信度数值仿真技术，逐渐形成不依赖于实物试验或开展少量试验的武器可靠性认证能力。1998 年，世界著名偏微分方程数值解及计算流体力学专家罗奇撰写了《计算科学和工程中的验证和确认》一书，系统论述了 V&V 活动及关键方法。2010 年，V&V 领域一直很活跃的 W. L. Oberkampf 和他的学生 C. J. Roy 对 V&V 进行了系统总结，综述了机械工程领域现代数值模拟中建模与模拟 V&V 的发展，撰写了《科学计算中的验证与确认》专著，详细全面论述了建模与模拟 V&V 的基本概念、原理及步骤。在一些工程领域，强制要求用于工程设计的仿真软件必须经过验证和确认，且取得了很好的效果。种种迹象表明，美国在各重大工程领域已经形成了 V&V 的理论体系。欧洲各国也成立 V&V 研究机构，制定和颁发 V&V 指南，开展仿真技术的 V&V 活动。

　　验证和确认活动除了需要系列方法和标准，创建各领域高质量和标准化的验模库、标模库等是 V&V 活动的重要支撑。欧美国家高度重视各基准库的建立，对具有代表性的问题、典型案例、可靠实验等，按照一定的规范形成库，以有效支撑软件测试和 V&V 活动。例如，NASA 的湍流模拟数据库、欧洲 ERCOFTAC 科学数据库、QNET-CFD 主题网络、AGARD 系列 CFD 确认实验数据集、欧盟 FLOWNET 数据库等。另外，通过组织系列专题研讨会和办期刊，讨论各类模型的不确定度量化，评估各类复杂流动问题模拟软件的可信度。例如，美国工业与应用数学学会（SIAM）每两年举办 UQ 年会、NASA 的大型气动数值模拟可信度研究国际合作项目

CAWAPI、AIAA 阻力预测会议、AIAA 高升力预测会议、AIAA 气动弹性预测会议、推进空气动力学研讨会等。SIAM 和美国数理统计协会（ASA）创立联合期刊，专门发表 UQ 领域的前沿研究成果。

我国各重大工程领域，如中国航空工业集团、中国船舶重工集团、中国航天科技集团、中国工程物理研究院、中国空气动力研究与发展中心等，深刻意识到仿真 V&V 技术的重要性，投入专门人力和财力开展相关研究，在一些行业形成了行业标准和专著。1991 年，核行业颁发了《核工业科学与工程计算机程序验证和确认指南》（EJ/T 617—91）。2004 年，国家颁发了《军用软件验证和确认》（GJB 5234—2004）》的国家军用标准。2002 年，于秀山、包晓露、焦跃等译著的《软件验证与确认的最佳管理方法》笼统地以一般软件开发过程为背景，讲述了软件验证与确认的方法，侧重于软件质量控制的过程。2004 年，廖瑛、邓方林、梁加红等编著的《系统建模与仿真的校核、验证与确认（VV&A）技术》以导弹系统仿真为背景，深入研究了该类仿真系统 VV&A 的理论、技术和方法，侧重于导弹系统建模与仿真的评估。从 2012 年开始，中国工程物理研究院组织每年举办"模型验证和确认专题研讨会"，专门讨论工程模拟软件的 V&V 相关术语、实施流程、关键方法、分析平台。特别是在 CFD 领域，推出系列项目，组织多次研讨会，专门讨论软件可信度评估与确认。2003—2005 年，中国空气动力研究与发展中心与中国航空工业集团公司西安航空计算技术研究所联合组织了 DLR – F4 翼身组合体、NLR7301 两段翼型和 CT – 1 标模大迎角的数值模拟研讨会。在科技部 973 项目支持下，先后召开了两届航空 CFD 可信度开放式专题研究活动（第一届 2009—2010 年，第二届 2012—2013 年）。2018 年，中国空气动力研究与发展中心组织召开了第一届航空 CFD 可信度研讨会，计算的标模是自主设计的单通道运输机模 CHN – T1。2018 年，"国家数值风洞专项"将 V&V 作为其中的重要内容，不仅建立了 V&V 的理论体系，而且发展了相关标准。

工程模拟软件具有很强的专业性，与一般意义下的常用软件有很大差别。最大区别是工程模拟软件具有特定的物理属性和工程属性。物理属性是从软件学科意义上的定义，包括物理机理/现象、数学物理方程（模型）、计算参数与条件等，具有很强的专业性。工程属性是工程应用范畴上的定义，包括工程场景、问题、模拟条件等，具有很强的工程先验知识。工程模拟软件随着计算机技术和建模技术的发展，一方面工程模拟软件中的模型可信度成为关注的焦点；另一方面基于微分方程数值求解带来的误差和不确定度,给仿真技术可信度评估带来新的困境。由于该类软件应用的广泛性和专业性,对该类软件的 V&V 技术更是当今亟须,完全有必要对此类工程模拟软件的 V&V 技术进行体系化、系统化的研究。然而,到目前为止,国内几乎没有全面、深入、系统论述工程模拟软件的 V&V 技术专题的著作,处于空白。笔者撰写本书的目的也是希望能在研发有预测能力的高可信度工程模拟软件中发挥重要作用,为支撑国家重大工程做出自己的微薄贡献。

1.2.3 验证和确认基本活动

为了有效实施验证和确认活动,如图 1-2 所示,一般将 V&V 活动分为层级安排、活动实施(虚框部分)和度量验收三个阶段,其核心活动是 V&V 的实施。

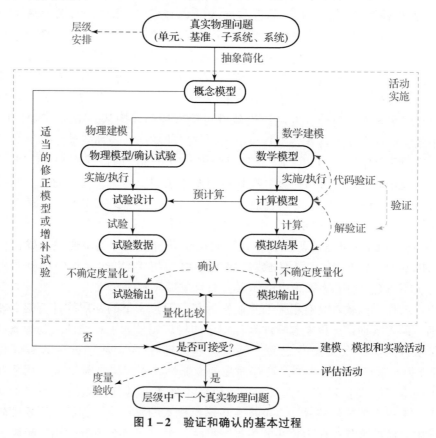

图 1-2 验证和确认的基本过程

从图 1-2 可以看出，V&V 活动涉及物理建模与数值模拟、实验与计算、验证和确认等环节。在每个阶段、每个环节都涉及大量技术、方法和活动，只有清楚理解这些活动的方法、思路和求解算法，才能有效支撑 V&V 活动。具体涉及：

（1）验证活动。该活动涉及代码验证和计算验证，其目的是保证有一个正确的仿真软件或正确求解了模型。代码验证分为软件质量保证和算法验证。其中，用已知行为运行软件的动态测试技术是最常用、最重要的方法，如精确解方法（Method Exact Solutions，MES），它是最直观的验证技术。但在很多领域，如计算流体力学中对于高维缺乏解析解。为此，很多学者提出了人为构造解方法（Method Manufactured Solutions，MMS）。实际上，代码验证中，MES 和 MMS 是两种最严格的定量分析检验方法。1984 年，世界著名计算流体力学专家罗奇和 Steinberg 首先把人为构造解的思想用于程序验证。

（2）软件质量保证活动。该活动主要采用软件静态测试、动态测试和形式化测试技术，以辨识软件源代码无语义、逻辑结构和运行错误。在验证过程中，软件测试验证技术已经远远超出了传统意义下的软件测试，除了软件质量保证中传统的单元测试、集成测试、功能测试，还包括数学基本理论的测试，如收敛性、对称性、守恒性等测试，这在验证中是非常重要的。为了提高软件验证的准确度、精确度和可信任度，建立各种验模和标模库，部署好相应的测试场景，发展自动化测试技术是代码验证很重要的一种途径。自动化测试具有一致性和重复性的特点，可以在无人值守的状态下自动进行，并对验证结果进行分析反馈，大大替代人力去做更重复的测试验证工作。代码验证中算法验证除了采用 MES 和 MMS，观察计算结果和解析解求解结果的一致性，判断算法实施的正确性。

（3）软件测试活动。除了 MES 和 MMS 验证技术，以及自动化测试验证技术，网格收敛性验证技术是非常重要的，它是验证必须实施的过程。无论是低阶还是高阶格式，理论上，随着网格的加密数值计算结果都会趋近于准确解，这是由格式的收敛性决定的，即当离散网格尺度 $h \to 0$ 时，数值解 f_{num} 趋于解析解 f_{exact}。"精度阶"一词是指随着离散参数趋于零，离散阶接近数学模型精确解极限的速率，可以从理论（即给定数值算法的精度阶，假设该算法得到正确实施）或经验（即离散解的实际精度阶）的角度来解释精度阶。前者为"形式精度阶"，后者为"观察精度阶"。网格收敛性验证技术是通过多套计算网格的计算结果的误差变化是否收敛或是否可接收，判断算法的可行性，以检验程序代码是否正确求解了模型。实际中，网格收敛性验证是通过网格收敛性分析来确定实际的收敛阶与理论上的收敛阶是否一致，来判断程序是否存在错误。为有效地计算实际的精度阶，一般先通过高精度程序给出问题的高精度解（网格细化解），然后再计算另外几套网格的数值解，给出误差分析的范数，包括 L_1、L_2、L_∞ 范数，通过范数确定实际的收敛阶，以验证程序的正确性或量化计算实际问题的误差，给出程序可接受与不可接受的范围或可信度。

（4）模型分层确认活动。该活动主要是将复杂系统分解成简单系统或部件，并分别进行研究。通过将复杂系统层层分解，可以使得系统的复杂性逐渐降低，便于进行理论分析并建立精细的仿真模型，同时也便于开展细致的试验研究以及有效实施模型的确认。首先，构建模型确认层级树型图。层级树型图分多少层没有严格的要求，可根据实际而定。通常可分为全系统、系统、子系统、基准和单一问题 5 个层次，或分为系统、子系统、组件、构件 4 个层次。在实际中，可根据模型或软件适当删减。如图 1-3 所示，以方形槽道内气体爆炸确认试验层级为例，说明层级划分的方法。分别以系统层次越低，影响因素越少，耦合程度越低，越易于模型的确认。其次，根据层级结构图，自下而上开展模型的确认，涉及每层每个节点的模型确认和跨层模型传递的确认。确认过程涉及确认试验、确认模拟和确认度量。其试验不确定度和模拟不确定度量化是确认的关键。为此，分层确认方法除了发展分层创建方法外，还必须发展各类 UQ 方法。

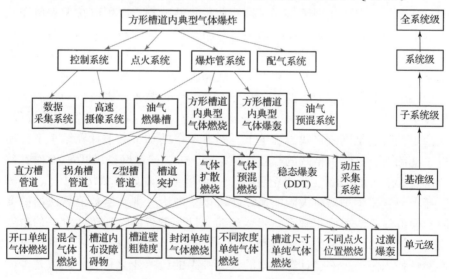

图 1-3　模型分层确认树型结构案例

(5) 不确定度量化（UQ）。UQ 是模型确认的重要内容，常用的不确定度量化方法有采样法、摄动法、灵敏度分析法、代理模型、贝叶斯、模糊逻辑法等。灵敏度分析法和模糊逻辑法通常不能提供随机响应的精确量化。采样法是随机模拟中最直接的方法。例如，蒙特卡洛（Monte Carlo，MC）方法，由于其结构简单，是目前应用最广泛的方法，但其效率较低。在处理低维问题时，蒙特卡洛方法需要大量的样本，这消耗了大量的计算资源。因此，高效率的 UQ 方法成为科技界和应用界关注的热点。又如，近几年发展的多项式混沌（Polynomial Chaos，PC）方法。PC 方法实质上相当于将随机变量表示为一组正交多项式的加权和，构建一个随机代理模型，不确定性传播就直接在这个代理模型上进行。它能够对具有任意分布类型的随机变量实现较为精确的近似，且理论上当条件满足时，即可获得指数收敛速度。而且，一旦混沌多项式模型构建完成，输出响应的统计矩、失效概率以及概率密度函数都能非常方便地得到。相比于传统的蒙特卡洛仿真（Monte Carlo Simulation，MCS）方法，PC 方法在保证精度的前提下，可大幅降低计算量；相比于传统的一阶、二阶可靠性分析方法，对非线性函数具有更高的不确定性传播精度，且无须函数的导数信息，应用起来更加灵活。再基于网格收敛指标方法（Grid Convergence Index，GCI）的数值不确定度量化方法。GCI 首先是通过几套拟相似网格，采用网格收敛性分析技术，计算实际的收敛阶。其次，采用理查森（Richardson）外推法，计算网格尺度趋于零（精细网格）的"近似精确解"。据此，就可以计算近似误差或外推误差，给出精细网格收敛指标，即数值网格不确定度量化结果。目前，基于少量试验数据的概率盒面积矩度量方法是比较好的模型确认方法。其思想是基于少量试验数据的经验分布函数（Empirical Distribution Function，EDF）和数值模拟累积分布函数（Cumulative Distribution Function，CDF）之间的距离（如面积矩），构建了一种模型确认的方法。其涉及抽样技术、正向计算、累积分布函数、概率盒构建、一致性分析等方法。

(6) 确认度量活动。确认度量是模型确认的重要环节，它是对感兴趣系统响应量的数值模拟输出和试验测试输出吻合程度的量化表示（度量）。换句话说，是对感兴趣系统响应量的计算结果和试验数据之间的一致性测量。其目的是给出模型可信度的范围。有时通过计算和试验差异分析，达到模型确认的目的。但针对实际工程设计需求，模型可能是不可接受的模型。为此，基于试验数据的模型修正方法成为模型确认中至关重要的环节,特别是基于试验数据的参数标定方法成为研究的重点。

(7) 参数标定与模型修正活动。参数标定与模型修正是模型确认和提升模型可信度与置信度的重要活动,其基本思想是将试验测试数据作为目标,将基于数值模拟建立的代理模型与试验数据之间的残差作为优化函数,在待定参数不确定性范围的约束下,求解优化问题,快速找出数值仿真软件或物理模型能再现试验结果的参数,从而降低预测结果与参考数据之间的偏差。

(8) 可信度评估活动。可信度评估活动是在验证和确认上述活动的基础上,对软件开展可信度和模拟结果置信度评估,是软件验证和确认基本活动的综合性活动,其关键是建模与模拟中不确定度量化,包括计算模拟、确认试验、确认域建模、预测域物理模型的不确定度量化(图1-4)。可信度评估活动是依据软件预期用途和评价需求,通过科学合理的评估指标体系,采用数学方法(如面积度量、层次分析法、证据理论等),对计算结果与已知可信基准结果开展一致性程度评估,再经加权综合给出软件综合可信度结论。

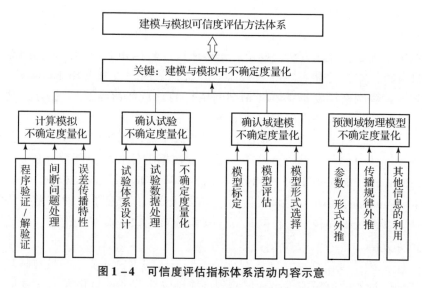

图1-4 可信度评估指标体系活动内容示意

第 2 章
计算流体力学的建模与仿真

许多自然现象所服从的规律可以用微分方程来描述，或者说很多领域中的问题都可以用微分方程的数学模型来表征。一些重要的物理、力学学科的基本方程，如流体力学方程组、弹性力学方程组、麦克斯韦（Maxwell）方程组、热传导方程、中子扩散方程、泊松（Poisson）方程、KdV 方程等，本身就是偏微分方程描述的物理方程，或者说偏微分方程是众多描述物理、化学和生物现象的数学模型的基础，也就是说许多物理、力学和工程技术问题的研究在相当程度上归结为微分方程的数学理论与求解方法研究。从微积分理论形成后不久，长期以来，人们一直用物理方程来描述、解释或预见各种自然现象，并用于各门科学和工程技术，不断地取得了显著的成效。这些基本物理方程已先后成为人们比较熟知且重要的偏微分方程，并在相应的学科中起着重要的作用。而这里数学物理方程的建立涉及建模与模型两个过程。

建模（modelling）是指结合实际问题的物理现象（真实世界），充分利用已有的、基于实验研究支撑的现代理论知识体系，根据物理的定律或假设（概念模型或物理模型），选择重要特征和相关数学近似方法，导出反映此现象的数学描述或公式，建立能够描述真实世界关键过程、机理和功能（行为）的控制方程（组）以及定解条件（数学物理模型）的过程。在复杂工程中，这些方程的特点往往是多机理和多功能强耦合、高度非线性，难以给出解析解或精确解。模拟（simulation）是通过数学理论和现代数值方法，确定能数值求解数学模型的计算方法（计算格式、计算模型等），借助软件技术和程序设计语言，研制求解计算模型的应用软件，再用高速计算机计算和分析，以再现实际物理现象的细致全过程，预测和认识真实客观系统演化规律的过程。要再现、预测和认识真实客观系统演化规律的过程,仅完成了物理数学模型的建立是不够的,还必须将原系统数学模型变成能够在计算机进行运算或试验的计算模型,这就涉及数值方法、算法和程序的问题。

由于 CFD 是以建模为基础,以软件为支撑的,所以为了评估 CFD 软件预测结果的真实性,常常与建模和软件的可信度评估结合在一起,物理模型的适应性、软件的正确性是预测结果真实表现的必要条件,而预测结果的有效性、正确性、可重复性、真实性,充分反映了建模和软件的可信度。为此,要研发有预测能力高可信度的 CFD 软件,必须对各个影响因素开展精度分析和量化评估。如何提高建模的逼真度和数值模拟结果的精度,使其能利用物理的、数学的模型来类比,模仿现实系统及其演变过程,已成为一个亟待解决的重要问题。

2.1 计算流体力学过程

计算流体力学是集"物理建模、数值建模、软件研制、问题实验、结果分析"为一体的知识密集型、学科交叉性很强的系统工程。基于流体流动特点和数学求解策略,可将 CFD 分为建模和模拟两大过程(图 2-1)。首先,将真实物理问题简化和抽象为物理模型。基于物理模型,用数学语言写出数学模型,将物理模型和数学模型总称为科学计算的物理方案,此过程称为建模过程。其次,对物理方案数值离散化,给出计算方法。基于计算方法,给出算法设计,将计算方法和算法设计总称为数学方案。基于

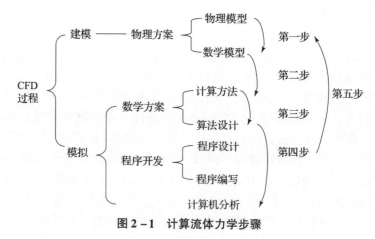

图 2-1 计算流体力学步骤

算法设计,给出程序设计方案,然后编码,将程序设计方案和编码总称为程序开发。最后,在计算机上计算和结果分析,也称为计算机分析。将数学方案、程序开发和计算机分析总称为模拟过程。了解 CFD 过程,剖析其建模与模拟过程的抽象、简化、近似等,可以明确 CFD 验证和确认及不确定度量化的内容。CFD 过程可分为以下 5 个步骤:

第一步:建立模型。用计算机解决科学计算问题首先要建立数学模型,它是对实际问题进行抽象和简化而得到的一组描述实际问题的方程或函数,因而始终含有近似。因此,实际问题的提法必须正确,建立数学模型时的抽象和简化必须合理,以期反映物理现象的主流和本质,才能得到好的结果。所以,应当深入了解物理和工程问题。当物理模型尚在探索阶段,数学模型的建立是比较困难的。因此,数学、实验、观察和分析相互结合,有助于发展新的数学物理模型。另外,也要注意数学问题必须是适定的。如果一个数学问题的解存在、唯一,且连续依赖于问题的数据,则称这个问题是适定的。后一个条件说明问题数据的微小变动不会使解产生急剧、不匀称的变化。这个性质对于科学计算是极其重要的,因为这类扰动通常是不可避免的。虽然物质系统的数学模型非常需要这种适定性,但事实上并非总可以实现这一点。建立实际问题的数学模型一般是比较困难的,因为需要对该类型实际问题的自然规律有一个清晰的了解,同时也需要有一定的数学知识。

第二步:探索有效的计算方法。为了求解数学模型,必须选用可靠、有效的数值方法。倘若不能用已有的方法来完成,则有必要探索和研究适合计算机使用、满足精度要求、计算节省时间的有效方法。此外,应对所提出的方法作初步的评估,讨论所需计算量、存储量、程序设计的难易等。

第三步:计算方法的理论分析,如计算方法的收敛性、收敛速度、误差估计、稳定性分析等。理论分析是科学计算的基础,它涉及较深的数学,已成为数学中一个重要的分支,即计算数学或数值分析。

第四步:设计、编写程序,并在计算机上对所提方法(第二步)试算,证明所得的分析结论(第三步)是否正确,用以鉴定选用方法的实用性与可靠性。

第五步:模型问题的计算。将选用的方法用于计算数学模型(第一步),并将计算结果用到实际的物理模型。通常先模拟已有的物理现象,以考证所建立的数学模型(包括数学模型和数值方法)的合理性。当所有数学模型考证完毕，便可预测和评估未知的物理现象，得到更佳的工程设计或新的科学结论。

狭义的科学计算仅从第二步到第四步，针对已成熟的数学模型或数学方程进行研究，此即为数值计算。有时也可结合第一步、第二步和第五步，选用发展完备的计算方法，加以适当的改造，用来求解实际的数学物理模型，这是科学计算的主体。

2.1.1 物理建模 – 物理模型

物理建模过程涉及认知模型阶段、概念模型阶段、数学/计算模型阶段、参数分析与优化阶段（图2-2）。在物理建模过程中，由于现实世界的复杂性和人们认知的局限性，物理建模过程采用了简化与抽象，使得物理模型的背后有许多误差和不确定性，如模型中各种不确定的参数、模型的初边值条件、同一物理过程多种模型形式描述等，都会影响计算结果。

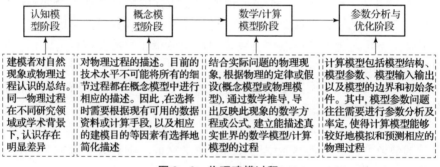

图2-2 物理建模过程

本节以爆轰弹塑性流体力学过程为例。炸药爆轰是由局部起爆产生的爆轰波向炸药其余部分传播来实现的。爆轰波由冲击波及波后的化学反应区组成，是一个非常强的冲击波。冲击波在炸药中激发化学反应，并释放能量，推动前沿冲击波向前传播并引起反应产物及周围介质的运动，这些运动反过来又影响化学反应动力学的进程。为此，爆轰是流体力学和化学反应动力学相互耦合的一种复杂运动。式（2-1）~式（2-5）给出了炸药爆轰过程的流体力学方程和化学反应动力学方程的耦合方程组。

质量守恒 $$\frac{\partial \rho}{\partial t} + \nabla \cdot \rho \boldsymbol{u} = 0 \quad (2-1)$$

动量守恒 $$\frac{\partial \boldsymbol{u}}{\partial t} + \nabla \cdot \rho \boldsymbol{u}\boldsymbol{u} + \nabla P = \boldsymbol{0} \quad (2-2)$$

能量守恒 $\quad\dfrac{\partial \rho E}{\partial t} + \nabla \cdot \rho E \boldsymbol{u} + \nabla \cdot P\boldsymbol{u} = 0 \quad$ (2-3)

状态方程 $\quad P = \begin{cases} P(\rho, e) & \text{非炸药} \\ P(\rho, e, F) & \text{炸药} \end{cases} \quad$ (2-4)

反应率方程 $\quad \dfrac{\mathrm{d}\lambda}{\mathrm{d}t} = F(P, e, \lambda) \quad$ (2-5)

其中：ρ、$\boldsymbol{u}$、E、e、P 分别表示密度、速度、单位质量的总能、单位质量的内能与压力，$\boldsymbol{u}\boldsymbol{u}$ 是指并矢张量，$\boldsymbol{u}\cdot\boldsymbol{u}$ 是指内积，$E = e + \dfrac{1}{2}\boldsymbol{u}\cdot\boldsymbol{u}$，$\lambda$ 为化学反应份额（燃烧函数），一般采用炸药反应率的唯象模型。

由于爆轰过程中化学反应过程复杂，反应速度快。反应过程与放能物质的特性和状态，以及放能引起的物质运动密切相关。从理论上严格建立反应率方程是相当困难的，只能采用唯象近似。目前，国内外研究了多种形式的唯象反应率模型，如 Arrhenius 反应率模型、Forest Fire 反应率模型、Cochran 反应率模型、Lee 反应率模型、Wilkins 反应率模型等，这些唯象模型往往是一阶常微分方程，这里列举两种常用的唯象模型。

(1) Lee 反应率模型，其形式为

$$\dfrac{\partial F}{\partial t} = I(1-F)^x \eta^\gamma + G(1-F)^x F^y P^z \quad (2-6)$$

式中：F 为已反应炸药的分数；$\eta = \dfrac{V_0}{V} - 1$，$V_0$ 为炸药的初始比容，V 为受冲击但未反应的炸药比容；P 为压力；I、x、γ、G、y、z 均为常数。

(2) Wilkins 反应率模型。将时间燃烧函数和 CJ 比容燃烧函数组合起来。$F=0$ 为凝固炸药（未反应）区；$0<F<1$ 为反应区；$F=1$ 为爆炸产物区。其形式为

$$F = [\max(F_1, F_2)]^{n_b} \quad (2-7)$$

其中，式 (2-8) 给出了 F_1，为 CJ 比容燃烧函数；式 (2-9) 给出了 F_2，为时间燃烧函数；n_b 为可调参数。

$$F_1 = \begin{cases} 0 & V \geqslant V_0 \\ (V_0 - V)/(V_0 - V_J) & V_0 > V > V_J \\ 1 & V \leqslant V_J \end{cases} \quad (2-8)$$

$$F_2 = \begin{cases} 0 & t \leqslant t_b \\ (t - t_b)/\Delta L & t_b < t < t_b + \Delta L \\ 1 & t \geqslant t_b + \Delta L \end{cases} \quad (2-9)$$

式中：$V_J = \gamma V_0/(\gamma+1)$ 为 CJ 比容，V_0 为初始比容，γ 为多方指数（理想气体常数）；t_b 为爆轰波刚到达计算网格的时刻，即起爆时间；t 为当前计算时刻；$\Delta L = r_b \Delta R/D_J$，$\Delta R$ 为网格宽度，D_J 为爆轰速度；r_b 为可调参数。

在炸药爆轰驱动装置中，也涉及炸药与非炸药（一般为金属）两类材料，这些材料随着状态的变化，其活动相当复杂。目前，大部分采用平衡态下系统的温度和状态参量之间的函数关系式描述，即物态方程。针对某种材料，可能有多种形式的函数关系式描述，下面以炸药爆炸产物 JWL 与金属采用的物态方程为例进行说明。

(1) 炸药。炸药爆炸产物常采用 JWL 形式的状态方程，其形式为

$$P = A\left(1 - \frac{w}{R_1 V}\right)e^{-R_1 V} + B\left(1 - \frac{w}{R_2 V}\right)e^{-R_2 V} + \frac{wE}{V} \quad (2-10)$$

式中：$V = \dfrac{v}{v_0}$；E 为比内能；A、B、R_1、R_2 和 w 为可调参数；v 与 v_0 为比容。在此状态方程中，其可调参数 A、B、R_1、R_2 和 w 之间又有相关性。由爆轰波阵面上的守恒关系以及 CJ 条件，可推出 A、B、C 与 R_1、R_2 相关性的线性方程组，即式 (2-11)~式 (2-13)。给定一组 R_1、R_2 和 w，可以求出 A、B、C。

$$A\exp(-R_1 V_J) + B\exp(-R_2 V_J) + CV_J^{-(\omega+1)} = P_J \quad (2-11)$$

$$AR_1\exp(-R_1 V_J) + BR_2\exp(-R_2 V_J) + C(1+\omega)V_J^{-(\omega+2)} = \rho_0 D_J^2 \quad (2-12)$$

$$\frac{A}{R_1}\exp(-R_1 V_J) + \frac{B}{R_2}\exp(-R_2 V_J) + \frac{C}{\omega}V_J^{-\omega} = \rho_0 Q + \frac{1}{2}P_J(1 - V_J) \quad (2-13)$$

式中：$V_J = 1 - \dfrac{P_J}{(\rho_0 D_J^2)}$，$D_J$ 为爆轰速度，P_J、V_J 为炸药 CJ 状态下的爆压、比容；Q 为爆热。

(2) 金属。金属采用 Grunneisen 形式的状态方程，其形式为

$$P = P_H\left(1 - \frac{\Gamma \mu}{2}\right) + \Gamma \rho(e - e_0), \quad \mu = \frac{\rho}{\rho_0} - 1 \quad (2-14)$$

$$P_H = \begin{cases} \dfrac{\rho_0 C_0^2 \mu(1-\mu)}{[1-(\lambda-1)\mu]^2}, & \mu \geq 0 \\ \rho_0 C_0^2 \mu, & \mu < 0 \end{cases} \quad (2-15)$$

式中：ρ_0、e_0、C_0 分别为材料的物性参数；λ 为常数。

2.1.2 数值建模–数值方法

数值建模过程涉及计算空间剖分（几何建模、网格生成）、微分方程离散（基本方程及初边值条件、时空离散）、格式基本理论分析（存在性、精度、守恒性、对称性）和求解算法设计等要素。在此过程中由于连续到离散，存在离散误差、模型初边值条件误差、计算机舍入误差等，对模拟结果会产生很大影响。数值建模的基本过程包括计算空间剖分阶段、微分方程离散阶段、离散格式性质分析阶段、求解算法设计阶段（图2–3）。

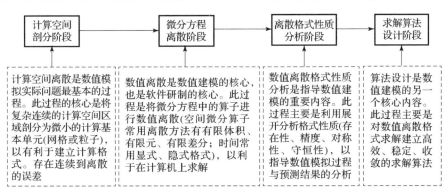

图2–3 数值建模过程

爆轰问题的计算区域常是复杂的几何区域，空间剖分可采用结构网格与非结构网格的联合方法。对于强间断（冲击波）计算主要有两种方法：一种是激波装配法，将间断面看成块块连续解的边界，在连续解区域内用差分方法求解，而在间断面上给出兰金–雨贡纽跳跃条件作为内边界条件；另一种是激波捕捉法，在差分格式中引入人为黏性将间断解光滑化。其中，激波捕捉法的思想和做法可归纳为三点：①在动量方程和能量方程的压力项中加上人为黏性，这就是流体运动中引进了某种人为耗散机制，使得冲击波间断解变成一个在相当狭窄的过渡区域内急剧变化的，但却是连续的解；②要求所加的人为黏性项只起到使冲击波间断光滑化的作用，基本上不会影响冲击波过渡区域以外的连续解的计算结果，可以近似地满足冲击波间断条件；③冲击波过渡区的范围应限制在几个空间步长以内，并且这个过渡区在计算过程中不会扩大，而过渡区的速度应逼近真实的冲击波速度。常用 von Neumann – Richtmyer 引入人为黏性 q，即在式（2–2）和式（2–3）中将压力 P 换成 $p = P + q$。人为黏性 q 的经典形式为

$$q = q_{NR} + q_L \tag{2-16}$$

式中：q_{NR} 为 von Neumann – Richtmyer 人为黏性（二次黏性）；q_L 为 Landshoff 人为黏性（一次黏性或线性黏性）。

（1）二次黏性其形式为

$$q_{NR} = \begin{cases} l_{NR}^2 \rho \left(\dfrac{\dot{V}}{V}\right)^2 & \dot{V} < 0 \\ 0 & \dot{V} \geq 0 \end{cases} \quad (2-17)$$

式中：l_{NR} 为长度量纲的量，$l_{NR}^2 = a_{NR}^2 A$，a_{NR} 为人为黏性系数（含有认知不确定性）；A 为计算网格面积。

（2）一次黏性或线性黏性的形式为

$$q_L = \begin{cases} l_L \rho c \left(\dfrac{\dot{V}}{V}\right)^2 & \dot{V} < 0 \\ 0 & \dot{V} \geq 0 \end{cases} \quad (2-18)$$

式中：l_L 为长度量纲的量，$l_L = a_L \sqrt{A}$，a_L 为 Landshoff 人为黏性系数（含有认知不确定性），A 为计算网格面积；c 为当地声速。

对于爆轰流体力学数学模型，常采用拉氏方法。对拉氏方法来说，重点是动量方程的离散，常用有限体积法。如图 2-4 所示节点 α，把节点 α 周围网格的中心和过节点 α 的网格边的中点按逆时针方向连线得到有限控制体积 Ω_α，称为节点 α 的控制体。其中节点 α_k 为节点 α 的第 k 个邻域节点，即点 $\alpha_1, \alpha_2, \cdots, \alpha_{m_\alpha}$ 是与节点 α 共线的网格节点；网格 i_k 为节点 α 的第 k 个邻域网格，即点 $i_1, i_2, \cdots, i_{m_\alpha}$ 是邻域网格的中心点；节点 β_k 是以节点 α 与节点 α_k 为端点的线段中点，即点 $\beta_1, \beta_2, \cdots, \beta_{m_\alpha}$ 是共线边的中点。m_α 为节点 α 邻域网格数，l_{i_k} 为网格 i_k 邻域节点数。

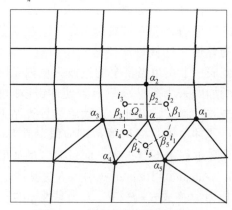

图 2-4　动量方程控制体积 Ω_α

图中节点 α 的速度沿虚回路积分求解公式为

$$u_\alpha^{n+\frac{1}{2}} = u_\alpha^{n-\frac{1}{2}} + \frac{\Delta t^n}{B_\alpha^n} \sum_{k=1}^{m_\alpha^n} \{-[(p+q)_{\beta_{k-1},i_k}^n (r_{i_k}^n - r_{\beta_{k-1}}^n) + (p+q)_{i_k,\beta_k}^n (r_{\beta_k}^n - r_{i_k}^n)]\}$$

(2-19)

$$v_\alpha^{n+\frac{1}{2}} = v_\alpha^{n-\frac{1}{2}} + \frac{\Delta t^n}{B_\alpha^n} \sum_{k=1}^{m_\alpha^n} \{+[(p+q)_{\beta_{k-1},i_k}^n (x_{i_k}^n - x_{\beta_{k-1}}^n) + (p+q)_{i_k,\beta_k}^n (x_{\beta_k}^n - x_{i_k}^n)]\}$$

(2-20)

式中：$B_\alpha^n = \sum_{k=1}^{m_\alpha^n} \frac{\rho_{i_k}^n A_{i_k}^n}{l_{i_k}^n}$，变量上标表示时间步，下标为拉氏网格或节点编号；$x$、$r$ 为拉氏网格中心或节点坐标；q 为人为黏性；Δt 为时间步长；A 为网格面积。

从炸药爆轰流体力学数学物理模型可以看出，爆轰流体力学数学物理模型的不确定性涉及模型输入参数的不确定性、唯象模型不同形式的不确定性、数学模型求解过程的不确定性、输入参数及唯象模型不确定性在求解过程中的传播及输出响应量的不确定性。

2.1.3 软件研制 – 程序开发

软件研制涉及物理方案、数学方案、程序设计（概要设计与详细设计）、程序编码、程序调试、程序测试、程序维护和应用及推广、程序完善与发展等过程。图 2-5 阐述了程序研制的全生命周期，并描述了每个过程的具体问题/内容，以及达到目标/要求/指标，这是研制可信软件应该遵循的规律，更重要的是体现在文档和评审中，也是 V&V 关注的内容。

（1）物理方案。如图 2-6 所示，物理方案可分为三个主要阶段：第一阶段是确定所要解决的问题及最后应达到的要求，称为确定问题阶段。在分析研制方案的前提下，调研国内外相关物理问题的建模情况，并对问题进行完全的了解。第二阶段是分析问题构造模型，称为建模阶段，包括对实际问题的抽象、简化，问题的微分方程推导、描述，初边值条件给定等。第三阶段是物理方案文档化。

建立物理方案，首先要对解决的问题有详细的了解，应该注意以下问题：要解决的问题是否明确，有无二义性；用户提供了哪些原始数据和参数，这些原始数据和参数有何作用，有无多余和遗漏的参数等。其次在对

| 计算流体力学验证和确认及不确定度量化

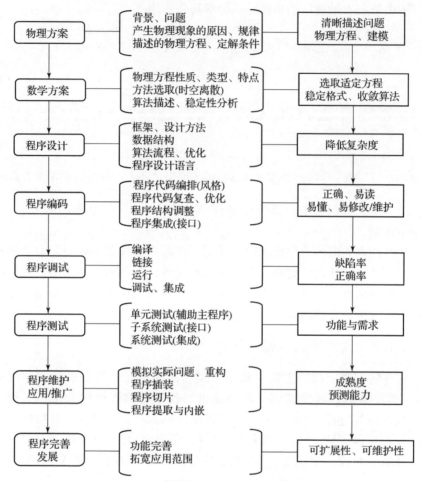

图 2-5　应用软件研制全生命周期模型

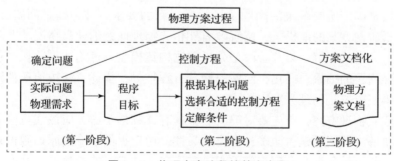

图 2-6　物理方案阶段的基本步骤

第 2 章 计算流体力学的建模与仿真

任务没有详细而确切了解，任务不明确的情况下不要急于写物理方案，否则会出现一些意想不到的问题（如缺少参数、误差不符合要求等），从而返工修改，事倍功半。最后形成物理方案说明书，并进行质量评审。

除了上面描述的物理建模基本过程，通过数值模拟反复确认物理模型，即数值建模是很重要的物理建模途径。尤其在科学计算领域，由于实际物理现象的复杂性，有些问题仅靠上述基本建模过程建立物理模型是很难的，必须与数值模拟相结合，以确定正确的物理模型。另外，通过上述建模过程建立的物理模型，常常有一些不确定的物理模型参数，这在科学计算程序研制中，带来了很大的不确定性。针对这些不确定性物理模型参数，必须通过大量数值模拟，让这些不确定性物理模型参数，在一定应用范围内，科学合理化。例如，流体力学数值计算中，人为黏性模型中黏性系数就是一个不确定的模型系数，它对计算结果有较大影响，必须根据计算程序应用的范围，经过大量数值试验，合理科学化地给出这些不确定性物理模型参数。

（2）数学方案。经过对真实物理问题简化和抽象建立了物理模型后，这一阶段的任务是根据实际问题确定物理模型，并用数学语言描述，即列出解题的数学公式或方程式，也就是建立数学模型。对同样的数学模型，可能有不同的求解方法，如求定积分值的问题，可用梯形法、辛普生法、矩形法等，因此，在这个阶段首先应针对物理模型，确定用哪种求解方法或离散方法计算。这是研制科学计算程序的重点，也是程序的核心和灵魂。如图 2-7 所示，数学方案可分为三个主要阶段。

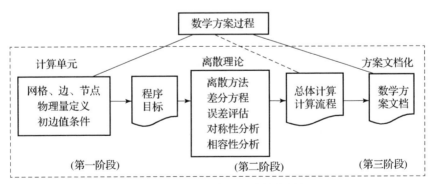

图 2-7 数学方案阶段的基本步骤

第一阶段是定义 CFD 计算单元。例如，几何描述（区域定义、块定义、边/线段定义、关键点/边界点的确定）、空间离散（单块网格生成、多块网格拼接)、材料属性加载(材料物性参数、数学物理模型参数)和计算环境设置(计算参数、离散参数)等。

第二阶段是离散理论。其基于确定的数值方法对方程进行离散化,然后对偏微分方程组的离散解、边值条件、初始条件的离散及网格构造的数值精度进行定量估计。就是要对空间离散误差、时间离散误差、迭代误差和舍入误差进行分析、评估。另外,对计算格式的对称性、守恒性和稳定性也要作一些理论分析。这是研制科学计算程序很重要的环节。

第三阶段是方案文档化。根据数学方案制定合适的计算过程,最后形成数学方案说明书,并进行质量评审。

(3) 程序设计。程序设计是把软件需求变成软件表示的过程。如图2-8所示,程序设计分为三个主要阶段:第一阶段是总体设计(架构设计)。总体设计旨在描绘出软件的总的框架。其要求在研制一个大型科学计算程序系统时,应对整个任务进行清晰的、无歧义的分划,建立层次结构图,包括主体系统、模块及模块之间的接口、前处理、主体计算、底层设计、主要全局变量定义、后处理、程序编写风格。这样可以使每个程序员清楚自己所要做的工作,以及与其他人工作的界面,使得他们能够独立地设计、调试自己的程序部分,使得整个系统的正确性能够建立在每个程序员的程序的正确性之上。第二阶段是每个模块详细设计,包括子模块架构、接口定义、数据结构设计、主要变量定义说明等。第三阶段是设计文档化。

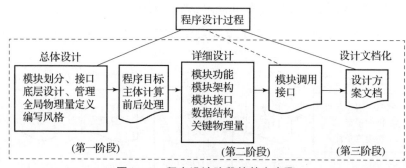

图2-8 程序设计阶段的基本步骤

(4) 程序编码和调试。软件研制都是为了一个目标:将"一个实际问题描述、解决方法"变换成计算机能够"理解"的形式,也就是把"程序设计"变换成用某一种程序设计语言编写的可在计算机上运行的源程序。

(5) 程序测试和维护。程序测试是一个极其宽泛的概念,并且涉及程序研制生命周期的各个阶段。如图2-9所示，完成程序编写后的测试只是整个测试的一部分，这部分主要是对编写后的程序测试，主要包括模块（单元）测试、系统（集成）测试。

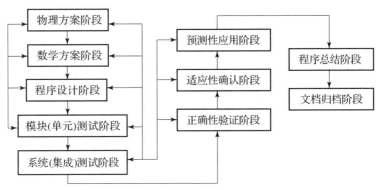

图2-9 测试过程的总体流程

程序测试和维护在软件的整个生命周期中占40%~50%的时间，而对于科学计算程序的测试和维护已超过了50%，尤其是对一些性命攸关、做试验昂贵的工程科学计算程序，测试和维护占的份额越来越多，有的甚至达到80%。程序的测试和维护与程序研制周期其他阶段的目的都相反。程序研制的其他阶段都是"建设性"的：从实际问题抽象、简化、推导形成方案，逐步设计出具体的软件系统，直到用一种适当的程序设计语言写出可以执行的程序代码。但是，程序的测试是对前面程序研制周期中其他阶段的一个全面测评。测试人员努力设计出一系列测试方案，目的却是"破坏"已经建造好的软件系统，竭力证明程序中有错误，不能按照预定功能正确工作。

（6）程序文档。程序文档作为程序研制人员在研制过程中沟通、交流和协调的有力工具，其主要作用在于帮助程序研制周期各个阶段的结果、历史进行记录、传递，是研制高质量程序的保证。因此，作为程序研制过程的技术文档和管理文档，应该是正确、简洁、唯一、无歧义、易读、易理解、易使用的文档。

2.1.4 问题试验-计算模拟

问题试验过程涉及几何建模、网格生成、施加初边值条件、模型计算机分析、模拟结果分析/可视化（图2-10）。其中，几何建模是将区域、块、边、线段、关键点进行一维编号，建立它们之间的关系。网格生成，简单来说，就是要从给定的计算区域 Ω 的边界位置（或离散的边界网格点分布）出发，通过某种变换，生成计算区域 Ω 内部网格点的位置(x_i, y_i)（图 2-11）。施加初边值条件是根据 CFD 求解问题，给出计算基本单元的初值和计算区域的边界条件。模拟计算机分析是采用研制的 CFD 程序运行问题。模拟结果分析/可视化给出计算结果。

(a) 几何建模　(b) 网格生成　(c) 施加初边值条件

(d) 模型计算机分析　(e) 模拟结果分析/可视化

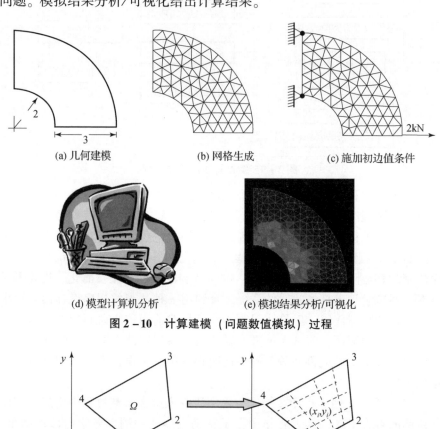

图 2-10　计算建模（问题数值模拟）过程

图 2-11　网格生成简单概念

2.1.5　结果分析-预测评估

结果分析过程涉及模型输入误差与不确定性表征、模型确定性程序计算机分析、输出（响应量）不确定度量化、计算模型修正与确认、实际问题预测与评估等过程（图 2-12）。此过程由于模型中参数、形式与逼近方法的不确定性，可能会产生与试验一致的随机结果，对决策产生影响，必须对其进行评估。

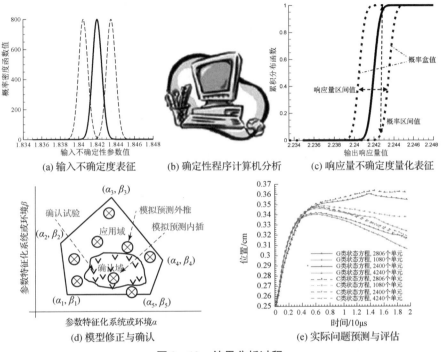

图 2-12　结果分析过程

结果分析是 CFD 过程的最后一个步骤。在 CFD 过程中，用户已经从仿真过程中获得了足够多的关于系统性能的信息，但是这些信息只是一些原始数据，一般还需要经过数值分析和处理才能获得衡量系统性能的尺度，从而获得对仿真性能的总体评价。结果分析并不一定意味着仿真过程的完全结束。如果结果预测分析得到的结果达不到预期的目标，用户还需要重新修改仿真模型，这时结果分析就成为一个新的循环的开始。在此过程中，不仅涉及预测结果处理人为产生的不确定性，而且涉及实物试验仪器本身产生和试验过程中重复测量等试验测量相关的不确定性。简单来说，结果分析中的不确定性就是仿真软件后处理过程带来的不确定性，包括响应量处理误差、分析时参考结果误差（试验测试结果）等。

2.2 计算流体力学格式理论

计算流体力学涉及的是一些偏微分方程、常微分方程和复杂数学函数关系式，其基本变量在实际中都是连续的，如时间、距离、速度、温度、密度、压强、应力等，而 CFD 所涉及的数值方法是针对这些基本变量的非连续离散量。原则上说，大多数连续的数学问题都不可能基于连续方程物理量，通过有限步的计算得到完全精确的结果，它们的求解往往是基于非连续离散量，通过某种迭代过程最终得到收敛解。在做计算分析时，人们不可能永远迭代下去，而只能得到一个"充分接近"所期望结果的近似解，所以 CFD 的一个非常重要的方面（第一个特点）就是找出一个能迅速收敛的迭代算法，并能估计近似解的精度。CFD 的第二个特点是它的近似效果。许多求解技术都涉及各种类型的近似方法，甚至于计算本身也是近似的，因为数字计算机不可能精确地表示所有实数，要衡量 CFD 可靠性首先必须从格式理论分析看近似效果。同时，从 CFD 格式理论分析，可以为 CFD 软件或算法实施验证和确认提供参考依据。例如，理论上，推出有限体积格式是二阶精度的，那么在验证过程中，通过网格的观察解是否是二阶，就可判断算法实施的正确性和接受性。为此，开展 CFD 验证和确认的重要前提是对计算流体力学格式理论有所了解。

2.2.1 差分格式理论

有限差分方法是离散化求解偏微分方程定解问题的基本方法之一。采用它进行数值计算的主要步骤如下：利用网格线将定解区域化为离散点集；在此基础上，通过适当的途径将微分方程离散化为差分方程，并将定解条件也离散化，一般把这一过程称为构造差分格式，不同的离散化途径得到不同的差分格式；建立差分格式后，就把原来的偏微分方程定解问题化为代数方程组，通过解代数方程组，得到由定解问题的解在离散点集上的近似值组成的解；应用插值方法便可以从离散解得到定解问题在整个区域上的近似解。

2.2.1.1 差分方程

考虑一维对流方程初值问题：

$$\begin{cases} Lu \equiv \dfrac{\partial u}{\partial t} + c\dfrac{\partial u}{\partial x} = 0, c = 常数, x \in R, t > 0 \\ u(x,0) = f(x), x \in R \end{cases} \quad (2-21)$$

这是双曲型方程，它可以刻画流体运动等某些物理现象。例如，流体忽略摩擦，在粗细均匀的平直管道中等速单向流动，便可从质量守恒原理导出式（2-21），这时 u 为流体的密度，它是 (x,t) 的函数，c 为流体速度。

再考虑一维扩散方程：

$$\begin{cases} \Lambda u \equiv \dfrac{\partial u}{\partial t} - a\dfrac{\partial^2 u}{\partial x^2} = 0, a = 常数 > 0, x \in R, t > 0 \\ u(x,0) = f(x), x \in R \end{cases} \quad (2-22)$$

在研究热传导、粒子扩散等问题时都用它来描述，这是抛物型方程。对于细长绝缘杆的热传导问题来讲，在假设材料的密度、比热容、导热系数均为常数时，式（2-22）中 a 为导热系数，u 为温度，它是 (x,t) 的函数。

利用网格线将定解区域化为离散的节点集。这是将微分方程定解问题离散化为差分方程的基础。令空间步长 $h > 0$，时间步长 $\tau > 0$，取两族网格线

$x = x_j$，$j = 0, \pm 1, \pm 2, \cdots$；$t = t_n$，$n = 0, 1, 2, \cdots$（这里 $x_{j+1} - x_j = h$，$t_{n+1} - t_n = \tau$）。将定解区域剖分成离散的节点集，其中 (x_j, t_n) 为其交点，称为网格节点，简记 (j, n)。初值问题的解 u 是依赖于连续变化的变量 x 和 t 的函数。为了进行数值求解，将定解区域离散化后，考虑求解 u 在各个节点上的近似值。也就是说，把依赖连续变量 x 和 t 的问题归结为依赖离散变量 x_j 和 t_n 的问题。

对于式（2-21）或式（2-22）可以建立各种不同的差分格式。例如，对于式（2-21）可以离散成

$$L_h^{(1)} U_j^n \equiv \dfrac{U_j^{n+1} - U_j^n}{\tau} + c\dfrac{U_{j+1}^n - U_{j-1}^n}{2h} = 0 \quad (2-23)$$

$$L_h^{(2)} U_j^n \equiv \dfrac{U_j^{n+1} - U_j^n}{\tau} + c\dfrac{U_j^n - U_{j-1}^n}{h} = 0 \quad (2-24)$$

$$L_h^{(3)} U_j^n \equiv \dfrac{U_j^{n+1} - U_j^n}{\tau} + c\dfrac{U_{j+1}^n - U_j^n}{h} = 0 \quad (2-25)$$

对于式（2-22）可以离散成

$$\Lambda_h^{(1)} U_j^n \equiv \dfrac{U_j^{n+1} - U_j^n}{\tau} - a\dfrac{U_{j+1}^n - 2U_j^n + U_{j-1}^n}{h^2} = 0 \quad (2-26)$$

$$\Lambda_h^{(2)} U_j^n \equiv \frac{U_j^{n+1} - U_j^n}{\tau} - a \frac{U_{j+1}^{n+1} - 2U_j^{n+1} + U_{j-1}^{n+1}}{h^2} = 0 \qquad (2-27)$$

$$\Lambda_h^{(3)} U_j^n \equiv \frac{U_j^{n+1} - U_j^n}{\tau} - \frac{a}{2} \left(\frac{U_{j+1}^n - 2U_j^n + U_{j-1}^n}{h^2} + \frac{U_{j+1}^{n+1} - 2U_j^{n+1} + U_{j-1}^{n+1}}{h^2} \right) = 0$$

$$(2-28)$$

将上述问题的定解条件也进行离散化，$U_j^n = f_j$，$j = 0, \pm 1, \pm 2, \cdots$，就可把微分方程定解问题化为差分方程定解问题。这里的格式有中心差分、偏心差分，有显式格式，也有隐式格式。这些格式形式不同，求解方式也不同，有的可以直接求解，有的则要解代数方程组。

2.2.1.2 截断误差

对于一个微分方程可以建立各种差分格式，对这些差分格式的一个共同基本要求是，它们应该逼近原来的微分方程。在网格确定的条件下，不同差分格式逼近同一微分方程的程度往往是不同的。这种逼近程度一般用截断误差来描述。

对于齐次微分方程问题，可以将所讨论的微分方程和差分格式写成

$$Lu(x,t) = 0 \quad \text{和} \quad L_h U_j^n = 0$$

式中：L 为微分算子；L_h 为相应的差分算子。以对流方程式（2-21）的差分格式式（2-26）为例，引出截断误差的概念。这时微分算子 L 和差分算子 L_h 的定义分别为

$$Lu \equiv \frac{\partial u}{\partial t} + c \frac{\partial u}{\partial x} \qquad (2-29)$$

$$L_h U_j^n \equiv \frac{U_j^{n+1} - U_j^n}{\tau} + c \frac{U_{j+1}^n - U_j^n}{h} \qquad (2-30)$$

假设 u 是微分方程的充分光滑的解，将算子 L 和 L_h 分别作用于 u，记任意节点 (x_j, t_n) 处的差为 E，即 $E = L_h u(x_j, t_n) - Lu(x_j, t_n)$。因为 u 是微分方程的解，有 $Lu(x_j, t_n) = 0$，故 $E = L_h u(x_j, t_n)$。由于算子 L_h 是对算子 L 的近似，所以 $L_h u(x_j, t_n)$ 一般不为零。因此，截断误差实际上就是对 $L_h u(x_j, t_n)$ 大小的估计。

从微分算子式（2-29）和相应的差分算子式（2-30）来看，它的截断误差为 $E = L_h u(x_j, t_n) - Lu(x_j, t_n) = O(\tau + h)$，也用格式"精度"一词来说明截断误差。如果一个差分格式的截断误差 $E = O(\tau^p + h^q)$，就说差分格式对时间是 p 阶精度，对空间是 q 阶精度。特别地，当 $q = p$ 时，差分格式是 p 阶精度。由此可见，差分格式有一阶精度。

如果当 $\tau\to 0$, $h\to 0$ 时 $E\to 0$，则称差分格式和微分方程相容。

由于差分格式是通过某种微商与差商的关系建立的，这些关系可利用带余项的泰勒级数展开等方法推出。由此，截断误差可以从差商近似微商时的余项来得到。例如，扩散方程式（2-22）采用式（2-31）的差分方程：

$$\Lambda_h U_j^n \equiv \frac{U_j^{n+1} - U_j^{n-1}}{2\tau} - a \frac{U_{j+1}^n - 2U_j^n + U_{j-1}^n}{h^2} = 0 \quad (2-31)$$

来逼近。假设 u 是微分方程式（2-22）的充分光滑的解，式（2-32）的 E 是差分方程式（2-31）的截断误差。按照截断误差概念，则

$$\begin{aligned}
E &= \Lambda_h u(x_j, t_n) - \Lambda u(x_j, t_n) \\
&= \left[\frac{u(x_j, t_{n+1}) - u(x_j, t_{n-1})}{2\tau} - a \frac{u(x_{j+1}, t_n) - 2u(x_j, t_n) + u(x_{j-1}, t_n)}{h^2} \right] - \\
&\quad \left[\frac{\partial u(x_j, t_n)}{\partial t} - a \frac{\partial^2 u(x_j, t_n)}{\partial x^2} \right]
\end{aligned} \quad (2-32)$$

在节点 (x_j, t_n) 处作泰勒级数展开：

$$u(x_j, t_{n+1}) = u(x_j, t_n) + \tau \frac{\partial u(x_j, t_n)}{\partial t} + \frac{1}{2}\tau^2 \frac{\partial^2 u(x_j, t_n)}{\partial t^2} + \frac{1}{6}\tau^3 \frac{\partial^3 u(x_j, t_n)}{\partial t^3} + O(\tau^4)$$

$$u(x_j, t_{n-1}) = u(x_j, t_n) - \tau \frac{\partial u(x_j, t_n)}{\partial t} + \frac{1}{2}\tau^2 \frac{\partial^2 u(x_j, t_n)}{\partial t^2} - \frac{1}{6}\tau^3 \frac{\partial^3 u(x_j, t_n)}{\partial t^3} + O(\tau^4)$$

$$u(x_{j+1}, t_n) = u(x_j, t_n) + h \frac{\partial u(x_j, t_n)}{\partial x} + \frac{1}{2}h^2 \frac{\partial^2 u(x_j, t_n)}{\partial x^2} + \frac{1}{6}h^3 \frac{\partial^3 u(x_j, t_n)}{\partial x^3} + O(h^4)$$

$$u(x_{j-1}, t_n) = u(x_j, t_n) - h \frac{\partial u(x_j, t_n)}{\partial x} + \frac{1}{2}h^2 \frac{\partial^2 u(x_j, t_n)}{\partial x^2} - \frac{1}{6}h^3 \frac{\partial^3 u(x_j, t_n)}{\partial x^3} + O(h^4)$$

代入式（2-32），可得 $E = O(\tau^2 + h^2)$。

这个格式称为理查森格式，从截断误差来讲，它具有二阶精度。但是，三层格式要比二层格式需要更多的存储。另外，第一步只能从第二层开始计算 U_j^2，需要知道 U_j^1 的值，这要用其他差分格式求得。

2.2.1.3　收敛性

一个差分格式能否在实际问题中使用，最终要看差分方程的解能否任意地逼近微分方程的解。这样，对于每一个差分格式存在两个问题需要加以考察：一是引入收敛性概念，考证差分格式在理论上的准确解是否任意逼近微分方程的解；二是引入稳定性概念，考察差分格式在实际计算中的近似解是否任意逼近差分方程的解。由此可以看出：相容性是指差分算子

与微分算子之间的逼近程度；收敛性是指差分方程解与微分方程解之间的逼近程度；稳定性是指差分方程计算解与差分方程理论解之间的逼近程度。下面给出收敛性的概念：

设 u 是微分方程的准确解，U_j^n 是相应的差分方程的准确解。如果当 $h\to 0$，$\tau\to 0$ 时，对于任何 (j,n) 有 $U_j^n\to u(x_j,t_n)$，则称差分格式是收敛的。

对于扩散方程初值问题 (2-22)，为简单起见，不妨取 $a=1$，建立显式差分格式式 (2-26) 或

$$U_j^{n+1} = (1-2\lambda)U_j^n + (U_{j+1}^n - U_{j-1}^n),\ \lambda = \frac{\tau}{h^2} \qquad (2-33)$$

根据收敛性的概念来分析上述格式。利用截断误差的定义，可写出

$$E_j^n = \left[\frac{u(x_j,t_{n+1})-u(x_j,t_n)}{\tau} - \frac{u(x_{j+1},t_n)-2u(x_j,t_n)+u(x_{j-1},t_n)}{h^2}\right] -$$

$$\left[\frac{\partial u(x_j,t_n)}{\partial t} - \frac{\partial^2 u(x_j,t_n)}{\partial x^2}\right] \qquad (2-34)$$

利用泰勒级数展开，可得

$$E_j^n = \frac{\tau}{2}\frac{\partial^2 u(x_j,t_n)}{\partial t^2} + O(\tau^2) - \frac{h^2}{12}\frac{\partial^4 u(x_j,t_n)}{\partial x^4} + O(h^3) = O(\tau+h^2)$$

将式 (2-34) 改写成

$$u(x_j,t_{n+1}) = (1-2\lambda)u(x_j,t_n) + \lambda[u(x_{j+1},t_n)+u(x_{j-1},t_n)] + \tau E_j^n$$
$$(2-35)$$

将式 (2-34) 减去式 (2-35)，并令 $e_j^n = U_j^n - u(x_j,t_n)$，得

$$e_j^{n+1} = (1-2\lambda)e_j^n + \lambda(e_{j+1}^n + e_{j-1}^n) - \tau E_j^n$$

据此，有如下结论：

若 $0<\lambda=\frac{\tau}{h^2}\leq\frac{1}{2}$ 且初值问题有足够光滑的解 u（对 t 有二阶有界偏导数，对 x 有四阶有界偏导数），则当 $h\to 0$，$\tau\to 0$ 时，对任何 (j,n) 有 $e_j^n\to 0$，即差分格式式 (2-33) 是收敛的。若 $\lambda>\frac{1}{2}$，则不收敛。

事实上，若 $0<\lambda\leq\frac{1}{2}$，则 $1-2\lambda\geq 0$。令 $e^n = \sup_j\{|e_j^n|\}$，$E = \sup_{j,n}\{|E_j^n|\}$，于是有

$$|e_j^{n+1}| \leq (1-2\lambda)|e_j^n| + \lambda(|e_{j+1}^n|+|e_{j-1}^n|) + \tau|E_j^n| \leq e^n + \tau E$$

上式对每个 j 都成立，所以有 $e^{n+1}\leq e^n + \tau E$。由此可以推出

$$e^n \leqslant e^0 + n\tau E = e^0 + t_n E$$

在初始层上 $e_j^0 = 0$,因此

$$|U_j^n - u(x_j, t_n)| \leqslant e^n \leqslant t_n E = t_n O(\tau + h^2)$$

即当 $h \to 0$,$\tau \to 0$ 时 $U_j^n \to u(x_j, t_n)$,格式收敛。

通常一个差分格式仅当网格比 λ 满足一定条件时是收敛的,就称此格式是条件收敛的。如果对于任何网格比 λ 都是收敛的,则称它是无条件收敛的。

2.2.1.4 稳定性

由于差分格式计算是逐层进行的,计算第 $n+1$ 层上的 U_j^{n+1} 时,要用到第 n 层上计算的值 U_j^n。因此,计算 U_j^n 时的舍入误差必然会影响 U_j^{n+1} 的值,从而要分析这种误差传播情况。如果误差影响越来越大,以致差分格式的精确解面貌完全掩盖,则称此格式是不稳定的。相反,如果误差影响可以控制,差分格式的解基本上能计算出来,则称差分格式是稳定的。下面较为确切地叙述稳定性概念。

设初始层上引入误差 ε_j^0,$j = 0, \pm 1, \pm 2, \cdots$,令 ε_j^n,$j = 0, \pm 1, \pm 2, \cdots$,是第 n 层上的误差,如果存在常数 K,使得

$$\|\varepsilon^n\|_h \leqslant K \|\varepsilon^0\|_h$$

则称差分格式是稳定的,其中 $\|\cdot\|_h$ 是某种范数。它们可以是平方根范数 $\|\varepsilon^n\|_h = \sqrt{\sum_{j=-\infty}^{\infty} (\varepsilon_j^n)^2 h}$ 或最大模范数 $\|\varepsilon^n\|_h = \max_j \{|\varepsilon_j^n|\}$。

考虑对流方程的二层显式差分格式

$$\frac{1}{\tau}(U_j^{n+1} - U_j^n) + \frac{1}{h}(U_j^n - U_{j-1}^n) = 0 \qquad (2-36)$$

假定在第 0 层上每个网格点上 U_j^0 有误差 ε_j^0,即初值为 $U_j^0 + \varepsilon_j^0$ 而不是 U_j^0。用 $U_j^0 + \varepsilon_j^0$ 为初值进行计算,得到的值为 $U_j^n + \varepsilon_j^n$。设想在这一过程中没有引入别的误差,那么 $U_j^n + \varepsilon_j^n$ 应该满足式 (2-36),即

$$\frac{1}{\tau}(U_j^{n+1} + \varepsilon_j^{n+1} - U_j^n - \varepsilon_j^n) + \frac{1}{h}(U_j^n + \varepsilon_j^n - U_{j-1}^n - \varepsilon_{j-1}^n) = 0$$

此式减去式 (2-36),得

$$\frac{1}{\tau}(\varepsilon_j^{n+1} - \varepsilon_j^n) + \frac{1}{h}(\varepsilon_j^n - \varepsilon_{j-1}^n) = 0$$

这就是误差所满足的方程,改写其形式为

$$\varepsilon_j^{n+1} = \varepsilon_j^n - \lambda(\varepsilon_j^n - \varepsilon_{j-1}^n) = (1-\lambda)\varepsilon_j^n + \lambda \varepsilon_{j-1}^n$$

式中：$\lambda = \dfrac{\tau}{h}$ 为网格比。

如果

$$\lambda = \frac{\tau}{h} \leqslant 1 \qquad (2-37)$$

则有

$$|\varepsilon_j^{n+1}| \leqslant (1-\lambda)|\varepsilon_j^n| + \lambda|\varepsilon_{j-1}^n| \leqslant (1-\lambda)\sup_j\{|\varepsilon_j^n|\} + \lambda\sup_j\{|\varepsilon_j^n|\} = \sup_j\{|\varepsilon_j^n|\}$$

由此可以推出

$$\sup_j\{|\varepsilon_j^n|\} \leqslant \sup_j\{|\varepsilon_j^{n-1}|\} \leqslant \cdots \leqslant \sup_j\{|\varepsilon_j^0|\}$$

这就是说，误差是不增长的，认为差分格式式（2-36）在条件式（2-37）下是稳定的。如果令 $\|\varepsilon^n\|_h = \sup_j\{|\varepsilon_j^n|\}$，那么 $\|\varepsilon^n\|_h \leqslant \|\varepsilon^0\|_h$。说明上述格式是在最大模范数下稳定。

2.2.2 几种经典格式及特点

计算流体力学是通过数值求解流体流场控制方程组，以数据方式或图像显示方式，沿时间和空间上，用定量描述流场的数值解表征其流体在一定初始条件和边界条件下的演变过程，对流体流动和热传导等相关物理现象的系统所做的分析，从而达到对系统动力学、物理问题研究的目的。其基本思想可以归结如下：把原来在时间域及空间域上连续的物理量的场，如速度场和压力场，用一系列有限离散点上的变量值的集合来代替，通过一定的原则和方式建立起关于这些离散点上场变量之间关系的代数方程组，然后求解该代数方程组，获得场变量的近似值。简单说，计算流体力学是采用数值方法并利用计算机求解流体力学控制方程、辅助方程及初边值条件，对流体力学问题进行模拟和分析。其常见的离散格式有有限差分方法、有限元方法和有限体积法。

（1）有限差分方法（Finite Difference Method，FDM）。这是用计算机求解偏微分方程数值解的最古老的方法，对简单几何形状中的流动问题也是一种最容易实施的方法，至今仍广泛运用。该方法将求解域划分为差分网格，用有限个网格节点代替连续的求解域。有限差分方法以泰勒级数展开等方法，把控制方程中的导数用网格节点上的函数值的差商代替进行离散，从而建立以网格节点上的值为未知数的代数方程组。该方法是一种直接将微分问题变为代数问题的近似数值解法，数学概念直观，表达简单，是发展较早且比较成熟的数值方法。

对于有限差分格式，从格式的精度来划分，有一阶格式、二阶格式和高阶格式。从差分的空间形式来考虑，可分为中心格式和迎风格式。考虑时间因子的影响，差分格式还可以分为显格式、隐格式、显隐交替格式等。目前常见的差分格式，主要是上述几种形式的组合，不同的组合构成不同的差分格式。差分方法主要适用于结构网格，网格的步长一般根据计算区域的情况和柯朗稳定性条件来决定。

有限差分方法的特点是直观，理论成熟，而且很容易引入对流项的高阶格式，精度可选，且易于编程，易于并行。其不足的是离散方程的守恒特性难以保证，不规则区域的适应性差。

（2）有限元方法（Finite Element Method，FEM）。有限元方法的基础是变分原理和加权余量法，其基本求解思想是把计算域划分为有限个互不重叠的单元，在每个单元内，选择一些合适的节点作为求解函数的插值点，将微分方程中的变量改写成由各变量或其导数的节点值与所选用的插值函数组成的线性表达式，借助于变分原理或加权余量法，将微分方程离散求解。采用不同的权函数和插值函数形式，便构成不同的有限元方法。

有限元方法最早应用于结构力学，后来随着计算机的发展开始逐渐应用于流体力学的数值模拟。在有限元方法中，把计算域离散剖分为有限个互不重叠且相互连接的单元，在每个单元内选择基函数，用单元基函数的线形组合来逼近单元中的真解，整个计算域上总体的基函数可以看作由每个单元基函数组成的，则整个计算域内的解可以看作由所有单元上的近似解构成的。根据所采用的权函数和插值函数的不同，有限元方法也分为多种计算格式。从权函数的选择来说，有配置法、矩量法、最小二乘法和伽辽金（Galerkin）法；从计算单元网格的形状来划分，有三角形网格、四边形网格和多边形网格；从插值函数的精度来划分，有线性插值函数和高次插值函数等。不同的组合同样构成不同的有限元计算格式。对于权函数，伽辽金法是将权函数取为逼近函数中的基函数；最小二乘法是令权函数等于余量本身，而内积的极小值则为对待求系数的平方误差最小；在配置法中，先在计算域内选取 N 个配置点。令近似解在选定的 N 个配置点上严格满足微分方程，即在配置点上令方程余量为 0。插值函数一般由不同次幂的多项式组成，但也有采用三角函数或指数函数组成的乘积表示，不过最常用的为多项式插值函数。有限元插值函数分为两大类：一类只要求插值多项式本身在插值点取已知值，称为拉格朗日（Lagrange）多项式插值；另一类不仅要求插值多项式本身，还要求它的导数值在插值点取已知值，称为哈密特（Hermite）多项式插值。单元坐标有笛卡儿直角坐标系和无因次自然坐标、对称和不对称等。常采用的无因次坐标是一种局部坐标系，它的定义取决于单元的几何形状，一维看作长度比，二维看作面积比，三维看作体积比。在二维有限元中，三角形单元应用得最早，近来，四边形等参元的应用也越来越广。对于二维三角形和四边形单元，常采用的插值函数为直角坐标系中的拉格朗日插值线性插值函数及二阶或更高阶插值函数、面积坐标系中的线性插值函数、二阶或更高阶插值函数等。对于有限元方法，其基本思路和解题步骤可归纳如下：

①建立积分方程：根据变分原理或方程余量与权函数正交化原理，建立与微分方程初边值问题等价的积分表达式，这是有限元方法的出发点。

②区域单元剖分：根据求解区域的形状及实际问题的物理特点，将区域剖分为若干相互连接、不重叠的单元。区域单元剖分是采用有限元方法的前期准备工作，这部分工作量比较大，除了给计算单元和节点进行编号和确定相互之间的关系，还要表示节点的位置坐标，同时还需要列出自然边界和本质边界的节点序号和相应的边界值。

③确定单元基函数：根据单元中节点数目及对近似解精度的要求，选择满足一定插值条件的插值函数作为单元基函数。有限元方法中的基函数是在单元中选取的，由于各单元具有规则的几何形状，在选取基函数时可遵循一定的法则。

④单元分析：将各个单元中的求解函数用单元基函数的线性组合表达式进行逼近；再将近似函数代入积分方程，并对单元区域进行积分，可获得含有待定系数（单元中各节点的参数值）的代数方程组，称为单元有限元方程。

⑤总体合成：在得出单元有限元方程之后，将区域中所有单元有限元方程按一定法则进行累加，形成总体有限元方程。

⑥边界条件的处理：一般边界条件有三种形式，分为本质边界条件（迪利赫里（Dirichlet）边界条件）、自然边界条件（黎曼（Riemann）边界条件）、混合边界条件（柯西（Cauchy）边界条件）。对于自然边界条件，一般在积分表达式中可自动得到满足。对于本质边界条件和混合边界条件，需按一定法则对总体有限元方程进行修正满足。

⑦解有限元方程：根据边界条件修正的总体有限元方程组，是含所有待定未知量的封闭方程组，采用适当的数值计算方法求解，可求得各节点的函数值。

有限元方法的优点是适合处理复杂区域，精度可选；缺点在于内存和计算量巨大。并行不如有限差分法和有限体积法直观，但有限元方法的并行是当前和将来应用的方向。

（3）有限体积法（Finite Volume Method，FVM），又称为控制体积法，其基本思路是：将计算区域划分为一系列不重复的控制体积，并使每个网格点周围有一个控制体积；将待解的微分方程对每一个控制体积积分，便得出一组离散方程。其中的未知数是网格点上因变量的数值。为了求出控制体积的积分，必须假定值在网格点之间的变化规律。从积分区域的选取方法来看，有限体积法属于加权剩余法中的子区域法；从未知解的近似方法来看，有限体积法属于采用局部近似的离散方法。简言之，子区域法属于有限体积法的基本方法。有限体积法的基本思路易于理解，并能得出直接的物理解释。离散方程的物理意义，就是因变量在有限大小的控制体积中的守恒原理，如同微分方程表示因变量在无限小的控制体积中的守恒原理一样。有限体积法得出的离散方程，要求因变量的积分守恒对任意一组控制体积都得到满足，对整个计算区域，自然也得到满足，这是有限体积法吸引人的优点。有一些离散方法，如有限差分方法，仅当网格极其细密时，离散方程才能满足积分守恒；而有限体积法即使在粗网格情况下，也显示出准确的积分守恒。就离散方法而言，有限体积法可视作有限元方法和有限差分方法的中间物。有限元方法必须假定值在网格点之间的变化规律（既插值函数），并将其作为近似解。有限差分方法只考虑网格点上的数值而不考虑值在网格点之间如何变化。有限体积法只寻求节点值，这与有限差分方法相类似；但有限体积法在寻求控制体积的积分时，必须假定值在网格点之间的分布，这又与有限单元法相类似。在有限体积法中，插值函数只用于计算控制体积的积分，得出离散方程之后，便可忘掉插值函数；如果需要，可以对微分方程中不同的项采取不同的插值函数。

有限体积法的特点是适于流体计算，可以应用于非结构网格，适于并行。但是，精度基本上只能是二阶。有限体积法的优势正逐渐凸显，其在应力应变、高频电磁场方面的特殊优点正愈发得到重视。

2.2.2.1 离散格式精度

如果一个离散格式的截断误差 $E = O(\tau^p + h^q)$，就说离散格式对时间是 p 阶精度，对空间是 q 阶精度。特别地，当 $q = p$ 时，则说离散格式是 p 阶精度。在欧拉坐标系中二维流体力学方程可写为

$$\frac{\partial \boldsymbol{\rho}}{\partial t} + u\frac{\partial \boldsymbol{\rho}}{\partial x} + v\frac{\partial \boldsymbol{\rho}}{\partial y} = -\boldsymbol{\rho}\left(\frac{\partial u}{\partial x} + \frac{\partial v}{\partial y}\right) \qquad (2-38)$$

$$\rho\left(\frac{\partial u}{\partial t} + u\frac{\partial u}{\partial x} + v\frac{\partial u}{\partial y}\right) = -\frac{\partial P}{\partial x} \qquad (2-39)$$

$$\rho\left(\frac{\partial v}{\partial t} + u\frac{\partial v}{\partial x} + v\frac{\partial v}{\partial y}\right) = -\frac{\partial P}{\partial y} \qquad (2-40)$$

$$\rho\left(\frac{\partial E}{\partial t} + u\frac{\partial E}{\partial x} + v\frac{\partial E}{\partial y}\right) = -\left(\frac{\partial Pu}{\partial x} + \frac{\partial Pv}{\partial y}\right) \qquad (2-41)$$

式中：ρ 为密度；u、v 为速度矢量在 x、y 方向上的投影；P 为压力；E 为单位质量总能量，$E = e + \frac{1}{2}(u^2 + v^2)$，$e$ 为内能。上述能量守恒方程 (2-41) 还可以写成

$$\rho\left(\frac{\partial e}{\partial t} + u\frac{\partial e}{\partial x} + v\frac{\partial e}{\partial y}\right) = -P\left(\frac{\partial u}{\partial x} + \frac{\partial v}{\partial y}\right) \qquad (2-42)$$

如果采用拉格朗日方法求解二维流体力学方程，通常引进拉格朗日时间导数：

$$\frac{\mathrm{D}}{\mathrm{D}t} = \frac{\partial}{\partial t} + u\frac{\partial}{\partial x} + v\frac{\partial}{\partial y} \qquad (2-43)$$

将式 (2-38) ~ 式(2-41) 写成

$$\frac{\mathrm{D}\boldsymbol{\rho}}{\mathrm{D}t} = -\boldsymbol{\rho}\left(\frac{\partial u}{\partial x} + \frac{\partial v}{\partial y}\right) \qquad (2-44)$$

$$\rho\frac{\mathrm{D}u}{\mathrm{D}t} = -\frac{\partial P}{\partial x} \qquad (2-45)$$

$$\rho\frac{\mathrm{D}v}{\mathrm{D}t} = -\frac{\partial P}{\partial y} \qquad (2-46)$$

$$\rho\frac{\mathrm{D}E}{\mathrm{D}t} = -\left(\frac{\partial Pu}{\partial x} + \frac{\partial Pv}{\partial y}\right) \qquad (2-47)$$

然后将式 (2-44) ~ 式(2-47) 在 xy 平面上的一个区域 Ω 上积分，利用近似式

$$\frac{\partial f}{\partial x} \approx \frac{1}{A}\oint_{\partial\Omega} f\mathrm{d}y \qquad (2-48)$$

$$\frac{\partial f}{\partial y} \approx \frac{1}{A}\oint_{\partial\Omega} f\mathrm{d}x \qquad (2-49)$$

式中：A 为 Ω 的面积；$\partial\Omega$ 为 Ω 的边界，这种方法称为回路积分或有限体积法，取不同的 Ω 会得到不同的离散化格式。例如，将求解区域剖分为四

边形网格（图2-13），网格角点用 $P_{j,k}$，中心点用 $P_{j+\frac{1}{2},k+\frac{1}{2}}$ 表示。通常 ρ 和 E 或 e 离散化以后的取值在网格中心点处，为 $\rho_{j+\frac{1}{2},k+\frac{1}{2}}$ 和 $E_{j+\frac{1}{2},k+\frac{1}{2}}$ 或 $e_{j+\frac{1}{2},k+\frac{1}{2}}$，而速度则取在网格角点处为 $u_{j,k}$、$v_{j,k}$。于是，能量方程差分格式的建立是取积分区域以 $P_{j,k}$、$P_{j+1,k}$、$P_{j+1,k+1}$ 和 $P_{j,k+1}$ 为顶点的四边形，而动量方程差分格式的建立，积分区域可以取作以 $P_{j+\frac{1}{2},k+\frac{1}{2}}$、$P_{j-\frac{1}{2},k+\frac{1}{2}}$、$P_{j-\frac{1}{2},k-\frac{1}{2}}$ 和 $P_{j+\frac{1}{2},k-\frac{1}{2}}$ 为顶点的四边形，也可以取作以 $P_{j+1,k}$、$P_{j,k+1}$、$P_{j-1,k}$ 和 $P_{j,k-1}$ 为顶点的四边形，或其他的包含 $P_{j,k}$ 为内点的区域。

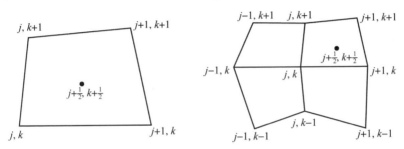

图2-13 有限体积控制体

引入坐标变换，即

$$\begin{cases} x = x(\xi,\eta,\tau) \\ y = y(\xi,\eta,\tau) \\ t = \tau \end{cases} \quad (2-50)$$

于是，对任意函数 f，得

$$\frac{\partial f}{\partial x} = \frac{\partial f}{\partial \xi}\frac{\partial \xi}{\partial x} + \frac{\partial f}{\partial \eta}\frac{\partial \eta}{\partial x} = \frac{1}{J}\frac{\partial(f,y)}{\partial(\xi,\eta)} = \frac{1}{J}\left[\frac{\partial}{\partial \xi}\left(f\frac{\partial y}{\partial \eta}\right) - \frac{\partial}{\partial \eta}\left(f\frac{\partial y}{\partial \xi}\right)\right] \quad (2-51)$$

$$\frac{\partial f}{\partial y} = \frac{\partial f}{\partial \xi}\frac{\partial \xi}{\partial y} + \frac{\partial f}{\partial \eta}\frac{\partial \eta}{\partial y} = \frac{1}{J}\frac{\partial(x,f)}{\partial(\xi,\eta)} = \frac{1}{J}\left[-\frac{\partial}{\partial \xi}\left(f\frac{\partial x}{\partial \eta}\right) + \frac{\partial}{\partial \eta}\left(f\frac{\partial x}{\partial \xi}\right)\right]$$
$$(2-52)$$

拉格朗日坐标系中二维流体力学方程化为

$$\frac{\partial}{\partial \tau}\rho J = 0 \quad (2-53)$$

$$\frac{\partial}{\partial \tau}\rho J u = -\frac{\partial}{\partial \xi}P\frac{\partial y}{\partial \eta} + \frac{\partial}{\partial \eta}P\frac{\partial y}{\partial \xi} \quad (2-54)$$

$$\frac{\partial}{\partial \tau}\rho J v = \frac{\partial}{\partial \xi}P\frac{\partial x}{\partial \eta} - \frac{\partial}{\partial \eta}P\frac{\partial x}{\partial \xi} \quad (2-55)$$

$$\frac{\partial}{\partial \tau}\rho JE = -\frac{\partial}{\partial \xi}\left[P\left(u\frac{\partial y}{\partial \eta}-v\frac{\partial x}{\partial \eta}\right)\right]+\frac{\partial}{\partial \eta}\left[P\left(u\frac{\partial y}{\partial \xi}-v\frac{\partial x}{\partial \xi}\right)\right] \quad (2-56)$$

这里要求雅可比（Jacb）矩阵 $J=\frac{\partial(x,y)}{\partial(\xi,\eta)}\neq 0$。为此，从式（2-53）到式（2-56）建立的差分格式和从式（2-44）到式（2-47）出发用回路积分方法建立的离散化格式应是完全一样的。事实上，只要证明取不同回路得到的式（2-44）~式（2-47）离散化格式和用不同的差分格式逼近式（2-53）~式（2-56）得到的结果一样就可以了。

设回路积分区域 $\Omega_{j+\frac{1}{2},k+\frac{1}{2}}$ 为以 $P_{j,k}$、$P_{j+1,k}$、$P_{j+1,k+1}$ 和 $P_{j,k+1}$ 为顶点的四边形。为推导简单起见，取 $(j,k)=(0,0)$，于是按照近似关系式（2-48）和式（2-49），有

$$\left(\frac{\partial f}{\partial x}\right)_{\frac{1}{2},\frac{1}{2}}=\frac{1}{A_{\frac{1}{2},\frac{1}{2}}}\oint_{\partial\Omega_{\frac{1}{2},\frac{1}{2}}}f\mathrm{d}y$$

$$=\frac{1}{A_{\frac{1}{2},\frac{1}{2}}}\left[f_{\frac{1}{2},0}(y_{1,0}-y_{0,0})+f_{1,\frac{1}{2}}(y_{1,1}-y_{1,0})+f_{\frac{1}{2},1}(y_{0,1}-y_{1,1})\right.$$

$$\left.+f_{0,\frac{1}{2}}(y_{0,0}-y_{0,1})\right] \quad (2-57)$$

$$\left(\frac{\partial f}{\partial y}\right)_{\frac{1}{2},\frac{1}{2}}=\frac{1}{A_{\frac{1}{2},\frac{1}{2}}}\oint_{\partial\Omega_{\frac{1}{2},\frac{1}{2}}}f\mathrm{d}x$$

$$=\frac{1}{A_{\frac{1}{2},\frac{1}{2}}}[f_{\frac{1}{2},0}(x_{1,0}-x_{0,0})+f_{1,\frac{1}{2}}(x_{1,1}-x_{1,0})+f_{\frac{1}{2},1}(x_{0,1}-x_{1,1})$$

$$+f_{0,\frac{1}{2}}(x_{0,0}-x_{0,1})] \quad (2-58)$$

对式（2-51）和式（2-52）采用中心差分，得

$$\left(\frac{\partial f}{\partial x}\right)_{\frac{1}{2},\frac{1}{2}}=\frac{1}{J_{\frac{1}{2},\frac{1}{2}}}\left\{\frac{1}{\Delta\xi}\left[f_{1,\frac{1}{2}}\frac{y_{1,1}-y_{1,0}}{\Delta\eta}-f_{0,\frac{1}{2}}\frac{y_{0,1}-y_{0,0}}{\Delta\eta}\right]-\right.$$

$$\left.\frac{1}{\Delta\eta}\left[f_{\frac{1}{2},1}\frac{y_{1,1}-y_{0,1}}{\Delta\xi}-f_{\frac{1}{2},0}\frac{y_{1,0}-y_{0,0}}{\Delta\xi}\right]\right\} \quad (2-59)$$

$$\left(\frac{\partial f}{\partial y}\right)_{\frac{1}{2},\frac{1}{2}}=\frac{1}{J_{\frac{1}{2},\frac{1}{2}}}\left\{-\frac{1}{\Delta\xi}\left[f_{1,\frac{1}{2}}\frac{x_{1,1}-x_{1,0}}{\Delta\eta}-f_{0,\frac{1}{2}}\frac{x_{0,1}-x_{0,0}}{\Delta\eta}\right]+\right.$$

$$\left.\frac{1}{\Delta\eta}\left[f_{\frac{1}{2},1}\frac{x_{1,1}-x_{0,1}}{\Delta\xi}-f_{\frac{1}{2},0}\frac{x_{1,0}-x_{0,0}}{\Delta\xi}\right]\right\} \quad (2-60)$$

由回路积分式（2-57）和式（2-58）与中心差分式（2-59）和式（2-60）对比可以看出，只要式（2-61）$J_{\frac{1}{2},\frac{1}{2}}\Delta\xi\Delta\eta$ 与 $A_{\frac{1}{2},\frac{1}{2}}$ 相等，就可推出它们是完全一致的。由于

第 2 章 计算流体力学的建模与仿真

$$J_{\frac{1}{2},\frac{1}{2}}\Delta\xi\Delta\eta = \begin{vmatrix} \left(\frac{\partial x}{\partial \xi}\right)_{\frac{1}{2},\frac{1}{2}} & \left(\frac{\partial x}{\partial \eta}\right)_{\frac{1}{2},\frac{1}{2}} \\ \left(\frac{\partial y}{\partial \xi}\right)_{\frac{1}{2},\frac{1}{2}} & \left(\frac{\partial y}{\partial \eta}\right)_{\frac{1}{2},\frac{1}{2}} \end{vmatrix} \Delta\xi\Delta\eta = \begin{vmatrix} x_{1,\frac{1}{2}} - x_{0,\frac{1}{2}} & x_{\frac{1}{2},1} - x_{\frac{1}{2},0} \\ y_{1,\frac{1}{2}} - y_{0,\frac{1}{2}} & y_{\frac{1}{2},1} - y_{\frac{1}{2},0} \end{vmatrix}$$

$$= \begin{vmatrix} \frac{1}{2}(x_{1,1}+x_{1,0}-x_{0,1}-x_{0,0}) & \frac{1}{2}(x_{1,1}+x_{0,1}-x_{1,0}-x_{0,0}) \\ \frac{1}{2}(y_{1,1}+y_{1,0}-y_{0,1}-y_{0,0}) & \frac{1}{2}(y_{1,1}+y_{0,1}-y_{1,0}-y_{0,0}) \end{vmatrix}$$

$$= \frac{1}{2}[(x_{1,1}-x_{0,0})(y_{0,1}-y_{1,0}) - (x_{0,1}-x_{1,0})(y_{1,1}-y_{0,0})]$$

(2-61)

这正是以 $P_{0,0}$、$P_{1,0}$、$P_{1,1}$ 和 $P_{0,1}$ 为顶点的四边形面积 $A_{\frac{1}{2},\frac{1}{2}}$。因而式 (2-57) 和式 (2-58) 与式 (2-59) 和式 (2-60) 是完全一致的。同样,可以证明其他回路情况下的一致性,即证明了式 (2-48) 和式 (2-49) 回路上进行积分逼近导数,与引入坐标变化下式 (2-57) 和式 (2-58) 进行差分离散化逼近是完全一致的。由于式 (2-59) 和式 (2-60) 采用了中心差分,中心差份逼近导数都是 $\Delta\xi$ 和 $\Delta\eta$ 二阶精度的。从而可以断言,回路积分逼近导数也是 Δx 和 Δy 二阶精度的。这说明二维流体力学拉氏有限体积离散格式是空间二阶精度的。

2.2.2.2 对称性

针对拉氏有限体积格式,将所考虑的球对称计算区域剖分成 j 族同心半圆弧的网格曲线族;i 族网格曲线取成角度等分的以原点为中心的直线束(图 2-14)。原点为 $i=0$ 边界,$R_{i,0}=(x_{i,0},r_{i,0})$。

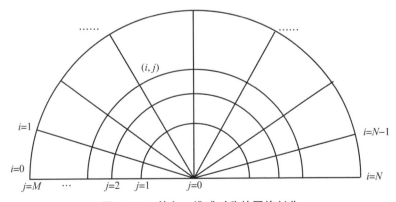

图 2-14 等角一维球对称的网格剖分

同时，i 直线的方向向量为

$$\frac{R_{i,j}}{|R_{i,j}|} = n_{i,j} = n_i = (\cos\varphi_i, \sin\varphi_i)^{\mathrm{T}} \qquad (2-62)$$

式中：$\varphi_i = \frac{i}{I}\pi$，$i = 0,1,\cdots,I$，$\Delta\varphi = \varphi_{i+1} - \varphi_i = \frac{\pi}{I}$。设 t^n（及 $t^{n-\frac{1}{2}}$）时刻的分布是球对称的。由于 j 族曲线为球面，则网格节点 $R_{i,j}^n = (x_{i,j}^n, r_{i,j}^n)^{\mathrm{T}}$ 满足条件：

$$\begin{cases} R_{i,j}^n = |R_{i,j}^n| = \sqrt{(x_{i,j}^n)^2 + (r_{i,j}^n)^2} = R_j^n \\ x_{i,j}^n = R_j^n \cos\varphi_i \\ r_{i,j}^n = R_j^n \sin\varphi_i \end{cases} \qquad (2-63)$$

将式（2-63）代入面积、体积公式，得

$$\begin{cases} A_{i-\frac{1}{2},j-\frac{1}{2}} = \frac{1}{2}(R_j^2 - R_{j-1}^2)\sin\Delta\varphi = A_{j-\frac{1}{2}} \\ \mathbf{V}_{i-\frac{1}{2},j-\frac{1}{2}} = \frac{\pi}{3}(R_j^3 - R_{j-1}^3)\sin\Delta\varphi(\sin\varphi_i + \sin\varphi_{i-1}) \end{cases} \qquad (2-64)$$

由于初始状态是球对称的，则

$$\begin{cases} \boldsymbol{\rho}_{i-\frac{1}{2},j-\frac{1}{2}}^n = \boldsymbol{\rho}_{j-\frac{1}{2}}^n \\ e_{i-\frac{1}{2},j-\frac{1}{2}}^n = e_{j-\frac{1}{2}}^n \\ P_{i-\frac{1}{2},j-\frac{1}{2}}^n = P(\boldsymbol{\rho}_{i-\frac{1}{2},j-\frac{1}{2}}^n, e_{i-\frac{1}{2},j-\frac{1}{2}}^n) = P(\boldsymbol{\rho}_{j-\frac{1}{2}}^n, e_{j-\frac{1}{2}}^n) = P_{j-\frac{1}{2}}^n \end{cases} \qquad (2-65)$$

由于速度分布是球对称的，即在球对称面上速度的方向是向心的，大小是相等的，即

$$\begin{cases} (u_n)_{i,j}^{n-\frac{1}{2}} = u_{i,j}^{n-\frac{1}{2}}\cos\varphi_i + v_{i,j}^{n-\frac{1}{2}}\sin\varphi_j \\ (u_\tau)_{i,j}^{n-\frac{1}{2}} = -u_{i,j}^{n-\frac{1}{2}}\sin\varphi_i + v_{i,j}^{n-\frac{1}{2}}\cos\varphi_j \end{cases} \qquad (2-66)$$

则

$$\begin{cases} (u_n)_{i,j}^{n-\frac{1}{2}} = (u_n)_j^{n-\frac{1}{2}} \\ (u_\tau)_{i,j}^{n-\frac{1}{2}} = 0 \end{cases} \qquad (2-67)$$

要证明保持球对称性，只要证明 t^{n+1}（及 $t^{n+\frac{1}{2}}$）时刻的仍是球对称的，即 $t^{n+\frac{1}{2}}$ 时刻节点速度的球对称性，t^{n+1} 时刻网格密度的球对称性，t^{n+1} 时刻网格内能的球对称性。这里以 $t^{n+\frac{1}{2}}$ 时刻节点速度的球对称性为例。

针对动量方程拉氏有限体积格式,如图 2-15 中节点 α,把节点 α 周围网格的中心和过节点 α 的网格边的中点按逆时针方向连线得到有限控制体积 Ω_α,称为节点 α 的控制体。其中,节点 α_k 为节点 α 的第 k 个邻域节点,即点 $\alpha_1, \alpha_2, \cdots, \alpha_{m_\alpha}$ 是与节点 α 的共线的网格节点;网格 i_k 为节点 α 的第 k 个邻域网格,即点 $i_1, i_2, \cdots, i_{m_\alpha}$ 是邻域网格的中心点;节点 β_k 是以节点 α 与节点 α_k 为端点的线段中点,即点 $\beta_1, \beta_2, \cdots, \beta_{m_\alpha}$ 是共线边的中点。m_α 为节点 α 邻域网格数,l_{i_k} 为网格 i_k 邻域节点数。

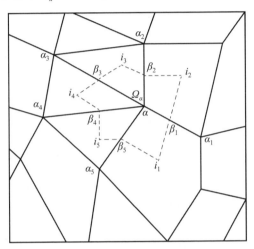

图 2-15　动量方程控制体积 Ω_α

图 2-15 中节点 α 的速度沿虚回路积分求解公式为

$$u_\alpha^{n+\frac{1}{2}} = u_\alpha^{n-\frac{1}{2}} + \frac{\Delta t^n}{B_\alpha^n} \sum_{k=1}^{m_\alpha^n} \left\{ -\left[(P+q)_{\beta_{k-1},i_k}^n (r_{i_k}^n - r_{\beta_{k-1}}^n) + (P+q)_{i_k,\beta_k}^n (r_{\beta_k}^n - r_{i_k}^n) \right] \right\}$$

(2-68)

$$v_\alpha^{n+\frac{1}{2}} = v_\alpha^{n-\frac{1}{2}} + \frac{\Delta t^n}{B_\alpha^n} \sum_{k=1}^{m_\alpha^n} \left\{ +\left[(P+q)_{\beta_{k-1},i_k}^n (x_{i_k}^n - x_{\beta_{k-1}}^n) + (P+q)_{i_k,\beta_k}^n (x_{\beta_k}^n - x_{i_k}^n) \right] \right\}$$

(2-69)

式中:$B_\alpha^n = \sum_{k=1}^{m_\alpha^n} \frac{\rho_{i_k}^n A_{i_k}^n}{l_{i_k}^n}$,变量上标表示时间步,下标为拉氏网格或节点编号;$x$、$r$ 为拉氏网格中心或节点坐标;q 为人为黏性;Δt 为时间步长;A 为网格面积。

动量方程的有限体积公式为

$$u_{i,j}^{n+\frac{1}{2}} = u_{i,j}^{n-\frac{1}{2}} + \frac{\Delta t^n}{B_{i,j}^n} \{ [P_{i+\frac{1}{2},j-\frac{1}{2}}^n (r_{i+1,j}^n - r_{i,j-1}^n) + P_{i-\frac{1}{2},j-\frac{1}{2}}^n (r_{i,j-1}^n - r_{i-1,j}^n)] -$$

$$[P_{i+\frac{1}{2},j+\frac{1}{2}}^n (r_{i+1,j}^n - r_{i,j+1}^n) + P_{i-\frac{1}{2},j+\frac{1}{2}}^n (r_{i,j+1}^n - r_{i-1,j}^n)] \} \quad (2-70)$$

$$v_{i,j}^{n+\frac{1}{2}} = v_{i,j}^{n-\frac{1}{2}} + \frac{\Delta t^n}{B_{i,j}^n} \{ [P_{i-\frac{1}{2},j-\frac{1}{2}}^n (x_{i-1,j}^n - x_{i,j-1}^n) + P_{i+\frac{1}{2},j-\frac{1}{2}}^n (x_{i,j-1}^n - x_{i+1,j}^n)] -$$

$$[P_{i-\frac{1}{2},j+\frac{1}{2}}^n (x_{i-1,j}^n - x_{i,j+1}^n) + P_{i+\frac{1}{2},j+\frac{1}{2}}^n (x_{i,j+1}^n - x_{i+1,j}^n)] \} \quad (2-71)$$

其中

$$B_{i,j}^n = \frac{1}{2} [(\rho A)_{i-\frac{1}{2},j-\frac{1}{2}}^n + (\rho A)_{i+\frac{1}{2},j-\frac{1}{2}}^n + (\rho A)_{i+\frac{1}{2},j+\frac{1}{2}}^n + (\rho A)_{i-\frac{1}{2},j+\frac{1}{2}}^n]$$

$$= \frac{1}{2} [(\rho A)_{j-\frac{1}{2}}^n + (\rho A)_{j-\frac{1}{2}}^n + (\rho A)_{j+\frac{1}{2}}^n + (\rho A)_{j+\frac{1}{2}}^n] = B_j^n \quad (2-72)$$

将式（2-63）、式（2-64）代入式（2-70）、式（2-71），得

$$u_{i,j}^{n+\frac{1}{2}} = u_{i,j}^{n-\frac{1}{2}} + \frac{\Delta t^n}{B_j^n} \{ (P_{j-\frac{1}{2}}^n - P_{j+\frac{1}{2}}^n) R_j^n (\sin\varphi_{i+1} - \sin\varphi_{i-1}) \} \quad (2-73)$$

$$v_{i,j}^{n+\frac{1}{2}} = v_{i,j}^{n-\frac{1}{2}} + \frac{\Delta t^n}{B_j^n} \{ (P_{j-\frac{1}{2}}^n - P_{j+\frac{1}{2}}^n) R_j^n (\cos\varphi_{i-1} - \cos\varphi_{i+1}) \} \quad (2-74)$$

将式（2-73）乘以 $\cos\varphi_i$ 与式（2-74）乘以 $\sin\varphi_i$ 相加，得

$$(u_n)_{i,j}^{n+\frac{1}{2}} = u_{i,j}^{n+\frac{1}{2}} \cos\varphi_i + v_{i,j}^{n+\frac{1}{2}} \sin\varphi_i = u_{i,j}^{n-\frac{1}{2}} \cos\varphi_i + v_{i,j}^{n-\frac{1}{2}} \sin\varphi_j +$$

$$\frac{\Delta t^n}{B_j^n} (P_{j-\frac{1}{2}}^n - P_{j+\frac{1}{2}}^n) R_j^n \{ (\sin\varphi_{i+1} - \sin\varphi_{i-1}) \cos\varphi_i +$$

$$(\cos\varphi_{i-1} - \cos\varphi_{i+1}) \sin\varphi_i \}$$

$$= (u_n)_j^{n-\frac{1}{2}} + \frac{2\Delta t^n}{B_j^n} (P_{j-\frac{1}{2}}^n - P_{j+\frac{1}{2}}^n) R_j^n \sin\Delta\varphi = (u_n)_j^{n+\frac{1}{2}} \quad (2-75)$$

将式（2-73）乘以 $-\sin\varphi_i$ 与式（2-74）乘以 $\cos\varphi_i$ 相加，得

$$(u_\tau)_{i,j}^{n+\frac{1}{2}} = -u_{i,j}^{n+\frac{1}{2}} \sin\varphi_i + v_{i,j}^{n+\frac{1}{2}} \cos\varphi_i = -u_{i,j}^{n-\frac{1}{2}} \sin\varphi_i + v_{i,j}^{n-\frac{1}{2}} \cos\varphi_i +$$

$$\frac{\Delta t^n}{2B_j^n} (P_{j-\frac{1}{2}}^n - P_{j+\frac{1}{2}}^n) R_i^n \{ -(\sin\varphi_{i+1} - \sin\varphi_{i-1}) \sin\varphi_i +$$

$$(\cos\varphi_{i-1} - \cos\varphi_{i+1}) \cos\varphi_i \}$$

$$= 0 \quad (2-76)$$

即 $t^{n+\frac{1}{2}}$ 时刻的速度仍是球对称的。从式（2-75）和式（2-76）可看出，二维流体力学拉氏有限体积离散格式是球对称的。

2.3 误差与不确定度来源

误差分析与不确定度量化是 CFD 软件和模型验证与确认活动中，是 CFD 建模过程、数值模拟过程、科学试验活动与工程实践中对结果进行分析与处理时必须掌握甚至需要进行更深入研究的内容，贯穿于验证与确认活动的各个环节。

为了代码验证分析定量化，需要评估计算解的误差。为了度量误差，需要方程的精确解。因此，有精确解的问题广泛应用于代码验证过程。精确解可以分为两类：一类是具有直接的解析表达式；另一类是可以精确求解，或者在一定精度上求解的方程，一般是代数方程或常微分方程。误差分析有两种用途：一种是可以检查数值算法实现是否正确。通过计算误差，获得不同尺度的收敛率，可以与理论分析的结果定量对比。如果与理论分析的结果不一致，那么就需要检查数值算法实现过程是否存在瑕疵，或者误差的实际计算方法是否与理论分析的过程一致。另一种是帮助考察特定的物理现象、物理过程的数值模拟是否取得了令人满意的结果。在这种情况下，并不是鉴别算法，而是考虑如何解释数值模拟的结果。通常可以采用不同代码模拟同一个问题，考察计算误差产生的原因。

2.3.1 数值误差及不确定度量化

数值误差有两种：一种是对物理问题进行数学描述时因假设和近似而带来的误差，称为建模误差 δ_{SM}；另一种是数学方程的数值求解中带来的误差，称为数值误差 δ_{SN}。因此，模拟误差为

$$\delta_S = S - T = \delta_{SM} + \delta_{SN} \tag{2-77}$$

式中：S 为模拟结果；T 为真值或约定真值。

用 U_{SM} 表示对应于建模误差 δ_{SM} 的不确定度，U_{SN} 表示对应于数值误差 δ_{SN} 的不确定度，则模拟误差的不确定度 U_S 计算公式为

$$U_S^2 = U_{SM}^2 + U_{SN}^2 \tag{2-78}$$

误差可以被估计，用上角标 * 号表示估计值，则有

$$\delta_{SN} = \delta_{SN}^* + \varepsilon_{SN} = T + \delta_{SM} + \varepsilon_{SN} \tag{2-79}$$

式中：δ_{SN}^* 为对数值误差 δ_{SN} 的估计值；ε_{SN} 为对数值误差 δ_{SN} 估计过程中的误差。

利用估计值对模拟结果进行校正，校正后的模拟值 S_C（数值基准）可定义为

$$S_C = S - \delta_{SN}^* \tag{2-80}$$

校正后的模拟误差为

$$\delta_{SC} = S_C - T = \delta_{SM} + \varepsilon_{SN} \tag{2-81}$$

对应的不确定性为

$$U_{SC}^2 = U_{SM}^2 + U_{S_CN}^2 \tag{2-82}$$

式中：U_{S_CN} 为 ε_{SN} 的不确定度估计。

验证过程的核心就是分析模拟中的数值误差并在预测中加以控制。数值误差 δ_{SN} 主要包括迭代误差 δ_I、舍入误差 δ_R、截断误差 δ_T 和其他参数的引入造成的误差 δ_P，即

$$\delta_{SN} = \delta_I + \delta_R + \delta_T + \delta_P \tag{2-83}$$

因舍入误差 δ_R 在数值误差中所占比例很小，可以忽略不计；模拟中引用的参数一般来源于经过精度测量的参数，取值精度也比较高，故因参数引入造成的误差 δ_P 也很小；这样数值误差 δ_{SN} 主要包括迭代误差和截断误差，即

$$\delta_{SN} = \delta_I + \delta_T \tag{2-84}$$

相应的不确定度为

$$U_{SN}^2 = U_I^2 + U_T^2 \tag{2-85}$$

式中：U_I、U_T 分别为迭代不确定度和截断不确定度。

同样，数值误差的估计值 δ_{SN}^* 也可以表示成

$$\delta_{SN}^* = \delta_I^* + \delta_T^* \tag{2-86}$$

式中：δ_I^* 和 δ_T^* 分别为迭代误差和截断误差的估计值。

根据式（2-80）、式（2-81）和式（2-86），校正后的模拟值和校正后的数值不确定度就可以分别表示为

$$S_C = S - (\delta_I^* + \delta_T^*) = T + \delta_{SM} + \varepsilon_{SN} \tag{2-87}$$

$$U_{S_CN}^2 = U_{I_C}^2 + U_{T_C}^2 \tag{2-88}$$

式中：U_{I_C} 和 U_{T_C} 分别为校正后的迭代不确定度和校正后的截断不确定度。

式（2-87）可以写成

$$S = S_C + (\delta_I^* + \delta_T^*) \tag{2-89}$$

从式（2-87）还可以看出，S_C 等于真值 T 加上建模误差 δ_{SM}，再加上假定的数值误差的估计误差 ε_{SN}，而一般 ε_{SN} 很小，所以 S_C 也可以称为模拟

的基准值。

因为截断误差一般是根据几套尺度不同网格上的模拟值来分析的,即截断误差的分析要用到模拟值,而该模拟值不应包含迭代误差,因此在进行截断误差分析之前,首先要分析迭代误差,并利用迭代误差对模拟值进行校正;其次利用校正后的模拟值来推断截断误差。迭代误差对模拟值校正为

$$\hat{S} = S - \delta_\mathrm{I}^* \qquad (2-90)$$

一般选取 3 套网格进行截断误差分析,几套网格间的细化比 r 可以为常数,也可以为变量,一般取 r 为常数,因为这样既不影响分析结果,还能使分析简化。

迭代误差是指由数值计算所得出的当前解与在同一套网格上离散方程的精确解之间的偏差,亦即迭代终止时离散方程的解与精确解的偏差。由于离散方程采用迭代方法求解时不可能绝对满足收敛性,必须在一定的条件满足后停止迭代。迭代收敛包括振荡迭代收敛、一致迭代收敛和混合迭代收敛。

(1) 对振荡迭代收敛,认为其迭代误差等于零,即

$$\delta_\mathrm{I}^* = 0 \qquad (2-91)$$

不确定度为

$$U_\mathrm{I} = \left| \frac{1}{2}(S_\mathrm{U} - S_\mathrm{L}) \right| \qquad (2-92)$$

式中:S_U、S_L 分别为停止迭代时最后一个迭代周期中解的最大值和最小值,可以认为是该不确定度在 95% 的置信度下的扩展不确定度。

式 (2-92) 是根据振荡迭代收敛的特点,近似认为振荡收敛的迭代误差为随机误差,随着振荡的不断进行,模拟值围绕一个确定的值上下波动,故认为其误差为零。同时,认为式 (2-92) 所确定的不确定度具有 95% 的置信度。

(2) 对于一致迭代收敛,可以采用指数方程的曲线拟合法来估计迭代不确定度 U_I(95% 的置信度)、迭代误差的估计值 δ_I^* 和校正后的迭代不确定度 $U_{\mathrm{I_C}}$(95% 的置信度),即

$$U_\mathrm{I} = |S - \mathrm{CF}_\infty| \qquad (2-93)$$

式中:CF_∞ 为拟合的指数方程当自变量趋于无穷时的函数值,则

$$\delta_\mathrm{I}^* = S - \mathrm{CF}_\infty \qquad (2-94)$$

$$U_{\mathrm{I_C}} = 0 \qquad (2-95)$$

（3）对于振荡迭代和一致迭代混合的情况，解的振幅随迭代次数增加而减小。用解的范围来定义第 i 次迭代中的最大值 S_U 和最小值 S_L，从而估计迭代不确定度 U_I（从式（2-92）可计算 95% 的置信度）、迭代误差的估计值 δ_I^* 和校正后的迭代不确定度 U_{I_C}（95% 的置信度），即

$$\delta_I^* = S - \frac{1}{2}(S_U - S_{I_C}) \tag{2-96}$$

$$U_{I_C} = 0 \tag{2-97}$$

在进行误差分析前，首先需要判断随网格加密解的变化趋势。设 3 套网格上对应的用迭代误差校正过的解分别为 $\hat{S}_1$、$\hat{S}_2$ 和 $\hat{S}_3$，其中 $\hat{S}_1$ 代表尺度最小即网格最密的解，$\hat{S}_3$ 代表尺度最大即网格最疏的解。不同网格下模拟值的差用 ε 表示，即

$$\varepsilon_{21} = \hat{S}_2 - \hat{S}_1 \tag{2-98}$$

$$\varepsilon_{32} = \hat{S}_3 - \hat{S}_2 \tag{2-99}$$

$$R = \frac{\varepsilon_{21}}{\varepsilon_{32}} \tag{2-100}$$

式中：下标 21 表示网格 2 和网格 1 之间的值；下标 32 表示网格 3 和网格 2 之间的值。根据不同的 R 值，可以判断解随着网格加密存在三种变化趋势：

①当 $0 < R < 1$ 时，表明随着网格的加密数值解沿下凹曲线（曲线斜率绝对值逐渐变小）单调趋近于收敛值，属单调收敛。

②当 $-1 < R < 0$ 时，表明随着网格的加密数值解在收敛值附近上下振荡，属于振荡收敛。

③当 $R > 1$ 或 $R < -1$ 时，表明随着网格的加密数值解沿上凸曲线（曲线斜率绝对值逐渐变大）变化或者振荡发散，说明发散或解随着网格加密尚未达到稳定，对这种情况，应进一步加密网格，直到出现①或②的情况。

对于点参数，可能会遇到 ε_{21} 和 ε_{32} 都为 0 的情况，这时可以采用 L_2 范数进行定义，即

$$\langle R \rangle = \frac{\left[\sum_{i=1}^{N} \varepsilon_{21_i}^2\right]^{\frac{1}{2}}}{\left[\sum_{i=1}^{N} \varepsilon_{32_i}^2\right]^{\frac{1}{2}}} \tag{2-101}$$

式中：$i=1,2,\cdots,N$ 表示研究区域的 N 个点。由于范数总是大于零，无法识别出 $R<0$ 的情况，因此需要用该点附近的局部极值代替该点进行计算来辅助判断 R 的正负。

随着网格加密解的变化趋势不同，对应的截断误差的分析方法也不同。

1. 单调收敛误差和不确定度的分析方法

单调收敛可以用理查森外推法进行误差和不确定度分析。

$$\delta_{RE}^* = \hat{S}_1 - \hat{S} = \frac{\hat{S}_2 - \hat{S}_1}{r^P - 1} = \frac{\varepsilon_{21}}{r^P - 1} \quad (2-102)$$

式中：P 为指数，取决于所采用的离散格式。

上述的截断误差分析方法是针对只存留截断误差首项时的方法，假设高阶项相对首项可忽略不计，对于较精细的网格且解处于渐近线范围内时，高阶项可以忽略。然而在实际情况下，要达到渐近线范围内是不可能的，但因为进行包含两项及以上的截断误差的分析是很困难的，同时还需要在 5 套以上的网格上进行计算，所以不希望采用两项或以上的截断误差进行分析。解决的办法是考虑高阶项的影响，即对式（2-102）进行修正，修正系数表示为

$$C = \frac{r^P - 1}{r^{P_{est}} - 1} \quad (2-103)$$

式中：P_{est} 为截断误差首项精度阶的估计值，可以取第一项的阶数。$C<1$ 表明高阶项和为负值；$C>1$ 表明高阶项和为正值。这样，截断误差就可表示为

$$\delta_T^* = C\delta_{RE}^* = C\frac{\varepsilon_{21}}{r^P - 1} \quad (2-104)$$

采用解析基准解进行分析后不确定度为

$$U_T = |C\delta_{RE}^*| + |(1-C)\delta_{RE}^*| \quad (2-105)$$

2. 振荡收敛不确定度分析方法

振荡收敛只能估计不确定度而无法估计误差，不确定度的估计需要 3 套以上网格的解，具体公式为

$$U_T = \left|\frac{1}{0.845}(S_U - S_L)\right| \quad (2-106)$$

式中：S_U 和 S_L 分别为 3 套网格中解的最大值和最小值。式（2-106）是这样得出的：假设模拟误差分布属于正态分布，这样扩展不确定度对应

95%的置信度的包含因子就等于2，即
$$U_T = 2u \quad (2-107)$$
式中：u 为标准不确定度，当用单次的模拟值作为模拟值的估计值时，标准不确定度为实验标准差 s。考虑数据少于6个，用极差法求其标准差为
$$s = \frac{S_U - S_L}{1.69} \quad (2-108)$$

这样，当解随网格加密振荡收敛时，置信度为95%的截断误差不确定度的计算式即为式（2-106）。

模型确认方法是综合考虑了模拟结果和实验数据中的误差及不确定度。用实验数据对模拟结果进行确认或比较误差可以通过图2-16来解释。图中横坐标表示自变量 x，纵坐标表示要考察的响应量（变量）r，某一自变量对应的模拟结果为 S，对应的实验数据为 D，S 和 D 之间的差用 E 表示，实验数据 D 存在不确定度 U_D，模拟结果 S 存在不确定度 U_S。

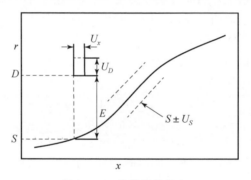

图 2-16　比较误差定义

设实验数据 D 的误差为 δ_D，根据式（2-77）可得
$$D - \delta_D = S - \delta_S \quad (2-109)$$
D 和 S 之间的差 E 称为一致误差，可表示为
$$E = S - D = \delta_S - \delta_D = (\delta_{SM} + \delta_{SN}^* + \varepsilon_{SN}) - \delta_D$$
$$= (\delta_{SMA} + \delta_{SPD} + \delta_{SN}^* + \varepsilon_{SN}) - \delta_D \quad (2-110)$$
式中：建模误差 δ_{SM} 来自模拟采用的参数误差 δ_{SPD} 和来自模型假设的误差 δ_{SMA}。

如果 x、r 和 S 没有共同的误差源，则比较误差的不确定度为
$$U_E^2 = U_D^2 + U_S^2 = U_D^2 + U_{SMA}^2 + U_{SPD}^2 + U_{SN}^2 \quad (2-111)$$
确认就是要比较 $|E|$、U_E 和允许的最大不确定度 U_{reqd} 之间的关系，确认标

准如下：

(1) 当$|E|$和U_E都小于U_{reqd}时，模型通过确认。

(2) 在条件（1）成立的情况下，如果$|E| < U_E$，可以认为实验与模拟的偏差是由随机误差产生的，即认为模拟误差为零，这种情况下建模误差δ_{SM}与数值误差大小相等，符号相反。

(3) 在条件（1）成立的情况下，如果$U_E < |E|$，假定δ_D为零，则$|E|$可近似代表模拟误差，即建模误差和数值误差之和。

对多个模型或程序的检验除了进行单个模型或程序的检验，还可以通过比较各个模型或程序的$|E| + U_E$的大小，判断不同模型或程序的性能。

但实际上没有办法确定U_{SMA}，所以U_E没法确定，因此引入不确定度U_V来进行近似比较：

$$U_V^2 = U_E^2 - U_{\text{SMA}}^2 = U_D^2 + U_{\text{SPD}}^2 + U_{\text{SN}}^2 \quad (2-112)$$

对数据点(x_i, r_i)，U_D应该包括实验数据r_i中的不确定度和n个自变量的测量不确定度附加给r_i的不确定度，即

$$U_D^2 = U_{r_i}^2 + \sum_{j=1}^{n} \left(\frac{\partial r}{\partial x_j}\right)_i^2 (U_{x_j})_i^2 U \quad (2-113)$$

应用参数带来的误差为

$$U_{\text{SPD}}^2 = \sum_{i=1}^{m} \left(\frac{S}{D_i}\right)^2 (U_{D_i})^2 \quad (2-114)$$

U_{SN}在验证的过程中已经得出，这样式（2-112）右边的3项都可以计算得出，U_V就可以求得。

需要说明的是，解析基准解只能用于估计验证中的模拟误差，不能用于估计确认过程的建模误差。

2.3.2 计算流体力学误差来源

无论科学规律的形成，还是新技术和新产品的开发，都离不开实验与测试的分析与总结，而实验与测试又难免存在误差、不稳定和不确定等非本质因素的影响。"误差"一词最早用于测量领域。在测量过程中，误差产生的原因可归纳为测量装置误差（标准量具误差、仪器误差和附件误差）、环境误差（温度、湿度、气压、振动等）、方法误差和人员误差。

在数值分析过程中，人们对实际建模与模拟总是抱有一个良好的愿望，希望能逼真建模、精确模拟，但由于多种原因的影响，误差总是不可避免的。建模与模拟者的任务就在于掌握误差的规律，采用比较完善的建

模与模拟技术，使用比较可靠的算法，将建模与模拟误差减少到最低限度。为了达到这一目的，分析建模与模拟误差的来源及其性质是非常重要的。

按照误差的特点与性质，复杂系统的误差可分为系统误差、随机误差和粗大误差三类。

（1）系统误差。在同一条件下，多次测量同一量值时，绝对值和符号保持不变，或在条件改变时，按一定规律变化的误差称为系统误差。

（2）随机误差。在同一测量条件下，多次测量同一量值时，绝对值和符号以不可预测方式变化的误差称为随机误差。

（3）粗大误差。超出在规定条件下预期的误差称为粗大误差，或称"寄生误差"和"过失误差"。此误差值较大，明显歪曲测量结果，如测量时对错了标志、读错或记错了数据、使用有缺陷的仪器以及在测量时因操作粗心而引起的过失性误差等。

CFD 中误差一般分为物理模型误差、离散误差、舍入误差和程序设计误差 4 类。

（1）物理模型误差。其主要源于物理问题数学描述的近似和假设（如几何外形、数学方程、坐标变换、边界条件表述的误差、爆轰模型），以及已有参数的引用（如物性参数、状态方程与真实情况之间的误差）。也就是说，控制方程和边界条件不能充分地描述要模型化的物理现象。

（2）离散误差。其主要来源于各种数值方法对控制方程及边界条件的离散化，由于空间离散和时间离散的有限精度以及有限分辨率导致数值解与所求解方程的精确解之间存在误差；空间网格及表面网格不够密和不够光滑所带来的误差。

（3）舍入误差。其源于计算机数据存储字长的限制。

（4）程序设计误差。这是简单的失误，可以归为上述未提及的误差，并且一般可在使用某些方法或者在程序验证过程中发现这些错误。

针对数值仿真建模与模拟中的不确定性，将其分为参数不确定性、物理模型形式（同效异构模型形式）不确定性和数值逼近方法不确定性三类。

1. 参数不确定性

在建模与模拟的过程中，由于认知、信息的不完备等知识缺陷，或实验测试能力的限制，有些参数无法给出其准确值，只能基于先验知识给出分布，具有不确定性。

CFD/CAE 软件建模与模拟中参数一般分为三类：①具有明确物理意义的参数，可直接测量或用物理实验和物理关系推求；②纯经验参数，可通过实测资料反求；③具有一定物理意义的经验参数，可先按物理意义确定参数的取值范围，然后按实测资料确定其具体数值。但无论是直接推断、反求和经验确定，参数可能都是满足某种分布的不确定性参数。表 2-1 罗列了爆轰流体力学建模与模拟中部分不确定性参数及服从的概率密度分布。

表 2-1 爆轰数学模型中输入参数不确定性参数及分布

序号	不确定性参数	内容描述	不确定性特性及概率密度函数
1	ρ_0	炸药初始密度	正态分布：$\rho_0(x)=\dfrac{1}{\sqrt{2\pi}\sigma}e^{-\frac{(x-\mu)^2}{2\sigma^2}}$
2	D_J	炸药爆轰爆速	正态分布
3	P_J	炸药爆轰爆压	正态分布
4	$\sigma_{起爆阈值}$	体积起爆阈值。当 $\sigma_{网格} \geq \sigma_{起爆阈值}$ 时，炸药起爆	均匀分布。一般炸药：$\sigma_{起爆阈值} \in [\sigma_a, \sigma_b]$
5	t_b	时间起爆。当爆轰波刚到达计算网格时，当 $t \geq t_b$ 时，炸药起爆	正态分布
6	n_b	Wilkins 反应率模型参数	均匀分布：$n_b \in [a_{n_b}, b_{n_b}]$
7	r_b	时间起爆反应率模型参数	均匀分布：$r_b \in [a_{r_b}, b_{r_b}]$
8	I	Lee-Tarver 反应率模型参数	均匀分布：$I \in [a_I, b_I]$
9	x	Lee-Tarver 反应率模型参数	均匀分布：$x \in [a_x, b_x]$
10	y	Lee-Tarver 反应率模型参数	均匀分布：$y \in [a_y, b_y]$
11	z	Lee-Tarver 反应率模型参数	均匀分布：$z \in [a_z, b_z]$
12	γ	Lee-Tarver 反应率模型参数	均匀分布：$\gamma \in [a_\gamma, b_\gamma]$
13	G	Lee-Tarver 反应率模型参数	均匀分布：$G \in [a_G, b_G]$
14	R_1	JWL 状态方程中的系数	均匀分布：$R_1 \in [a_{R_1}, b_{R_1}]$
15	R_2	JWL 状态方程中的系数	均匀分布：$R_2 \in [a_{R_2}, b_{R_2}]$

续表

序号	不确定性参数	内容描述	不确定性特性及概率密度函数
16	w	JWL 状态方程中的系数	均匀分布：$w \in [a_w, b_w]$
17	C_0	金属材料常温声速	正态分布
18	γ	Grunneisen 系数	均匀分布：$\gamma \in [a_\gamma, b_\gamma]$
19	G	剪切模量	均匀分布：$G \in [a_G, b_G]$
20	σ_y	屈服强度	均匀分布：$\sigma_y \in [a_{\sigma_y}, b_{\sigma_y}]$
21	a_{NR}	N-R 人为黏性系数	均匀分布：$a_{NR} \in [a_{a_{NR}}, b_{a_{NR}}]$
22	a_L	Landshoff 人为黏性系数	均匀分布：$a_L \in [a_{a_L}, b_{a_L}]$

注：如果考虑每种材料的本构模型参数，不确定性参数会达到数百或数千个。

2. 物理模型形式（同效异构模型形式）不确定性

在 CFD 中，湍流模型就属于物理模型形式不确定性。由于模型是原型（研究对象）的相似系统，而相似程度具有一定的模糊或不确定性。这种不确定性不仅与建模者对原型认识的深刻程度有关，而且与其所采用的方法与技巧有关。也就是说，对于同一原型系统，抱着同样的建模目的，不同的人可能建造出与原型相似程度不同的模型。实际上对某一问题物理模型有多种已知形式，还存在更多的未知形式，模型表达形式所导致的误差，称为模型误差。

物理模型形式（同效异构模型形式）不确定性是由于各个领域、不同时代、不同人对其过程的理解不同而建立的表征物理过程的模型，即同一物理过程，出现了不同表征模型形式。例如，爆轰弹塑性流体力学建模与模拟中，涉及流体力学主控方程、炸药反应率模型、材料物态方程模型、固体材料本构模型，这里以炸药反应区反应率模型为例。炸药爆轰是由局部起爆产生的爆轰波向炸药的其余部分传播的一个过程。炸药爆轰的前沿是以超声速传播的激波，其后紧接化学反应区。由于对无穷薄反应区认知很模糊，造成对其表征建模出现了众多形式（表 2-2），如 Arrhenius、Forest Fire、Cochran、Wilkins、Lee-Tarver、SURF、CREST、WSD 等各种唯象反应率模型。图 2-17 所示为炸药爆轰模型特点，从图可以看出反应区表征很难，只能唯象描述，不同模型反应区能量释放路径是不一样的，存在不确定性。

第 2 章 计算流体力学的建模与仿真

表 2–2 几种反应率模型形式

序号	名称	模型形式	备注
1	Wilkins 函数	$F = \begin{cases} 0, & t \leq T_i \\ \left(\alpha D_J \dfrac{t-T_i}{\Delta R}\right)^\beta, & T_i < t \leq T_i + \dfrac{\Delta R}{\alpha D_J} \\ 1, & t \geq T_i + \dfrac{\Delta R}{\alpha D_J} \end{cases}$	F 为反应产物的质量分数；D_J 为爆速，ΔR 为网格宽度；T_i 为第 i 个网格起爆时间
2	C 比体积燃烧函数	$F = \begin{cases} 0, & V \geq V_0 \\ (V_0-V)/(V_0-V_J), & V_0 > V > V_J \\ 1, & V \leq V_J \end{cases}$	F 为反应产物的质量分数；V_0 为炸药的初始比容；V_J 为 C–J 状态比容
3	Arrhenius 反应率	$\dfrac{1}{w}\dfrac{\mathrm{d}w}{\mathrm{d}t} = z\mathrm{e}^{(-E/RT)}$	w 为未反应炸药的质量份数；E、z、R 为常数；T 为温度
4	Forest Fire 燃烧函数	$-\dfrac{1}{w}\dfrac{\mathrm{d}w}{\mathrm{d}t} = \mathrm{e}^{\left(\sum\limits_{i=0}^{N} a_i P^i\right)}$	w 为未反应炸药的质量份数；a_i 为常数，由实验确定
5	Cochran 起爆函数	$R = \dfrac{\mathrm{d}F}{\mathrm{d}t} = (1-F)\left[w_1 P^n + w_2 PF\right]$	F 为反应产物的质量分数；w_1、w_2 和 n 为常数，由实验来定
6	Lee–Tarver 反应率（点火和成长模型）	$R = \dfrac{\mathrm{d}F}{\mathrm{d}t} = I(1-F)^x \eta^\gamma + G(1-F)^x F^y P^z$ $\eta = \dfrac{V_0}{V} - 1$	F 为反应产物的质量分数；V_0 为炸药的初始比容；V_1 为受冲击后但尚未反应的炸药比容；I、x、y、z、γ、G 为常数

注：建立能正确反映化学反应特性的反应率函数 $R(P,e,F)$，也可以是上述几种组合。

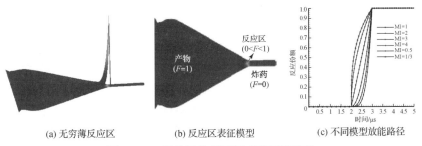

(a) 无穷薄反应区　　(b) 反应区表征模型　　(c) 不同模型放能路径

图 2–17 同效异构模型形式的不确定性

3. 数值逼近方法不确定性

数值逼近方法不确定性主要是由于连续到离散带来的不确定性，包括计算空间离散（网格）、时间步长、微分方程时空离散、计算过程中处理等。

计算空间网格分为结构网格、非结构网格和无网格，计算采用不同的网格会产生不同的结果。或者采用不同的计算格式，也会产生不同的结果，即在某种意义下含有不确定性。图 2-18（a）所示为钢柱侵彻铝盘计算模型结构及三个拉氏参考跟踪点；图 2-18（b）所示为针对钢柱侵彻铝盘时，采用不同的网格，拉氏参考点得到的结果。从图可以看出其有很大差别，存在很大不确定度。

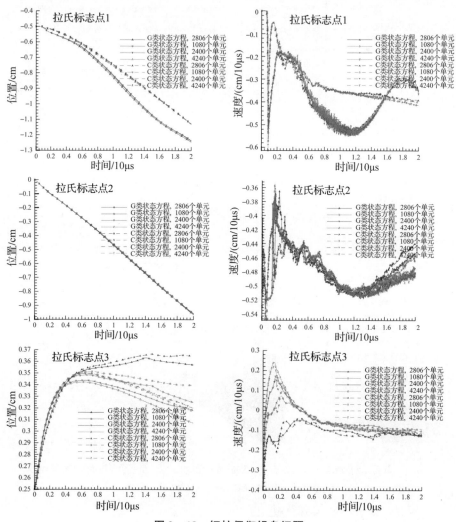

图 2-18　钢柱侵彻铝盘问题

2.3.3 不确定度量化与验证和确认

从图1-2可以看出,不确定度量化在V&V实施过程中是非常重要的环节,其量化准确性不仅影响V&V的实施效果,而且严重影响软件的可信度与预测结果的置信度。必须强调的是,即使是最成熟的数值软件也不能自动考虑不确定性的影响。因此,为了充分理解模拟结果,必须从数值过程的一开始就考虑不确定性,如模型形式的不确定性、模型中各种参数的不确定性、数值求解过程中初边界条件与数值离散误差带来的不确定性等都会给数值模拟和仿真结果带来不确定性,实施V&V必须对不确定度量化。

为了着眼未来,有效决策或提高产品设计水平,无论不确定性是什么来源,其核心都是要对其不确定度进行表征,尤其是从系统输入到系统输出的不确定度传播量化,包括时变不确定度因素处理,已成为急需解决的关键问题,这是众多科技界最为关注的,也是目前V&V领域的难点。

第 3 章
验证和确认及不确定度量化理论

验证和确认及不确定度量化是研发有预测能力高可信度仿真软件的最佳途径,已引起国内外科技界、应用界的高度关注。V&V&UQ 是一个知识密集型、学科交叉性很强的科学研究,既是一种技术手段,也是一种管理方式,不仅涉及大量概念、术语、规范、标准和指南,以及基本原理、基本要素、基本活动等基本理论,而且还涉及大量方法、算法和软件。

3.1 基本概念和术语

验证和确认及不确定度量化的术语、概念是 CFD 实施 V&V&UQ 的重要支撑,是该领域思想和认识交流,达成共识的重要工具。实际上,我国古代就很重视术语体系化,孔子说"名不正,则言不顺"(出处:《论语·子路》),"正名"就是术语的规范化。术语标准化的目的,首先在于分清专业界限和概念层次,从而指导各项标准的制定和修订工作,是科学发展的必需。如果不在术语工作中采用严格的科学方法,那么在不久的将来就会出现交流上的问题。如果没有规范与标准的术语,那么对于建模与模拟领域,不仅不会消除孤岛,而且会构建更多的孤岛。

3.1.1 建模与模拟

图 3-1 高度概括了建模与仿真(M&S)在 V&V&UQ 活动中的角色,清楚地说明了建模与仿真(实线)的过程与 V&V,以及软件可信度评估问题(虚线)之间的关系。在图上可以清晰看出,验证只是处理数学模型及其计算机程序实现间的关系。确认则是处理计算程序的计算结果与现实(如实验观察结果)间的关系。模型量化是处理建模与客观世界间的关系。

第3章　验证和确认及不确定度量化理论

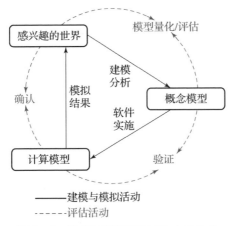

图 3-1　建模与模拟在 V&V 中的角色

（1）建模：建立或者修正模型的过程。建模是对客观实在的抽象表示过程。建模活动针对不同的目标系统和模型应用，建立相应模型，如几何模型、物理模型、化学模型等。由于人们认识水平的局限及客观条件的限制，针对同一目标系统和同一模型应用可能有不同层级的模型，如零级近似模型、一级近似模型等。

（2）模拟：模型的使用或执行。模拟是模仿（被抽象的）客观实在的行为特征。计算机模拟一般是指借助软件技术和程序设计语言，研制求解模型的应用软件，再在高速计算机中计算和分析，以再现实际物理现象的细致全过程，预测和认识真实世界系统演化规律的过程。

3.1.2　验证和确认

（1）验证：确定模拟过程是否正确地求解模型（正确求解方程）或求解模型准确程度及模拟过程是否满足规定需求的活动。

验证活动是针对建模与模拟过程，将数值解与解析解或高精度解等已知行为进行比较（图 3-2），对数值结果准确性、收敛速度、收敛精度、鲁棒性、稳定性等程序内在进行检验，对数值求解中离散、迭代和舍入等各种误差进行估计。该活动分为代码验证和解验证两个方面。

代码验证是确定数值算法在程序中正确实现并识别编程错误的过程，或者找出并消去数值算法误差，或者用软件质量保证做法改进软件质量。代码验证是整个验证和确认活动的基础，目的在于从程序实现角度检验代码是否真实表示模型，属于软件工程方法中的软件质量保证范畴。代码验

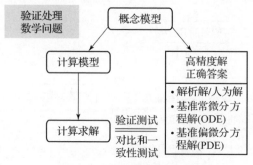

图 3-2 验证的基本原理

证主要有两条途径（图 3-3）：一是软件质量保证验证，用软件工程的手段，通过大量的分析和测试来完成；二是数值算法验证，包括解析解方法、高精度解方法、人为解方法等。

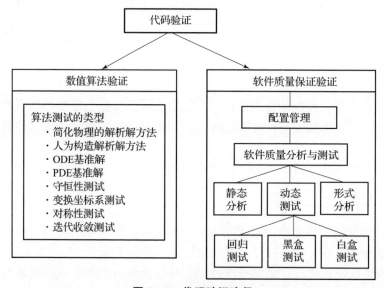

图 3-3 代码验证途径

解验证是确定模拟是否满足模型精度和准确性的过程。解验证活动建立在代码验证的基础上，旨在验证模拟结果与期望符合，反映特定数学模型的数值模拟是否满足预期的精度和准确性要求，如对数值求解中的误差或不确定性进行评估和量化，可以采用精确解、人为构造解等方法进行验证。

（2）确认：确定模型在预期用途内是否能表征真实世界或表征真实

世界准确程度的活动。它是通过数值计算结果和确认试验数据之间的一致性来判断模型是否适应实际问题，进而标定物理模型参数或形式，量化模拟结果与真实世界二者之间的吻合程度，提升或确认模型可信度的过程（图3-4）。

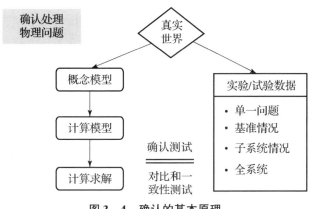

图3-4 确认的基本原理

确认活动首先是针对复杂系统，建立基于确认试验的模型层级确认树型，这里以气体爆炸系统或装置为例，说明构建的模型层级确认树型图（3-5（a））。其次，将数值模拟输出和确认试验输出比较，对模型进行确认的活动（图3-5（b））。简单地说，就是是否求解了正确方程或者模型能否表征真实世界。该活动涉及确认试验层级和确认度量两个重要概念。

确认试验（validation experiment）是定量确定物理模型及其载体（模拟软件）在多大程度上或在什么条件下能够真实再现物理系统演化过程的试验，不同于传统试验，它是在传统试验的基础上，必须考虑量化试验数据不确定度的试验。确认试验设计是基于模型确认的层级图，往往分为单一问题层、基准层、子系统层、全系统层等确认试验。

确认度量（validation metric）是对感兴趣系统响应量（SRQ）的数值模拟输出和实验测试输出吻合程度的量化表述（图3-6）。确认度量是模型计算得到的结果和物理试验得到的数据差异的量化表征（统计指标）。确认度量结果可以是范围或概率指标。当模拟结果与实验数据不满足工程精度或准确性要求时，需要修正模型或改进/增补试验。

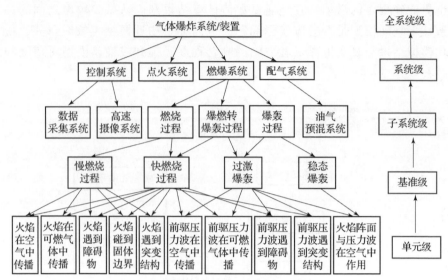

(a) 基于确认试验的层级确认树型图

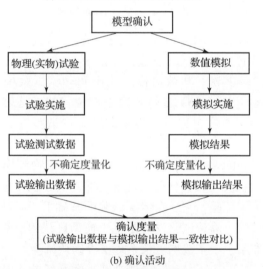

(b) 确认活动

图 3-5 确认活动的内容

模型修正或参数标定是将确认试验测试数据作为目标，建立数值模拟结果与试验数据之间差（某种范数）的目标函数，将不确定度参数随机空间或分布作为约束条件，建立优化问题。通过求解该优化问题，在待定参数不确定性范围内，快速找出数值仿真软件或物理模型能再现试验数据和过程的参数。

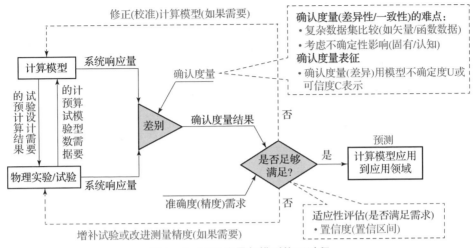

图3-6 确认度量与模型修正过程

3.1.3 误差与不确定度

误差（error）是获得值与真值的偏差（不是由于缺乏知识导致的缺陷）。不确定度是由于知识不完备，认知局限导致真值不知道，或者由于系统随机性导致真值模糊（不准），在真值不知道或模糊情况下，对误差的一种量化估计。由于知识不完备，认知局限导致真值不知道的误差可能量化估计，称为认知不确定度。由于系统随机性导致真值模糊（不准）的误差可能量化估计，称为偶然不确定度。

从上述定义可以看出，如果真值已知，误差是表示准确度的最好方法。但对于复杂系统，往往是不知道的，这样就引入了不确定度的概念。对认知不确定度有可能不包含真值，也可能包含真值。对偶然不确定度真值模糊，在真值某个小范围内。这里以试验测试数据为例，由于加工偏差，测到的数据（真值）很难完全重复，有一个小范围，都可能是真值，造成决策时模糊（风险）。

在CFD领域，主要有模型形式不确定性、模型参数不确定性、逼近方法不确定性三类不确定度。模型形式不确定性是指数学模型描述实际的物理系统的真实行为时的不确定度，也称为结构不确定度或者非参量化不确定度。这种类型的不确定度很难用概率密度函数来描述。在CFD中，湍流模拟即属此类。由于模型是原型（研究对象）的相似系统，而相似程度具有一定的模糊或不确定性。这种不确定性不仅与建模者对原型认识的深刻程度有关，而且与其所采用的方法与技巧有关。就是说对于同一原型系统，抱着同样的建模目的，不同的人可能建造出与原型相似程度不同的模型。模型参数不确定性是CFD中某些参量（包括物性参数模型中的系数）其精确的结果无法得到而产生的。逼近方法不确定性是CFD中某些参量（包括网格、算法中的系数）其精确的结果无法得到而产生的。

不确定度量化是不确定度活动的主要内容，是针对存在的各种不确定度对模拟结果造成影响的程度，通过各种分析和评估手段，如敏感度分析、样本概率统计方法和基于数据数学建模的非概率方法等，对其影响程度进行定量评估的过程（图3-7）。其中，模型输入不确定性涉及环境和场景环境如大气层等，场景如水中爆炸，这是很难量化的。几何初始条件、物理参数、边界条件、系统激发等引起的不确定性是CFD需要考虑的主要不确定性来源。

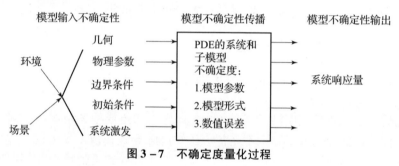

图3-7　不确定度量化过程

3.1.4　可信度与置信度

（1）可信度：模拟预测结果或行为值得相信的程度。一般用[0,1]区间上的正实数 C 表示。

（2）置信度：模拟预测结果或行为获得值落在真值范围内（置信区间）的概率。置信度也称为置信水平，是在抽样基础上，对总体参数做出估计。常采用概率法，如数理统计中的区间估计法，即估计值与总体参数在一定允许的误差范围以内，其相应的概率有多大，这个相应的概率称为置信度。

在实际工程中，实验/试验是获得真值范围的有效手段，为此，从狭隘意义上讲，置信度就是数值模拟结果（范围）落在实验不确定度范围内的概率。而可信度是指数值模拟输出与试验测试输出的一致程度。这里"输出"是考虑不确定度的结果，模拟输出 = 模拟结果⊕模拟不确定度（U），试验输出 = 试验测试数据⊕试验不确定度（U）。对于数值模拟软件，往往是指可信度，即软件可信度。可信度评价建立在严格的验证与确认活动基础之上，模拟可信度是指在特定的应用场景，其过程、现象和结果反映真实世界的程度。对于数值预测结果，往往是指置信度，即模拟结果的置信度。置信度评估往往需要一个置信区间，如可通过试验测试数据，采用置信因子（如 $\alpha=0.05$）对其置信区间进行估计。

3.2 验证和确认基本理论

验证和确认及不确定度量化是可信度评估的重要途径。其基本理论除了涉及术语概念，还涉及基本要素、基本活动、实施流程和关键方法。

3.2.1 基本要素

要素是构成一个客观事物的存在并维持其运动的必要的最小单位，是构成事物必不可少的现象，又是组成系统的基本单元，是系统产生、变化、发展的动因。简单地说，就是构成事物的必要因素。CFD 软件 V&V 活动概括为 9 个要素（图 3-8）：①描述 CFD 模型与软件所关心的应用实际问题（提出要求）；②制订计划和优先次序；③代码验证（软件质量保证和算法验证）；④确认试验的设计与实施；⑤系统响应量计算和解法验证；⑥确认度量与比较；⑦对所关心的应用实际问题模拟和不确定度量化；⑧CFD 模型确认和软件预测可信度评估；⑨文档编制与归档或入库。

要素 1：V&V&UQ 需求分析。剖析特定领域（如航空航天、核、船舶）实际工程和 CFD 软件所关心的问题，依据实际问题背景、物理模型、计算方法、求解算法、软件架构、程序代码、软件应用现状的文档，建立现象认证和等级划分表（Phenomena Identification and Ranking Table，PIRT），形成特定领域 CFD 软件 V&V&UQ 需求。PIRT 实际上是对各因素影响程度的排序。（熟悉环境，知悉问题）

要素 2：V&V&UQ 活动计划。根据 CFD 软件 V&V&UQ 需求，规划 V&V&UQ 活动内容，确定活动的关键过程，以及预期度量标准和评价标准，达到目的。（明确对象）

要素 3：代码验证活动。采用各种测试手段、数学证明、客观推理的方式，对程序运行逻辑、算法计算过程进行验证，证明程序执行逻辑、算法实施的编码无错误或无缺陷。代码验证是验证活动的重要环节，是确认活动的基础。（正确程序）

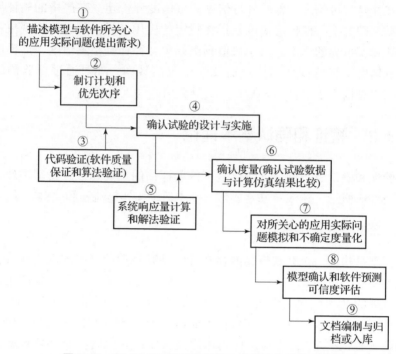

图 3-8　V&V&UQ 活动涉及的 9 个要素与实施逻辑

要素 4：确认实验活动。根据规划和代码验证提供的条件，有目的地设计确认实验，这是连接应用目标和 PIRT 的重要环节，应当能提供实验不确定度的量化值，达到满足工程应用要求（CFD 软件评估）的准确数据。确认试验的合理设计、实施和分析是确认活动的重要组成部分。（把握试验）

要素 5：解验证活动。解验证活动旨在研究数值误差和数值不确定度，对计算精确性进行评价，以保证能以一定的精度与计算结果（包括不确定度量化）进行比较，为确认度量和可信度评估打下基础。（把握模拟）

要素 6：确认度量。确认度量实际上是试验数据与模拟结果一致性分析的过程。该活动是在充分对实验数据和计算结果的不确定度量化的基础上，将实验数据和计算结果进行定量比较，判断是否达到度量标准，对模型与软件进行适当的校准或标定，以便软件对实际问题预测时给出令人满意的可信的预测结果，度量标准应在确认实验之前给出。（把握结果）

要素 7：应用域不确定度量化。应用 CFD 模拟实际问题，对模拟结果进行不确定度量化的评审度量过程，给出试验数据与计算结果比较的可信度程度，建立有效的软件应用域，达到精确评价预测域依赖于精确度量应用域的目的，评价标准应当在确认实验之前给出，由它决定确认过程是"成功"还是"失败"。（把握应用）

要素8：预测域可信度评估。确认活动的最终目标是要提供一个有预测能力的高可信度软件，以便将来对实际问题进行预测或推断，通过量度和评价过程所得到的结果（"成功"或"失败"）逐步改善模型的预测可靠性，直至模型能得到满意的外推结果为止。（评估预测）

要素9：文档。文档编制、入库或归档工作是V&V&UQ的财富。这一要素是将V&V&UQ全部活动中有效而充实的证据，创建成文档，作为凭据。（有据可查）

要素3~7是V&V的核心部分。验证活动的输入量是：①根据实际工程应用制订的计划（包括PIRT分析）；②代码验证，用于确认实验的设计、实施和分析；③计算验证，用于提供计算结果和确认实验测试数据进行比较，并由此确定量度和评价标准。进行确认活动，必须有一个正确的、满意的程序，它由验证活动提供。确认实验的输出量是：①实施确认实验，给出实验结果；②实验测试数据分析；③确定计算和实验比较的度量标准，以及对这些标准的评价。

该要素确定了CFD的V&V&UQ活动目标，制定活动策略，实施活动解决方案，能够有效指导CFD的V&V&UQ活动的策划。

3.2.2 基本活动

为了有效开展验证和确认及不确定度量化（V&V&UQ），将V&V&UQ分为层级安排、活动实施、度量验收三个阶段。其中活动实施是其核心，它是将V&V&UQ活动分为左（建模）右（模拟）两个分支（图3-9）。首先，建模人员和模拟人员协同完成概念模型的创建；其次，模拟人员据此开展数学建模活动（图的右边），建模人员同时据此开展物理建模活动（图的左边）。一旦完成了建模活动，试验人员就按照左侧分支开展物理模型创建、物理试验设计、试验实施、试验数据评估的活动，以获得带有试验不确定度量化的试验输出数据。计算人员按照右侧分支开展数学模型创建、计算模型定义、计算过程判定、计算结果评估的活动，以获得带有模拟不确定度量化的计算输出结果。试验人员和计算人员共同执行实验设计的初步预计算，确定计算的初边界值条件和试验测试项目。

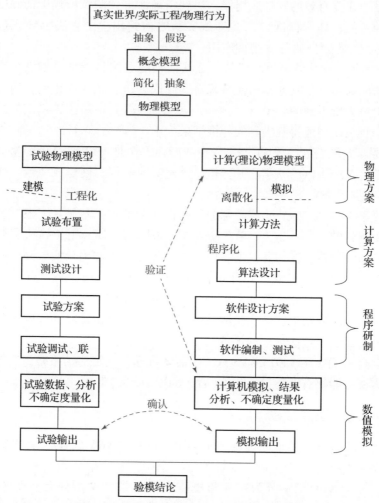

图 3-9 验证与确认过程的基本活动与内容

图 3-9 右边表示的是模型的研发和验证实施过程，而左边表示的是通过物理测试获取相关高质量实验数据的过程。方框表示对象或数据，实线表示模拟或实验工作之间的联系，虚线表示评估工作之间的联系。从图 3-9 可以看出，验证和确认及不确定度量化涉及实验和模拟两个平行的活动。其中，在模拟分支中，涉及验证活动，以及实验和模拟及不确定度量化的确认活动。在验证活动中，涉及代码验证和方法验证。另外，在实验分支中，最上层的物理模型应该为实验模型，其实物理建模创建的物

理模型是试验必须观测的内容,如激波。为此,该处为物理模型更能说明,确认必须针对具体的物理机理或过程。

在图3-9右侧分支数学建模活动中,建模人员需根据概念模型,通过抽象和简化,使用数学语言对实际现象和概念模型进行近似刻画,构造一种数学解释,得到数学模型。数学模型往往是一组方程和数据,是对物理现象和实际问题的一种抽象描述,包括几何描述、控制方程、初边值条件、本构方程和外部载荷等。在随后的实现活动中,计算人员建立数学模型求解的具体方法(如有限体积法、有限元方法等)和计算机求解实现的算法,研发计算模型,即计算模型是在一种特定的计算平台,通常以数值离散、求解算法、收敛准则的形式对数学模型中的方程研制求解软件。在代码验证活动中,计算人员一般是在一组已知解的问题中使用计算模型。这些问题往往具有更简单的几何、载荷和边界条件,可明确辨识、确定和排除算法与编程错误或缺陷。在计算验证活动中,用于确定足够的网格尺度以得到足够的求解误差,即达到网格无关性验证。在计算活动中,计算人员运行计算模型,得到用于确认实验的仿真结果,仿真结果经过不确定度量化活动的后处理,得到用于与实验数据进行对比的响应特征。在不确定度量化活动中,计算人员必须量化由于模型参数的固有变异性、对参数或模型形式缺乏必要的知识等导致仿真结果的不确定度。参数和模型形式的结果不确定度量化必须与计算验证活动结合起来,达到给出仿真结果相关的整个不确定度量化。从仿真结果中提取所关注的特征,并与不确定度量化结合起来,形成用于与试验输出进行对比的仿真输出,即用于确认的仿真输出。

在图3-9左侧分支物理建模活动中,一旦确定了物理模型,试验人员就开始设计确认试验。确认试验的目的是提供评价数学模型准确性所需要的信息。因此,所有的假设都必须充分理解、意义明确并且可控。为了帮助设计确认试验,一般建议先进行初步预计算(包括灵敏度和不确定性分析),确定需要从试验中获得的最有效的测量位置和类型。这些数据不仅包括响应测量,还包括用于完成模型输入定义所需要的测量、模型输入不确定度相关的载荷、初始条件和边界条件等。计算人员和试验人员必须协同工作,使彼此都能充分了解模型和试验中进行的假设。但是,试验结果一般不能提供给计算人员,以防止疏忽大意或者故意调整模型去匹配试验结果。试验活动不仅涉及从试验使用到的不同仪器设备中收集的原始数据,必要时,试验结果可以转换成过程的特征,使其更有利于与仿真输出进行直接对比。由于缺乏可重复性和固有变异性，为了量化试验结果的不确定度，通常需要进行重复试验。试验人员需要基于不确定度量化方法，量化试验数据上的各种不确定性源的影响。这些不确定性源包括测量误差、设计公差、制造和装配变更、单元之间的制造偏差、试验装置的性能特性变化等。试验输出是不确定度量化活动的结果，通常表现为试验数据加不确定性边界，形成用于与仿真输出（数值模拟输出）进行对比的试验输出。

虽然图3-1有效地表达了V&V中主要概念之间的内在联系，但是几项重要的工作在图中并没有表述出来。图3-1不能够清晰地描述：①在设计、执行和描述实验结果中的各项工作；②实验和模拟的横向联系和协调作用；③实验和模拟结果的不确定度量化；④改进实验和模拟之间吻合度的客观机制（objective mechanism）。图3-9是对图3-1的扩展，更详细地描述了上述问题和一些缺点，表示了验证和确认活动的基本过程。其主要步骤：①计划。明确并详细说明应用需求和建立的现象认定和等级划分表（PIRT）。②验证。代码验证和数值模拟验证。③确认。(a) 数值模拟不确定性的量化；(b) 确认实验的设计、执行和分析（实验不确定性的量化）；(c) 模拟结果与实验数据的统计比较（确认评估）；(d) 预测置信度评估。④文档。建立可追踪、可再生、经正式评估的详细档案。

3.2.3 实施流程

为了将CFD验证和确认及不确定度量化有效落地，基于其基本要素和基本活动，将实施活动分为4个阶段（图3-10），每个阶段简要介绍涉及对象、实施过程和方法。在操作层面上按照阶段、活动、证据（文档）和参与者的"V&V&UQ四阶段15节点实施模型"，使得V&V&UQ变得更简单、更有效、更可行，无论谁来实施都能按照同样方式进行，不仅效率高，而且犯错误的机会也会大大减少。

3.2.3.1 第一阶段：准备阶段

在实施爆轰流体力学模型V&V&UQ前，首先必须针对爆轰流体力学的物理现象、概念模型、计算模型、物理试验、数值试验，建立现象认定和等级划分表（PIRT），并按照重要性等级，确定需要开展V&V&UQ项目。特别地，在V&V&UQ准备阶段，定义系统化M&S是必不可少的。系统化M&S是描述从概念到计算模型开发相关的活动，从概念模型和数学模型的研发，到V&V过程中对几种模型的修正，最后对模拟结果的不确定度进行量化。

第3章 验证和确认及不确定度量化理论

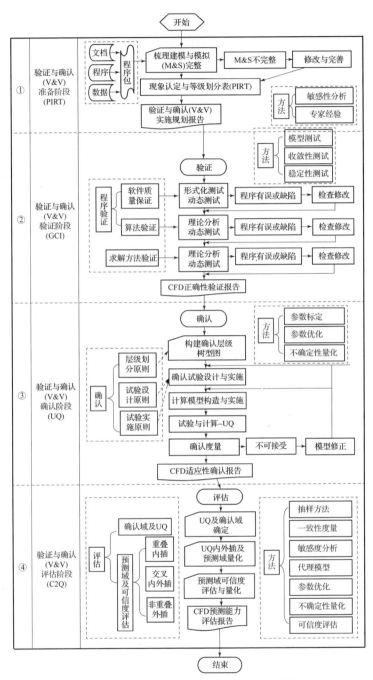

图 3-10 CFD 验证与确认四阶段实施流程

实施 V&V&UQ 活动，首先必须充分地认识支撑 CFD 软件的各模型，对整个研发过程有所了解，并进行周全的考虑与准备。此阶段主要节点包括：

1. 节点1：建立清单

基于特定领域软件的配置文档，厘清软件中各类模型在建模过程中的近似、简化和优缺点，建立因素清单。对于 V&V&UQ 活动，软件的配置文档应包括软件需求说明书、物理数学方案、程序手册（结构设计文档）、用户手册、测试案例和应用情况报告。也就是说，该节点主要活动是通过文档，提炼与描述软件研发过程所关心的物理假设、建模过程中的近似和简化、数学逼近特点、响应量特征、工程问题对软件明确的功能需求、可信度（精度）要求、预测能力需求，以澄清软件面临的问题，撰写形成"软件影响因素清单"报告。

2. 节点2：创建 PIRT

现象认定和等级划分表（PIRT）是针对某特定研究领域，基于专家经验或意见，分析和鉴定存在于该领域中的各种物理现象、物理模型和各类数值模拟方法，以及模拟过程各环节，按照它们对软件预测结果的影响程度及认知的把握程度，进行系统化、文档化剖析和梳理，并基于因素清单，对这些因素做出重要性分级和排序。PIRT 的目的是将实际工程问题的需求转换为数值模拟软件的需求，将软件现有预测能力与实际需求的差距转换为科学问题，细化明确 V&V&UQ 的对象，给出验证活动、确认活动和可信度评估（不确定度量化）三个重要活动的内容。针对特定软件，该活动的主要内容是将软件的研制过程，按照物理模型、计算方法、模拟软件等阶段，将影响因素列表分类管理。一般通过敏感性分析方法，结合专家经验和意见，给出各因素影响程度和把握程度的高低，在分析评估因素影响程度"高、中、低"、把握程度"完全充分、条件充分、不充分"的前提下，创建 PIRT 表，撰写形成"软件影响因素分析 PIRT"报告。表 3-1 给出了 PIRT 的通用撰写模板。

表 3-1 现象认定和等级划分表（PIRT）模板

编号	CFD 阶段	因素声明	响应量影响级别	把握程度
1	物理模型	物性模型参数 1	高	完全充分
		物性模型参数 2	中	条件充分
		唯象模型结构 1	高	条件充分

第3章 验证和确认及不确定度量化理论

续表

编号	CFD 阶段	因素声明	响应量影响级别	把握程度
1	物理模型	唯象模型结构2	低	不充分
		……	低	不充分
2	计算方法	离散格式	高	完全充分
		网格类型	高	不充分
		网格尺度	高	不充分
		时间步长	高	条件充分
		人工黏性	高	条件充分
		迭代算法	高	条件充分
		……	……	……
3	模拟程序	编码缺陷	低	不充分
		双精度舍入误差	中	完全充分
		……		
4	软件测试	代码覆盖测试	低	不充分
		功能测试	中	条件充分
		……	……	……

注：(1)"响应量影响级别"是指声明的因素对响应量影响的程度，将此程度分为高、中、低三个级别。高是指该因素对响应量影响程度最大或最敏感，如果取值不准确或缺陷，会对响应量造成严重影响；中是指该因素对响应量影响程度一般或敏感性差，如果取值不准确或缺陷，就会对响应量造成影响。低是指该因素对响应量影响程度几乎可忽略或很不敏感，如果取值不准确或缺陷，几乎对响应量没有影响。

(2)"把握程度"是指对声明的因素掌握或成熟的认识程度，将此程度分为完全充分、条件充分、不充分三个级别。完全充分是指对该因素很有把握，如经过理论严格证明或推导或试验精确测量的因素。条件充分是指对该因素有一定的把握，如经过试验标定或经典问题模拟考证的因素。不充分是指对该因素没有一点把握，如未通过试验标定或未通过问题考证的因素。

3. 节点3：制订规划

结合 PIRT 表，编制 V&V&UQ 实施规划报告，将工作重点放在其中重点关注"响应影响级别"高、"把握程度"不充分的因素，即严重影响软件预测能力和可信度的因素，形成 V&V&UQ 实施规划报告。表3-2给出了《CFD 软件 V&V&UQ 实施规划》的通用撰写模板。

表 3-2　《CFD 软件 V&V&UQ 实施规划》撰写模板

1　引言
1.1　目的
撰写该 CFD 软件 V&V&UQ 实施计划，其目的是指明 V&V&UQ 对象（针对哪个软件/什么类型 CFD 软件）。
1.2　软件和模型简介
简要介绍该 CFD 软件的物理模型、计算方法、程序结构、实际应用等情况，特别需要声明该软件的功能、输入、输出等情况（由于面对的大部分 CFD 软件可能是黑盒）。
1.3　存在问题
创建 PIRT 表，据此凝练与分析该 CFD 软件的成熟度与问题，规划 V&V&UQ 实施思路。
2　V&V&UQ 实施规划
2.1　验证活动
规划验证活动的内容。CFD 软件涉及：
2.1.1　软件质量保证
（1）宏观查看编译、链接、运行。通过编译、链接、运行等自查软件缺陷（商业软件忽略），或通过静态分析软件缺陷。
（2）该领域典型案例测试。阐述准备采用几类典型案例/算例，定性或定量开展动态测试。
注：对软件进行静态、动态、形式化测试，侧重于定性/大致判读程序可行性。
2.1.2　数学格式（算法）验证
（1）时空离散格式误差或精度等收敛性分析与量化。规划内容：定义问题、列出案例或实际问题、计算规模、分析与量化方法等。
（2）误差收敛率等离散格式稳定性分析。规划内容：定义问题、列出案例或实际问题、计算规模、分析与量化方法等。
（3）方程守恒性测试与分析。规划内容：定义问题、列出案例或实际问题、计算规模、分析与量化方法等。
（4）对称性测试与分析。规划内容：定义问题、列出案例或实际问题、计算规模、分析与量化方法等。
（5）网格无关性与时间独立性分析。规划内容：定义问题、列出案例或实际问题、计算规模、分析与量化方法等。
注：相容性、收敛性、稳定性是全面反映离散格式数值求解微分方程的三个基本概念，全面地刻画了格式的优劣和数值解的可靠程度，是验证需要考虑的。
2.1.3　程序编程正确性验证
描述用哪些已知行为，列出考虑解析解、人为构造解等情况，验证算法编程实施的正确性。
注：实际上，2.1.1 节和 2.1.2 节都是验证程序的正确性，这里侧重于算法（伪代码）实施的正确性。

续表

2.1.4 软件功能测试

描述物理功能，列出准备采用哪些实际问题，验证软件功能的可行性。对于 CFD 软件，首先必须测试基本的功能：各种间断模拟能力（1D 和 2D 黎曼问题）、多介质边界处理能力（特殊问题）、方法特点（网格类型、自适应等经典问题），更重要的是基于领域背景的物理问题模拟能力。例如，空气动力学中升力、失效攻角、阻力等物理特性的模拟能力；爆轰流体力学中平面爆轰、绕爆、散心爆轰、聚心爆轰，对金属做功的模拟能力等。

2.2 确认活动

规划确认活动的内容。CFD 软件涉及：

2.2.1 模型确认层级图

（1）明确认层级图的创建原则。准备采用哪种结构（树型、金字塔）原则，准备采用哪种分层（按物理动作过程、程序运行过程）原则。

（2）创建确认层级图。准备划分几层，每层对象/因素。

2.2.2 确认试验设计

针对确认层级图，规划需要确认试验是什么，包括原理、装置、测试项目及不确定度等。

2.2.3 确认模拟实施

针对确认层级图及确认试验，规划建立什么数值模拟计算模型，开展数值模拟的模拟过程，包括计算模型结构、初边值条件、输入/输出及不确定度等。

注：确认模拟要尽可能与试验条件一致，即在试验时，尽可能准确测试模拟的条件。

2.2.4 确认度量

（1）规划试验数据与模型模拟结果的不确定度量化（单一模型）方法，一致性等度量指标。

（2）基于层级确认，给定确认域大小。

注1：这是整个验证和确认最重要的内容。主要是针对领域 CFD 各种模型，评估其在领域中的适应程度，即接受程度。例如，在爆轰流体力学中，炸药爆轰过程的建模，度量指标包括：①稳态爆轰（必须达到 C-J 状态）；②整个模拟结果/精度需要达到 20%（与试验对比）。

注2：采用哪些确认度量方法，如通过建立数值模拟累积分布函数（CDF）和实验数据的经验分布函数（EDF），将其两者之间的面积距离作为度量（面积距量方法）。

注3：不确定度量化。确认度量中不确定度量包括单层单模型（叶子）不确定度量化和层级之间的传递不确定度量方法，包括因素敏感度分析、基于代理模型（响应面模型）遍历统计不确定度量化、约束传递不确定度量化等确认度量。

2.2.5 模型优化和参数标定

基于确认度量指标或试验测试数据，开展模型优化和参数标定等模型确认活动。

注：在特定应用领域，基于目标对模型优化和基于特定试验测试数据对参数标定，是目前模型确认的重要途径。其主要涉及建立优化问题及优化求解方法，包括基于贝叶斯框架、机器学习框架，以及可变容差、遗传算法等求解优化问题的方法。

2.3 可信度评估活动

规划可信度评估活动的内容。CFD 软件涉及：

续表

> 2.3.1　可信度评估度量
> （1）基于层级确认，准备采用什么方法量化确认域的 UQ 及软件可信度。
> （2）基于可信度需求，开展模型优化和参数标定，以提升可信度。
> 注1：可信度评估主要是给出软件可信度，包括建立可信度度量指标、度量方法。
> 注2：软件可信度与模型可信度是不可分的。往往软件可信度评估，依赖于模型可信度评估。
> 2.3.2　实际工程问题预测可信度
> 列出实际问题，即准备应用的领域问题。
> 3　参考文献
> 列出有关资料的作者、标题、编号、发表日期、出版单位或资料来源，可包括：
> （1）本项目的任务书或合同，上级机关的批文。
> （2）研制方案、物理方案、数学方案、总体设计、详细设计、用户手册。
> （3）与本项目有关的已发表资料。
> （4）文档中所引用的资料，所采用的软件标准或规范。

3.2.3.2　第二阶段：验证阶段

验证的目标是评估计算模型对物理模型保真度的一个过程。物理模型往往是偏微分方程组（PDEs）和相关的初边值条件，以及状态方程和材料本构方程。计算模型是物理模型的数值实现，表现为数值离散、求解算法和收敛准则等形式。验证与确认的验证阶段通常考虑与数值分析、软件质量工程（SQE）、计算机程序代码的编程错误、数值误差估计等相关问题。此阶段首先是要分析各种模型（概念模型、数学模型、计算模型等）组成与误差因素，形成验证计划。特别地，在 V&V&UQ 验证阶段，必须证明这些方程在使用条件下，算法都能使其收敛到正确解，也就是必须开展网格收敛指标验证（GCI）。

本阶段首先是基于《CFD 软件 V&V&UQ 实施规划》，分析各种模型（概念模型、数学模型、计算模型等）结构与近似程度，辨识代码缺陷、剖析误差和不确定性因素，以及是否满足物理需求的功能，形成验证对象与验证活动的详细计划，然后据此开展验证活动。

验证活动是评估计算模型对数学模型保真度的一个过程，在保真度的基础上，软件能否为用户提供相关功能。数学模型往往是一组偏微分方程组（PDEs）和相关的初边值条件，以及状态方程和本构方程等封闭方程。计算模型是数学模型的数值实现，表现为数值离散、求解算法和收敛准则等形式。验证阶段需要考虑数值格式的数学基本理论、软件质量保证（Software Quality Assurance，SQA）的软件测试、计算机程序代码的编程错误、数值计算误差分析等问题。基本活动包括代码验证和计算验证。代码验证是确保计算代码中没有编程错误的一种评估活动，并且在某种程度上求解离散方程的数值算法服从相关 PDE 真解的精确解。计算验证是估计每个模拟结果数值误差的一种评估活动，包括时空离散误差、迭代误差、计算机舍入误差等。从数学上说，严格的代码验证需要证明所采用的差分方程及算法恰当地近似了相关的 PDEs 以及所描述的初边值条件。除此之外，还需要证明这些方程在使用条件下，算法都能使其收敛到正确解。

验证活动除了上述基本测试，最关键的部分是对模型特征或软件功能的核测，而模型特征或软件功能需要特定领域的专家才能有效完成，这使得验证活动的门槛很高，不仅需要有验证相关知识，还需要有任务相关领域的专家帮助其验证模型特征或软件功能，而模型特征或软件功能验证也是一个消耗大量时间和精力的过程。

1. 代码验证

代码验证活动包括软件质量保证和数值算法验证两个方面。软件质量保证是识别程序结构合理性、代码错误、版本控制、程序体系结构、文档、测试等与软件质量相关的活动。数值算法验证主要关注潜在的数学上用于求解 PDE 离散算法具体代码实施的正确性和保持与方程（原始方程、差分方程等）特性的一致性。

1) 节点 4：编码测试

软件质量保证主要是证明程序代码没有编程错误和运行缺陷（警告类）。大部分情况下，这种错误存在于源代码中，偶尔也出现在引入代码的编译器中。通过 SQA 来辨识程序没有错误是程序验证必不可少的一部分。SQA 决定了软件系统是否可靠，是否能在具有指定软件环境（编译器、函数库）的计算机硬件下得到可靠的结果的重要保证。其具体活动如下：

（1）程序源码语义、结构的分析。通过编译、链接，查看代码编译、链接是否有错误或警告信息，或者对警告信息可容忍程度。验证必须遵循的基本原则：无编译、链接错误或警告信息。

（2）程序源码必须经过静态测试、动态测试和形式化测试。必须遵循的基本原则：①测试用例路径覆盖原则；②debug 格式与 release 格式下运行结果的一致性。

(3) 文档齐全，有一定的注释。必须遵循的基本原则：软件配置文件必须有物理数学方案、程序手册（程序结构设计）、用户手册、测试报告 4 份基本文档。源程序代码最少包括 20% 的注释。

(4) 自动测试。对于几十万复杂逻辑的软件代码，必须开展源代码自动诊断和各类算例测试的验证。

2) 节点 5：格式数学理论验证

数值离散是流体力学方程组的基本求解方法，涉及空间离散、时间离散和离散形成代数方程组的求解。空间离散涉及计算空间网格划分、空间微分算子的离散格式（如有限差分、有限体积、有限元等），时间离散涉及时间步长、时间微分算子的离散格式（如用前一个时步值的单步法、用前几个时步值的多步法等）。为了验证离散格式程序代码编写实施的正确性，格式数学理论验证具体活动如下：

(1) 精度。解的精度（阶）是指随着空间网格尺寸的减少，误差衰减的速度。差分格式精度形式阶的确定分为两类：对有限差分和有限体积法是用泰勒级数分析；对有限元方法是用插值理论。例如，考虑一维不稳定热传导方程 $\frac{\partial T}{\partial t} + a\frac{\partial T^2}{\partial x^2} = 0$。时间上用向前差分，空间上用中心差，泰勒级数分析结果为

$$\frac{\partial T}{\partial t} + a\frac{\partial T^2}{\partial x^2} = \left[-\frac{1}{2}\frac{\partial T^2}{\partial x^2}\right]\Delta t + \left[\frac{a}{12}\frac{\partial T^4}{\partial x^4}\right](\Delta x)^2 + O(\Delta t^2) + O(\Delta x^4)$$

从上可以看出，时间一阶，空间二阶，就必须对其开展验证。

精度验证是采用多套网格（最少 4 套）计算，通过误差分析计算观察阶（精度），然后判断是否与数学理论分析阶一致，达到格式代码编写（实施）正确性验证的目的。原则上，一个软件的模拟精度应该与理论保持一致，这是软件最理想化的要求。但对于复杂工程问题，这一点往往很难做到。作为程序研制者和使用者，必须了解，做到心中有数。

(2) 对称性。差分格式的对称性是针对有限差分、有限体积、有限元格式，在等角度划分周向网格基础上，给定对称初边值条件下，数学理论上可证明离散格式具有对称性。将所考虑的球对称计算区域剖分成射线型网格（图 3–11）：k 族网格曲线为同心半圆弧族，j 族网格曲线取成角度等分的以原点为中心的直线束（一般称为射线型网格）。原点为 $j = 0$ 边界，$R_{j,0} = (x_{j,0}, r_{j,0}) \equiv 0$，$k$ 直线的方向向量 $\frac{R_{j,k}}{|R_{j,k}|} = n_{j,k} = n_j = (\cos\varphi_j, \sin\varphi_j)^{\mathrm{T}}$，

其中 $\varphi_j = \dfrac{j}{MJ}\pi, j = 0,1,2,\cdots,MJ$。则对称性就是计算到某时刻 $u_{j-\frac{1}{2},k} = u_{j+\frac{1}{2},k}$，即沿某一半径 k 族网格的物理量相等。在对称计算条件（网格、初边值）下本来 $u_{ij} = u(r_i, \theta_j)$，而格式具有对称性时，$u_{ij} = u(r_i)$。

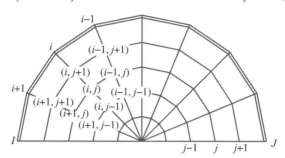

图 3 – 11　等角一维球对称的网格剖分

对称性验证是通过计算具有对称计算条件下的问题时，如用二维计算一维球对称问题时，察看在整个过程中，计算结果能否保持球对称性，达到格式代码编写（实施）正确性验证的目的。

（3）守恒性。差分格式的守恒是在计算实际问题时，动能与内能相互转换，但整个系统的总能量是守恒的。输运格式的守恒性是指输运格式严格保持区域内各种流体的体积、质量和内能的守恒性，动量格式严格保持区域内动量的守恒性。这是一种离散格式必须有的性质。

守恒性验证是用一个以速度为初值条件的实际模型，在计算过程中动能随流体演变过程中逐渐转为内能，统计总能是否保持守恒，达到格式代码编写（实施）正确性验证的目的。

3）节点 6：算法验证

算法验证是通过定义合适的测试问题，通过计算结果与"正确解"的对比，来评价数值算法代码实施的正确性，并在测试问题上评价这些算法的性能。"正确解"是由具有解析解或者高精度数值解的一套精选的测试问题。一个具有真实物理意义问题的"正确解"，可能只是在一个相对简单的案例中是已知的，并且这些案例仅仅测试了程序很小的一部分。为了测试程序应用于关心物理问题可能会激活的各个方面，人造解的方法提供了一种技术来获得一个紧密相关问题的数学准确解。

算法验证的目标是验证数值算法在程序中正确地编程和保方程特性的一致性，且这些算法能按照预期的方式工作。数值算法验证涉及时间和空间收敛率、迭代收敛率、对坐标变换的数值算法的独立性，以及相对于不同类型的初始和边界条件的对称性。该阶段包括以下主要活动：

（1）差分格式收敛性验证的原则。数值格式（差分格式）能否在实际问题中使用，最终要看差分方程的解能否任意地逼近微分方程的解。

定义网格之间收敛率 $R = \varepsilon_{21}/\varepsilon_{32}$（其中，$\varepsilon_{32} = \varphi_3 - \varphi_2$，$\varepsilon_{21} = \varphi_2 - \varphi_1$，$\varphi$ 为响应量），收敛性条件是：当 $0 < R < 1$ 时，解是单调收敛的；当 $R < 0$ 时，解是振荡收敛的；当 $R > 0$ 时，解是发散的。对于单调收敛，可采用广义理查森外推方法估算误差；如果是振荡收敛，只能由振幅获得误差的范围，即不确定度；对于发散情况，误差和不确定度均不能进行估算。当 φ_3 是精确解时，R 即可表示差分方程逼近微分方程的程度。

对实际问题，必须开展此项分析研究，最少保证随着网格加密，模拟的数值解不是发散的。否则，该格式是不适应该问题的，即使得到的解，也是随机的。这是 CFD 软件必须开展的基本验证。

（2）差分格式稳定性验证的原则。数值格式（差分格式）稳定性是指差分格式计算时，舍入误差是否可控。如果误差在某些条件下是不增长的，该差分格式在该条件下是稳定的。一个差分格式必须是稳定的。否则是不能使用的。在 CFD 中，要观察多个时间步长计算结果，验证计算与精确解之间的误差不增加，即 $E_{n+1} \leq E_n$（其中，$E_{n+1} = |e_{n+1} - e_n|$，$E_n = |e_n - e_{n-1}|$，$e_{n+1} = \varphi_{\text{num}}^{n+1} - \varphi_{\text{analy}}^{n+1}$），则说明差分格式是稳定的。

（3）格式计算的观察阶与理论解。算法验证的过程，必须开展观察阶与理论解一致性比较。对于大多数 CFD 程序，数值误差是不可避免的。由理查森外推方法得

$$f = f_{h=0} + g_1 h + g_2 h^2 + g_3 h^3 + \text{H. O. T} \tag{3-1}$$

式中：g_1、g_2、$\cdots$，不依赖于网格，如 $g_1 = 0$，则 f 二阶；h 为网格尺度。假设在网格尺度为 h_1 和 h_2 下计算的解分别为 f_1 和 f_2。式（3-1）中第一项近似计算式为

$$\begin{cases} f_{h=0} \approx f_1 + \dfrac{f_1 - f_2}{r^2 - 1} \\ r = \dfrac{h_2}{h_1} \end{cases} \tag{3-2}$$

理查森外推方法的目的是基于几组网格上的解，外推得出网格尺度为零的近似精确解，从而估计误差大小。实际操作中，根据几套网格，可以计算观察阶。

第3章 验证和确认及不确定度量化理论

$$\begin{cases} f_{h=0} \approx f_1 + \dfrac{f_1 - f_2}{r^p - 1} \\ p = \dfrac{\ln\left(\dfrac{f_3 - f_2}{f_2 - f_1}\right)}{\ln(r)} \end{cases} \quad (3-3)$$

从而判断网格是否达到可接受,计算结果是否可接受。是否可接受的原则,如果计算几套网格的观察阶单调一致,就说明网格进入了渐进区域。然后就可以外推近似数值解,再将数值解与近似数值解比较,判断是否可接受。

对于复杂问题,可能几套网格的数值解都是振荡收敛的,或者由于初边值条件等因素降阶,这时也可使用理查森外推方法,仍然可以利用此理论基础来一致地描述网格细化研究的结果。

(4) 解析解原则。在代码验证中有两类解析解法:一类是CFD领域中各种黎曼解析解问题;另一类是人造构造解。当其用于代码验证时,可以根据模拟数值解与解析解两类解的对比来判断通过或未通过。比较原则:①数值格式得到的观察阶和数值方法的理论阶之间的一致性。对于复杂问题,很难得到观察阶的问题,必须考虑随着网格细化,数值解是否逐渐逼近解析解。②收敛的数值算法(稳定性)与使用指定范数得到的数值解之间的一致性。

当数值算法和解析算法进行比较时,必须在关心的区间进行仔细检查,或者误差范数必须在整个计算域中进行计算。每一个因变量的精确度或者关心的功能必须作为比较的一部分进行仔细审查。

(5) 人为构造解方法(Method of Manufactured Solutions,MMS)原则。人为构造解方法是一种发展特殊类型解析解的技术。首先,分析人员需要为PDEs规定解函数,并找到与其一致的强制函数(方程源项),即将规定的强制解函数代入PDEs中,方程重新进行排序,将所有剩余的超过原始PDEs的项当成强制函数或源项。其次,根据规定的函数,通过类似的方法得到初始条件和边界条件。比较原则同解析解方法。

"人为构造解"一词是表明该解是人为构造的,虽然没有任何物理意义,但有助于诊断差分格式和算法实施的正确性。MMS的优点很多,可应用于很大范围的非线性问题,也可以测试代码中的很多数值特性。MMS提供了一种很清晰的代码验证途径。除非有很多程序错误,否则计算结果一定是和用于产生强制函数的解相吻合。MMS也是有缺点的,这种方法需要用到代数学和微积分学来获得强制函数,虽然有符号处理软件可以提供一些实际帮助,但有时求解、推导过程是非常复杂的。人为构造解是算法实施正确性验证的重要手段。

(6) 数值基准解原则。对于复杂偏微分方程组,有时是无法获得解析解的,通过数值方法获得高精度的数值基准解也是一种不错的选择。高精度的数值解有两种截然不同的类别:一种是将偏微分方程组通过相似性变化或者其他的方式转换成一个或多个常微分方程,通过数值积分得到解(自模拟解)。另一种是对偏微分方程组直接通过数值方法完成求解。这种高精度的数值基准解的精度需要进行严格的评估,并对其量化便于在代码验证中使用。对数值积分的常微分方程组,已经有一套好的方法可有效地对精度进行评估。对于数值积分的 PDEs,尚未有好的方法,只能通过使用不同的数值方法或计算软件得到的多解,依据吻合程度评估精度或判断可信度。

(7) 一致性测试原则。数值算法验证的一致性测试主要目的是保证质量、动量和能量守恒。进行的一致性测试涉及不同的坐标系下获得相同的数值解,或特定的对称特征下获得对称解。一致性测试是数值算法验证算法测试的一种补充。一致性测试是特别重要的,因为这种测试的失败意味着代码中有不可接受的错误。在 CFD 领域,涉及差分格式数学基本理论(对称性、守恒性、精度)一致性分析。

2. 解/计算验证

解/计算验证的目标是估计与离散相关的数值误差。在大多数情况下,采用不同的网格对计算模型进行研究,对于消除离散误差是必需的一项工作。另外,误差源是由于网格变形,在网格比较粗糙的情况下,单元分布位置会影响计算结果。

两类用于估计复杂 PDEs 数值误差的基本方法为先验和归纳。先验方法仅使用数值算法的信息来近似偏微分算子和给定的初边值条件。归纳方法使用了所有的先验信息,再加同一个问题不同网格尺度和不同时间步长的两个或多个数值结果。一般采用归纳的误差估计,因为它可以对非线性 PDEs 的数值误差进行定量评估。

软件功能测试实际上是属于解/计算验证的范畴。软件功能测试主要是考证软件辅助物理模型实施得是否正确。根据特定领域关注的问题,如空气动力学中关注气泡、层流边界层、转捩等湍流模拟能力,爆轰弹塑性中关注平面、散心、聚心、绕爆等爆轰模拟能力。针对物理需求的模拟能力，在程序中采用了不同的唯象模型，验证过程必须对其软件功能的可行性进行验证，即开展解法验证，主要是基于带有物理特征的典型模型，考核软件的功能（解的行为）是否达到要求。

节点7：功能验证。功能验证是通过计算特定领域的实际问题，判断整个软件解的行为是否正确，达到整个软件实施正确性验证的目的。功能验证具体手段如下：

（1）趋势检验。在趋势检验方法里，要用各种实际问题的输入参数执行一组计算（问题解的行为在理论上是确定的），由领域专家判断解的趋势是否合理来验证软件行为的正确性。例如，一个热传导程序可以计算至几个特定热值的定态解，而且如果当特定热值减小时，达到定态的时间也减少，那么期望的趋势已经得以模拟。也期望定态解是如此光滑地变化，如果数值解没有这种性质，可以怀疑有编程错误。这种方法的麻烦是程序容易产生定量不正确的似是而非的解。例如，虽然达到定态的时间这种趋势是正确的，但达到定态的准确时间是不正确的，它差了两倍，因为时间导数上有精度错误。趋势方法对判断程序设置了一个很低的尺度，认为是程序研制阶段（而不是代码验证阶段）最容易的最低检验，大多数未验证的程序应该先通过物理趋势检验。

（2）对称性检验。对称性检验检验的是解的对称性，可以以未知精确解来检验。原则上包括三种情况。第一种情况是建立一个问题，预先知道，这个问题一定有一个空间对称解（多半是由于边界条件的挑选），如完全管流问题的解是对称的。人们看程序是否产生一个对称结果来检验这个解。第二种情况是检验坐标不变性，如平移和旋转，在这种情况下的解是不变的。人们可以对一些典型问题计算，开展验证。例如，将物理空间区域平移和旋转（如90°）、平移和旋转坐标系等数值解应该保持不变。第三种情况是用三维（3D）程序进行一个对称计算，构造的对称性使之可以与已知解析的二维（2D）解比较。对称性方法给出了简单而有效地检验可能出现的编程错误的方法，这组检验方法最适合程序研制阶段。

（3）程序比较检验。将一个程序与已经确定的一个程序或几个程序求解同样的问题，进行比较。可以设计检验的方法（通常是真实的），而且所有程序都能在同一检验情况下运行，通常的验收标准是基于计算解的一致性验证程序。实际上，如果解之间的百分比差在某个容许范围内，那么就可以认为这个程序没有编程错误。这种检验的好处是不需要精确解。通常,计算只以某一种网格进行。刚才概述的这个方法是不完全的,因为需要网格细分确定程序的结果是否在渐近范围内(实际上这是很少能做到的)。

比较方法的主要困难是无论是求解的方程组和输入参数还是使用的数值方法程序通常是不相同的。这常常导致将苹果与橘子进行比较,这里,对程序的输入必须用某种方式来编制,以便可以进行各类比较。程序正确性判断停止在基于模棱两可的结果上,与这种比较方法有关的问题是,有时找不到可比较的程序。另一个问题是,事实上比较检验通常是在单一的物理实际问题上进行的,所以比较失去普适性。比较检验中计算的可靠性严重地依赖于建立程序时给出处理的置信度,一个成功的比较检验不排除两个程序包含同样错误的可能性。

功能验证的具体活动要根据特定领域面临物理问题的机理、原理和现象而定,需要领域专家的参与,设计有效的物理实际问题及解的行为,通过软件计算,判断整个软件解的行为是否与已知行为一致或通过专家判断是否可接受,达到整个软件实施正确性验证的目的。

3. 验证文档

关于软件编码缺陷、模拟误差及软件行为正确性的书面考证或修改解决方案,保存在过程管理文件库中,是验证流程不可分割的一部分。为以后方便查询和再利用,文档具有解释代码验证和计算验证活动的合理性与局限性的作用。在验证活动中,必须将验证过程,包括SQA测试、软件实施格式特性、算法实施正确性、特定领域软件功能等形成验证报告,对所使用的误差估计技术的描述、测试的结果、使用的解析解、人造解和高精度数值基准解,以及对SQA、配置管理、可接受的软件等内容进行详细描述,给出验证活动的结论。

3.2.3.3 第三阶段:确认阶段

确认的目标是评估物理模型在预期的使用范围内对实际问题的再现能力和适应性的一个过程。确认方法是将物理模型的模拟输出(数值模拟结果+不确定度量化)与通过合理设计、实施试验得到的试验输出(试验测试数据+不确定度量化)进行比较,通过二者之间的吻合度来实现的。这些输出必须包括在尺寸、材料、载荷和响应等方面的实验和建模的不确定性。本阶段首先是要基于物理模型及PIRT构建模型分层确认树型图,在模型分层确认树型图中,对每个关心的真实问题,都需要实施确认,形成确认计划。特别地,在V&V&UQ确认阶段,挑战是设计和实施一系列的确认试验，这将会提供非常严格的物理模型试验，根据此，决策人员才会有足够的信心依靠这个模型去预测关心的物理问题。

本阶段首先是要基于《CFD 软件 V&V&UQ 实施规划》、物理模型及 PIRT 创建确认试验层级图，对确认试验层级图中每个关心的真实问题，都必须实施确认，据此形成确认对象与确认活动的详细计划。

确认的目标是评估软件在预期的使用范围内是否有预测能力及预测结果的可信度程度。具体步骤如下：

1. 创建确认试验层级的原则

确认试验层级是将一个复杂的多物理问题作为一个全系统，将全系统试验的总目标分解为各级子目标，直至具体的全系统试验规划分解为多层级子目标，进而分解为多指标的若干层级试验，通过规划层级试验逐层开展模型可信度评估，通过量化方法评估同级各个分目标和总层级不确定度，以作为全系统目标优化决策的系统方法。

1）确认试验层级构建策略

确认试验层级是确认活动及实施试验的依据，常采用时序多维空间原则构建确认试验层级，且必须遵循以下策略。

（1）较低级别的子系统，物理复杂程度较低。

（2）选择的每个等级的试验是现实可行的。

（3）试验必须具备高度量化的特点，以便于能提供计算程序的必要数据。

（4）试验必须能达到精确估计试验的不确定性。

2）确认试验层级划分原则

确认试验层级一般划分为单一问题层、基准层、子系统层、系统层和全系统层（图 3-12）。

（1）单一问题层（unit problem tier）：简单构型、单流动机理、单流动特征，试验初边值条件和试验结果准确度高。

（2）基准层（benchmark tier）：体现真实系统某一特征的简单模型、少数机理之间的耦合，试验结果的不确定度低。

（3）子系统层（subsystem tier）：真实子系统、构型可简化但实际过程和机理完整，试验结果的不确定度劣于标准算例层级的不确定度。

（4）系统层（system tier）：真实系统和构型，包括物理机理，关心系统性能，试验结果的不确定度劣于标准算例层级的不确定度。

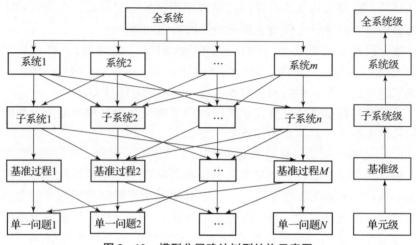

图 3-12　模型分层确认树型结构示意图

（5）全系统层（integer-system tier）：真实系统和构型、全过程，包括所有物理机理，关心系统性能，试验结果的不确定度劣于标准算例层级的不确定度。

节点 8：创建确认试验层级。由于特定领域的不同软件在物理过程上差别较大，很难给出特定领域的统一的确认试验层级图。为此，节点 8 主要是根据特定领域面临的实际物理过程，创建相应的层级确认图。这里以方形槽道内甲烷爆炸试验为例（图 3-13），宏观上认识该标准构建具体确认试验层级图的一般原则。在该阶段，形成特定领域 CFD "确认试验设计层级图"。

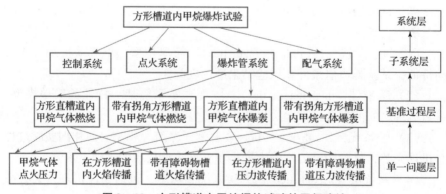

图 3-13　方形槽道内甲烷爆炸试验的层级确认

2. 确认试验

实施确认试验是为了与验证的计算模型产生的仿真输出结果进行对比，获得评估数学模型精度或软件可信度的数据。确认试验的目的是提供评价数学模型准确性所需要的信息。因此，所有的假设都必须被充分理解、意义明确并且可控，即确认试验应是具有明确初始条件、边界条件、材料属性和外力等情况的一种应用数学问题完备的物理科学实验。确认试验中正在测试的物体几何，包括元件、子装配体、装配体和整个系统试验的初始条件和边界条件，以及所有的其他模型输入参数必须尽可能完整、准确地给定。在理想情况下，这种完整性，对试验人员而言将会受到尽可能多的约束，对建模人员而言将会受到尽可能少的假设。所有施加的载荷、多种响应特征、边界条件的变化都必须进行测量，且测量中不确定度必须量化给出。

1）确认试验设计原则

一般实验可以有很多目的，通常关心的是探索系统响应的性能，而确认试验的目的不仅于此。在模型确认阶段，必须开展专门用于模型确认的试验。

实验人员和建模人员只有对试验很难测量和计算模型很难预测的响应互相理解，才能确定确认试验的合理输入。除此之外，建模人员需要确定所有的输入、边界条件和外加载荷。为了避免盲目性，确认阶段预先计算和预试验分析来发现实验设计的潜在问题是必要的。为了有效实施，确认试验设计应遵循以下设计原则：

（1）确认试验设计与实施应该由试验学家和计算学家联合设计与实施。由于试验确认活动主要是模拟结果和试验结果一致性的对比，所以确认活动必须是试验学家和计算学家一起联合设计和实施。

（2）确认试验设计应针对关心的基本物理问题（物理模型），包括有关物理建模数据和初边值条件。一切重要建模输入数据在试验中必须是可测量的，关键建模的假设是可理解（可解释）的。如果可能，试验设备的特征和建模的不完善性应包括在确认模型中。

（3）确认试验应尽量强调计算方法和试验之间的协作。计算和试验都存在不完备性，所以计算和试验应紧密结合，相互补充。

（4）保持计算和试验结果间的独立。为了避免计算和试验结果互相影响，应尽可能保持计算和试验结果间的独立。

（5）试验测量的层次应由逐渐增加计算难度的问题组成。在复杂系统工程的设计中，最终的确认试验是非常重要的，但要发展数值模拟能力和提高数值模拟的置信度，必须有一系列与系统过程相关的分解试验，以检验计算程序和标定计算参数。

（6）试验设计应能够分析和量化试验的随机和认知不确定度。在输入和系统给定测量值的条件下去量化试验的随机和认知不确定度。如可能，用不同的诊断技术或不同试验设备实施试验，以确定试验的不确定度。

这里强调一点原则，如果建模人员在模拟预测结束前，除了得到材料属性、施加的载荷和初始边界条件，不知道试验测试结果，保持计算和试验结果间的独立，那么确认的可信度将会得到很大的提升。

2）确认实验测试选取

由于确认试验与传统试验的目的有很大差别，因此在许多传统实验中进行的测试可能与模型确认试验所需的测试是不一样的，应尽可能精确测量各特征量和有效测量用于确认模拟的各种输入量。

测量特征量的选择，应该主要基于关心的响应特征。如果可能，这些特征必须直接测量，而不是由其他测量派生出来。例如，如果应变是关心的特征，那么最好使用应变仪而不是多元位移测量设备进行测量。类似地，如果速度可以直接测量，那么这将比对加速度测量进行积分或者对位移测量进行微分来说更具优势。模型中的变量或位置而不是那些在确认需求中指定的变量或位置必须进行测量，其另外一个原因是这些测量值和模拟结果之间的一致性对模型综合的可信度评估有重要的影响。尽管一些工程量是次要的，但这些工程量的精确测量对模型准确计算了主要响应量，能给出合理的理由提供了信心。因此，确认实验必须产生各种各样的数据，来确保模型的不同方面都得到了评估。

确认模拟输入量的选取，主要关心软件模拟输入的物理条件，包括在结构尺寸、材料、载荷和响应等与软件模拟输入有关的量。

3）不确定度源

确认试验的不确定度来源很多，如实验模型的加工仪器精度、测量仪器的敏感性、实验环境等，都会给实验测量结果带来误差或不确定度。在非线性、可重复性和迟滞性相关的误差共存时，校正是确认试验中使用的量具，这一过程非常重要，许多因素会影响量具的输出，如压力传感器必须在一个与确认试验相类似的环境（如高温）中进行校正。如果传感器对环境比较敏感，并且确认试验时，环境有剧烈变化，那么必须建立传感器对环境的灵敏度分析，以确保能够考虑传感器对环境的灵敏度来修正数据。

此外，试验人员必须确定并考虑量具的顺应性、惯性等效应对结果的影响，如果这些效应分别影响位移、力的测量。例如，液压试验设备中的活塞重量会影响施加在样品上的力的测量，而如果忽略这点，将会造成模拟结果和实验数据的不吻合。试验报告中关于操作、校正和安装量具的细节，可以帮助建模人员理解量具输出与模型输出之间的关系。

4）实施措施/多余测量

为了有效量化确认试验测量中的不确定度量化，多余测量是必需的。获得多余测量的第一种方法是使用不同的样本重复试验。从样本差别（初始条件）、材料属性、样本安装（边界条件）、量具安装和数据获取。第二种获取多余测量的方法是使用一个样本（模型）重复试验。如果试验成本很高或试验样本实用性非常有限，可以采用这种方法。当然，此时无法获取样本与样本之间响应的变化。第三种获取多余测量的方法是在对称位置布置相类似的传感器（如果试验有足够的对称性）来评价传播。从这些传感器中获得的数据可以用于确定实际是否获得了期望的对称性等。

5）实验不确定度量化

在试验活动的不确定度量化中，测量误差、设计容差、结构不确定性，以及其他不确定性的影响必须量化，给出带有不确定度量化试验数据的试验输出。在发布的试验数据的确认实验报告中的测量不确定度量化是必不可少的，以确保模拟结果可以合理地评价。试验不确定度量化不仅仅包括测试响应量的试验数据，而且还包括用于软件模拟输入量的不确定度，即给出输入量的分布。

在试验活动中，误差通常分为随机误差（精度）和系统误差（偏差）。如果一个误差对在同一设备上进行的重复测量或重复试验的数据有影响，那么该误差是随机的。随机误差是试验所固有的误差，将产生不确定性影响，无法通过额外试验来消除，尽管其可以通过额外的试验来进行量化。随机误差源包括试验零件上的尺寸公差或测量位置、材料属性的变化、由于摩擦引起的机械设备的差异等。系统误差将引起试验设备的偏差，这是很难探测和估计的。系统误差包括传感器校正误差、数据获取误差、数据简化误差和试验方法误差。

试验人员必须量化试验数据的不确定度。这种量化必须考虑试验所有的不确定性源，无论不确定源是测量的还是估计的。在与模拟结果进行比较之前，基于以前的经验或专家意见进行试验不确定度量化，也是必不可少的。一个常见的陷阱是，忽略重要的因素对建模不确定性、试验不确定性或两者的影响，然后基于不充分的信息对预测精度做出结论，对计算模型的精度做出不正确的或不合适的推论。

试验不确定度量化主要方法是重复测量和重复试验的统计法。

节点9：确认试验。该节点是基于节点8的确认试验层级，逐个因素设计试验，包括试验原理、装置、测量、不确定度量化，形成特定领域"确认试验设计及不确定度量化报告"。

3. 确认模拟

确认模拟是软件确认的重要环节，涉及计算模型创建、正向计算、不确定度量化、模拟输出等。

1) 确认模拟原则

(1) 确认模拟必须在软件验证的基础上。这就需要在确认实施之前，确保有一个正确的模拟程序。

(2) 确认模拟须尽可能保证与确认试验测试一致的条件。这就需要在确认试验中，尽可能测试模拟的所有输入条件，即计算输入得到确认。

(3) 针对各种因素模拟，计算必须保持软件一致性（版本一致、计算环境一致等），以确保确认模拟的确定性。

(4) 模拟必须遍历因素空间，科学量化数值模拟不确定度，以避免因素引起不确定度量化结果的随机性。

(5) 影响因素不一定考虑全面，有限条件下，因素重要的优先原则，即关键因素（重要性、敏感性、设计等）必须考虑。

(6) 选取模拟响应量，尽可能选择直接计算量。

2) 确认数值模拟

(1) 针对确认试验，建立对应的计算模型（计算模型结构、初边值条件、输入/输出及不确定度），尽量保证能够得到输出结果。

(2) 尽量与实验同等条件开展数值模拟。

(3) 遍历因素空间，开展模拟。

3) 模拟不确定度量化

(1) 结合试验确认的物理模型，分析其不确定性因素。

(2) 选取不确定度量化方法，开展不确定度量化。

说明1：分析不确定性因素时，不仅要给出因素，重要的是给出因素分布或设计空间。

说明2：对于耗时巨大的计算，可以采用基于少量正向精确计算样本的代理模型技术，遍历因素空间，开展不确定度量化活动。

节点10：确定性模拟。该节点是基于节点8的确认试验层级和确认试验测量，逐个因素建立计算模型，包括在结构尺寸、材料、载荷和响应等与软件模拟输入有关的量，开展相关模拟和不确定度量化，形成特定领域"确认模拟结果及不确定度量化报告"。

4. 确认过程

试验数据的不确定度量化后，将产生试验结果输出，确认中的最后一步包括：①对比测量值，度量模拟输出和试验结果输出之间的吻合度；②相对 V&V 规划中根据模型用途提出的目标，对计算模型的精度做出评价。

1) 确认度量

度量是两种输出结果差别的一种数学测量，只有当两种结果是一模一样时，度量值才是 0 或 1。确认度量为计算模型的模拟输出与通过合理设计、实施试验得到的试验输出对比提供了一种评估方法。

2) 精度充分性

模型有时可能仅仅完成了确认需求的一部分。精度通常达不到需求，或仅支持预期使用的某一部分。例如，可能没有达到 10% 的精度目标，但是可能建立了 15% 的精度。或者 10% 的精度可能在低于或高于某一特定水平的载荷下满足，或者仅仅对某种类型的载荷满足，如热载荷。假设对预期用途而言，原始标准已经合理地建立，这意味着需要进一步改进模型。同时，模型可能在有限的基础上有实用性（如模型可能在一个比规划的 V&V 计划低的标准下进行了确认，或仅进行了局部确认）。在这种情况下，技术专家和决策人员应承担局部接受标准的责任。他们可能建立一种新的、缺少确认吻合度接受水平的定义。这也就强调了一点，没有精度标准的实验和计算的不确定性报告，确认的结论和断言是没有意义的。

如果应用条件偏离了确认流程使用的条件，计算模型预测结果的可信度将会大大降低。模型的输出结果可信度仅限于与已完成确认的具有足够相似性的应用场合。如果想要对其他目的具有确信的使用，则需要额外的确认。

节点 11：确认度量。该节点将带有不确定度的确认试验输出结果与带有不确定度的模拟输出结果进行对比，判断是否一致。如果实验输出结果和模拟输出结果之间的符合度及吻合度不可接受（数值模拟结果有时可能与实验数据差别比较大），则根据实际情况给出是标定或修改模型，还是增补确认实验的明确结论。该节点形成特定领域软件"确认度量符合度及需求指标评估报告"，为进一步完善与修正模型或增补试验指明方向。

3) 模型优化或参数标定

模型优化或参数标定是模型确认重要的环节。其主要是根据确认度量指标的充分性和试验不确定度，基于确认域需求，开展模型优化和参数标定。图 3-14 给出了传统人工探索参数标定方法与基于代理模型参数标定新方法的流程，将基于代理模型参数标定新方法分为 4 个过程实施。

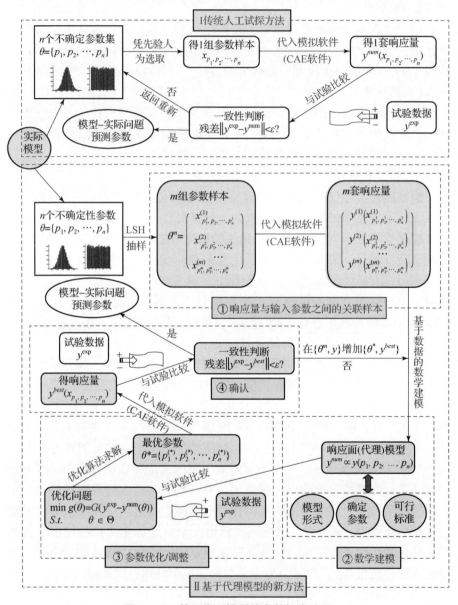

图 3-14 基于代理模型的参数标定流程

（1）在因素分布或设计空间，通过抽样产生输入样本，代入确定性软件正向计算，产生能表征输入到输出之间关联的数据。

（2）基于数据的关联样本/关联性，采用数学手段，凭经验建立输入到输出之间的关联方程或函数关系，建立关联模型，并不断测试各要素之间的交互影响，通过海量数据分析与海量验证，最终使模型日臻完善。

（3）建立目标函数（性能量化函数），通过优化求解，选择最优模型或参数。

（4）通过真实问题模拟与已知行为对比，对模型确认。

节点12：模型修正与增补试验。该节点基于确认度量的结果。若确认试验输出结果与模拟输出结果符合度很差，就要将试验输出结果作为目标，在待定参数不确定性范围内，快速找出数值仿真软件或物理模型能再现试验结果的参数，或确认模型形式或构建新形式，达到模型确认的目的。若经过确认度量的模型在应用时，不能满足精度需求，就要增补更精确的试验，重新开展模型确认。该节点形成特定领域"模型修正与增补试验确认报告"。

5. 确认文档

确认流程和特定确认活动（在层级中每一个关心的物理问题）的文档编制，表达了对模型在预期使用条件下预测能力的理解，给出了关于模型在预期使用条件下是否成功确认的结论。

3.2.3.4 第四阶段：评估阶段

评估阶段是在验证阶段和确认阶段的基础上，根据特定领域的应用实际问题，采用评估方法，评估应用程序在预期使用范围内，判断是否有预测能力及预测结果的可信度程度如何。主要是在确认域内，对试验数据的不确定性和数值模拟结果的不确定度分别量化后，在不确定性范围内，对比模拟输出和试验输出之间的吻合度，推理模拟程序预测域的可信度。本阶段首先是要发展爆轰流体力学模型与物理分解确认试验的不确定度量化方法。特别地，在爆轰流体力学模型 V&V&UQ 评估阶段，模型输入参数的不确定性、唯象模型不同形式的不确定性、数学模型求解过程的不确定性、输入参数及唯象模型不确定性在求解过程中的传播及输出响应量的不确定性，它是认知和偶然混合型的不确定度，对其量化是具有挑战性的难题。

1. 评估原则

（1）评估必须在验证与确认基础上。这就需要在评估实施之前，确保有一个经过验证和确认的模拟软件。

（2）评估是针对特定领域特定问题模拟的可信度评估。

（3）针对各种因素模拟，计算必须保持软件一致性（版本一致、计算环境一致等），以确保评估模拟的一致性。

（4）模拟必须遍历因素空间，以避免因素引起可信度评估量化结果的随机性。

说明：评估似乎和模型确认是一样的，其实是有区别的。模型确认面对的是确认试验层级，量化整个软件的情况。而评估是针对某特定领域特定问题的模拟预测能力的可信度评估，评估结果非常依赖于模型确认。

2. 评估过程

经过验证和确认后，得到一个可靠的软件。将软件用于预测时，要使大家相信预测的结果，必须对其结果影响的不确定度因素明确化，给出其可信度指标。明确不确定度活动，主要是量化不确定度因素对结果到底有多大影响。涉及参数不确定度、模型形式不确定度和逼近方法不确定度，开展软件可信度评估，必须对其进行量化，一般步骤如图3-15所示。

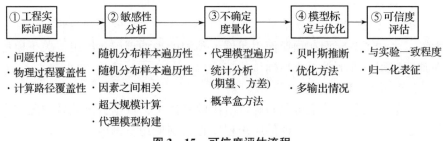

图3-15 可信度评估流程

（1）不确定性因素清单及分布。主要是凭领域专家的经验知识和使用者的经验知识，给出影响因素清单及分布。

（2）因素之间相关性分析及敏感度分析。主要是采用统计分析方法和基于数据的数学建模方法，给出表述相关性的相关矩阵及表述敏感性程度的排序。

（3）不确定度传播量化。以统计方法和响应面代理模型方法为主，包括抽样技术、正向模拟、多元高次多项式、混沌多项式、克里金（Kriging）插值等方法，给出输入因素在某种分布下对输出响应量影响的分布。

（4）参数校准或标定。在基于不确定度正向计算的样本的基础上，采用基于数据的数学建模方法（多元高次多项式、混沌多项式、克里金插值等）建立软件模拟过程的代理模型，并据此与实验对比，建立优化问题，并通过求解优化问题，得到参数的最佳值，即基于某客观条件，参数使用的最佳值。

（5）可信度评估。用标定的最佳参数预测新问题，评估软件的可信度。首先将各种实验分类，大部分用于标定参数，小部分用于评估可信度。可以采用试验数据的经验分布函数和数值模拟结果的累积分布函数之间的面积距，经过某种归一化得到可信度指标。

3. 基于试验的可信度评估

基于实验数据对模型或软件可信度评估是目前最为关注的方法。

（1）节点13：试验EDF。通过确认试验，计算特定领域流体实验数据的经验分布函数（EDF）。

（2）节点14：模拟CDF。通过确认模型，计算特定领域流体CFD数值模拟结果的累积分布函数（CDF）。

基于节点13和节点14，通过符合度分析，开展模型形式的可信度评估。其核心思想是通过建立模型数值模拟累积分布函数（CDF）和实验数据的经验分布函数（EDF），然后通过定义两者之间的距离度量（面积度量），给出模型形式的不确定度量化结果和模型确认。

针对少量试验数据面积度量方法是目前确认模型和可信度评估的主要方法，包括收集数据、构造分布函数、计算面积距和做出判断4个步骤。

软件可信度评估主要涉及应用域不确定度量化和预测域可信度量。应用域不确定度量化主要是基于试验数据对模型和软件使用的不确定性因素的校准和标定，其流程涉及基于模拟软件正向计算的关联样本、基于数据的数学建模、基于模型与试验之比优化问题的最佳参数值、基于要求可信度指标的模型确认。可以采用传统方法和基于现代思想的模型标定方法，达到提升仿真软件可信度的目的。

（3）节点15：可信度综合表征。可信度评估建立在严格的验证与确认活动基础之上。模拟可信度是指在特定的应用场景，其过程、现象和结果反映真实世界的程度。该节点主要是针对其前面各个节点的一般质量分析、物理属性、工程属性的加权融合，得出综合可信度。

4. 评估文档

关于特定领域CFD软件预测能力和可信度评估的书面证据，保存在过程管理文件库中，是软件可信度评估不可分割的一部分。在可信度评估活动中，必须将试验的EDF、CFD模拟的CDF、6X-评估等软件可信度评估活动，形成特定领域 CFD 可信度评估报告，给出可信度评估的结论。

3.2.4 关键方法

验证和确认及不确定度量化不仅涉及理论，而且在实施过程中各阶段、各节点可能涉及众多数学方法和技术。其包括现象认定与等级划分技术、软件自动化测试验证技术、人为构造解验证技术、网格收敛验证技术、一致性分析方法、不确定度量化、模型参数标定与修正、可信度评估等，具体内容将在本书后面章节中论述。

第 4 章 验证技术

验证是要处理计算模型是否真实反映物理模型的问题，证明离散数学格式及开发程序是否正确地求解了模型。图 4-1 示意了验证原理，其主要思想是将数值解与解析解或基准微分方程解或高精度解（经验解）进行比较，对数值结果准确性、收敛速度、收敛精度、鲁棒性、稳定性等内容进行检验，对数值求解中舍入误差、采样误差、迭代误差和离散误差进行估计，是否可接受，判断数值求解程序的缺陷与错误，以确定计算软件是否正确地求解了方程，是一种数值分析活动（简单地说，就是程序是否正确求解了方程）。

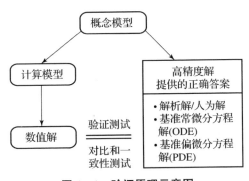

图 4-1 验证原理示意图

4.1 验证的方法学

验证分为代码验证和解验证。代码验证侧重于程序内部结构，解验证侧重于软件结果行为，即代码验证主要是观察程序内部有没有缺陷，而解验证是通过外部推断程序是否实施正确。代码验证分为软件质量保证和数值算法验证。图4-2概括了验证的分类与目的。

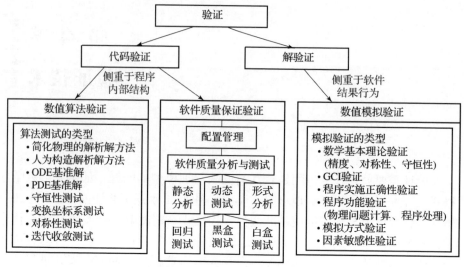

图4-2 验证的分类与目的

代码验证的关键任务是辨别和消除程序中的错误，是一个确定程序没有编码错误的过程，以回答程序的正确性问题。软件质量保证的关键任务是辨别和消除程序中的错误，是一个确定程序没有编码错误的过程；数值算法验证的关键任务是通过各种已知行为的问题，主要包括解析解方法、人为构造解方法、高精度数值解方法（高精度程序解或程序对比）等，将数值计算结果与解析解或基准微分方程解或高精度解（经验解）进行比较，判断程序是否有缺陷或错误，或确定对于一个模型的实现，在多大程度上精确地表现了建模人员对该模型的概念描述，以及最后的解在多大程度上精确地表现了该模型。解验证指的是精度阶验证，即展示程序的渐进实际精度阶与数值算法的理论精度阶一致，关键任务是量化用程序进行某个具体模拟时产生的错误。表4-1给出了验证工作中代码验证和解验证的分类及含义。

代码验证与解验证区别在于：①目标不同。解验证是估计数值误差等数学基本理论及程序功能；代码验证是判断代码是否有错误？算法是否存在矛盾？②对精确解要求不同。解验证往往数学模型的精确解未知；代码验证往往数学模型的精确解未知或已知。③侧重点不同。代码验证侧重于程序内部结构，解验证侧重于软件结果行为。

表 4-1 验证分类和含义

分类		焦点	责任人	方法
代码验证	软件质量保证	软件的可靠性与鲁棒性	程序开发者/模型开发者	基于软件工程思想建立研制模式、规范、标准。配置管理 静态/动态测试/正式-形式等
	数值算法验证	程序数值算法的正确性	模型开发者	精确解 Benchmark 问题 人为解等
解验证	方法基本理论	数值解与控制方程数值精度估计	模型开发者	网格收敛 时间收敛等
	不确定度/敏感性分析	计算参数（网格、黏性系数等）	模型开发者	累计分布函数等

4.2 代码验证

代码验证的关键是辨别和消除数学模型软件执行过程中的错误，是一个确定程序没有编码错误的过程，也就是令人信服地确定求解方程的程序正确地求解了方程。代码验证主要有两条途径：一是软件质量保证。用软件工程的手段，主要是制定指导和控制程序研制的一些规范和标准，以监督约束程序的研制。通过静态分析、动态检验（回归测试、黑盒测试、白盒测试）和正式分析，来对软件质量正确性进行分析和测试。二是数值算法验证。数值算法验证关注的是辨识、量化、减少数值求解中的误差，如空间离散误差、时间离散误差、迭代误差、舍入误差（计算机字长）、程序误差。其主要包括解析解方法、高精度解方法、人为解方法等。代码验证主要是通过软件运行已知行为（基准解）的问题或规范（高级语言），测试软件实施的正确性。代码验证的分类如图 4-3 所示。

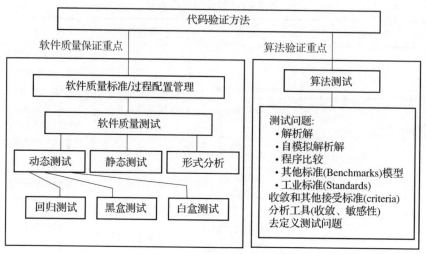

图 4-3 代码验证的分类

4.2.1 软件质量保证

软件工程（Software Engineering，SE）是一门研究用工程化方法构建和维护有效的、实用的和高质量的软件的学科。它借鉴了传统工程的原则和方法，以求高效地开发高质量软件，其中应用了计算机科学、数学、工程和管理科学。计算机科学和数学用于构造模型与算法，工程科学用于制定规范、设计范型、评估成本及确定权衡，管理科学用于计划、资源、质量和成本的管理。软件工程过程主要包括开发过程、运作过程和维护过程。它覆盖了需求、设计、实现、确认以及维护等活动。需求活动包括问题分析和需求分析。问题分析获取需求定义，又称软件需求规约。需求分析生成功能规约。设计活动一般包括概要设计和详细设计。概要设计建立整个软件系统结构，包括子系统、模块以及相关层次的说明、每一模块的接口定义。详细设计产生程序员可用的模块说明，包括每一模块中数据结构说明及加工描述。实现活动把设计结果转换为可执行的程序代码。确认活动贯穿于整个开发过程，实现完成后的确认，保证最终产品满足用户的要求。维护活动包括使用过程中的扩充、修改与完善。

软件质量保证是为保证产品和服务充分满足消费者要求的质量而建立的一套有计划、有系统、有组织的活动，来向管理层保证拟定出的标准、步骤、实践和方法能够正确地被所有项目所采用。软件质量保证活动和一般的质量保证活动一样，是确保软件产品从诞生到消亡为止的所有阶段的质量活动，即是为了确定、达到和维护需要的软件质量而进行的所有有计划、有系统的管理活动。软件质量保证的基本目的有 4 个方面：①软件质量保证工作是有计划进行的；②客观地验证软件项目产品和工作是否遵循恰当的标准、步骤和需求；③将软件质量保证工作与结果通知给相关组别和个人；④高级管理层接触到在项目内部不能解决的不符合类问题。程序验证中软件质量保证的关键任务是辨别和消除程序中的错误，是一个确定程序没有编码错误的过程。

美国国防部公布的 VV&A 建议规范中归纳、总结、罗列了半个世纪以来的 SQA 的 76 种技术方法（验证与确认），分为非正规方法、静态方法、动态方法和正规方法四大类，其中动态方法中包括了 11 种统计技术，为这方面的研究提供了全面的指导（图 4 – 4）。Osman Balci 介绍了 45 种模型 V&V 方法和它们的应用。它通过软件工程对软件质量进行控制、评审来验证软件是合乎标准的。

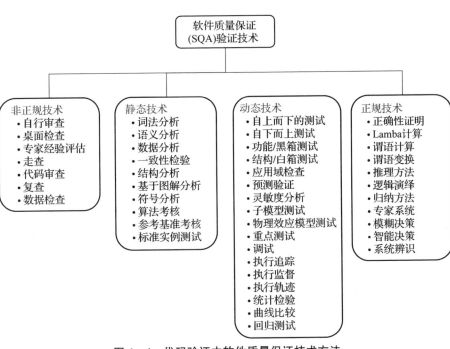

图 4 – 4　代码验证中软件质量保证技术方法

软件质量保证关注的是程序作为软件产品，是否具有计算机科学和软件工程意义上的可靠性和健壮性。它采用静态分析、动态检验和形式分析，来对软件质量分析和测试。其中，静态分析是在不执行程序的情况下，分析程序的形式、结构及一致性，包括：①程序实现的离散偏微分方程组的各项、初边值条件和其他辅助条件的形式的合理性、适应性、完整性、可读性、可移植性等；②物理量的定义、层次划分、块定义、连接、计算顺序等程序的结构分析；③程序中变量、数组、输入/输出的符号、含义、大小、类型，是否明确、正确的一致性分析。动态检验是通过大量的测例运行程序，采用程序与程序对比、精确解方法或人为构造解方法等，检验趋势、对称性、守恒性等程序算法的基本理论，发现程序错误和程序设计中可能导致程序错误的缺陷。形式分析是在静态、动态检验后对遗留错误的分析。

软件作为一种高智力的创造活动，既具有制造业的一般特性，同时又由于其知识性和创造性强，而具有一般制造业所没有的特点。所以，软件质量管理既要秉承制造业质量管理的一般原则和思想，又要针对软件的特点，而具有自身的规范。制定出标准、有效、可操作性强的软件质量管理规范，对于实行软件产业化，提高生产效率，增强竞争力具有重要意义。

在质量体系的诸多支持活动中，配置管理处在支持活动的中心位置，它有机地把其他支持活动结合起来，形成一个整体，相互促进，相互影响，有力地保证了质量体系的实施。

随着计算机应用的深入，软件项目的需求日益复杂及变更频繁，传统的一两个人搞定一个项目的情况越来越少，稍大一点的项目已经不再是靠某个"高手"从头到尾包办。从整个公司的发展战略来说，如何在技术日新月异、人员流动频繁的情况下，建立本公司的知识库及经验库，把个人的知识及经验转变为公司的知识和经验，这对于提高工作效率，缩短产品周期，加强公司的竞争力具有至关重要的作用。采用科学的配置管理思想，辅之以先进的配置管理工具，对国际知名软件公司来说，已经是必不可少的手段。

但同发达国家相比，我国的软件企业在开发管理上过分依赖个人的作用，没有建立起协同作战的氛围，没有科学的软件配置管理流程；技术上只重视系统和数据库、开发工具的选择，而忽视配置管理工具的选择，导致即使有配置管理的规程，也由于可操作性差而搁浅。以上种种原因导致开发过程中普遍存在如下一些问题：①开发管理松散。部门主管无法确切得知项目的进展情况，项目经理也不知道各开发人员的具体工作，项目进展随意性很大，可"左"可"右"。"左"时按领导下达的"期限"进行，到期时，似乎一切已顺利完成，大家一阵糊弄，交差完成，反正领导看的是界面，至于里面是什么，留到施工时再说。因此，施工时的工作变成了无法汇报、无法理清的无休止的维护。"右"时则项目工期无休止地延期。对软件工程来说，总的特点是先"左"后"右"。在领导面前表现"左"，在用户面前表现"右"。②项目之间沟通不够。各个开发人员各自为政，编写的代码不仅风格各异，而且编码和设计脱节。本来开发中错误在所难免，但项目开发人员怕沟通，似乎那是针对自己的批斗会，互相推诿责任。开发大量重复，留下大量难维护的代码。③文档与程序严重脱节。软件产品是公司的宝贵财富，代码的重用率是相当高的，如何建好知识库，用好知识库对公司优质高效开发产品，具有重大的影响。但开发人员的一句名言是："叫我干什么都可以，但别叫我看别人的程序。"当然，开发人员的工作态度要转变，但客观上有一个很重要的原因是：前人留下的程序既无像样的文档（即使留下了文档，其与源程序也严重脱节），开发风格又不统一，就像一堆垃圾，要开发人员到垃圾中去捡破烂，从这个角度来看，开发人员的要求是合理的。④测试工作不规范。传统的开发方式中，测试工作只是人们的一种主观愿望，根本无法提出具体的测试要求，加之开发人员的遮丑，测试工作往往是走一走过场，测试结果既无法考核又无法量化，当然就无法对以后的开发工作起指导作用。⑤施工周期过长，且开发人员必须亲临现场。传统的开发与施工是绝对统一的，别人无法接手也无意接手（因为这意味着看别人的程序）。由于应用软件的特点，各个不同的施工点有不同的要求，开发人员要手工地保持多份不同的备份，即使是相同的问题，但由于在不同地方提出，由不同人解决，其做法也不同，程序的可维护性越来越差。久而久之，最后连自己都分不清楚了，代码的相互覆盖现象时有发生。

  针对以上问题，国内外很多软件企业已经逐渐认识到配置管理的重要性。软件配置管理（Software Configuration Management，SCM）是一种标识、组织和控制修改的技术。软件配置管理又称为软件形态管理或软件建构管理。界定软件的组成项目，对每个项目的变更进行管控（版本控制），并维护不同项目之间的版本关联，使软件在开发过程中任一时间的内容都可以追溯，包括某几个具有重要意义的几个数组合。软件配置管理，贯穿于整个软件生命周期,它为软件研发提供了一套管理办法和活动原则。软件配置管理无论是对于软件企业管理人员还是研发人员都有重要的意义。软件配置管理的关键活动包括配置项、工作空间管理和维护、版本控制、变更管理、配置状态报告、配置审计。

配置项一个比较简单的定义:"软件过程的输出信息可以分为三个主要类别:①计算机程序(源代码和可执行程序);②描述计算机程序的文档(针对技术开发者和用户);③数据(包含在程序内部或外部)。这些项包含了所有在软件过程中产生的信息,总称为软件配置项。"由此可见,配置项的识别是配置管理活动的基础,也是制订配置管理计划的重要内容。

在引入软件配置管理工具之后,所有开发人员都会要求把工作成果存放到由软件配置管理工具所管理的配置库中去,或直接工作在软件配置管理工具提供的环境之下。所以,为了让每个开发人员和各个开发团队能更好地分工合作,同时又互不干扰,对工作空间的管理和维护也成为软件配置管理的一个重要活动。一般来说,比较理想的情况是把整个配置库视为一个统一的工作空间,然后再根据需要把它划分为个人(私有)、团队(集成)和全组(公共)三类工作空间(分支),从而更好地支持将来可能出现的并行开发需求。每个开发人员按照任务的要求,在不同的开发阶段,工作在不同的工作空间上。例如,对于私有开发空间而言,开发人员根据任务分工获得对相应配置项的操作许可之后,他即在自己的私有开发分支上工作,他的所有工作成果体现为在该配置项的私有分支上的版本推进,除该开发人员外,其他人员均无权操作该私有空间中的元素;而集成分支对应的是开发团队的公共空间,该开发团队拥有对该集成分支的读写权限,而其他成员只有只读权限,它的管理工作由系统集成员(System Integration Officer,SIO)负责;至于公共工作空间,则用于统一存放各个开发团队的阶段性工作成果,并提供全组统一的标准版本,作为整个组织的知识库(Knowledge Base)。

版本控制是软件配置管理的核心功能。所有置于配置库中的元素都应自动予以版本的标识,并保证版本命名的唯一性。版本在生成过程中,自动依照设定的使用模型自动分支、演进。除了系统自动记录的版本信息,为了配合软件开发流程的各个阶段,还需要定义、收集一些元数据(Metadata)来记录版本的辅助信息和规范开发流程,并为今后对软件过程的度量做好准备。当然,如果选用的工具支持,这些辅助数据将能直接统计出过程数据,从而方便软件过程改进(Software Process Improvement,SPI)活动的进行。

变更管理的一般流程是:①(获得)提出变更请求;②由CCB审核并决定是否批准;③(被接受)修改请求分配人员,提取SCI,进行修改;④复审变化;⑤提交修改后的SCI;⑥建立测试基线并测试;⑦重建软件的适当版本;⑧复审(审计)所有SCI的变化;⑨发布新版本。在这样的流程中,CMO通过软件配置管理工具来进行访问控制和同步控制,而这两种控制则是建立在前文所描述的版本控制和分支策略基础上的。

配置状态报告就是根据配置项操作数据库中的记录来向管理者报告软件开发活动的进展情况。配置状态报告应该包括下列主要内容:①配置库结构和相关说明;②开发起始基线的构成;③当前基线位置及状态;④各基线配置项集成分支的情况;⑤各私有开发分支类型的分布情况;⑥关键元素的版本演进记录;⑦其他应予报告的事项。

配置审计的主要作用是作为变更控制的补充手段,来确保某一变更需求已切实被实现。

总之,软件配置管理的对象是软件研发活动中的全部开发资产。所有这一切都应作为配置项纳入管理计划统一进行维护和集成。因此,软件配置管理的主要任务也就归结为以下几条:①制订项目的配置计划;②对配置项进行标识;③对配置项进行版本控制;④对配置项进行变更控制;⑤定期进行配置审计;⑥向相关人员报告配置的状态。

由于软件配置管理覆盖了整个软件的开发过程,因此它是改进软件过程、提高过程能力成熟度的理想切入点。SCM活动的目标就是标识变更、控制变更、确保变更正确实现并向其他有关人员报告变更。从某种角度讲,SCM是一种标识、组织和控制修改的技术,目的是使错误降为最小并最有效地提高生产效率。

4.2.1.1 静态分析

与程序验证有关的SQA部分是一套软件检验方法。这套方法由静态、动态和形式检验三部分组成。

在计算机科学领域,静态分析指的是一种在不执行程序的情况下对程序行为进行分析的理论、技术。静态分析一般常用软件工具进行,包括控制流分析、数据流分析、接口分析等,应包含如下三个方面:

(1)程序实现的偏微分方程组的各项、初始条件、边界条件和其他辅助条件的形式分析——合理性、适应性、完整性、可读性、可移植性等。

(2) 程序的结构分析——物理量的定义、块的划分和连接、计算顺序是否正确。

(3) 一致性分析——变量、数组、输入/输出（符号、含义、大小、类型）明确、一致、正确。

4.2.1.2 动态测试

静态分析能发现软件的实现是否符合对它的定义和描述，但却不能验证系统动态行为的有效性。另外，对于由若干个子程序构成的程序而言，对整个程序的静态测试较难实现，而动态测试是在整个程序系统层次生的验证技术。动态测试是通过大量的测例运行程序，采用程序与程序对比、精确解方法或人为构造解方法等，检验趋势、对称性、守恒性等程序算法的基本理论。在程序执行过程中，分析程序执行的结果，以发现程序错误和程序设计中可能导致程序错误的缺陷。动态测试分以下6个步骤：

1. 趋势检验

用各种输入参数组成一组检验计算（它的解是未知的），由专家对计算结果进行判断，确定解的趋势是否正确。这是程序研制阶段最容易的最低检验。

2. 对称性检验

对称性检验的是解的对称性。其可以检验3种情况：

（1）预先知道某个问题有对称性（如管流问题），看程序是否算出对称结果。

（2）坐标不变性（如平移和旋转）。将物理空间平移或旋转90°；平移和旋转坐标系，解应该相同。

（3）用三维程序进行一个对称计算（用二维程序进行一个对称计算），可以得到二维（一维）对称结果。

3. 守恒性检验

设计特定的问题进行计算，检验质量、能量等的守恒误差，以检验程序的正确性。

4. 迭代收敛检验

设计特定的检验问题进行计算，观察和分析迭代收敛情况，以检验迭代收敛程序是否有错。

5. 对比检验

将一个待检验程序与已经进行过验证和确认的一个或几个程序求解同

样的问题（一维问题和多维问题）进行比较，分析解之间的误差是否在允许范围内，以判断待检验程序是否有编程错误。

这种方法的困难在于求解的方程组、参数和数值方法等的不同，只能对一些很特殊的问题进行计算比对，不具普适性。

6. 精确解方法

运用数学方法（如分离变量或积分变换）或简化假设，对程序求解的方程组寻找出精确解，有了这个解，将程序按相应的假设和输入条件进行计算，并将数值解与精确解进行比较，以判断程序是否有编程错误。

如果求解的方程组很复杂，如包含非线性、变系数、间断、复杂的几何区域等，为了寻找精确解，通常要做很多简化假设，但是简化得太多和要检验的程序会差得很远，很难起到检验程序的作用，所以精确解方法（Method of Exact Solution，MES）应用于很普适的方程组是很困难的，甚至是不可能的。

4.2.1.3 形式分析

在静态和动态检验后遗留的错误称为形式错误，用形式分析或形式方法来寻找形式错误还没有用到重要的计算物理软件系统，其应用的一个趋势是利用这种方法去验证作为计算物理程序的物理模型的数学公式。

4.2.2 数值算法验证

数值算法验证关注的是如何正确地程序化数值算法，以及数值算法本身的精确度和可靠性。数值算法验证的主要目的是提供充足的证据来证明程序化的数值算法执行正确且有预期的功能。数值算法验证可以与软件质量保证相结合。

数值算法验证方法的核心思想是程序模拟的数值结果与已知解之间进行比较，分析其误差来源来证明程序的正确性及检查程序错误。图 4-5 给出了计算模型的数值算法验证中诊断误差的方法。

误差是建模和模拟过程中可认知的缺陷，不是由于知识缺乏导致的。而不确定度是由于知识缺乏，在建模和模拟过程中潜在的缺陷。而罗奇把误差定义为计算值或试验/实验值与真实值的差别。当真实值不确定或者不可知时，计算值或试验/实验值的误差就不能确定，这时不确定度就是误差的估计。

数值算法验证常采用精确解比较方法、人为构造解比较方法和程序对比方法。

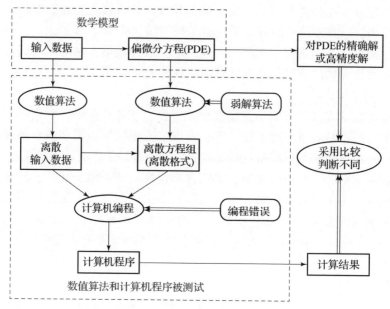

图4-5 程序验证中诊断误差来源的方法

（1）精确解比较方法。很早以前，人们就采用非常简单的精确解来验证计算模型。选择的精确解一定要包括足够多的结构，使得方程中的所有项，以及离散化中产生的所有误差项都能体现出来，因此分析和鉴别好的、敏感的精度估计算例是非常重要的。在捕捉激波格式的研究中，计算流体力学界就经常选用 Burges 方程问题，Buckley-Leverett 问题以及 Riemann 问题等来验证和确认计算方法的精度。这些问题的主要特征都是在一定的条件下，精确解内包含间断，就如同气体动力学中的激波和接触间断，因此对这些模型问题中间断的计算精度就代表了计算方法模拟真实激波问题的计算精度。

（2）人为构造解比较方法。人为构造解比较方法是精确解方法更加一般化、简单化的替代技术。它的核心是针对代码求解的偏微分方程假设一个解，然后将这个解代入原方程，并确定为了使方程能够成立所必须添加的源项以及边界条件。这个过程一般是通过符号运算软件来实现的，并且添加的源项以及边界条件都可以采用符号运算软件直接生成 Fortran 源代码，以避免人为的编码错误。在这样的源项以及边界条件下，数值求解原来的偏微分方程，就可以得到数值解，这个数值解是假设精确解的近似，两个解之间的比较，就可以确定代码的误差。人为构造解比较方法的应用范围显然要比精确解比较方法宽泛得多,而且采用人为构造解比较方法可以发现代码编制中的任何错误,可以说通过制造解方法验证的代码将具有非常高的可信度。

(3) 程序对比方法。程序对比方法是将一个程序与已经确定的一个程序或几个程序求解同样的问题进行比较。

数值算法验证与软件质量保证中动态测试并不存在绝对的界限。随着对算法理论分析的完善和程序测试技术的发展,有可能把过去作为动态测试的某些软件质量保证验证方法分离出来作为数值算法验证,或把某些数值算法验证作为软件质量保证中动态测试验证技术。

4.3 解验证

解验证主要是将数值模拟结果与高精度解进行比较,并量化其数值误差。数值模拟验证是进行网格或时间的收敛性研究(连续不断地优化网格或时间的步长,直到获得有效精度),即通过分析对比实际收敛阶与理论收敛阶来判断程序是否存在错误或缺陷。可以看出,最重要的解验证是进行网格或时间的收敛研究(连续不断地优化网格或时间的步长,直到获得有效精度)。解验证主要是通过网格收敛指标(GCI)验证来确定实际的收敛阶,通过分析对比实际收敛阶与理论收敛阶来判断程序是否存在错误或缺陷。数值模拟验证就是要对偏微分方程组的离散解、边值条件、初始条件的离散及网格构造的数值精度进行定量估计。

4.3.1 误差与精度分析

为了代码验证分析定量化,需要评估计算解的误差。为了度量误差,需要方程的精确解。因此,有精确解的问题广泛应用于代码验证过程。精确解可以分为两类:一类具有直接的解析表达式;另一类可以精确求解,或者在一定程度上求解的方程,一般是代数方程或常微分方程。计算误差有两种用途:一种是可以检查数值算法实现是否正确。通过计算误差,获得不同尺度的收敛率,可以与理论分析的结果定量对比。如果与理论分析的结果不一致,那么就需要检查数值算法实现过程是否存在瑕疵,或者误差的实际计算方法是否与理论分析的过程一致。另一种是帮助考察特定的物理现象、物理过程的数值模拟是否取得了令人满意的结果。在这种情况下,并不是鉴别算法,而是考虑如何解释数值模拟的结果。通常可以采用不同代码模拟同一个问题，考察计算误差产生的原因。

计算解与精确解的误差的定量度量通常采用范数的形式，一维函数 g 的 L_p 范数为

$$\|g\|_p = \left(\int_a^b |g(x)|^p \mathrm{d}x\right)^{\frac{1}{p}} \quad (4-1)$$

$$\|g\|_\infty = \max_{x \in [a,b]} |g(x)| \quad (4-2)$$

收敛性分析的基本假设是计算误差可以展开成级数形式，一维数值模拟空间误差可以展开为

$$\|g^c - g^{ex}\|_p = A_0 + A_1(\Delta x) + \cdots + A_\alpha(\Delta x)^\alpha + o((\Delta x)^\alpha) \quad (4-3)$$

式中：g^c 为计算解；g^{ex} 为精确解；Δx 为空间网格尺度；A_0 为 0 阶误差；A_i 为 i 阶误差。数值解相容性要求 $A_0 = 0$。对于 $A_1 = 0, A_2 = 0, \cdots, A_{\alpha-1} = 0$，则表示为 α 阶精度。分别在不同尺度的网格上进行数值模拟，较粗的网格尺度为 Δx_c，较细的网格尺度为 Δx_f，则计算误差分别表示为

$$\|g_c^c - g^{ex}\|_p = A_\alpha(\Delta x_c)^\alpha + o((\Delta x_c)^\alpha) \quad (4-4)$$

$$\|g_f^c - g^{ex}\|_p = A_\alpha(\Delta x_f)^\alpha + o((\Delta x_f)^\alpha) \quad (4-5)$$

若满足

$$\frac{\Delta x_c}{\Delta x_f} = \sigma > 1 \quad (4-6)$$

则

$$\|g_c^c - g^{ex}\|_p = \sigma^\alpha A_\alpha(\Delta x_f)^\alpha + o((\Delta x_f)^\alpha) \quad (4-7)$$

略去高阶小量，得

$$A_\alpha = \frac{\|g_f^c - g^{ex}\|_p}{(\Delta x_f)^\alpha} \quad (4-8)$$

$$\alpha = \frac{\ln \dfrac{\|g_c^c - g^{ex}\|_p}{\|g_f^c - g^{ex}\|_p}}{\ln \sigma} \quad (4-9)$$

这就是通过收敛性分析的方法验证代码精度的方法。若进行代码验证的问题不存在精确解，可以采用充分细分的网格上的数值解作为精确解，估计收敛精度。

通常在网格上离散结果的误差为

$$L_1 = \frac{\sum_i |g_i^c - g_i^{ex}| \Delta V_i}{\sum_i \Delta V_i} \quad (4-10)$$

$$L_2 = \sqrt{\frac{\sum_i |g_i^c - g_i^{ex}|^2 \Delta V_i}{\sum_i \Delta V_i}} \qquad (4-11)$$

$$L_\infty = \max_i |g_i^c - g_i^{ex}| \qquad (4-12)$$

对于欧拉数值模拟方法，计算网格固定，以上误差的计算公式可以直接利用。而对于拉氏数值模拟方法，由于在数值模拟过程中，网格时刻在变化，误差的计算将出现概念的模糊。对于给定的初始网格，经过时间 t，数值模拟得到 t 时刻网格 V^C，节点坐标为 x^C，而精确解对应的网格 V^{ex}，节点坐标为 x^{ex}。计算解与精确解的区域不一致，则上述误差的计算方法存在问题。于是，对于拉氏数值模拟误差需要精细定义。上标 C 表示数值模拟的结果，如单元物理量、节点物理量记为 f^C。采用 x^C 代入精确解表达式得到物理量记为 $f^E = f(x^C, t)$。采用 x^{ex} 代入精确解表达式得到物理量记为 $f^L = f(x^{ex}, t)$。

利用 f^E 得到误差的表达式式（4-13）~式（4-15），称为欧拉误差，即

$$L_1^{CE} = \frac{\sum_i |g_i^C - g_i^E| \Delta V_i^E}{\sum_i \Delta V_i^E} \qquad (4-13)$$

$$L_2^{CE} = \sqrt{\frac{\sum_i |g_i^C - g_i^E|^2 \Delta V_i^E}{\sum_i \Delta V_i^E}} \qquad (4-14)$$

$$L_\infty^{CE} = \max_i |g_i^C - g_i^E| \qquad (4-15)$$

在拉氏数值模拟中，欧拉误差可以理解为事先选定了一个固定的空间和网格划分，这个空间恰好与拉氏数值模拟所得到的计算网格边界重合，同时考察误差的网格划分恰好与拉氏数值模拟所得到的计算网格重合。也就是说，对于给定的一个空间范围，考察拉氏数值模拟的误差。这种方式带来的问题是丧失了拉氏数值模拟跟随流体微团的重要性质。对于欧拉误差，选择空间坐标的计算值 x^C，计算精确解 g^E，造成了 g^C 与 g^E 失去了拉氏意义下的关联，使得误差的计算背离了拉氏数值模拟的框架。特别是对于有限计算域的问题，经过一段时间的演化，t 时刻计算解的边界本身就与精确的边界有差别，在这样的边界范围内考察欧拉误差，会出现物理意义不准确的现象。

利用 f^L 得到误差的表达式称为拉氏误差。

$$L_1^{\text{CL}} = \frac{\sum_i |g_i^{\text{C}} - g_i^{\text{L}}| \Delta V_i^{\text{L}}}{\sum_i \Delta V_i^{\text{L}}} \quad (4-16)$$

$$L_2^{\text{CL}} = \sqrt{\frac{\sum_i |g_i^{\text{C}} - g_i^{\text{L}}|^2 \Delta V_i^{\text{L}}}{\sum_i \Delta V_i^{\text{L}}}} \quad (4-17)$$

$$L_\infty^{\text{CL}} = \max_i |g_i^{\text{C}} - g_i^{\text{L}}| \quad (4-18)$$

对于拉氏误差，g^{C} 与 g^{L} 具有拉氏意义下的关联，但是 ΔV_i^{L} 与 g^{C} 的空间不一致。于是，在考察 L_1 和 L_2 时，简单选择使用精确解对应的网格 ΔV_i^{L}。实际上严格在拉氏意义上跟随流体微团，网格质量保持不变，于是，拉氏意义下的 L_1 和 L_2 误差可以定义为

$$L_1^{\text{CL}m} = \frac{\sum_i |g_i^{\text{C}} - g_i^{\text{L}}| \Delta m_i^{\text{L}}}{\sum_i \Delta m_i^{\text{L}}} \quad (4-19)$$

$$L_2^{\text{CL}m} = \sqrt{\frac{\sum_i |g_i^{\text{C}} - g_i^{\text{L}}|^2 \Delta m_i^{\text{L}}}{\sum_i \Delta m_i^{\text{L}}}} \quad (4-20)$$

式中：m 为质量。按照这种方式定义的 L_1 和 L_2 误差比较适用于拉氏数值模拟的误差考察。

因此，对于拉氏数值模拟的误差与精度的计算方法，如果简单沿用欧拉数值模拟中的方法，就会造成无论是欧拉误差还是拉氏误差，都无法完全自恰。具体选择哪种方式考察误差，需要根据具体算例选择。

在后续误差与精度的计算中，如果只关心精度，则误差的不同计算方式没有本质影响。

4.3.2 网格收敛验证

网格收敛性研究是数值模拟验证的有效手段，严格定义的网格细化或者粗化研究是计算结果精度评估的一种有效措施，并且尽可能地结合理查森外插方法来判断数值解的收敛性以及实际的计算精度。很多人认为，进行网格收敛性研究的计算机花费过大，以至不能进行这样的研究。罗奇指出，如果说网格细化的研究确实困难，那么可以进行网格粗化的研究，即沿每一方向网格减半。这样，在三维情况下，计算工作量将降低到原来网格下的1/8。显然，这是一个非常小的工作量，但是已经可以给出一个明确的数值解精度估计。

4.3.2.1 整体质量收敛性分析

一般来讲，格式的误差估计所得到的阶并不是格式的收敛阶。因此，必须对格式的收敛阶进行分析。对于质量收敛性分析，首先假定计算时间 Δt_l 为一固定常数，在某种函数空间范数意义下，设

$$\| \xi^* - \xi_c \| = A(\Delta m)^p$$

针对流体力学问题，一般精确解 ξ^* 未知，用 ξ_f 代替 ξ^*，假设 ξ_f 是由非常细的网格计算得到的，且令

$$\Delta m_f = \frac{\Delta m}{\sigma^3} \quad (4-21)$$

$$\Delta m = \rho \Delta r$$

ξ_m、ξ_i 分别由 $\Delta m_m = \dfrac{\Delta m}{\sigma}$ 和 $\Delta m_i = \dfrac{\Delta m}{\sigma^2}$ 的网格计算得到，则

$$\| \xi_f - \xi_c \| = A(\Delta m)^p \quad (4-22)$$

$$\| \xi_f - \xi_m \| = A\left(\frac{\Delta m}{\sigma}\right)^p \quad (4-23)$$

$$\| \xi_f - \xi_i \| = A\left(\frac{\Delta m}{\sigma^2}\right)^p \quad (4-24)$$

对式（4-22）~式（4-24）两边取对数，将误差范数的对数作为网格长度的对数的函数，得

$$\log \| \xi_f - \xi_c \| = \log A + p\log(\Delta m) \quad (4-25)$$

$$\log \| \xi_f - \xi_m \| = \log A + p\log\left(\frac{\Delta m}{\sigma}\right) \quad (4-26)$$

$$\log \| \xi_f - \xi_i \| = \log A + p\log\left(\frac{\Delta m}{\sigma^2}\right) \quad (4-27)$$

其中

$$\| \xi_2 - \xi_1 \|_1 = \Delta m \sum_{i=1}^{N} | \xi_2 - \xi_1 | \quad (4-28)$$

$$\| \xi_2 - \xi_1 \|_2 = \sqrt{\Delta m \sum_{i=1}^{N} | \xi_2 - \xi_1 |^2} \quad (4-29)$$

由式（4-26）减去式（4-25），得

$$\log \frac{\| \xi_f - \xi_m \|}{\| \xi_f - \xi_c \|} = p\log\left(\frac{1}{\sigma}\right) \quad (4-30)$$

同样，由式（4-27）减去式（4-26），得

$$\log \frac{\|\xi_f - \xi_i\|}{\|\xi_f - \xi_m\|} = p\log\left(\frac{1}{\sigma}\right) \qquad (4-31)$$

由式（4-30）和式（4-31）可以得出网格加密后的收敛阶 p 和收敛情况。

4.3.2.2 整体时间收敛性分析

类似于质量收敛性分析，设整体时间收敛率为

$$\|\xi^* - \xi_c\| = \epsilon_m + B(\Delta t)^q \qquad (4-32)$$

式中：ϵ_m 为质量误差。

同样，精确解 ξ^* 未知，用 ξ_f 代替 ξ^*，假设 ξ_f 是由非常小时间步长计算得到的，且令

$$\Delta t_f = \frac{\Delta t}{\tau^3} \qquad (4-33)$$

ξ_m、ξ_i 分别由 $\Delta t_m = \frac{\Delta t}{\tau}$ 和 $\Delta m_i = \frac{\Delta t}{\tau^2}$ 的网格计算得到。将 ξ_f 代替 ξ^*，且由于所有的 ξ_f、ξ_m、ξ_i 和 ξ_c 都是取相同的网格质量得到的，于是去掉右边的 ϵ_m。时间收敛率为 q，得到

$$\log\|\xi_f - \xi_c\| = \log B + q\log\Delta t \qquad (4-34)$$

$$\log\|\xi_f - \xi_m\| = \log B + q\log\frac{\Delta t}{\tau} \qquad (4-35)$$

$$\log\|\xi_f - \xi_i\| = \log B + q\log\frac{\Delta t}{\tau^2} \qquad (4-36)$$

类似于式（4-30）和式（4-31），可以得出时间方向加密后的收敛阶。

4.4 验证基本方法

验证是评估计算模型对数学模型保真度的一个过程，在保真度的基础上，软件能否为用户提供相关功能。在此活动中，涉及支撑该活动的几种典型方法与技术。

4.4.1 现象认定与等级划分技术

现象认定与等级划分表（PIRT）的目的是将实际工程问题的需求转换为数值模拟的需求，将物理建模和数值建模现状与实际需求的差距转换为科学问题，厘清过程和要素，明确细化验证活动、确认活动和可信度评估

三个阶段的对象。PIRT 技术是针对某个特定研究场景（或物理现象，或系统）对仿真的应用需求，按照物理现象、概念模型、计算模型、物理试验、数值试验，分析与梳理表征物理过程的模型、验证、试验、确认的状态，基于领域知识、专家经验和意见，收集或获取相关信息，凝练要素，按照等级评估其重要程度和认知水平，即在 PIRT 过程中必须考虑对数值模拟结果可信度有影响的所有因素，并重点关注和筛选主导物理建模与数值建模技术可信度的因素，充分、有效地确定如下需求：①新物理建模、新计算方法、新程序、新试验的发展需求；②已有物理建模与数值建模的 V&V&UQ 的改进需求；③物理模型可信度与数值预测结果的置信度评估需求。建立特定领域仿真的 PIRT。PIRT 是特定领域仿真技术的一种现状定义方法，是对应用仿真实施 V&V 计划中必需的过程，解决了盲目实施 V&V 或不切实际 V&V 的困境，达到更有效管理和实施 V&V 活动的目的。随着 V&V&UQ 活动进展会不断更新，是动态变化的过程。其一般包含 5 种类型的信息（图 4-6）：①物理现象的重要性。仿真很重要的是针对复杂物理过程或现象，采用建模手段和数字仿真对其进行计算机分析，对物理过程或现象的全因素考虑是仿真成功的关键。为此，在建模与模拟过程中，清晰划分物理过程和全面提取物理现象尤为重要。②概念模型的充分性。③验证的充分性。④试验/实验的充分性。⑤确认的充分性。

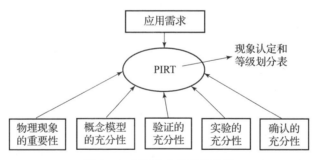

图 4-6　PIRT 中信息的类别

PIRT 的外延是识别确认分层。通常来讲，复杂应用的系列实验是在超出确认分层的基础上完成的。通常有材料描述性实验、集成确认实验和加速实验三种类型。集成实验可以包含分离效应（特定物理量的专用实验）和集成效应实验（相互作用物理量的专用实验）。从材料的表征实验用于校准本构模型，或者实验校准模型，这种实验一般耗费低、容易实施，并且能够得到更多和更高质量的数据（即超过多个材料样本）。集成确认实验代表系列实验测定计算仿真模型在再现真实物理世界或者子系统相关应用的各方面能力。这类实验通常不能完全表征应用模型的全部复杂性，通过采用比较数据和相应的计算预测以评估计算模型的性能，可能无法为表征类似实验的变异性提供足够的数据。通常来讲，这些实验代价都比较大，得到的或许是低质量的并且测到数据少。鉴定实验能够包含子系统或全系统，在硬件测试条件下能够更密切地描述目标应用的设计状态或调整需求。这样的实验具有典型的昂贵性，得到的数据量非常小，所以确认的质量也受到限制。PIRT 技术涉及两个过程：①现象认定——信息收集及要素；②等级划分——排序。

4.4.2　软件自动化测试验证技术

测试是使用人工和自动手段来运行或检测软件系统的过程，其目的在于检验系统是否满足规定的需求，或者弄清预期结果与实际结果之间的差别。软件测试是保证软件质量最重要和最有效的方法，也是验证和确认的最基本、最简单技术，即程序测试仍然是起决定作用的软件验证和确认技术。在软件开发的整个过程中占据非常重要的地位。大量统计资料表明，软件测试阶段投入的成本和工作量往往占软件开发总成本和总工作量的 40%~50%，甚至更多。首先，随着领域知识积累和人们认知的深入，仿真软件不断完善的过程中，每天都有可能修改软件，甚至补充或重构大量的代码，对新集成的软件进行测试是必需的，尤其是针对工程应用软件，对已有功能的兼容测试，已成为必不可少的环节。其次，随着工程精细化的设计需求，考虑问题越来越复杂，软件规模越来越大，软件复杂度越来越高，如何保证软件的质量，快速开展验证和确认成为工程领域面临的问题之一。如果单纯依赖传统手工测试技术对新增代码、新集成版本进行测试，必将耗费研发人员大量的宝贵时间，同时测试的效率还无法保证。软件测试的工作量往往较大，且大部分属于回归或迭代的重复性、非智力性和非创造性的工作，并要求准确细致，使用自动化测试工具显然比手工测试更有优势。因此，必须借助自动化测试工具的力量，将大量的重复性质的测试工作交由自动化测试工具完成，以减轻研发人员的工作负担，提高软件研发的效率。

为了提高软件验证的准确度、精确度和可信任度，建立各种验模和标模库，采用脚本语言部署好相应的测试场景，发展自动化测试技术是验证很重要的一种途径。自动化测试验证技术是采用某种策略或工具，减少人工介入非技术性、重复性、冗长的测试活动里，从而达到无人监守完成测试、自动产生测试报告、分析测试结果等一系列活动的目的，对验证结果进行分析反馈，大大解放人力，自动去做更重复的测试验证工作。

任何自动化测试的最终目标都应当是与一套测试需求相对应的一套有计划的测试，这些测试需求反过来也能在自动化测试中体现出来。此外，测试工作的中心是测试数据，而不是测试脚本。这就是为什么有那么多人鼓吹将数据驱动自动化测试作为自动化实现的框架。自动化测试框架的另一个可操作目标是让测试脚本的维护量减至最小。自动化测试包括4个方面的重要概念。

（1）测试用例：在测试过程中为特定目的而设计的一组测试输入、执行条件和预期的结果称为测试用例，它是测试最小的执行实体。

（2）测试套件：以某种特性将测试用例组合到一起的用例集称为测试套件。

（3）测试固件：测试主程序运行时所需要的一切东西，它可能是数据，还可能是系统环境，也可能是某个具体实例化类。

（4）测试运行器：测试程序的执行载体，掌控着测试任务的执行流程。

自动化测试是一种机制，它不仅是指利用工具或框架进行自动化测试，而且还包括如何确定自动化测试的方法，如何组织测试，以及如何管理测试的流程等。自动化测试验证技术包括自动化测试框架、测试用例、测试标准等，其核心是测试库构建、驱动测试脚本两个方面。

4.4.3 人为构造解验证技术

人为构造解方法（MMS）是一种逆向思维的软件验证技术，基本过程是针对代码求解的偏微分方程（组）先假设一个（组）可达解（强制函数），并将这个解代入原方程（组），推导并确定使方程（组）能够成立所必须添加的源项及边界条件。然后在应用软件中右端添加源项和建立相应的边界条件进行数值求解，将应用软件的数值解和假设的一个（组）解进行比较，就可以辨识程序的错误和量化程序模拟误差，达到验证程序正确性的目的。"人为构造解"表明该解是人为构造的，构造的解往往没有物理意义，但有助于测试代码实施的正确性。与其努力寻找偏微分方程组的精确解，倒不如优先人工构造精确解。

人为构造解方法是一种比精确解方法应用更广泛且更容易检验程序的

方法。这种方法的优点在于可以建造一个普适解，使之适用于方程的所有项和内部方程的系数，而不需要规定特殊的坐标系或特殊的边界条件。

4.4.3.1 人为构造解准则

人为构造解准则包括以下几点：

（1）用光滑的解析函数（如多项式、三角函数、指数函数等）组成人为构造解，且使方程/方程组中的微分算子有意义。

（2）解应该足够普适，使之适用基本方程的每一项。

（3）解应该有足够的非无效（如零）导数。

（4）解的导数应以一个小的常数为界。

（5）人为构造解的性质（如正或负）和单位应与需检验的程序一致。

（6）解应定义在一个二维或三维的连通区域上。

4.4.3.2 构造方程/方程组系数的准则

构造方程/方程组系数的准则如下：

（1）系数函数应选解析函数（如多项式、三解函数、指数函数）组成，且使系数中的微分算子有意义。

（2）系数函数应该是非无效和通用的。

（3）系数函数（通常代表介质性质）应该有某种物理合理性（如正/负、对称性等）。

（4）系数函数应定义在需验证程序适用的范围内。

4.4.3.3 计算区域选择

根据程序适用区域的范围，先选择单介质区域，后选择多种不同介质的多区域问题进行计算。

4.4.3.4 边界条件

一个程序可以有多种不同类型的边界条件，只需要在给定的边界位置，按照给定的边界类型，用人为构造解计算它们的值，然后将这些值作为输入条件之一就可以了。

如果程序规模大，边界条件也很多，则可以设计多个验证计算，每个验证计算只设定一种或两种边界条件。

4.4.3.5 给定人为构造解常数

对人为构造解中的物理量，几何量给定合理的初值和其他物理常数作为输入条件。

4.4.3.6 人为构造解验证过程

图 4-7 给出了人为构造解方法验证的过程。

第 4 章 验证技术

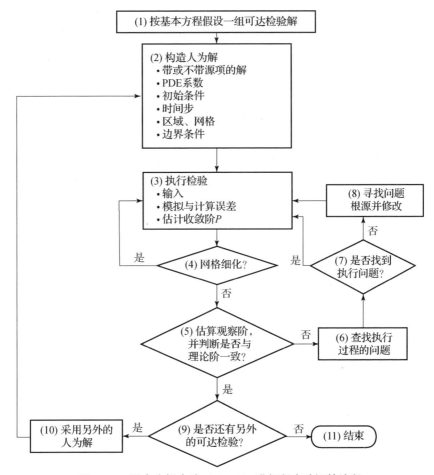

图 4-7 用人为解方法（MMS）进行程序验证的流程

（1）根据程序求解的方程组及辅助条件，设计一组（一般不是一个）检验，使程序中各种情况都能得到检验。

（2）按照 4.4.3.1 的准则构造人为解。

（3）执行检验：

①输入数据。

②执行计算并输出总误差。

③用 $p \approx \log\left(\dfrac{E_{\text{网格}1}}{E_{\text{网格}2}}\right)\bigg/\log(r)$ 计算观察精确度。其中，$E_{\text{网格}1} \approx ch^p$，

$E_{网格2} \approx c\left(\dfrac{h}{r}\right)^p$ 分别为网格步长 h 和 $\dfrac{h}{r}$ 时的总误差，它由在点 i 的人为构造解(u_i)和计算的离散解(U_i)之差的 L_2 范数 $\left[\dfrac{1}{N}\sum\limits_{i=1}^{N}(u_i - U_i)^2\right]^{\frac{1}{2}}$ 和最大值范数 $\underset{i}{\mathrm{Max}}|u_i - U_i|$ 来度量；r 为网格密分比例，一般取 2；p 为观察精度。

（4）网格密分。按比例 r 将网格密分（注意保持网格的光滑性），得到一组网格序列的总误差和观察精确度。

（5）比较精确度。将观察精确解与理论精确解进行比较。当观察精确度小于理论精确度时，则执行（6），当观察精确度大于小于理论精确度时，则执行（9）。

（6）寻找检验执行过程的问题，即检查：①检验公式或编排上是否有错；②结果的评估中是否有错；③如果程序有迭代解方法，则判断迭代收敛条件是否严格满足。

（7）执行问题是否找到？如果找到（6）中的错误，则重复回到（3）进行检验。否则，执行（8）。

（8）寻找精确度错误。很多编程错误都会引发精确度错误，寻找这种错误是一件很困难的事情。为了寻找这种错误，往往限制边界条件或区域形状的普适性，以系统地缩小精确度错误存在的范围，寻找出错误后，则重复回到（3）进行检验，看是否还有错误。

（9）是否还有另外的检验？如果（5）中观察精确度与理论精确度一致，则检查是否还有另外的检验要做。如果有则进入（10），否则就进入（11）。

（10）需要返回（2）吗？如果另一个检验可以用同一个人为构造解，就执行（4），否则就执行（3）。

（11）程序得到验证。

4.5　流体力学人为构造解

使用人为解析解方法验证程序，需要注意以下几个方面：首先，人为解析解方法主要考察偏微分方程组各微分算子是否离散正确，程序的其他方面不在考察范围内。其次，人为解析解一般采用光滑解，而不使用间断解。因为对于间断问题，在缺少物理意义的条件下，在数学上难以保证解的存在唯一性。最后，为方便程序实现，给定速度、密度、压力、能量的可达解，使得源项形式尽可能简洁。

4.5.1 二维平面坐标系下流体方程组的人为构造解

考虑有源项的理想流体控制方程和状态方程：

$$\frac{\partial \rho}{\partial t} + u \frac{\partial \rho}{\partial x} + v \frac{\partial \rho}{\partial y} = -\rho \left(\frac{\partial u}{\partial x} + \frac{\partial v}{\partial y} \right) + S_\rho \quad (4-37)$$

$$\frac{\partial u}{\partial t} + u \frac{\partial u}{\partial x} + v \frac{\partial u}{\partial y} = -\frac{1}{\rho} \frac{\partial p}{\partial x} + S_u \quad (4-38)$$

$$\frac{\partial v}{\partial t} + u \frac{\partial v}{\partial x} + v \frac{\partial v}{\partial y} = -\frac{1}{\rho} \frac{\partial p}{\partial y} + S_v \quad (4-39)$$

$$\frac{\partial e}{\partial t} + u \frac{\partial e}{\partial x} + v \frac{\partial e}{\partial y} = -\frac{p}{\rho} \left(\frac{\partial u}{\partial x} + \frac{\partial v}{\partial y} \right) + S_e \quad (4-40)$$

$$p = (\gamma - 1)\rho e \quad (4-41)$$

式中：u、v、ρ、p、e 分别代表 x 方向速度、y 方向速度、密度、压力和内能；S_ρ、S_u、S_v、S_e 分别代表质量方程、动量方程和能量方程的人为构造解的源项。

（1）假设一组可达解。基于人为解构造原则，假设流场解的一类形式为

密度：
$$\rho = g^{\frac{1}{\gamma-1}} \quad (4-42)$$

速度：
$$u = 1 + \omega f_1 \quad (4-43)$$

$$v = 1 + \omega f_2 \quad (4-44)$$

其中
$$g = 1 - \frac{\gamma - 1}{2\gamma} \omega^2 \quad (4-45)$$

$$\omega = \frac{\varepsilon}{2\pi} e^{\frac{1-x^2-y^2}{2}} \quad (4-46)$$

$$f_1 = f_1(x, y) \quad (4-47)$$

$$f_2 = f_2(x, y) \quad (4-48)$$

$$\tilde{x} = x - t \quad (4-49)$$

$$\tilde{y} = y - t \quad (4-50)$$

式中：ε 为给定的参数。

取理想气体状态方程，等熵过程

$$p = \rho^\gamma = g^{\frac{\gamma}{\gamma-1}} \quad (4-51)$$

$$e = \frac{p}{(\gamma-1)\rho} = \frac{g}{\gamma-1} \quad (4-52)$$

(2) 推导源项。将假设解的形式代入方程式（4-37）~式（4-41），推导源项。为了便于推导，先列出推导过程中一些有用的偏导数。

$$\frac{\partial \omega}{\partial x} = -\tilde{\omega} \tilde{x}, \frac{\partial \omega}{\partial y} = -\tilde{\omega} \tilde{y}, \frac{\partial \omega}{\partial t} = \omega(\tilde{x} + \tilde{y}), \frac{\partial g}{\partial x} = \frac{\gamma-1}{\gamma} \omega^2 \tilde{x},$$

$$\frac{\partial g}{\partial y} = \frac{\gamma-1}{\gamma} \omega^2 \tilde{y}, \frac{\partial g}{\partial t} = \frac{\gamma-1}{\gamma} \omega^2 (\tilde{x} + \tilde{y})$$

① 质量方程源项。将假设解代入质量方程式（4-37），质量方程左端项为

$$\frac{\partial \rho}{\partial t} + u \frac{\partial \rho}{\partial x} + v \frac{\partial \rho}{\partial y} = \frac{1}{\gamma} g^{\frac{2-\gamma}{\gamma-1}} \omega^3 (\tilde{x} f_1 + \tilde{y} f_2) \qquad (4-53)$$

质量方程右端项为

$$-\frac{1}{\rho} \left(\frac{\partial u}{\partial x} + \frac{\partial v}{\partial y} \right) = -\frac{1}{\rho} \left(\omega \frac{\partial f_1}{\partial x} + f_1 \frac{\partial \omega}{\partial x} + \omega \frac{\partial f_2}{\partial y} + f_2 \frac{\partial \omega}{\partial y} \right) = -\frac{1}{\rho} \omega \left(\frac{\partial f_1}{\partial x} + \frac{\partial f_2}{\partial y} \right) \qquad (4-54)$$

根据人为构造解原则，流体力学方程构造的人为解质量源项最好为 0，所以要使 $S_\rho = 0$，由式（4-53）和式（4-54）可知

$$\begin{cases} \tilde{x} f_1 + \tilde{y} f_2 = 0 \\ \frac{\partial f_1}{\partial x} + \frac{\partial f_2}{\partial y} = 0 \end{cases} \qquad (4-55)$$

由此可知，只要式（4-55）成立，假设的人为构造解式（4-42）~式（4-52）满足质量方程，且 $S_\rho = 0$。

② 动量方程源项。将假设解代入动量方程（4-38），动量方程左端项为

$$\frac{\partial u}{\partial t} + u \frac{\partial u}{\partial x} + v \frac{\partial u}{\partial y} = \omega \frac{\partial f_1}{\partial t} + \frac{\partial \omega}{\partial t} f_1 + u\omega \frac{\partial f_1}{\partial x} + u f_1 \frac{\partial \omega}{\partial x} + v\omega \frac{\partial f_1}{\partial y} + v f_1 \frac{\partial \omega}{\partial y}$$

$$= \omega \frac{\partial f_1}{\partial t} + \omega(\tilde{x} + \tilde{y}) f_1 + (1 + \omega f_1) \omega \frac{\partial f_1}{\partial x} + (1 + \omega f_1) f_1 (-\omega \tilde{x}) +$$

$$(1 + \omega f_2) \omega \frac{\partial f_1}{\partial y} + (1 + \omega f_2) f_1 (-\omega \tilde{y})$$

$$= \omega \left(\frac{\partial f_1}{\partial t} + \frac{\partial f_1}{\partial x} + \frac{\partial f_1}{\partial y} \right) + \omega^2 \left(f_1 \frac{\partial f_1}{\partial x} + f_2 \frac{\partial f_1}{\partial y} \right) \qquad (4-56)$$

动量方程右端项为

$$-\frac{1}{\rho} \frac{\partial p}{\partial x} = -\frac{1}{\rho} \gamma \rho^{\gamma-1} \frac{\partial \rho}{\partial x} = -\omega^2 \tilde{x} \qquad (4-57)$$

由式（4-56）和式（4-57）可知，要使动量方程式（4-38）成立，需加源项，即

$$S_u = \omega\left(\frac{\partial f_1}{\partial t} + \frac{\partial f_1}{\partial x} + \frac{\partial f_1}{\partial y}\right) + \omega^2\left(\tilde{x} + f_1\frac{\partial f_1}{\partial x} + f_2\frac{\partial f_1}{\partial y}\right) \quad (4-58)$$

同理，要使动量方程式（4-39）成立，需加源项，即

$$S_v = \omega\left(\frac{\partial f_2}{\partial t} + \frac{\partial f_2}{\partial x} + \frac{\partial f_2}{\partial y}\right) + \omega^2\left(\tilde{y} + f_1\frac{\partial f_2}{\partial x} + f_2\frac{\partial f_2}{\partial y}\right) \quad (4-59)$$

③能量方程源项。将假设解代入能量方程式（4-40），能量方程左端项为

$$\frac{\partial e}{\partial t} + u\frac{\partial e}{\partial x} + v\frac{\partial e}{\partial y} = \frac{1}{\gamma-1}\frac{\partial g}{\partial t} + u\frac{1}{\gamma-1}\frac{\partial g}{\partial x} + v\frac{1}{\gamma-1}\frac{\partial g}{\partial y} = \frac{1}{\gamma}\omega^3(f_1\tilde{x} + f_2\tilde{y})$$
$$(4-60)$$

能量方程右端项为

$$-\frac{p}{\rho}\left(\frac{\partial u}{\partial x} + \frac{\partial v}{\partial y}\right) = -\frac{p}{\rho}\left(\omega\frac{\partial f_1}{\partial x} + f_1\frac{\partial \omega}{\partial x} + \omega\frac{\partial f_2}{\partial y} + f_2\frac{\partial \omega}{\partial y}\right) = -\frac{p}{\rho}\omega\left(\frac{\partial f_1}{\partial x} + \frac{\partial f_2}{\partial y}\right)$$
$$(4-61)$$

由式（4-60）、式（4-61）和式（4-56）可知，要使能量方程式（4-40）成立，源项为 $S_e = 0$。

由以上推导可知，只要式（4-56）成立，则质量、能量方程的源项为零，动量方程的源项为式（4-58）和式（4-59），于是式（4-42）~式（4-52）人为构造解的一类形式解满足方程式（4-37）~式（4-40）。针对式（4-37）~式（4-40）考虑有源项的理想流体控制方程和状态方程，由前面的推导就可得到它的人为构造解为

$$\rho = g^{\frac{1}{\gamma-1}} \quad (4-62)$$

$$\begin{cases} u = 1 + \omega f_1 \\ v = 1 + \omega f_2 \end{cases} \quad (4-63)$$

$$p = \rho^\gamma = g^{\frac{\gamma}{\gamma-1}} \quad (4-64)$$

$$e = \frac{p}{(\gamma-1)\rho} = \frac{g}{\gamma-1} \quad (4-65)$$

$$S_\rho = 0 \quad (4-66)$$

$$S_u = \omega\left(\frac{\partial f_1}{\partial t} + \frac{\partial f_1}{\partial x} + \frac{\partial f_1}{\partial y}\right) + \omega^2\left(\tilde{x} + f_1\frac{\partial f_1}{\partial x} + f_2\frac{\partial f_1}{\partial y}\right) \quad (4-67)$$

$$S_v = \omega\left(\frac{\partial f_2}{\partial t} + \frac{\partial f_2}{\partial x} + \frac{\partial f_2}{\partial y}\right) + \omega^2\left(\tilde{y} + f_1\frac{\partial f_2}{\partial x} + f_2\frac{\partial f_2}{\partial y}\right) \quad (4-68)$$

$$S_e = 0 \qquad (4-69)$$

根据前面的推导，人为构造解中函数 f_1 和 f_2 可以给出很多形式，只要 f_2 满足式（4-55），这样即可得到流体力学方程组一类形式的光滑人为构造解。在程序验证中，就可以将人为构造解看成方程的解析解，类似于解析解验证程序或测试程序。

4.5.2 二维柱坐标系下流体方程组的人为构造解

考虑带有源项二维柱对称下流体力学非守恒形式的方程组：

$$\frac{\partial \rho}{\partial t} + u\frac{\partial \rho}{\partial r} + v\frac{\partial \rho}{\partial z} = -\rho\left(\frac{1}{r}\frac{\partial ru}{\partial r} + \frac{\partial v}{\partial z}\right) + S_m \qquad (4-70)$$

$$\frac{\partial u}{\partial t} + u\frac{\partial u}{\partial r} + v\frac{\partial u}{\partial z} = -\frac{1}{\rho}\frac{\partial p}{\partial r} + S_u \qquad (4-71)$$

$$\frac{\partial v}{\partial t} + u\frac{\partial v}{\partial r} + v\frac{\partial v}{\partial z} = -\frac{1}{\rho}\frac{\partial p}{\partial z} + S_v \qquad (4-72)$$

$$\frac{\partial e}{\partial t} + u\frac{\partial e}{\partial r} + v\frac{\partial e}{\partial z} = -\frac{p}{\rho}\left(\frac{1}{r}\frac{\partial ru}{\partial r} + \frac{\partial v}{\partial z}\right) + S_e \qquad (4-73)$$

式中：u、v 分别为 r，z 方向的速度；ρ 为密度；e 为单位体积内能；p 为压力。状态方程使用理想气体形式：$p = (\gamma - 1)\rho e$，γ 为多方气体指数。S_m、S_u、S_v、S_e 为源项。假设一组可达解为

$$u(r,z,t) = rz\cos(\pi rt) \qquad (4-74)$$

$$v(r,z,t) = e^{-z} - \pi r\cos(\pi rt) - (\pi rt\cos^2(\pi rt) + 2\cos(\pi rt) - \pi rt\sin(\pi rt))(z-1) \qquad (4-75)$$

$$\rho(r,z,t) = e^{z+\sin(\pi rt)} \qquad (4-76)$$

$$p(r,z,t) = e^{\gamma(z+\sin(\pi rt))} \qquad (4-77)$$

$$e(r,z,t) = \frac{1}{\gamma - 1}e^{(\gamma-1)(z+\sin(\pi rt))} \qquad (4-78)$$

同样，将假设解代入带有源项二维柱对称下流体力学非守恒形式的方程组，可推导出源项为

$$S_m = S_e = 0 \qquad (4-79)$$

$$S_u = u_t + uu_r + vu_z + \frac{1}{\rho}p_r \qquad (4-80)$$

$$S_v = v_t + uv_r + vv_z + \frac{1}{\rho}p_z \qquad (4-81)$$

其中，源项中的各项表达式为

$$u_t = -\pi r^2 z \sin(\pi rt) \tag{4-82}$$

$$u_r = z\cos(\pi rt) - \pi rzt\sin(\pi rt) \tag{4-83}$$

$$u_z = r\cos(\pi rt) \tag{4-84}$$

$$\frac{1}{\rho}p_r = \gamma\rho^{\gamma-2}\frac{\partial\rho}{\partial r} = \gamma\rho^{\gamma-1}\frac{\partial(z+\sin(\pi rt))}{\partial r} = \gamma\rho^{\gamma-1}(\pi t\cos(\pi rt)) = \gamma\pi t\rho^{\gamma-1}\cos(\pi rt) \tag{4-85}$$

$$\frac{1}{\rho}p_z = \gamma\rho^{\gamma-2}\frac{\partial\rho}{\partial z} = \gamma\rho^{\gamma-1}\frac{\partial(z+\sin(\pi rt))}{\partial z} = \gamma\rho^{\gamma-1} \tag{4-86}$$

$$v_t = (\pi r)^2 \sin(\pi rt) - (z-1)\{\pi r\cos^2(\pi rt) - 2(\pi r)^2 t\cos(\pi rt)\sin(\pi rt) \\ -3\pi r\sin(\pi rt) - (\pi r)^2 t\cos(\pi rt)\} \tag{4-87}$$

$$v_r = -\pi\cos(\pi rt) + \pi^2 rt\sin(\pi rt) - [\pi t\cos^2(\pi rt) - 2(\pi t)^2 r\cos(\pi rt)\sin(\pi rt) - \\ 3\pi t\sin(\pi rt) - (\pi t)^2 r\cos(\pi rt)](z-1) \tag{4-88}$$

$$v_z = -e^{-z}\{\pi rt\cos^2(\pi rt) + 2\cos(\pi rt) - \pi rt\sin(\pi rt)\} \tag{4-89}$$

4.5.3 三维流体力学方程组的人为构造解

考虑有源项的理想流体控制方程和状态方程：

$$\frac{\partial\rho}{\partial t} + u\frac{\partial\rho}{\partial x} + v\frac{\partial\rho}{\partial y} + w\frac{\partial\rho}{\partial z} = -\rho\left(\frac{\partial u}{\partial x} + \frac{\partial v}{\partial y} + \frac{\partial w}{\partial z}\right) + S_m \tag{4-90}$$

$$\frac{\partial u}{\partial t} + u\frac{\partial u}{\partial x} + v\frac{\partial u}{\partial y} + w\frac{\partial u}{\partial z} = -\frac{1}{\rho}\frac{\partial p}{\partial x} + S_u \tag{4-91}$$

$$\frac{\partial v}{\partial t} + u\frac{\partial v}{\partial x} + v\frac{\partial v}{\partial y} + w\frac{\partial v}{\partial z} = -\frac{1}{\rho}\frac{\partial p}{\partial y} + S_v \tag{4-92}$$

$$\frac{\partial w}{\partial t} + u\frac{\partial w}{\partial x} + v\frac{\partial w}{\partial y} + w\frac{\partial w}{\partial z} = -\frac{1}{\rho}\frac{\partial p}{\partial z} + S_w \tag{4-93}$$

$$\frac{\partial e}{\partial t} + u\frac{\partial e}{\partial x} + v\frac{\partial e}{\partial y} + w\frac{\partial e}{\partial z} = -\frac{p}{\rho}\left(\frac{\partial u}{\partial x} + \frac{\partial v}{\partial y} + \frac{\partial w}{\partial z}\right) + S_e \tag{4-94}$$

$$p = (\gamma-1)\rho e \tag{4-95}$$

（1）在无散旋转场情况下，假设流场解的形式如下：

$$u = 1 + \omega(\tilde{y} - \tilde{z}) \tag{4-96}$$

$$v = 1 + \omega(\tilde{z} - \tilde{x}) \tag{4-97}$$

$$w = 1 + \omega(\tilde{x} - \tilde{y}) \tag{4-98}$$

$$\rho = g^{\frac{1}{\gamma-1}} \tag{4-99}$$

同样，将假设解代入三维流体力学方程组，可推导出源项为

$$S_m = 0 \tag{4-100}$$

$$S_u = \omega^2(-\tilde{x} + \tilde{y} + \tilde{z}) \tag{4-101}$$

$$S_v = \omega^2(\tilde{x} - \tilde{y} + \tilde{z}) \tag{4-102}$$

$$S_w = \omega^2(\tilde{x} + \tilde{y} - \tilde{z}) \tag{4-103}$$

$$S_e = 0 \tag{4-104}$$

其中

$$g = 1 - \frac{\gamma - 1}{2\gamma}\omega^2 \tag{4-105}$$

$$\omega = \frac{\varepsilon}{2\pi} e^{\frac{1-\tilde{x}^2-\tilde{y}^2-\tilde{z}^2}{2}} \tag{4-106}$$

$$\tilde{x} = x - t \tag{4-107}$$

$$\tilde{y} = y - t \tag{4-108}$$

$$\tilde{z} = z - t \tag{4-109}$$

取理想气体状态方程，等熵过程：

$$p = \rho^\gamma = g^{\frac{\gamma}{\gamma-1}} \tag{4-110}$$

$$e = \frac{p}{(\gamma-1)\rho} = \frac{g}{\gamma-1} \tag{4-111}$$

具体推导过程如下。首先考察内能方程，左端项各项偏导数为

$$\frac{\partial e}{\partial x} = \rho^{\gamma-2}\frac{\partial \rho}{\partial x} \tag{4-112}$$

$$\frac{\partial e}{\partial y} = \rho^{\gamma-2}\frac{\partial \rho}{\partial y} \tag{4-113}$$

$$\frac{\partial e}{\partial z} = \rho^{\gamma-2}\frac{\partial \rho}{\partial z} \tag{4-114}$$

$$\frac{\partial e}{\partial t} = \rho^{\gamma-2}\frac{\partial \rho}{\partial t} \tag{4-115}$$

于是，左端项为

$$\frac{\partial e}{\partial t} + u\frac{\partial e}{\partial x} + v\frac{\partial e}{\partial y} + w\frac{\partial e}{\partial z} = \rho^{\gamma-2}\left(\frac{\partial \rho}{\partial t} + u\frac{\partial \rho}{\partial x} + v\frac{\partial \rho}{\partial y} + w\frac{\partial \rho}{\partial z}\right) \tag{4-116}$$

右端项为

$$-\frac{p}{\rho}\left(\frac{\partial u}{\partial x} + \frac{\partial v}{\partial y} + \frac{\partial w}{\partial z}\right) = -\rho^{\gamma-2}\left[\rho\left(\frac{\partial u}{\partial x} + \frac{\partial v}{\partial y} + \frac{\partial w}{\partial z}\right)\right] \tag{4-117}$$

由此得到满足质量方程的解，必然满足内能方程。以下只需验证质量方程

和动量方程。

为了进行验证，先列出一些有用的偏导数。

$$\frac{\partial \omega}{\partial x} = -\omega \tilde{x} \quad (4-118)$$

$$\frac{\partial \omega}{\partial y} = -\omega \tilde{y} \quad (4-119)$$

$$\frac{\partial \omega}{\partial z} = -\omega \tilde{z} \quad (4-120)$$

$$\frac{\partial \omega}{\partial t} = \omega(\tilde{x} + \tilde{y} + \tilde{z}) \quad (4-121)$$

$$\frac{\partial g}{\partial x} = \frac{\gamma-1}{\gamma}\omega^2 \tilde{x} \quad (4-122)$$

$$\frac{\partial g}{\partial y} = \frac{\gamma-1}{\gamma}\omega^2 \tilde{y} \quad (4-123)$$

$$\frac{\partial g}{\partial z} = \frac{\gamma-1}{\gamma}\omega^2 \tilde{z} \quad (4-124)$$

$$\frac{\partial g}{\partial t} = -\frac{\gamma-1}{\gamma}\omega^2(\tilde{x} + \tilde{y} + \tilde{z}) \quad (4-125)$$

速度的偏导数为

$$\frac{\partial u}{\partial x} = \frac{\partial \omega}{\partial x}(\tilde{y}-\tilde{z}) = -\omega\tilde{x}(\tilde{y}-\tilde{z}) \quad (4-126)$$

$$\frac{\partial u}{\partial y} = \frac{\partial \omega}{\partial y}(\tilde{y}-\tilde{z}) + \omega = -\omega[\tilde{y}(\tilde{y}-\tilde{z})-1] \quad (4-127)$$

$$\frac{\partial u}{\partial z} = \frac{\partial \omega}{\partial z}(\tilde{y}-\tilde{z}) - \omega = -\omega[\tilde{z}(\tilde{y}-\tilde{z})+1] \quad (4-128)$$

$$\frac{\partial v}{\partial x} = \frac{\partial \omega}{\partial x}(\tilde{z}-\tilde{x}) - \omega = -\omega[\tilde{x}(\tilde{z}-\tilde{x})+1] \quad (4-129)$$

$$\frac{\partial v}{\partial y} = \frac{\partial \omega}{\partial y}(\tilde{z}-\tilde{x}) = -\omega\tilde{y}(\tilde{z}-\tilde{x}) \quad (4-130)$$

$$\frac{\partial v}{\partial z} = \frac{\partial \omega}{\partial z}(\tilde{z}-\tilde{x}) + \omega = -\omega[\tilde{z}(\tilde{z}-\tilde{x})-1] \quad (4-131)$$

$$\frac{\partial w}{\partial x} = \frac{\partial \omega}{\partial x}(\tilde{x}-\tilde{y}) + \omega = -\omega[\tilde{x}(\tilde{x}-\tilde{y})-1] \quad (4-132)$$

$$\frac{\partial w}{\partial y} = \frac{\partial \omega}{\partial y}(\tilde{x}-\tilde{y}) - \omega = -\omega[\tilde{y}(\tilde{x}-\tilde{y})+1] \quad (4-133)$$

$$\frac{\partial w}{\partial z} = \frac{\partial \omega}{\partial z}(\tilde{x}-\tilde{y}) = -\omega\tilde{z}(\tilde{x}-\tilde{y}) \quad (4-134)$$

$$\frac{\partial u}{\partial t} = \frac{\partial \omega}{\partial t}(\tilde{y} - \tilde{z}) = \omega(\tilde{x} + \tilde{y} + \tilde{z})(\tilde{y} - \tilde{z}) \qquad (4-135)$$

$$\frac{\partial v}{\partial t} = \frac{\partial \omega}{\partial t}(\tilde{z} - \tilde{x}) = \omega(\tilde{x} + \tilde{y} + \tilde{z})(\tilde{z} - \tilde{x}) \qquad (4-136)$$

$$\frac{\partial w}{\partial t} = \frac{\partial \omega}{\partial t}(\tilde{x} - \tilde{y}) = \omega(\tilde{x} + \tilde{y} + \tilde{z})(\tilde{x} - \tilde{y}) \qquad (4-137)$$

密度的偏导数为

$$\frac{\partial \rho}{\partial x} = \frac{1}{\gamma - 1} g^{\frac{1}{\gamma-1}-1} \frac{\partial g}{\partial x} = \frac{1}{\gamma} \omega^2 \tilde{x} \, g^{\frac{2-\gamma}{\gamma-1}} \qquad (4-138)$$

$$\frac{\partial \rho}{\partial y} = \frac{1}{\gamma - 1} g^{\frac{1}{\gamma-1}-1} \frac{\partial g}{\partial y} = \frac{1}{\gamma} \omega^2 \tilde{y} \, g^{\frac{2-\gamma}{\gamma-1}} \qquad (4-139)$$

$$\frac{\partial \rho}{\partial z} = \frac{1}{\gamma - 1} g^{\frac{1}{\gamma-1}-1} \frac{\partial g}{\partial z} = \frac{1}{\gamma} \omega^2 \tilde{z} \, g^{\frac{2-\gamma}{\gamma-1}} \qquad (4-140)$$

$$\frac{\partial \rho}{\partial t} = \frac{1}{\gamma - 1} g^{\frac{1}{\gamma-1}-1} \frac{\partial g}{\partial t} = -\frac{1}{\gamma} \omega^2 (\tilde{x} + \tilde{y} + \tilde{z}) g^{\frac{2-\gamma}{\gamma-1}} \qquad (4-141)$$

压力的偏导数为

$$\frac{\partial p}{\partial x} = \gamma \rho^{\gamma-1} \frac{\partial \rho}{\partial x} \qquad (4-142)$$

$$\frac{\partial p}{\partial y} = \gamma \rho^{\gamma-1} \frac{\partial \rho}{\partial y} \qquad (4-143)$$

$$\frac{\partial p}{\partial z} = \gamma \rho^{\gamma-1} \frac{\partial \rho}{\partial z} \qquad (4-144)$$

考察质量方程，右端散度项为零，即

$$\frac{\partial u}{\partial x} + \frac{\partial v}{\partial y} + \frac{\partial w}{\partial z} = 0 \qquad (4-145)$$

质量方程左端对流项为

$$u\frac{\partial \rho}{\partial x} + v\frac{\partial \rho}{\partial y} + w\frac{\partial \rho}{\partial z} = [1 + \omega(\tilde{y} - \tilde{z})]\frac{1}{\gamma}\omega^2 \tilde{x}\, g^{\frac{2-\gamma}{\gamma-1}} +$$

$$[1 + \omega(\tilde{z} - \tilde{x})]\frac{1}{\gamma}\omega^2 \tilde{y}\, g^{\frac{2-\gamma}{\gamma-1}} +$$

$$[1 + \omega(\tilde{x} - \tilde{y})]\frac{1}{\gamma}\omega^2 \tilde{z}\, g^{\frac{2-\gamma}{\gamma-1}}$$

$$= \frac{1}{\gamma}\omega^2(\tilde{x} + \tilde{y} + \tilde{z}) g^{\frac{2-\gamma}{\gamma-1}} \qquad (4-146)$$

质量方程左端项为

$$\frac{\partial \rho}{\partial t} + u\frac{\partial \rho}{\partial x} + v\frac{\partial \rho}{\partial y} + w\frac{\partial \rho}{\partial z} = 0 \qquad (4-147)$$

于是，此人为解析解满足质量方程。

考察动量方程，左端对流项分别为

$$\begin{aligned}
u\frac{\partial u}{\partial x} + v\frac{\partial u}{\partial y} + w\frac{\partial u}{\partial z} &= [1 + \omega(\tilde{y} - \tilde{z})][-\widetilde{\omega x}(\tilde{y} - \tilde{z})] + \\
&\quad [1 + \omega(\tilde{z} - \tilde{x})][-\widetilde{\omega y}(\tilde{y} - \tilde{z}) + \omega] + \\
&\quad [1 + \omega(\tilde{x} - \tilde{y})][-\widetilde{\omega z}(\tilde{y} - \tilde{z}) - \omega] \\
&= -\omega(\tilde{x} + \tilde{y} + \tilde{z})(\tilde{y} - \tilde{z}) - \omega^2(2\tilde{x} - \tilde{y} - \tilde{z})
\end{aligned}$$
$$(4-148)$$

$$\begin{aligned}
u\frac{\partial v}{\partial x} + v\frac{\partial v}{\partial y} + w\frac{\partial v}{\partial z} &= [1 + \omega(\tilde{y} - \tilde{z})][-\widetilde{\omega x}(\tilde{z} - \tilde{x}) - \omega] + \\
&\quad [1 + \omega(\tilde{z} - \tilde{x})][-\widetilde{\omega y}(\tilde{z} - \tilde{x})] + \\
&\quad [1 + \omega(\tilde{x} - \tilde{y})][-\widetilde{\omega z}(\tilde{z} - \tilde{x}) + \omega] \\
&= -\omega(\tilde{x} + \tilde{y} + \tilde{z})(\tilde{z} - \tilde{x}) - \omega^2(-\tilde{x} + 2\tilde{y} - \tilde{z})
\end{aligned}$$
$$(4-149)$$

$$\begin{aligned}
u\frac{\partial w}{\partial x} + v\frac{\partial w}{\partial y} + w\frac{\partial w}{\partial z} &= [1 + \omega(\tilde{y} - \tilde{z})][-\omega\tilde{x}(\tilde{x} - \tilde{y}) + \omega] + \\
&\quad [1 + \omega(\tilde{z} - \tilde{x})][-\omega\tilde{y}(\tilde{x} - \tilde{y}) - \omega] + \\
&\quad [1 + \omega(\tilde{x} - \tilde{y})][-\omega\tilde{z}(\tilde{x} - \tilde{y})] \\
&= -\omega(\tilde{x} + \tilde{y} + \tilde{z})(\tilde{x} - \tilde{y}) - \omega^2(-\tilde{x} - \tilde{y} + 2\tilde{z})
\end{aligned}$$
$$(4-150)$$

动量方程左端项分别为

$$\frac{\partial u}{\partial t} + u\frac{\partial u}{\partial x} + v\frac{\partial u}{\partial y} + w\frac{\partial u}{\partial z} = -\omega^2(2\tilde{x} - \tilde{y} - \tilde{z}) \qquad (4-151)$$

$$\frac{\partial v}{\partial t} + u\frac{\partial v}{\partial x} + v\frac{\partial v}{\partial y} + w\frac{\partial v}{\partial z} = -\omega^2(-\tilde{x} + 2\tilde{y} - \tilde{z}) \qquad (4-152)$$

$$\frac{\partial w}{\partial t} + u\frac{\partial w}{\partial x} + v\frac{\partial w}{\partial y} + w\frac{\partial w}{\partial z} = -\omega^2(-\tilde{x} - \tilde{y} + 2\tilde{z}) \qquad (4-153)$$

动量方程右端源项分别为

$$S_u = \frac{1}{\rho}\frac{\partial p}{\partial x} + \left(\frac{\partial u}{\partial t} + u\frac{\partial u}{\partial x} + v\frac{\partial u}{\partial y} + w\frac{\partial u}{\partial z}\right)$$

$$= \frac{1}{\rho}\gamma\rho^{\gamma-1}\frac{\partial\rho}{\partial x} - \omega^2(2\tilde{x} - \tilde{y} - \tilde{z})$$

$$= \gamma\rho^{\gamma-2}\frac{1}{\gamma}\omega^2\tilde{x}\, g^{\frac{2-\gamma}{\gamma-1}} - \omega^2(2\tilde{x} - \tilde{y} - \tilde{z})$$

$$= g^{\frac{\gamma-2}{\gamma-1}}\omega^2\tilde{x}\, g^{\frac{2-\gamma}{\gamma-1}} - \omega^2(2\tilde{x} - \tilde{y} - \tilde{z})$$

$$= \omega^2\tilde{x} - \omega^2(2\tilde{x} - \tilde{y} - \tilde{z})$$

$$= \omega^2(-\tilde{x} + \tilde{y} + \tilde{z}) \tag{4-154}$$

$$S_v = \frac{1}{\rho}\frac{\partial p}{\partial y} + \left(\frac{\partial v}{\partial t} + u\frac{\partial v}{\partial x} + v\frac{\partial v}{\partial y} + w\frac{\partial v}{\partial z}\right)$$

$$= \frac{1}{\rho}\gamma\rho^{\gamma-1}\frac{\partial\rho}{\partial y} - \omega^2(-\tilde{x} + 2\tilde{y} - \tilde{z})$$

$$= \gamma\rho^{\gamma-2}\frac{1}{\gamma}\omega^2\tilde{y}\, g^{\frac{2-\gamma}{\gamma-1}} - \omega^2(-\tilde{x} + 2\tilde{y} - \tilde{z})$$

$$= g^{\frac{\gamma-2}{\gamma-1}}\omega^2\tilde{y}\, g^{\frac{2-\gamma}{\gamma-1}} - \omega^2(-\tilde{x} + 2\tilde{y} - \tilde{z})$$

$$= \omega^2\tilde{y} - \omega^2(-\tilde{x} + 2\tilde{y} - \tilde{z})$$

$$= \omega^2(\tilde{x} - \tilde{y} + \tilde{z}) \tag{4-155}$$

$$S_w = \frac{1}{\rho}\frac{\partial p}{\partial z} + \left(\frac{\partial w}{\partial t} + u\frac{\partial w}{\partial x} + v\frac{\partial w}{\partial y} + w\frac{\partial w}{\partial z}\right)$$

$$= \frac{1}{\rho}\gamma\rho^{\gamma-1}\frac{\partial\rho}{\partial z} - \omega^2(-\tilde{x} - \tilde{y} + 2\tilde{z})$$

$$= \gamma\rho^{\gamma-2}\frac{1}{\gamma}\omega^2\tilde{z}\, g^{\frac{2-\gamma}{\gamma-1}} - \omega^2(-\tilde{x} - \tilde{y} + 2\tilde{z})$$

$$= g^{\frac{\gamma-2}{\gamma-1}}\omega^2\tilde{z}\, g^{\frac{2-\gamma}{\gamma-1}} - \omega^2(-\tilde{x} - \tilde{y} + 2\tilde{z})$$

$$= \omega^2\tilde{z} - \omega^2(-\tilde{x} - \tilde{y} + 2\tilde{z})$$

$$= \omega^2(\tilde{x} + \tilde{y} - \tilde{z}) \tag{4-156}$$

于是，式（4-96）~式（4-99）的人为解析解满足动量方程。

（2）在扩展的无散旋转场情况下，假设流场解的形式如下：

$$u = 1 + \omega f_1 \tag{4-157}$$

$$v = 1 + \omega f_2 \tag{4-158}$$

$$w = 1 + \omega f_3 \tag{4-159}$$

$$\rho = g^{\frac{1}{\gamma-1}} \tag{4-160}$$

同样，将假设解代入流体力学方程组，可推导出源项为

$$S_m = 0 \tag{4-161}$$

$$S_u = \omega^2\left(\tilde{x} + f_1\frac{\partial f_1}{\partial x} + f_2\frac{\partial f_1}{\partial y} + f_3\frac{\partial f_1}{\partial z}\right) \tag{4-162}$$

$$S_v = \omega^2\left(\tilde{y} + f_1\frac{\partial f_2}{\partial x} + f_2\frac{\partial f_2}{\partial y} + f_3\frac{\partial f_2}{\partial z}\right) \tag{4-163}$$

$$S_w = \omega^2\left(\tilde{z} + f_1\frac{\partial f_3}{\partial x} + f_2\frac{\partial f_3}{\partial y} + f_3\frac{\partial f_3}{\partial z}\right) \tag{4-164}$$

$$S_e = 0 \tag{4-165}$$

其中

$$g = 1 - \frac{\gamma-1}{2\gamma}\omega^2 \tag{4-166}$$

$$\omega = \frac{\varepsilon}{2\pi}e^{\frac{1-\tilde{x}^2-\tilde{y}^2-\tilde{z}^2}{2}} \tag{4-167}$$

$$f_1 = \frac{1}{2}[\tilde{x}^2(\tilde{y}-\tilde{z}) + \tilde{y}^3 - \tilde{z}^3] \tag{4-168}$$

$$f_2 = \frac{1}{2}[\tilde{y}^2(\tilde{z}-\tilde{x}) + \tilde{z}^3 - \tilde{x}^3] \tag{4-169}$$

$$f_3 = \frac{1}{2}[\tilde{z}^2(\tilde{x}-\tilde{y}) + \tilde{x}^3 - \tilde{y}^3] \tag{4-170}$$

$$\tilde{x} = x - t \tag{4-171}$$

$$\tilde{y} = y - t \tag{4-172}$$

$$\tilde{z} = z - t \tag{4-173}$$

取理想气体状态方程，等熵过程

$$p = \rho^\gamma = g^{\frac{\gamma}{\gamma-1}} \tag{4-174}$$

$$e = \frac{p}{(\gamma-1)\rho} = \frac{g}{\gamma-1} \tag{4-175}$$

具体推导过程基本同上，省略。于是，此人为解析解满足质量方程。
考察动量方程，左端对流项分别为

$$u\frac{\partial u}{\partial x} + v\frac{\partial u}{\partial y} + w\frac{\partial u}{\partial z} = [1+\omega f_1]\left[-\omega\tilde{x}f_1 + \omega\frac{\partial f_1}{\partial x}\right] +$$

$$[1+\omega f_2]\left[-\omega\tilde{y}f_1 + \omega\frac{\partial f_1}{\partial y}\right] +$$

$$[1+\omega f_3]\left[-\omega\tilde{z}f_1 + \omega\frac{\partial f_1}{\partial z}\right]$$

$$= -\omega(\tilde{x} + \tilde{y} + \tilde{z})f_1 +$$
$$\omega\left(\frac{\partial f_1}{\partial x} + \frac{\partial f_1}{\partial y} + \frac{\partial f_1}{\partial z}\right) +$$
$$\omega^2\left(f_1\frac{\partial f_1}{\partial x} + f_2\frac{\partial f_1}{\partial y} + f_3\frac{\partial f_1}{\partial z}\right) \quad (4-176)$$

$$u\frac{\partial v}{\partial x} + v\frac{\partial v}{\partial y} + w\frac{\partial v}{\partial z} = [1+\omega f_1]\left[-\omega\tilde{x}f_2 + \omega\frac{\partial f_2}{\partial x}\right] +$$
$$[1+\omega f_2]\left[-\omega\tilde{y}f_2 + \omega\frac{\partial f_2}{\partial y}\right] +$$
$$[1+\omega f_3]\left[-\omega\tilde{z}f_2 + \omega\frac{\partial f_2}{\partial z}\right]$$
$$= -\omega(\tilde{x} + \tilde{y} + \tilde{z})f_2 +$$
$$\omega\left(\frac{\partial f_2}{\partial x} + \frac{\partial f_2}{\partial y} + \frac{\partial f_2}{\partial z}\right) +$$
$$\omega^2\left(f_1\frac{\partial f_2}{\partial x} + f_2\frac{\partial f_2}{\partial y} + f_3\frac{\partial f_2}{\partial z}\right) \quad (4-177)$$

$$u\frac{\partial w}{\partial x} + v\frac{\partial w}{\partial y} + w\frac{\partial w}{\partial z} = [1+\omega f_1]\left[-\tilde{\omega x}f_3 + \omega\frac{\partial f_3}{\partial x}\right] +$$
$$[1+\omega f_2]\left[-\tilde{\omega y}f_3 + \omega\frac{\partial f_3}{\partial y}\right] +$$
$$[1+\omega f_3]\left[-\tilde{\omega z}f_3 + \omega\frac{\partial f_3}{\partial z}\right]$$
$$= -\omega(\tilde{x} + \tilde{y} + \tilde{z})f_3 +$$
$$\omega\left(\frac{\partial f_3}{\partial x} + \frac{\partial f_3}{\partial y} + \frac{\partial f_3}{\partial z}\right) +$$
$$\omega^2\left(f_1\frac{\partial f_3}{\partial x} + f_2\frac{\partial f_3}{\partial y} + f_3\frac{\partial f_3}{\partial z}\right) \quad (4-178)$$

动量方程左端项分别为

$$\frac{\partial u}{\partial t} + u\frac{\partial u}{\partial x} + v\frac{\partial u}{\partial y} + w\frac{\partial u}{\partial z} = \omega\left(\frac{\partial f_1}{\partial t} + \frac{\partial f_1}{\partial x} + \frac{\partial f_1}{\partial y} + \frac{\partial f_1}{\partial z}\right) +$$
$$\omega^2\left(f_1\frac{\partial f_1}{\partial x} + f_2\frac{\partial f_1}{\partial y} + f_3\frac{\partial f_1}{\partial z}\right)$$
$$= \omega^2\left(f_1\frac{\partial f_1}{\partial x} + f_2\frac{\partial f_1}{\partial y} + f_3\frac{\partial f_1}{\partial z}\right) \quad (4-179)$$

$$\frac{\partial v}{\partial t} + u\frac{\partial v}{\partial x} + v\frac{\partial v}{\partial y} + w\frac{\partial v}{\partial z} = \omega\left(\frac{\partial f_2}{\partial t} + \frac{\partial f_2}{\partial x} + \frac{\partial f_2}{\partial y} + \frac{\partial f_2}{\partial z}\right) +$$

$$\omega^2\left(f_1\frac{\partial f_2}{\partial x} + f_2\frac{\partial f_2}{\partial y} + f_3\frac{\partial f_2}{\partial z}\right)$$

$$= \omega^2\left(f_1\frac{\partial f_2}{\partial x} + f_2\frac{\partial f_2}{\partial y} + f_3\frac{\partial f_2}{\partial z}\right) \quad (4-180)$$

$$\frac{\partial w}{\partial t} + u\frac{\partial w}{\partial x} + v\frac{\partial w}{\partial y} + w\frac{\partial w}{\partial z} = \omega\left(\frac{\partial f_3}{\partial t} + \frac{\partial f_3}{\partial x} + \frac{\partial f_3}{\partial y} + \frac{\partial f_3}{\partial z}\right) +$$

$$\omega^2\left(f_1\frac{\partial f_3}{\partial x} + f_2\frac{\partial f_3}{\partial y} + f_3\frac{\partial f_3}{\partial z}\right)$$

$$= \omega^2\left(f_1\frac{\partial f_3}{\partial x} + f_2\frac{\partial f_3}{\partial y} + f_3\frac{\partial f_3}{\partial z}\right) \quad (4-181)$$

动量方程右端源项分别为

$$S_u = \frac{1}{\rho}\frac{\partial p}{\partial x} + \left(\frac{\partial u}{\partial t} + u\frac{\partial u}{\partial x} + v\frac{\partial u}{\partial y} + w\frac{\partial u}{\partial z}\right)$$

$$= \frac{1}{\rho}\gamma\rho^{\gamma-1}\frac{\partial \rho}{\partial x} + \omega^2\left(f_1\frac{\partial f_1}{\partial x} + f_2\frac{\partial f_1}{\partial y} + f_3\frac{\partial f_1}{\partial z}\right)$$

$$= \gamma\rho^{\gamma-2}\frac{1}{\gamma}\omega^2\tilde{x}\,g^{\frac{2-\gamma}{\gamma-1}} + \omega^2\left(f_1\frac{\partial f_1}{\partial x} + f_2\frac{\partial f_1}{\partial y} + f_3\frac{\partial f_1}{\partial z}\right)$$

$$= g^{\frac{\gamma-2}{\gamma-1}}\omega^2\tilde{x}\,g^{\frac{2-\gamma}{\gamma-1}} + \omega^2\left(f_1\frac{\partial f_1}{\partial x} + f_2\frac{\partial f_1}{\partial y} + f_3\frac{\partial f_1}{\partial z}\right)$$

$$= \omega^2\left(\tilde{x} + f_1\frac{\partial f_1}{\partial x} + f_2\frac{\partial f_1}{\partial y} + f_3\frac{\partial f_1}{\partial z}\right) \quad (4-182)$$

$$S_v = \frac{1}{\rho}\frac{\partial p}{\partial y} + \left(\frac{\partial v}{\partial t} + u\frac{\partial v}{\partial x} + v\frac{\partial v}{\partial y} + w\frac{\partial v}{\partial z}\right)$$

$$= \frac{1}{\rho}\gamma\rho^{\gamma-1}\frac{\partial \rho}{\partial y} + \omega^2\left(f_1\frac{\partial f_2}{\partial x} + f_2\frac{\partial f_2}{\partial y} + f_3\frac{\partial f_2}{\partial z}\right)$$

$$= \gamma\rho^{\gamma-2}\frac{1}{\gamma}\omega^2\tilde{y}\,g^{\frac{2-\gamma}{\gamma-1}} + \omega^2\left(f_1\frac{\partial f_2}{\partial x} + f_2\frac{\partial f_2}{\partial y} + f_3\frac{\partial f_2}{\partial z}\right)$$

$$= g^{\frac{\gamma-2}{\gamma-1}}\omega^2\tilde{y}\,g^{\frac{2-\gamma}{\gamma-1}} + \omega^2\left(f_1\frac{\partial f_2}{\partial x} + f_2\frac{\partial f_2}{\partial y} + f_3\frac{\partial f_2}{\partial z}\right)$$

$$= \omega^2\left(\tilde{y} + f_1\frac{\partial f_2}{\partial x} + f_2\frac{\partial f_2}{\partial y} + f_3\frac{\partial f_2}{\partial z}\right) \quad (4-183)$$

$$S_w = \frac{1}{\rho}\frac{\partial p}{\partial z} + \left(\frac{\partial w}{\partial t} + u\frac{\partial w}{\partial x} + v\frac{\partial w}{\partial y} + w\frac{\partial w}{\partial z}\right)$$

$$= \frac{1}{\rho} \gamma \rho^{\gamma-1} \frac{\partial \rho}{\partial z} + \omega^2 \left(f_1 \frac{\partial f_3}{\partial x} + f_2 \frac{\partial f_3}{\partial y} + f_3 \frac{\partial f_3}{\partial z} \right)$$

$$= \gamma \rho^{\gamma-2} \frac{1}{\gamma} \omega^2 \, \tilde{z} \, g^{\frac{2-\gamma}{\gamma-1}} + \omega^2 \left(f_1 \frac{\partial f_3}{\partial x} + f_2 \frac{\partial f_3}{\partial y} + f_3 \frac{\partial f_3}{\partial z} \right)$$

$$= g^{\frac{\gamma-2}{\gamma-1}} \omega^2 \, \tilde{z} \, g^{\frac{2-\gamma}{\gamma-1}} + \omega^2 \left(f_1 \frac{\partial f_3}{\partial x} + f_2 \frac{\partial f_3}{\partial y} + f_3 \frac{\partial f_3}{\partial z} \right)$$

$$= \omega^2 \left(\tilde{z} + f_1 \frac{\partial f_3}{\partial x} + f_2 \frac{\partial f_3}{\partial y} + f_3 \frac{\partial f_3}{\partial z} \right) \tag{4-184}$$

于是，此人为解析解满足动量方程。

采用人为解构造方法，同样可以构造无散拉伸场、有散拉伸场、非等熵有散拉伸场等情况下的人为构造解。

4.5.4 一维流体力学拉氏方程组解析解构造

首先考虑带有源项一维流体力学欧氏形式的方程组：

$$\frac{\partial \rho}{\partial t} + u \frac{\partial \rho}{\partial x} = -\rho \frac{\partial u}{\partial x} \tag{4-185}$$

$$\frac{\partial u}{\partial t} + u \frac{\partial u}{\partial x} = -\frac{1}{\rho} \frac{\partial p}{\partial x} + S_u \tag{4-186}$$

$$\frac{\partial e}{\partial t} + u \frac{\partial e}{\partial x} = -\frac{p}{\rho} \frac{\partial u}{\partial x} + S_e \tag{4-187}$$

式中：u、v 分别为 r、z 方向的速度；ρ 为密度；e 为单位体积内能；p 为压力。状态方程使用理想气体形式：$p = p(\rho, T)$，$e = e(\rho, T)$ 的形式。其中，S_u、S_e 为源项。式（4-185）~式（4-187）分别表示质量、动量和内能方程。与欧氏形式等价的拉氏方程组为

$$\frac{d\rho}{dt} = -\rho \frac{\partial u}{\partial x} \tag{4-188}$$

$$\frac{du}{dt} = -\frac{1}{\rho} \frac{\partial p}{\partial x} + S_u \tag{4-189}$$

$$\frac{de}{dt} = -\frac{p}{\rho} \frac{\partial u}{\partial x} + S_e \tag{4-190}$$

式中：$\frac{d}{dt}$ 为随体导数，$\frac{d}{dt} = \frac{\partial}{\partial t} + u \frac{\partial}{\partial x}$。为构造式（4-188）~式（4-190）形式的人为解，引进拉氏坐标 X（如初始），τ，拉氏空间 (X, τ) 和欧氏空间 (x, t) 的坐标变换关系为

$$x = x(X, \tau)$$
$$t = \tau$$

它们满足微分关系式：
$$dx = JdX + ud\tau$$
$$dt = d\tau$$
$$J(X,\tau) = \frac{\partial x(X,\tau)}{\partial X} > 0$$
$$u(X,\tau) = \frac{\partial x(X,\tau)}{\partial \tau}$$
$$\frac{\partial u(X,\tau)}{\partial X} = \frac{\partial J(X,\tau)}{\partial \tau}$$

利用上述关系式，可以得到欧氏空间的拉氏随体导数等于拉氏空间的时间导数，即

$$\frac{dz(x,t)}{dt} = \frac{\partial z(X,\tau)}{\partial \tau}$$

而欧氏空间中的空间导数和拉氏空间中的导数关系式为

$$\frac{\partial z(x,t)}{\partial x} = \frac{1}{J(X,\tau)} \frac{\partial z(X,\tau)}{\partial X}$$

速度散度与坐标变换的雅可比矩阵之间的关系为

$$\frac{\partial u(x,t)}{\partial x} = \frac{1}{J(X,\tau)} \frac{\partial u(X,\tau)}{\partial X} = \frac{1}{J(X,\tau)} \frac{\partial J(X,\tau)}{\partial \tau}$$

当前密度与初始密度的关系为

$$\rho(X,\tau) = \frac{\rho_0(X)}{J(X,\tau)}$$

可将拉氏形式的流体力学方程写为

$$x = x(X,\tau)$$
$$J(X,\tau) = \frac{\partial x(X,\tau)}{\partial X} > 0$$
$$\rho(X,\tau) = \frac{\rho_0(X)}{J(X,\tau)}$$
$$\frac{\partial u(X,\tau)}{\partial \tau} = -\frac{1}{\rho_0(X)} \frac{\partial p(X,\tau)}{\partial X} + S_u$$
$$\frac{\partial e(X,\tau)}{\partial \tau} = -\frac{p(X,\tau)}{\rho_0(X)} \frac{\partial u(X,\tau)}{\partial X} + S_e$$

有了上面的关系式，则可进行人为解构造。假定拉氏坐标为初始位置坐标 x_0，且将 τ 记为 t，此约定不影响上面各种关系式。构造步骤如下：

(1) 构造 $x = x(x_0, t)$，$\rho_0(x_0)$，且 $x_0 = x(x_0, 0)$。

(2) 由 $J(x_0, t) = \dfrac{\partial x(x_0, t)}{\partial x_0}$ 得到雅可比变换矩阵，进而得到密度表达式 $\rho(x_0, t) = \dfrac{\rho_0(x_0)}{J(x_0, t)}$。

(3) 由 $u(x_0, t) = \dfrac{\partial x(x_0, t)}{\partial t}$ 得到速度场。

(4) 若假定状态方程的具体形式，则计算得到源项 S_u；若假定 $S_u = 0$，则由 $\rho_0(x_0)$、$u(x_0, t)$ 以及动量方程反解出 $p(x_0, t)$。

(5) 假定 $S_e = 0$，由 $\rho_0(x_0)$、$u(x_0, t)$ 以及 $p(x_0, t)$，结合内能方程解出 $e(x_0, t)$。

在上面构造解的过程中，尽量选择那些满足物理条件的解，即要求 $J(x_0, t) > 0$，$\rho_0(x_0) > 0$，$p(x_0, t) > 0$，$e(x_0, t) > 0$ 对任意 $(x_0, t) \in [a, b] \times R^+$。基于该出发点，可以构造无源项，且具有一定物理意义的解析解。这里分两种情况。

情况 1：两端固定，流体来回运动。

$0 \leq x_0 \leq 1, 0 \leq t \leq 1, 0 < b < 1$

$$x(x_0, t) = x_0 + x_0(1 - x_0) b \sin(2\pi t)$$

$$u(x_0, t) = 2\pi x_0(1 - x_0) b \cos(2\pi t)$$

$$\rho(x_0, t) = \frac{1}{1 + (1 - 2x_0) b \sin(2\pi t)}$$

$$p(x_0, t) = \frac{1}{3} \pi^2 [6x_0^2 - 4x_0^3 - 1) b \sin(2\pi t) + 2]$$

$$e(x_0, t) = \frac{1}{6} \pi^2 \{6 - (1 - 2x_0)[(6x_0^2 - 4x_0^3 - 1) b \sin(2\pi t) + 4] b \sin(2\pi t)\}$$

状态方程：

$$p = c^2 \rho, c^2(x_0, t) = \frac{1}{3} \pi^2 [6x_0^2 - 4x_0^3 - 1) b \sin(2\pi t) + 2][1 + (1 - 2x_0) b \sin(2\pi t)]$$

情况 2：左端固定，右端来回运动。

$$0 \leqslant x_0 \leqslant 1, t \geqslant 0, 0 < b < 1$$
$$x(x_0, t) = x_0(1 + b\sin(2\pi t))$$
$$u(x_0, t) = 2\pi b x_0 \cos(2\pi t)$$
$$\rho(x_0, t) = \frac{1}{1 + b\sin(2\pi t)}$$
$$p(x_0, t) = 2\pi^2 b x_0^2 \sin(2\pi t) + c, c > 2\pi^2 b$$
$$e(x_0, t) = -\frac{\pi^2}{2} b x_0^3 \cos(4\pi t) + b c x_0 \sin(2\pi t) + d, d > bc + \frac{\pi^2}{2} b$$

状态方程：
$$p = c^2\rho, c^2(x_0, t) = [2\pi^2 b x_0^2 \sin(2\pi t) + c][1 + b\sin(2\pi t)]$$

为了验证程序，有

（1）定解问题。

$$\frac{d\rho}{dt} = -\rho \frac{\partial u}{\partial x}$$
$$\frac{du}{dt} = -\frac{1}{\rho} \frac{\partial p}{\partial x}$$
$$\frac{de}{dt} = -\frac{p}{\rho} \frac{\partial u}{\partial x}, p = c^2\rho$$

$$c^2 = \frac{1}{3}\pi^2[(6x_0^2 - 4x_0^3 - 1)b\sin(2\pi t) + 2][1 + (1 - 2x_0)b\sin(2\pi t)]$$

式中：$\frac{d}{dt}$ 为随体导数，$\frac{d}{dt} = \frac{\partial}{\partial t} + u\frac{\partial}{\partial x}$。

计算区域：$0 \leqslant x_0 \leqslant 1, 0 \leqslant t \leqslant 1, 0 < b < 1$。这里拉氏逻辑坐标 x_0 为流体质点初始位置坐标，$b = 0.5$。初边值条件由下面的人为解直接给出。

（2）定解问题的解（人为解）。

$$x(x_0, t) = x_0 + x_0(1 - x_0)b\sin(2\pi t)$$
$$u(x_0, t) = 2\pi x_0(1 - x_0)b\cos(2\pi t)$$
$$\rho(x_0, t) = \frac{1}{1 + (1 - 2x_0)b\sin(2\pi t)}$$
$$p(x_0, t) = \frac{1}{3}\pi^2[(6x_0^2 - 4x_0^3 - 1)b\sin(2\pi t) + 2]$$
$$e(x_0, t) = \frac{1}{6}\pi^2\{6 - (1 - 2x_0)[(6x_0^2 - 4x_0^3 - 1)b\sin(2\pi t) + 4]b\sin(2\pi t)\}$$

4.5.5 流体力学人为构造解验证案例

这里以空间采用 Collela 和 Woodward 提出的三阶分段抛物线法(Piecewise Parabolic Method，PPM)求解方法，并采用不带源项和带源项的分裂求解过程，时间采用一阶向前欧拉格式的流体力学程序为例。先由式(4-42)~式(4-52)给出计算的初边值条件，再求解不带源项的方程组，然后由式(4-66)~式(4-69)提供源项，求解带源项的常微分方程组。

计算域为$[-1,1] \times [-1,1]$，式(4-46)中参数取$\varepsilon = 5.0$，理想气体状态方程$\gamma = 3.0$。基于人为构造解f_1和f_2满足式(4-55)，选取$f_1 = -\tilde{y}\sin(\tilde{x}^2 + \tilde{y}^2)$，$f_2 = \tilde{x}\sin(\tilde{x}^2 + \tilde{y}^2)$。图4-8是采用$100 \times 100$的网格，CFL=0.5，计算到$t = 1.0$时的结果。图4-8(a)是程序数值解与人为解的密度对比，图4-8(b)是压力对比，图4-8(c)和图4-8(d)分别是X方向和Y方向速度的对比。

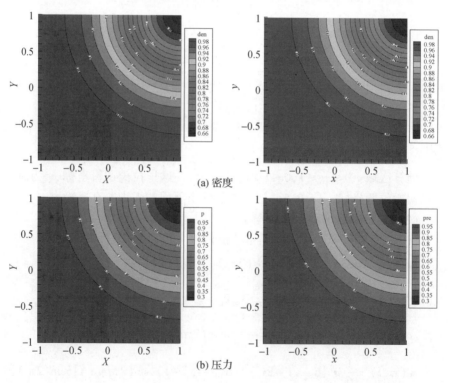

(a) 密度

(b) 压力

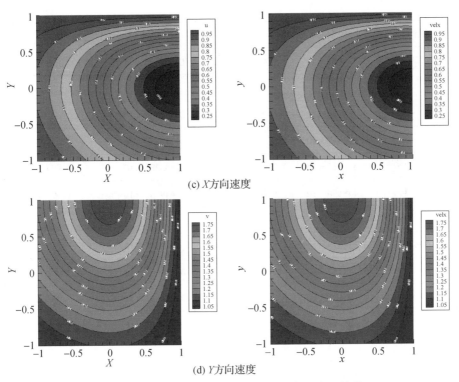

图4-8 人为解与计算对比（左：人为解；右：计算）

表4-2采用 50×50、100×100、200×200 和 400×400 的4套计算网格进行计算，给出的网格观察精确度阶，从表4-2结果可以看出，实际数值收敛三阶与三阶 PPM 格式理论阶一致，且随着网格的加密，L_1、L_2、L_∞ 误差减少。从图4-8和表4-2可以看出，程序数值解与人为解结果一致，观察阶与理论阶一致，说明程序是正确的，即程序得到了验证。

表4-2 网格收敛指标验证

网格个数	L_1	L_2	L_∞	L_2 阶
密度 ρ				
50×50	0.892977×10^{-6}	0.140072×10^{-5}	0.127324×10^{-4}	*
100×100	0.114089×10^{-6}	0.180396×10^{-6}	0.184582×10^{-5}	2.95693
200×200	0.142520×10^{-7}	0.226210×10^{-7}	0.257459×10^{-6}	2.99543

续表

网格个数	L_1	L_2	L_∞	L_2 阶
400×400	0.178809×10^{-8}	0.285019×10^{-8}	0.331197×10^{-7}	2.98853
压力 P				
50×50	0.219540×10^{-5}	0.289098×10^{-5}	0.153804×10^{-4}	*
100×100	0.285917×10^{-6}	0.377756×10^{-6}	0.242522×10^{-5}	2.93603
200×200	0.358317×10^{-7}	0.474012×10^{-7}	0.353382×10^{-6}	2.99446
400×400	0.448850×10^{-8}	0.595084×10^{-8}	0.449768×10^{-7}	2.99376
速度 u				
50×50	0.337925×10^{-5}	0.390554×10^{-5}	0.169163×10^{-4}	*
100×100	0.443733×10^{-6}	0.504929×10^{-6}	0.218901×10^{-5}	2.95137
200×200	0.555101×10^{-7}	0.630077×10^{-7}	0.293417×10^{-6}	3.00248
400×400	0.693777×10^{-8}	0.786141×10^{-8}	0.370439×10^{-7}	3.00267
速度 v				
50×50	0.384783×10^{-5}	0.558177×10^{-5}	0.574053×10^{-4}	*
100×100	0.470842×10^{-6}	0.632480×10^{-6}	0.711268×10^{-5}	3.14163
200×200	0.570996×10^{-7}	0.740869×10^{-7}	0.891953×10^{-6}	3.09373
400×400	0.703555×10^{-8}	0.897909×10^{-8}	0.113364×10^{-6}	3.04458

4.6 网格无关性分析

网格是偏微分方程数值求解的基本单位，网格类型和网格尺度会给计算流体力学数值解带来很大影响。实际上，在 CFD 中，网格是数值求解流体力学方程数学上引进的，按说不应对方程的解有很大影响。为此，网格无关性（依赖性）分析或者说计算网格收敛性分析成为数值模拟过程的基本任务。网格尺度可能会导致流场的预测不佳，即会带来响应变量和效率等积分量（参数）的预测不佳。考虑以上原因，当进行高保真 CFD 时，应分析计算网格对结果的影响。

4.6.1 CFD 计算网格

在计算流体力学中,按照一定规律分布于流场中的离散点的集合称为网格,产生网格节点的过程称为网格生成。节点、边和单元是 CFD 中网格的基本元素。由网格的节点、边、单元和邻域组成网格体系。网格按其拓扑结构分为结构网格和非结构网格。

1. 结构网格

结构网格是指内点和它相邻点的连接方式与它的位置无关的网格,称为结构网格。结构化网格的拓扑结构具有严格的有序性,节点之间的拓扑连接方式也比较规则和单一,节点排列总是内在地吻合某种参数坐标的自然索引。网格的定位能够用空间中的两个指标 i、j 识别(二维)或三个指标 i、j、k 识别,且网格单元之间的拓扑连接关系是简单的 i、j 或 i、j、k 递增或递减的关系,在计算过程中不需要存储它的拓扑结构,其典型代表是基于笛卡儿坐标系的矩形(体)网格。

对于结构网格,节点间的连通性是 (i,j)(二维)、(i,j,k)(三维)型的。例如,对二维问题,每个单元或每个节点,只要给定两个指标数就可识别,并确定这个单元、节点的所有信息。如图 4-9 所示,二维编号,网格间的相邻关系根据其编号本身即可确定。对于通常的四边形网格系,横向网格(节点)和纵向网格(节点)均采用连续编号,对网格(节点)(i,j),指标为 $(i-1,j)$ 的网格(节点)是其左邻,指标为 $(i+1,j)$ 的网格(节点)是其右邻,指标为 $(i,j-1)$ 的网格(节点)是其下邻,指标为 $(i,j+1)$ 的网格(节点)是其上邻。

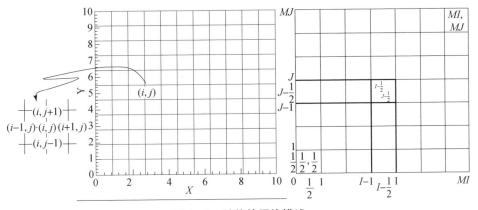

图 4-9 结构块网格描述

2. 非结构网格

非结构网格与结构网格正好相反，内点和它相邻点的连接方式点点不同。非结构化网格是一种无规则随机的网格结构，其拓扑结构比较混杂，单元与节点的编号无固定规则可循（图4-10），各个局部一般不存在一种统一的网格模板和索引方式。网格的定位只能用一维编号识别，网格的拓扑连接关系是无规则的，网格生成过程中除了每一单元及节点的信息必须存储，与该单元相邻的那些单元的编号等拓扑结构也必须作为连接关系的信息存储起来，这意味着非结构化网格对计算存储需求量较大。

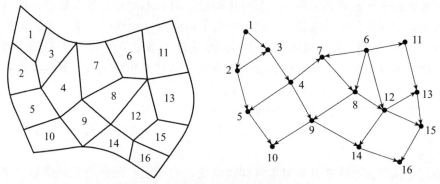

图4-10 非结构任意多边形网格块描述

对于非结构网格，不能采用简单的结构编号 (i,j)（二维）、(i,j,k)（三维）描述，只能采用非结构编号及邻域表描述。首先，对网格的基本要素点、边、单元进行一维编号，即非结构编号；其次，建立网格邻域表，如图4-11表示非结构管理的三个基本表，即点格表、格点表、边点格表，以确定网格间的相邻关系。图4-12所示给出了非结构网格体系管理。实点表示节点，空圆表示单元。首先给每个网格与节点独自建立一维编号，在计算区域内部的网格编号从1开始，在自由面外面的空间编号为 -1，用 -2、-3、-4 编号表示切线方向不同的固壁面的外面空间，编号为 i 的网格称为网格 i。图中在网格中心标的号是网格号。在节点旁标的号是节点号。同样，节点也给以从1开始的编号，编号为 α 的节点就称为节点 α。然后基于一位编号，建立描述拓扑结构的邻域关系表。例如，节点39的点格表 $NCL(39) = \{1,8,4\}$；单元12的格点表 $CNL(12) = \{4,5,2,1\}$。

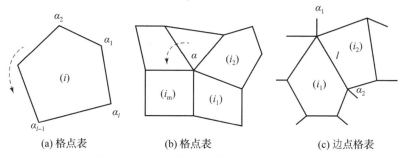

(a) 格点表　　　　　(b) 格点表　　　　　(c) 边点格表

图 4-11　非结构网格管理的三个基本表

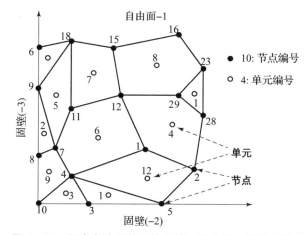

图 4-12　任意多边形非结构网格、节点的一维编号管理

4.6.2　离散格式性质

一个离散格式能否在实际问题中使用，最终要看差分方程的解能否任意地逼近微分方程的解。无论是低阶还是高阶格式，理论上，随着网格的加密数值计算结果都会趋近于准确解，这是由格式的收敛性决定的，即当离散网格尺度 $h \to 0$ 时，数值解 f_{num} 趋于解析解 f_{exac}。

对于网格收敛性的分析方法很多，其中基于误差展开式的理查森外推法最为常用。理查森外推法可以估计截断误差及逼近方程的收敛近似解。但采用此法开展网格无关性分析前，必须注意几个重要概念（前提）。

1. 离散格式性质（不能是发散的）

实际中，离散格式有多种方式，其收敛表现出不同的情况，主要会出现三种特征：①单调收敛；②振荡收敛；③发散。

对于一个离散格式，从数学理论上分析其性质有一定的难度，这里采用数值分析的方法。假设从粗到细至少有三组计算网格，其网格尺度依次为 h_1、h_2、h_3，且 $h_1 < h_2 < h_3$，对应其数值解依次为 φ_1、φ_2、φ_3，令 $\varepsilon_{21} = \dfrac{\varphi_2 - \varphi_1}{h_2/h_1}$，$\varepsilon_{32} = \dfrac{\varphi_3 - \varphi_2}{h_3/h_2}$。然后定义收敛率为

$$R = \varepsilon_{21}/\varepsilon_{32} \qquad (4-191)$$

根据不同的 R 值，可以判断解随着网格加密存在：单调收敛、振荡收敛和发散三种变化趋势（格式收敛性质）。

对于单调收敛，可采用广义理查森外推法估算误差；如果是振荡收敛，只能由振幅获得误差的范围，即不确定度；对尚未达到稳定的情况，应进一步加密网格，直到出现①或②的情况；对于发散情况，误差和不确定度均不能进行估算，即对于发散格式是不能做网格无关性分析的，且此类发散格式原则上是不能用的。

对于点参数，可能会遇到 ε_{21} 和 ε_{32} 都为 0 的情况，这时可以采用 L_2 范数进行定义，即

$$\langle R \rangle = \dfrac{\left[\sum_{i=1}^{N} \varepsilon_{21_i}^2\right]^{\frac{1}{2}}}{\left[\sum_{i=1}^{N} \varepsilon_{32_i}^2\right]^{\frac{1}{2}}} \qquad (4-192)$$

式中：$I = 1, 2, \cdots, N$ 表示研究区域的 N 个点。由于范数总是大于零，无法识别出 $R < 0$ 的情况，因此需要用该点附近的局部极值代替该点进行计算来辅助判断 R 的正负。

2. 收敛解与渐进区域（解最好在渐进区域）

对于软件中使用的离散格式（差分格式）存在两个问题：①差分方程解与微分方程解的逼近情况；②差分方程计算解与差分方程理论解逼近情况。需要加以考察，即引入了收敛性和稳定性的概念。收敛性是指差分方程解与微分方程解之间的逼近程度；稳定性是指差分方程计算解与差分方程理论解之间的逼近程度。这里以对流方程为例。

考虑一维对流方程初值问题：

$$Lu \equiv \dfrac{\partial u}{\partial t} + c \dfrac{\partial u}{\partial x} = 0, \quad c = 常数, \quad x \in R, t > 0 \qquad (4-193)$$

$$u(x, 0) = f(x), \quad x \in R \qquad (4-194)$$

对于方程式（4-193）可以建立各种不同的差分格式。假设空间离散为

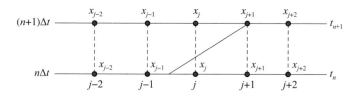

可建立差分格式:

$$L_h^{(1)} U_j^n \equiv \frac{U_j^{n+1} - U_j^n}{\tau} + c \frac{U_{j+1}^n - U_{j-1}^n}{2h} = 0 \quad （时间向前空间中心差） \quad (4-195)$$

$$L_h^{(2)} U_j^n \equiv \frac{U_j^{n+1} - U_j^n}{\tau} + c \frac{U_j^n - U_{j-1}^n}{h} = 0 \quad （时间向前空间向后） \quad (4-196)$$

$$L_h^{(3)} U_j^n \equiv \frac{U_j^{n+1} - U_j^n}{\tau} + c \frac{U_{j+1}^n - U_j^n}{h} = 0 \quad （时间向前空间向前） \quad (4-197)$$

式中: $x_{j+1} - x_j = h$, $t_{n+1} - t_n = \tau$。

式(4-195)~式(4-197)只是三种基本格式,还有很多其他格式,如 Lax-Friedrichs、蛙跳(leap-frog)等。假设 u 是微分方程的准确解,U_j^n 是相应的差分方程的准确解。如果当 $h \to 0$, $\tau \to 0$ 时,对于任何 (j,n) 有 $U_j^n \to u(x_j, t_n)$,则称差分格式是收敛的。理论上,对于离散格式来说,网格越细越好。另外,不同格式逼近的程度可能不同,对于中心差具有二阶精度,对于前差和后差只有一阶精度。为了表征逼近程度,引入截断误差的概念。

可以将微分方程和差分格式写成

$$Lu(x,t) = 0 \text{ 和 } L_h U_j^n = 0 \quad (4-198)$$

式中: L 为微分算子; L_h 为相应的差分算子。引出截断误差的概念。这时微分算子 L 和差分算子 L_h 的定义分别为

$$Lu \equiv \frac{\partial u}{\partial t} + c \frac{\partial u}{\partial x} \quad (4-199)$$

$$L_h U_j^n \equiv \frac{U_j^{n+1} - U_j^n}{\tau} + c \frac{U_{j+1}^n - U_j^n}{h} \quad （后差） \quad (4-200)$$

假设 u 是所讨论的微分方程的充分光滑的解,将算子 L 和 L_h 分别作用于 u,记两者在任意的节点 (x_j, t_n) 处的差为 E,即

$$E = L_h u(x_j, t_n) - Lu(x_j, t_n) \quad (4-201)$$

通常差分格式截断误差是指对 E 的估计。因为 u 是微分方程的解,有

$Lu(x_j,t_n)=0$，故

$$E=L_h u(x_j,t_n) \qquad (4-202)$$

由于算子 L_h 是对算子 L 的近似，所以 $L_h u(x_j,t_n)$ 一般不为零。因此，截断误差实际上就是对 $L_h u(x_j,t_n)$ 大小的估计。截断误差越小，说明算子 L_h 越逼近算子 L，从而差分方程越近似微分方程。

从微分算子式（4-199）和相应的差分算子式（4-200），采用泰勒级数展开方法，可以推出它的截断误差为

$$E=L_h u(x_j,t_n)-Lu(x_j,t_n)=O(\tau+h) \qquad (4-203)$$

也用格式"精度"一词来说明截断误差。如果一个差分格式的截断误差为 $E=O(\tau^p+h^q)$，就说差分格式对时间是 p 阶精度，对空间是 q 阶精度。特别地，当 $q=p$ 时，就说差分格式是 p 阶精度。由此可见，差分格式式（4-199）关于微分算子式（4-200）有一阶精度。

在实际计算中，网格尺度与误差变化如图 4-13 所示，其分为三个阶段：一是网格太粗（网格尺度太大），网格与离散格式不匹配，格式与方程之间的计算误差会出现振荡过程；二是随着网格的细化（网格尺度变小），只是格式截断效应控制误差，逐渐进入渐近收敛域；三是随着网格的再细化（网格尺度更小），有可能出现机器的舍入误差，舍入误差的累计，又会出现振荡。为此，实际计算中需找到渐近收敛域，即网格无关性分析和计算精度需要适当细的网格，以至解在收敛的渐进区域内。

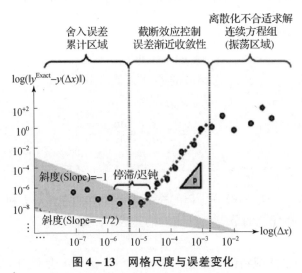

图 4-13 网格尺度与误差变化

第 4 章 验证技术

收敛的渐进区域是指网格变化尺度 h 和误差 E 之比达到常数 C。

$$C = \frac{E}{h^p} \tag{4-204}$$

对于非常数拟等比加密网格系统，可采用先求出网格收敛指标（GCI）及观察解 p，然后求出 $GCI_{12}/r^p GCI_{32}$，如果该值在 1 附近，就说明达到渐进域。

3. 数值解收敛解误差的计算

收敛性检验需要计算误差。误差一般用 L_1、L_2、L_∞ 范数/模来表示，即 $L_1 = \dfrac{\sum_i |\varepsilon_i| \Delta V_i}{\sum_i \Delta V_i}$、$L_2 = \sqrt{\dfrac{\sum_i |\varepsilon_i|^2 \Delta V_i}{\sum_i \Delta V_i}}$、$L_\infty = \max |\varepsilon_i|$，这里 ε_i 表示误差。精确度检验比收敛性更进一步，它不仅检验离散化误差是否收敛，而且还要检验它是否按照理论收敛阶收敛。常用的收敛精度阶的计算公式为 $p = \ln\left(\dfrac{\|\varepsilon_{rh}\|}{\|\varepsilon_h\|}\right)/\ln(r)$，其中 r 为网格更新因子，h 为网格尺度。$\|*\|$ 的计算可以用 L_1、L_2 和 L_∞ 中的任何一种。

4.6.3 无关性分析

在 CFD 中"完美网格"并不存在。一旦明确了数值模拟的主要特征量或结果，就必须对网格参数进行适当的定义以捕获基本的流动特征。此外，网格质量必须与所选择的数值方法一致，应特别注意定常/非定常分析和湍流建模。例如，当后缘区域的空间分辨率太精细时，用于二维轮廓定常分析的几种方案均可能导致非收敛解，因为会出现一个违反定常假设的不稳定基区。与此同时，用粗网格进行大涡模拟是错误的，因为亚格子尺度模型会捕捉尽可能多的涡结构。在这些棘手的问题中，值得一提的是，对边界层发展的评估强烈依赖于计算工具的精度阶数、所选择的湍流模型和近壁网格的分辨率。

在实际数值模拟或仿真中，网格太密或者太疏都可能产生误差过大的计算结果，甚至有些仿真的应用学者，凭经验划分一种网格就开展数值模拟，得出结果就认为是"科学的"，这种结果用于决策可能风险很大。因为有可能是不稳定，甚至是随机的，或者是不收敛的结果。为此，随着企业对数值仿真的依赖性越来越强的环境下，在数值仿真中采用网格的尺度、（规模）、类型（结构网格或非结构网格）就成为影响仿真结果的重要因素。

美国著名偏微分方程数值解及计算流体力学专家 P. J. Roache（罗奇）提出的网格收敛指标 GCI 方法，在网格收敛性分析中得到广泛应用。它基于理查森外推思想，利用三套网格上的数值结果，可以给出渐近解的收敛阶和离散误差的界。

（1）理查森外推。理查森外推是一种高阶精度误差估计方法。首先假定离散解 f_h 关于网格尺度 h 的泰勒级数为

$$f_h = f_{\text{exact}} + g_1 h + g_2 h^2 + g_3 h^3 + \cdots \quad (4-205)$$

式中：f_h 为当前网格尺度 h 上的数值解；f_{exact} 为精确解或网格尺度 $h \to 0$ 时的渐近精确解，未知函数 g_i（$i = 1, 2, \cdots$）为与 h 无关的泰勒展开系数。如果离散格式为二阶逼近方法，则式（4-205）中 $g_1 = 0$。假设 f_1、f_2 为两套不同尺度网格 h_1、h_2 上的离散解，其中 h_1 为细网格，h_2 为粗网格，代入式（4-205）可得

$$\begin{cases} f_1 = f_{\text{exact}} + g_2 h_1^2 + g_3 h_1^3 + \cdots \\ f_2 = f_{\text{exact}} + g_2 h_2^2 + g_3 h_2^3 + \cdots \end{cases} \quad (4-206)$$

由式（4-206）可以得到精确解的一个更高阶的估计为

$$f_{\text{exact}} = \frac{h_2^2 f_1 - h_1^2 f_2}{h_2^2 - h_1^2} + \text{H. O. T} \quad (4-207)$$

定义网格细化比 $r = \dfrac{h_2}{h_1} > 1$，舍去高阶项可得出细网格上精确解更高阶（通常为三阶）的近似：

$$f_{\text{exact}} \approx f_1 + \frac{f_1 - f_2}{r^2 - 1} \quad (4-208)$$

此为经典的理查森外推。

当数值离散采用 p 阶逼近方法时，类似可得 $p+1$ 阶精度的广义理查森外推：

$$f_{\text{exact}} \approx f_1 + \frac{f_1 - f_2}{r^p - 1} \quad (4-209)$$

该方法在用于离散方程时，如果可从理论上知道阶，可用于两套网格解的后处理工作，而与程序、算法或控制方程无关。在应用外推时要注意，因为它假设截断误差单调收敛，而这个假设对粗网格无效。

（2）网格收敛指标 GCI 方法。GCI 基于广义理查森外推，给出了网格收敛的一种度量指标，GCI 定义如下：

细网格: $$\mathrm{GCI}_{\mathrm{fine}} = F_s \frac{|\varepsilon|}{r^p - 1} 100\% \qquad (4-210)$$

粗网格: $$\mathrm{GCI}_{\mathrm{coarse}} = F_s \frac{r^p |\varepsilon|}{r^p - 1} 100\% \qquad (4-211)$$

式中：ε 为细网格数值解与粗网格数值解相对误差，$\varepsilon = \dfrac{f_1 - f_2}{f_1}$；$r > 1$ 为网格细化比；p 为格式精度阶；F_s 为安全因子；罗奇建议两套网格时取 $F_s = 3.0$，三套及以上网格时取 $F_s = 1.25$。可以看出，GCI 是在外差误差基础上乘以安全因子，这样做是为了防止外插可能失真的风险。GCI 可以看作细网格上数值解逼近渐近解的相对误差界，给出了网格进一步加密时解的变化的一个预测，数值解是否进入了渐进域。

实际计算时，GCI 公式中通常用观测精度 $\hat{p}$ 代替理论精度 p，得到一个更可靠的误差估计。考虑 p 阶精度格式，细、中、粗三套网格，网格尺度分别为 h_1、h_2、h_3，当网格细化因子为常数时，$r = \dfrac{h_2}{h_1} = \dfrac{h_3}{h_2} > 1$，记 $h_1 = h$，$h_2 = rh$，$h_3 = r^2 h$，由级数展开式 (4-205)，省略高阶项可得

$$\begin{aligned}
f_1 &= f[\mathrm{exact}] + g_p h^{\hat{p}} \\
f_2 &= f[\mathrm{exact}] + g_p (rh)^{\hat{p}} \\
f_3 &= f[\mathrm{exact}] + g_p (r^2 h)^{\hat{p}}
\end{aligned} \qquad (4-212)$$

由式 (4-212) 求解可得

$$\hat{p} = \frac{\ln\left(\dfrac{f_3 - f_2}{f_2 - f_1}\right)}{\ln(r)} \qquad (4-213)$$

GCI 的一大特点为可处理非一致加密情形，此时网格细化比（因子）非常数，$r_{12} = \dfrac{h_2}{h_1} > 1$，$r_{23} = \dfrac{h_3}{h_2} > 1$，$r_{12} \neq r_{23}$，需要迭代求解关于 $\hat{p}$ 的方程：

$$\frac{f_3 - f_2}{r_{23}^{\hat{p}} - 1} = r_{12}^{\hat{p}} \left(\frac{f_2 - f_1}{r_{12}^{\hat{p}} - 1}\right) \qquad (4-214)$$

式 (4-214) 可用不动点迭代求解，即

$$\hat{p}^{k+1} = \frac{\ln\left[(r_{12}^{\hat{p}^k} - 1)\left(\dfrac{f_3 - f_2}{f_2 - f_1}\right) + r_{12}^{\hat{p}^k}\right]}{\ln(r_{12} r_{23})} \qquad (4-215)$$

迭代初值可选为理论分析精度。

同时，GCI 可用来预测所需的网格分辨率，假设已经由两套粗网格（$h_2 < h_3$）得到的网格收敛指标 GCI_{23}，若假定给定的目标网格收敛指标值 GCI^*（$\text{GCI}^* < \text{GCI}_{23}$），则可得到计算所需的细网格尺度 h_1，计算公式为 $h_1 = h_2 / \sqrt[p]{\text{GCI}_{23}/\text{GCI}^*}$。

由 GCI 定义式（4-210）和式（4-211）可知，$\text{GCI}_{\text{coarse}} = r^p \text{GCI}_{\text{fine}}$，在数值分析中，如果不同点处的 GCI 值满足 $r^p \dfrac{\text{GCI}_{12}}{\text{GCI}_{23}} = 1$，则表明数值解位于渐近域。

4.6.4 GCI 分析实施步骤

从 GCI 方法可以看出，该方法涉及的问题包括：①开展 GCI 时，分析网格解误差收敛率与格式是否振荡、收敛有关；②需要基于广义理查森外推法的误差分析及观察阶计算；③通过罗奇的 GCI 计算和数值离散不确定度量化；④基于 GCI 的渐进域分析及基于理查森外推法的近似逼近微分方程的拟近似解计算。

假设有三套网格，网格尺度分别为 h_1、h_2、h_3，且 $h_1 < h_2 < h_3$。针对某问题，对应三套网格得到的数值解分别为 φ_1、φ_2、φ_3。GCI 分析的对象为系列不同网格尺度下的计算结果（数据），数据来源可以是用户提供，也可以是与之耦合的应用程序计算得到。GCI 分析实施的主要步骤如下：

(1) 数据预处理，针对单调收敛的数据进行 GCI 分析：$0 < \dfrac{\varphi_1 - \varphi_2}{\varphi_2 - \varphi_3} < 1$，其中下标 1，2，3 分别代表细、中、粗网格；若数据振荡收敛则需进一步精细处理。这是开展 GCI 的基本前提。

(2) 定义计算代表性单元尺寸 h 的规则，即网格尺度 h 计算。在三维空间中，对结构化网格，网格尺度大小估算方法为 $h = [(\Delta x_{\max})(\Delta y_{\max})(\Delta z_{\max})]^{1/3}$；对非结构化网格，$h = \left[\dfrac{1}{N}\sum_{i=1}^{N} \Delta V_i\right]^{1/3}$（$N$ 为网格总数，ΔV_i 为网格 i 的体积）。需注意 h 通常是单元体积的平均值的立方根。

(3) 定义一套三个不同尺度的计算网格（3 表示粗糙，2 表示中等，1 表示精细），其约束条件是两个连续网格的 h 之间的比率 r（细化比），这个比率通常大于 1.3（基于经验数字）。此比率 r 计算公式为 $r = \dfrac{h_{\text{course}}}{h_{\text{fine}}}$。

（4）定义一个关注量（感兴趣响应量）φ，采用三个不同网格尺度计算，一旦计算完成就要评估该参数（如流体质量密度、压力、流量、总表面热通量等）。

（5）收敛阶计算。假设三套网格尺度分别为 h_1、h_2、h_3，且 $h_1 < h_2 < h_3$，$r_{21} = \dfrac{h_2}{h_1}$，$r_{32} = \dfrac{h_3}{h_2}$。对应 h_1、h_2、h_3 计算的关注量分别为 φ_1、φ_2、φ_3。令 $\varepsilon_{21} = \varphi_2 - \varphi_1$，$\varepsilon_{32} = \varphi_3 - \varphi_2$，就可以迭代地评估精度 p 的表面（或观察到的）阶数：

$$p = \dfrac{\left| \ln \left| \dfrac{\varepsilon_{32}}{\varepsilon_{21}} \right| \right| + q(p)}{\ln r_{21}} \quad (4-216)$$

式中：$q(p) = \ln\left(\dfrac{r_{21}^p - s}{r_{32}^p - s}\right)$，$s = \text{sign}\left(\dfrac{\varepsilon_{32}}{\varepsilon_{21}}\right)$。说明，当 $r_{21} = r_{32} = r = \text{constant}$ 时，$q(p) = 0$。对于式（4-216），采用简单迭代，即可求出 p。

（6）GCI 计算。选择安全因子 F_s，利用精度的表面阶数 p 计算 GCI 值。

①外推 $\varphi_{21}^{\text{extrap}}$（和 $\varphi_{32}^{\text{extrap}}$）：

$$\varphi_{21}^{\text{extrap}} = \dfrac{r_{21}^p \varphi_1 - \varphi_2}{r_{21}^p - 1} \quad (4-217)$$

②近似误差和外推误差 e_{21}^{app} 和 e_{21}^{ext}：

$$e_{21}^{\text{app}} = \left| \dfrac{\varphi_1 - \varphi_2}{\varphi_1} \right| \quad (4-218)$$

$$e_{21}^{\text{extrap}} = \left| \dfrac{\varphi_{21}^{\text{extrap}} - \varphi_1}{\varphi_{21}^{\text{extrap}}} \right| \quad (4-219)$$

③精细网格收敛指标 $\text{GCI}_{21}^{\text{fine}}$：

$$\text{GCI}_{21}^{\text{fine}} = \dfrac{F_s \cdot e_{21}^{\text{app}}}{r_{21}^p - 1} \quad (4-220)$$

F_s 是安全系数，一般 $F_s = 1.25$（基于 500 多个 CFD 的实证研究案例而来，经验的）。当安全系数 $F_s = 1.25$ 时，$\text{GCI}_{21}^{\text{fine}}$ 表示在实际标准误差 95% 范围内的置信水平。对于非结构化网格，推荐更为保守的分析，$F_s = 3$。

（7）外推解计算。计算渐近精确解（外推解）$\varphi_{\text{ext}}^{12} = \varphi_1 + \dfrac{\varphi_1 - \varphi_2}{r_{12}^p - 1}$，分

析外推解是否位于离散不确定度区间[$\varphi_1(1 - \text{GCI}_{12}/100\%)$, $\varphi_1(1 + \text{GCI}_{12}/100\%)$]。

(8) 计算 GCI_{12}, GCI_{23}, 通过比较 $\dfrac{r^p \text{GCI}_{12}}{\text{GCI}_{23}}$ 的值是否等于（接近）1, 考察数值解是否进入渐近域, 以达到判断计算的观察阶是否可行的目的, 并验证格式实施的正确性。同时, 给出数值网格带来的不确定度。

4.6.5 GCI 软件框架

基于 GCI 方法和实施步骤, 图 4-14 给出了计算流体力学的 GCI 软件框架。

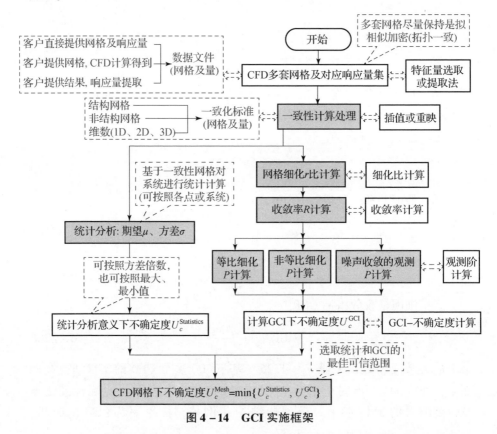

图 4-14 GCI 实施框架

(1) 特征量选取与提取。特征量也可称为关注量（感兴趣响应量）。在 CFD 中, 有的是点的散点变量, 有的是随时间和空间演变的路径变量,有的是混合的。为此,特征量选取和模拟结果特征量的提取是很重要的,有时决定着 GCI 的成败。

(2) 一致性插值或重映。对于沿时间或空间演变的特征量,不同尺度的网格计算结果可能时间或空间不一致,在开展 GCI 时,就需要开展一致性处理。在 CFD 中,一致性处理也很重要,主要是怎样定义一致性点(一致化标准),是插值到粗网格上,还是插值到细网格上,会影响 GCI 的结果(凭经验一般建议是选择细网格比较好)。

(3) 网格细化比计算。细化比计算不仅要用于 GCI,而且更重要的是判断这个比率是否合适(通常高于 1.3)。

(4) 收敛率计算。收敛率计算同样要用于 GCI,而且要判断格式的收敛性质。

(5) 观察阶计算。

(6) GCI 和数值网格不确定度量化。

4.6.6 实践案例

案例1:离散格式解特性——一维对流方程初值问题。

对于一维对流方程初值问题,三种差分格式取初值函数:

$$f(x,0) = \begin{cases} 0, & x < -1 \\ 1+x, & -1 \leq x \leq 0 \\ 1-x, & 0 < x \leq 1 \\ 0, & x > 1 \end{cases} \quad (4-221)$$

系数 $c=1$,计算区域为 $x \in [-8,8]$。图 4-15 给出了当 $dx=0.05$,$dt=0.01$,三种格式初始 0.0 和分别计算到 0.1、0.2、0.3、0.4、0.5 时的结果(为了使图更清晰,对比更明显,只画了 $x \in [-3,3]$ 的图)。

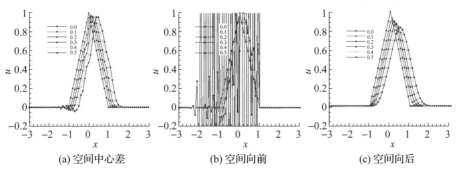

(a) 空间中心差　　(b) 空间向前　　(c) 空间向后

图 4-15　三种基本格式计算结果

从图 4-15 可以看出，空间中心差收敛不稳定，空间向前既不收敛也不稳定（初步断定不能用），空间向后是既收敛又稳定，但有数值耗散的情况。总的来说，计算稳定性是可以的。据此，开展了 GCI 研究。图 4-16 分别给出 4 套网格 $dx=0.1$、$dx=0.05$、$dx=0.025$ 和 $dx=0.0125$ 计算的结果。

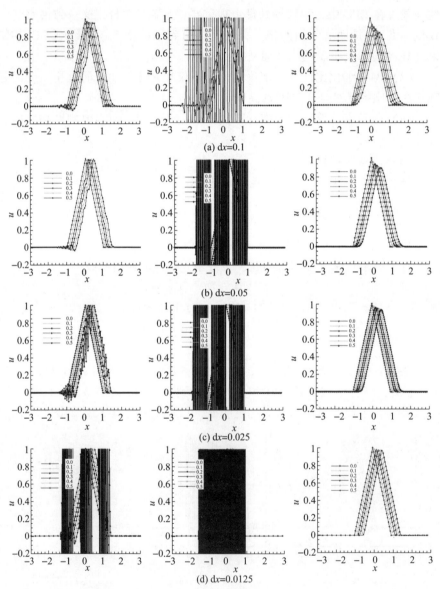

图 4-16　4 套网格计算结果（左：空间中心差；中：空间向前；右：空间向后）

(1) 一维对流方程初值问题 – 空间中心差。

①特征量选取。对于三种不同的格式,4 种不同尺度的网格 $dx = 0.1$、$dx = 0.05$、$dx = 0.025$ 和 $dx = 0.0125$,分布选取 0.1、0.2、0.3、0.4、0.5 时刻的空间分布(路径变量),如图 4 – 16 所示。

②一致性插值或重映。对于三种格式四种不同情况,分别采用线性插值的方法,将其插值到 $dx = 0.0125$ 的网格上。图 4 – 17 给出了 $dx = 0.1$、$dx = 0.05$ 和 $dx = 0.025$ 三套网格一致性插值到 $dx = 0.0125$ 的结果。

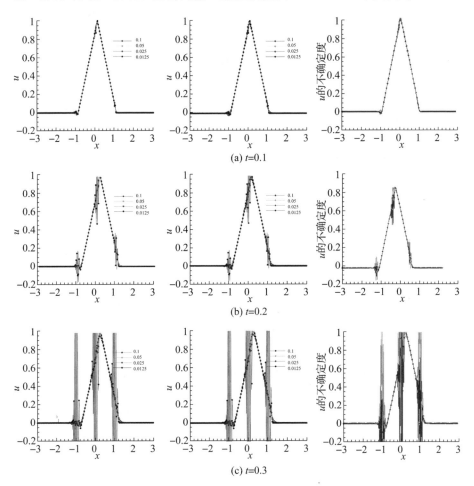

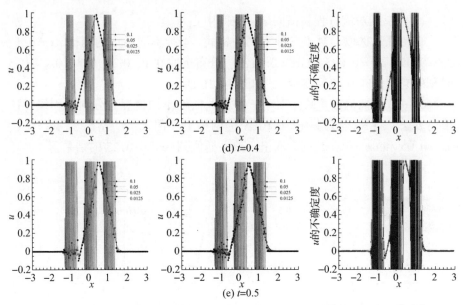

图4-17 4套网格下一致性处理结果（左：原始结果；中：一致性插值；右：统计意义下）

③网格细化比计算。按照从细到粗的网格尺度 $h_1 = 0.0125$，$h_2 = 0.025$，$h_3 = 0.05$，$h_4 = 0.1$ 排序，即 $h_1 < h_2 < h_3 < h_4$。由细化比 $r = \dfrac{h_{\text{course}}}{h_{\text{fine}}}$ 知，$r_{21} = r_{32} = r_{43} = 2$。

④收敛率计算。处于振荡收敛。

（2）一维对流方程初值问题 – 空间向后差。

①特征量选取，同（1）。

②一致性插值或重映。对于三种格式四种不同情况，分别采用线性插值的方法，将其插值到 $dx = 0.0125$ 的网格上。图4-18给出了 $dx = 0.1$、$dx = 0.05$、$dx = 0.025$ 三套网格一致性插值到 $dx = 0.0125$ 的结果。

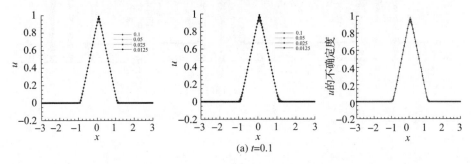

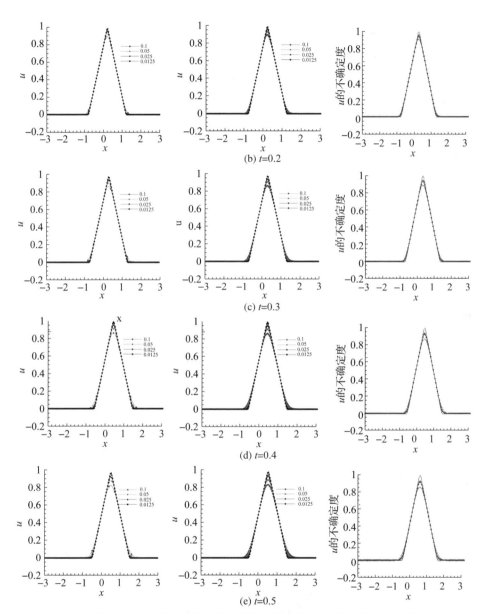

图 4-18 4 套网格下一致性处理结果（左：原始结果；中：一致性插值；右：统计意义下）

③收敛率计算。属于单调收敛。

案例 2：二维拉氏辐射流体力学程序数值计算不确定度分析。

二维拉氏辐射流体力学程序中辐射和流体采用物理过程的算子分裂计

算,即先求解能量方程不带扩散项的流体力学方程组,再针对能量方程的扩散项求解一个纯扩散方程,流体计算采用拉氏有限体积格式(如经典的 Von Neumann – Richtmyer 格式,简称 NR),扩散计算采用菱形有限体积格式。二维 N – R 格式空间具有二阶精度,有激波或接触间断存在时格式精度降为一阶。扩散计算菱形格式在四边形网格退化为 9 点格式,方形网格则退化为经典的 5 点格式,空间离散采用中心格式离散,理论上在空间具有二阶精度。

Sedov 问题常用于程序验证,中心高内能产生一个理想气体的强扩展球形激波,用于考核程序精度、对称性等。计算条件如下:

计算区域:柱问题,长 1.2cm,宽 1.2cm;

计算网格:12×12,24×24,48×48,96×96,192×192,384×384;

初始条件:$u = 0$,$\rho = 1$,$p = 0$,左下角网格 $E = E_0$;

边界条件:上、下、左、右固壁;

状态方程:$p = (\gamma - 1)\rho e$,$\gamma = 1.4$;

终止时间:$1\mu s$。

此问题具有精确解,$t = 1$ 时,扩展波的前沿在 $R = 1$ 的位置,峰值密度为 6。图 4 – 19(a)所示为计算网格,图 4 – 19(b)所示为不同网格尺度数值解与精确解比较。计算共采用 6 套网格,Grid1 为更粗网格,网格数 12×12;Grid2 为粗网格,网格数 24×24;Grid3 为中网格,网格数 48×48;Grid4 为细网格,网格数 96×96;Grid5 为较细网格,网格数 192×192;Grid6 为更细网格,网格数 384×384。表 4 – 3 给出了 6 套网格计算信息和响应量(峰值密度)。

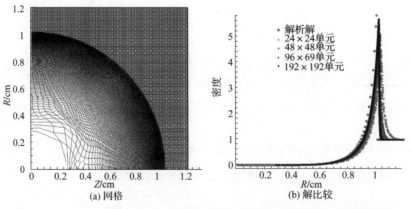

图 4 – 19　$t = 1.0\mu s$ 时 192×192 网格及不同网格尺度数值解与精确解比较

第 4 章 验证技术

表 4-3 Sedov 问题网格信息和响应量

网格	网格数	网格尺度	网格细化因子	响应量（峰值密度）
Grid1	12×12	0.1	—	3.52286
Grid2	24×24	0.05	2	4.47366
Grid3	48×48	0.025	2	5.11597
Grid4	96×96	0.0125	2	5.48238
Grid5	192×192	0.00625	2	5.70138
Grid6	384×384	0.003125	2	5.85790

将 6 套网格 3 套 1 组，共分为 4 个网格研究组，网格 1~3 为网格研究组 1，网格 2~4 为网格研究组 2，网格 3~5 为网格研究组 3，网格 4~6 为网格研究组 4，利用 GCI 方法，在 4 个网格研究组上分别进行离散不确定度研究。表 4-4 给出了 4 组网格上的观测精度、细网格 GCI（GCI_{12}）、粗网格 GCI（GCI_{23}）和数值解是否进入渐进域判断指标。数值结果显示，网格研究组 1 的解尚未进入渐进域，此时 GCI 的值也最大；随着网格加密，GCI 的值在减小，$r^p GCI_{12}/GCI_{23}$ 的值越来越接近于 1，表明此时数值解进入渐近域；网格研究组 4 的最细网格数接近 16 万个，此时舍入误差的累积增大，观测精度下降，GCI 值不再减小。

表 4-4 Sedov 问题峰值密度的离散不确定度分析

网格研究组	观测精度 p	细网格 GCI/%	粗网格 GCI/%	$r^p GCI_{12}/GCI_{23}$
网格研究组 1（Grid1~3）	0.5659	32.6761	55.3146	0.8744
网格研究组 2（Grid2~4）	0.8098	11.0949	20.8421	0.9332
网格研究组 3（Grid3~5）	0.7425	7.1333	12.4115	0.9616
网格研究组 4（Grid4~6）	0.4846	8.3670	12.0284	0.9733

图 4-20 给出了 Sedov 问题峰值密度的离散不确定度估计，图中横坐标为 5 套计算网格，1~5 分别为由粗到细的网格，纵坐标为 Sedov 计算解的峰值（peak）。每 3 套为一组，在每组的细网格上（网格 3、4、5）给出数值解（黑线）的离散不确定度区间，随着网格加密，不确定度范围越来

越小。精确解（─▲─）位于不确定度区间内，表明 GCI 方法离散不确定度分析的有效性。图 4-21 给出了数值解、外推解和精确解的比较，GCI 方法基于理查森外推得到的渐近精确解（─▲─）更好地逼近精确解。

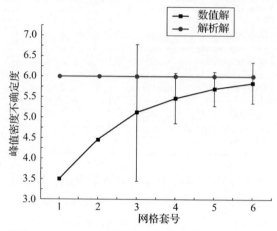

图 4-20 Sedov 问题峰值密度的离散不确定度估计

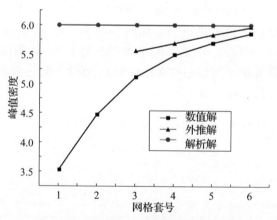

图 4-21 数值解、外推解和精确解比较

第5章 确认方法

确认是模型精确表示的物理状态与模型预期用途逼近实际程度的度量过程，确定物理模型或开发程序预测结果是否能描述真实世界或实际行为。图5-1给出了确认的基本原理，其主要思想是计算结果和试验数据在不确定度量化意义下，将感兴趣能表征真实世界的系统响应量实验测量数据与对应仿真软件的计算结果进行比较，并评估其一致性程度的活动。确认过程包括量化在概念模型与计算模型中的误差和不确定度，评估实验的不确定度，并将计算结果和实验数据进行比较，进而量化模型精度或可信度。确认过程中并不假设实验数据比计算结果具有更高的精度，只认为实验测量忠实地反映了实际状态。

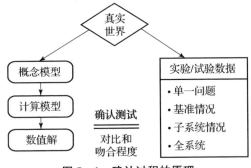

图5-1 确认过程的原理

5.1 确认方法学

对于绝大多数的复杂系统进行整体的确认是很不现实的，由于复杂系统往往包含了众多的物理现象、演变行为和物理化学过程，而采用分层确认方法是比较好的选择。因此，确认首先必须针对复杂系统，采用自顶向下分而治之的办法，将复杂系统分解成若干子系统，对子系统再分解为基准问题，从基准问题中又可提取出若干单元问题，逐渐构成全系统、系统、子系统、基准、单元的模型确认层级树型结构图。其次，根据层级结构图，自下而上开展模型可信度确认评估（图5-2）。

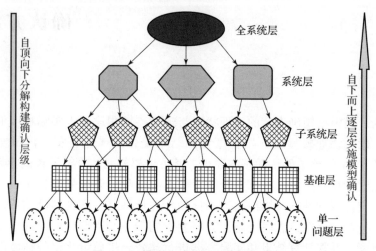

图5-2 模型分层确认方法学示意图

从图5-2可以看出，复杂系统层级确认中，自顶向下分解是以系统独立性的子系统、典型物理过程、独立物理机理或现象为指导思想，进行分层。自下而上是以能独立开展实验/试验、能独立建模与模拟为指导思想，这种将复杂系统层层分解及逐层确认的方法论，可以使得系统的复杂性逐渐降低，便于开展细致的精密实验研究和建立精细的仿真模型，逐层开展确认。

为了进一步说明分层确认思想，这里以高超声速巡航导弹系统的确认层次结构为例（图5-3），来更深刻地理解分级层次图的含义及内容。图5-3中的最顶层为全系统层，该层不仅包含了系统所有真实组件成分和实际的几何材料及属性参数，还包含了所有组件的耦合成分以及所有真实的边界条件、初始条件和系统激发；而对于全系统层的试验数据来讲，仅仅测量了很少的输入和输出参数，并很少或没有考虑试验中的不确定性。子系统层描述了全系统的第一次分解，因此每一个子系统或子装配体都代表了全系统的某一个功能，包含了大部分的几何材料及属性参数，而且子装配体里包含了较多的耦合，但是子系统层的边界条件、初始条件以及系统都进行了简化;相应地测量了一些输入和输出参数的试验数据并考虑了很少的不确定性。在基准层,通过特殊的硬件合成来描述上一层子系统的主要特征。基准层相对于产品来说是相对独立的,并且各个基准都是采用与对应实际子系统相同的材料,只考虑典型的两三个物理现象,并且各个基准之间基本上没有耦合,而且边界条件、初始条件和系统激励非常简单;相应的在确认试验中,大部分的输入参数和大量的输出参数都可以测量并能够考虑试验中的大部分不确定性因素。模型确认分层的最底层为单元,该层不管是在结构还是几何和特征参数上都很简单,并且边界条件、初始条件和系统激发也非常简单,因此可以得到高质量的试验结果,所有模型的输入参数以及大部分的输出参数都可以测量得到,并且几乎能够考虑试验中所有的不确定性。当然,此分级层次图并不是唯一的,可以根据实际情况再细化或粗化分级。只有将单元问题和基准模型问题完全确认,才有可能谈得上对子系统、系统,乃至全系统的确认。

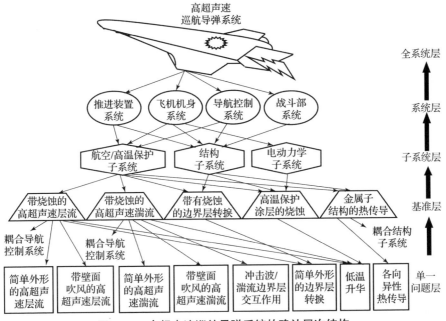

图 5-3 高超声速巡航导弹系统的确认层次结构

从图 5-3 可以看到,在整个系统中,包含了推进装置系统、导航检测系统和战斗部系统等大的系统。在子系统层中,包括航空/高温保护子系统、结构子系统、电动力学子系统等。在基准层，与航空/高温保护子系统相关的物理化学过程包括带烧蚀的高超声速层流和湍流、边界层转捩、高温防护涂层的烧蚀、金属子结构的热传导等。在单元问题层，又可以进一步分解出简单外形的层流和湍流、带壁面吹气的层流和湍流、冲击波/湍流边界层交互作用、简单外形的边界层转捩、低温升华、各向异性热传导等。

  确认中最关键的是确认度量，确认度量通过比较实验数据和模拟结果，进而量化该模型的精度。从严格意义上讲，研究人员确认的不是一个完整模型，而只能确认用程序模拟某个特定类型问题时的计算模型或计算范围。从有意识地应用模型的角度来看，模型确认将确定该模型精确描述真实世界的程度，其结果将用于确定该模型与其实验之间是否存在可接收的吻合度，即确定可接收吻合度的关键在于实验结果和模拟结果之间一致程度。

  如果在确认度量中实验结果和模拟结果二者之间的吻合度不可接受，则需要对模型进行修改或补充更精明的确认实验。模型修正就是改变模型的基本假设、结构、参数、边界值或初始条件，缩小模型的不确定度，进而改进模拟结果和实验结果之间吻合度的过程；补充实验是改进实验设计、实施步骤或测量精度，提高实验的精度，以改进模拟结果和实验结果之间吻合度的过程。是否要修正模型或补充实验依赖于建模人员和实验人员及专家判断。确认也是一个确定过程，确定模型精确描述现实世界的程度，其目的是在用实验数据比较模型预测能力的过程中量化差异，提升模型的可信度。

5.2 确认基本流程

  确认涉及软件确认和模型确认，软件是模型的表现形式。仿真是一种基于模型的活动，模型是系统仿真的重要部分。仿真的结果是否可信，一方面取决于模型对系统行为子集特性描述的正确性与精度，另一方面取决于计算模型和物理模型在实现系统模型时的准确度。只有建立能够准确反映系统内在特性和变化规律的模型，才能得到准确的仿真结果。为此，软件确认主要还是模型确认。模型确认是确定模型在预期用途内是否能表征真实世界或表征真实世界准确程度的活动。图5-4给出了模型分层确认的一般流程，涉及物理过程分解（系统分层）、模型确认层级、确认试验、单层确认和跨层确认。

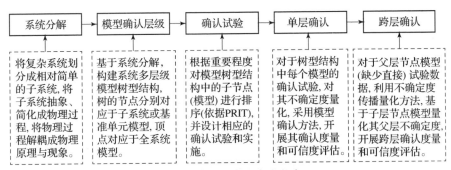

图 5-4 模型分层确认思路

（1）物理过程分解（系统分层）。分而治之是解决复杂问题的一般方法。模型分层确认是将一个复杂的多物理问题作为一个全系统，将全系统模型的总目标分解为各层子目标，直至具体的全系统模型分解为多层子目标，进而分解为多指标的若干分层模型，达到规划分层确认实验、逐层开展模型可信度评估的目的。系统分层常采用时序多维空间原则构建，且遵循4个策略：①较低级别的子系统，物理复杂程度较低；②选择的每个等级的试验是现实可行的；③试验必须具备高度量化的特点，以便于能提供计算程序的必要数据；④试验必须能达到精确估计试验的不确定性。

（2）模型确认层级。首先将复杂系统划分成多个子系统，对子系统再进行划分，直到单元，单元的粒度以方便获取试验数据为确定依据，全系统、子系统、基准、单元之间具有明确的层次关系，构成一个树型结构图，树的节点对应于子系统或基准单元模型，顶点对应全系统模型，因此系统分层过程也是构造模型确认树型结构的过程。复杂系统模型分层确认通常可分为全系统、系统、子系统、基准和单一问题5个层次，如图 5-5 所示，系统层次越低，影响因素越少，耦合程度越低。

（3）确认试验。基于系统模型分层确认树形图，针对每一层的叶子及根模型，设计确认试验，实施一系列单元模型、基准模型子系统模型、系统模型等子层模型，确认试验首先对这些子层模型进行排序，然后逐层开展确认试验，为模型分层确认提供有效的试验数据。

（4）单层确认。单层是指确认层次结构图中的每一层。单层模型是针对分层确认中单层模型开展相应的数值模拟，结合相应的确认试验，采用不确定度量化方法，如敏感度分析、证据理论、信息融合等，量化单层数

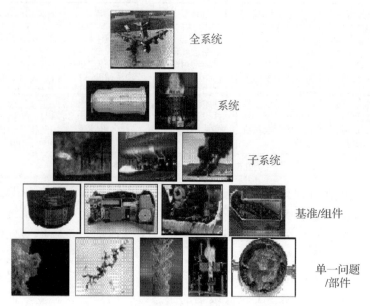

图5-5 模型分层确认树型结构示意图

值模拟结果和实物试验数据的不确定度。通过试验数据和计算结果的比较来确定单层模型精度或可信度。

(5) 跨层确认。对于没有试验数据的跨层模型,通过灵敏度分析、多项式混沌(PC)、响应面代理模型等不确定度传播量化方法,建立其输出的不确定性与单层模型不确定性之间的关系,从而量化跨层模型的不确定性,达到系统模型确认的目的。

5.2.1 创建模型确认层级关系图

对于某些复杂的系统,有时不太可能进行真正的确认实验,建议用堆积木的方法来确定那些可以完成的确认实验。该方法将复杂的工程系统分解成三个或更多逐渐简化的层。模型确认层级是将一个复杂系统或多物理问题作为一个全系统,将全系统模型(系统级模型)的总目标分解为各级子目标,直至全系统试验规划分解为多层级子目标试验,进而分解为多指标的若干层级模型和确认试验,通过量化方法评估同级各个分目标和总层级不确定度,以作为全系统模型确认和全系统目标优化决策的系统方法。

1. 确认试验层级构建策略

模型确认层级是确认活动中实施确认试验、确认模拟的依据,常采用时序多维空间原则构建模型确认层级,必须遵循以下策略。

(1) 较低级别的子系统,物理复杂程度较低。

(2) 选择的每个等级的试验是现实可行的。

(3) 试验必须具备高度量化的特点,以便于能提供计算程序的必要数据。

(4) 试验必须能达到精确估计试验的不确定性。

2. 确认层级划分方案

如何划分一个确认层级划分没有确定的方案,因此也不可能用单一的一个分层描述系统的所有工况。事实上,对于同一个系统在不同的环境条件下的不同方案都可以构造不同的确认分层。工程上比较流行的确认层级划分框架,一般按照自上而下的模型确认计划,自下而上的模型确认实施以及基于确认模型的实际预测和应用。按照自上而下方案,确认层级一般划分为全系统层、系统层、子系统层、基准层(部件)、单一问题层(图5-6)。这种分层方案主要侧重于复杂性的分解和不确定性源的辨识。

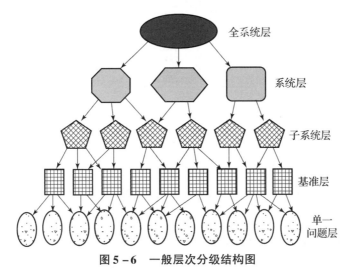

图 5-6 一般层次分级结构图

(a) 单一问题层:简单构型、单流动机理、单流动特征,试验初边值条件和试验结果准确度高。

(b) 基准层:体现真实系统某一特征的简单模型、少数机理之间的耦合，试验结果的不确定度低。

（c）子系统层：真实子系统、构型可简化但实际过程和机理完整，试验结果的不确定度劣于标准算例层级的不确定度。

（d）系统层：真实系统和构型，是部署全系统的重要分系统，试验结果的不确定度可独立量化。

（e）全系统层：真实系统和构型、全过程。试验结果的不确定度劣于标准算例层级的不确定度。

另一种模型确认的分层框架由美国圣地亚国家实验室在2006年召开的"确认挑战研讨会（Validation challenge workshop）"上提出，如图5-7所示，整个分层包括底层的校准层，往上依次是确认层和认证层，最顶层为目标预测层。这种分层方法除了在系统复杂性上进行分层，考虑更多的是系统不同的输入特性和环境特性。也可以将其看成图5-6中每个叶子的具体实施层级图。这样可以将图5-6和图5-7联合使用，效果更加。

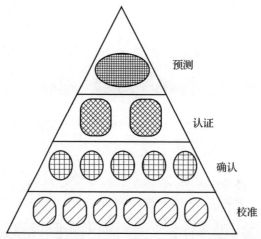

图5-7 美国圣地亚国家实验室确认分层示意图

3. CFD 模型确认层级

由于 CFD 在各特定领域的应用差别较大，很难给出统一的模型确认层级图。这里以爆轰弹塑性为例（图5-8），通过此图，可以宏观上认识构建具体系统或模型确认层级图的一般原则。

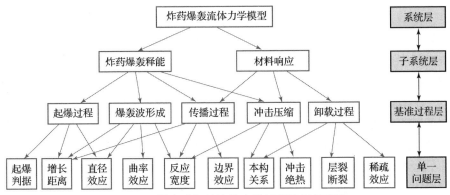

图 5-8 爆轰弹塑性流体力学过程的层级确认

5.2.2 确认试验

传统的试验根据其目的不同可以分为三大类：第一类是增加对某些物理过程的基本理解，因此这些试验经常跟物理发现或现象发现相关，如固体裂纹扩展试验、高能密度物理试验等；第二类是进一步构造、提高或确定数学模型中的参数而进行的试验，这类试验通常跟模型校准或修正相关；第三类主要用于确定系统的组件、子系统或全系统的可靠性和安全性等，这类试验通常跟组件、系统或产品的性能验收或质量检验相关。

确认试验是一种新型的试验方法，其主要目的是给出计算结果和实验数据间吻合度的更量化评述，确定描述物理过程的数学模型的预测精度和可靠性。换句话说，确认试验是定量确定一个数学模型及其载体（仿真软件）在多大程度上能够真实代表实际系统的物理过程。确认试验的最大特点是对系统、子系统、部件和单元的各个层面分别进行试验，以提供评价数学模型准确性或适应性所需要的信息为目标。因此，所有的假设都必须充分理解、意义明确并且可控，即确认试验应是具有明确初始条件、边界条件、材料属性和外力等情况的一种应用数学问题完备的物理科学实验。在理想情况下，对实验人员会受到尽可能多的约束，对建模人员会受到尽可能少的假设。

（1）确认试验设计原则。传统试验可以有很多目的，通常关心的是探索系统响应的性能，而确认试验的目的不仅于此，而且要比传统试验要求更高，尽量对对应数值模拟的条件进行测量。为此，在模型确认阶段，必须开展专门用于模型确认的试验。

实验人员和建模人员需要对试验很难测量和计算模型很难预测的互相理解，达成共识，给出确认试验的合理试验条件。为了避免盲目性，确认阶段预先计算和预试验分析来发现实验设计的潜在问题是必要的。为了有效实施，确认试验设计应遵循以下设计原则：

①确认试验设计与实施应该由试验学家和计算学家联合设计和实施。由于试验确认活动主要是模拟结果和试验结果一致性的对比，所以确认活动必须是试验学家和计算学家一起联合设计和实施。

②确认试验设计应针对关心的基本物理问题（物理模型），包括有关物理建模数据和初边值条件。一切重要建模输入数据在试验中必须是可测量的，关键建模的假设是可理解（可解释）的。如果可能，试验设备的特征和建模的不完善性应包括在确认模型中。

③确认试验应尽量强调计算方法和试验之间的协作。计算和试验都存在不完备性，所以计算和试验应紧密结合，相互补充。

④保持计算和试验结果间的独立。为了避免计算和试验结果互相影响，应尽可能保持计算和试验结果间的独立。

⑤试验测量的层次应由逐渐增加计算难度的问题组成。在复杂系统工程的设计中，最终的确认试验是非常重要的，但要发展数值模拟能力和提高数值模拟的置信度，必须有一系列与系统过程相关的分解试验，以检验计算程序和标定计算参数。

⑥试验设计应能够分析和量化试验的随机和认知不确定度。在输入和系统给定测量值的条件下去量化试验的随机和认知不确定度。如可能，用不同的诊断技术或不同试验设备实施试验，以确定试验的不确定度。

这里强调一点，如果建模人员在模拟预测结束前，除了得到材料属性、施加的载荷和初始边界条件，不能事先向试验人员打探试验测试结果，应保持计算和试验间的独立，这样模型确认的可信度才会得到很大的提升。

（2）确认试验测试选取。由于确认试验与传统试验的目的有很大差别，因此，在许多传统试验中进行的测试可能与模型确认试验所需的测试是不一样的。不仅要精确测量特征量，而且要有效测试用于确认模拟的各种输入量（如初边值条件）。

测量特征量的选择，应该基于模型关心的响应特征，选取测量量。如果可能，这些特征必须能直接测量，而不是由其他测量派生而来。例如，在材料特性试验中，如果应力应变是关心的特征，那么最好使用应变仪而不是多元位移测量设备进行测量。类似地，如果速度是关心的特征，可以直接测量，那么这将比对加速度测量进行积分或者对位移测量进行微分来说更具优势。换句话说，能直接测量的尽量直接测量，避免间接处理带来的误差，即直接测量得到的数据比间接得到的数据，在模型确认中精度更高，试验数据的直接测量是提高数据可信度的一个重要手段。

（3）实效措施/多余测量。为了有效量化确认试验测量的不确定度，多余测量是必需的。获得多余测量的一种方法是使用不同的样本重复试验。从样本初始条件、实验件/材料属性、实验装置安装（边界条件）、量具安装和数据获取，开展不同样本的重复性试验。第二种获取多余测量的方法是使用一个样本（模型）重复试验。如果试验成本很高或试验样本实用性非常有限，可以采用这种方法。当然，此时无法获取样本与样本之间响应的变化，只能通过统计手段得到不确定度。第三种获取多余测量的方法是在对称位置布置相类似的传感器（如果试验有足够的对称性），通过测量来评价数据，从这些传感器中获得的数据可以用于确定实际是否获得了期望的对称性等来量化测试数据的不确定度。

（4）实验不确定度量化。试验不确定度量化的主要方法是重复测量和重复试验的统计法。在实验活动中，测量误差、设计容差、结构不确定性，以及其他不确定性的影响必须量化，给出用于模型确认的带有不确定度量化的试验输出。在发布实验数据的确认实验报告中，必须给出测量数据的不确定度，以确保模拟结果可以合理地评价。试验不确定度量化不仅仅包括测试响应量的试验数据，而且还包括用于软件模拟输入量的不确定度。

在试验活动中，误差通常分为随机误差（精度）或系统误差（偏差）。如果一个误差对在同一设备上进行的重复测量或重复试验的数据有影响，那么该误差是随机的。随机误差是试验所固有的误差，会对实验测量数据的精度产生影响。尽管实验不确定度可以通过额外的实验进行量化，但这种随机误差是无法通过额外的实验来消除的。随机误差源包括试验零件上的尺寸公差或测量位置、材料属性的变化、摩擦引起的机械设备差异等。系统误差将引起试验设备的偏差，这是很难探测和估计的。系统误差包括传感器校正误差、数据获取误差、数据简化误差和试验方法误差。

试验人员必须量化试验数据的不确定度。这种量化必须考虑试验所有的不确定性源，无论不确定源是测量的或估计的。在与模拟结果进行比较之前，基于以前的经验或专家意见进行试验不确定度量化，也是必不可少的。一个常见的陷阱是，忽略重要的因素对建模不确定性、试验不确定性或两者的影响，然后基于不充分的信息对预测精度做出结论，对计算模型的精度做出不正确的或不合适的推论。

5.2.3　确认模拟

确认模拟是软件确认的重要环节，涉及计算模型创建、正向计算、不确定度量化、模拟输出等。

（1）确认模拟原则。确认模拟是在确认层级中，对每一层开展确认实验条件清楚的前提下，通过建立对应的计算分布（模型），实施计算机分析的过程。确认模拟应遵循以下实施原则：

①确认模拟必须在软件验证的基础上。这就需要在确认实施之前，确保有一个正确的模拟程序。

②确认模拟必须尽可能保证与确认试验一致的条件。这就需要确认试验尽可能测试模拟的所有输入条件。

③为了量化确认模拟的不确定度，遍历因素空间模拟必须保持软件一致性（版本一致、计算环境一致等）。

④模拟输出要保证能量化其模拟不确定度。

（2）确认模拟实施。尽量与实验同等条件实施数值模拟，包括给出模拟结果的误差与不确定度，这一步主要是基于验证过程。

（3）模拟不确定度量化。针对 CFD 模拟过程中三类不确定度进行量化活动，给出带有不确定度量化的模拟输出。

在 5.2.2 节和 5.2.3 节中涉及的不确定度量化方法，将在本书第 6 章详细描述。

5.2.4　单层与跨层确认活动

无论是哪种系统分层方法，都需要开展确认度量（确认试验，不确定度量化、计算与实验差异对比）、应用域评估（不确定性传递和预测置信度推断）和预测能力评估（是否满足实际需求及修正模型或增补试验）三方面的工作（图 5-9）。确认度量侧重于单个模型的可信度评估，即单层确认。应用域评估侧重于因素的传播，即跨层确认。预测能力评估侧重于整个软件的可信度。

第 5 章 确认方法

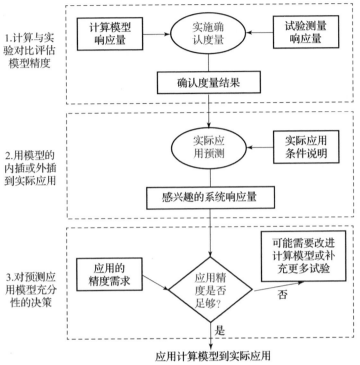

图 5-9 模型确认三个方面的工作

在具体开展确认活动中，主要是依据模型确认层级结构，从最底层（单元级）逐渐向上，一层一层设计确认试验（实验）和开展相应的数值模拟。图 5-10 概括了确认活动，确认涉及物理试验与数值模拟两个方面。

为了更进一步实施确认，在图 5-9 和图 5-10 的基础上，图 5-11 更清楚地给出了确认、校准和预测之间的关系及先后实施顺序。在图 5-11 中，确认度量（三角部分）是客观评价，即给出试验数据与模拟结果之间的差异程度。在确认度量的基础上，结合工程精度需求，主观判断是否满足。如果满足则可用于应用预测，否则需要修正（校准）模型，或者改造与增补试验能，这就涉及模型修正。

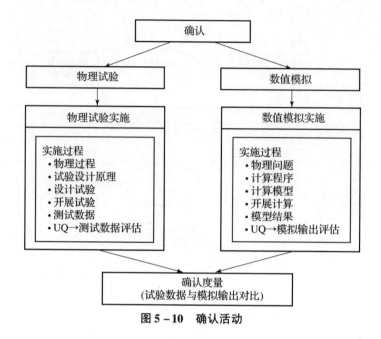

图 5–10 确认活动

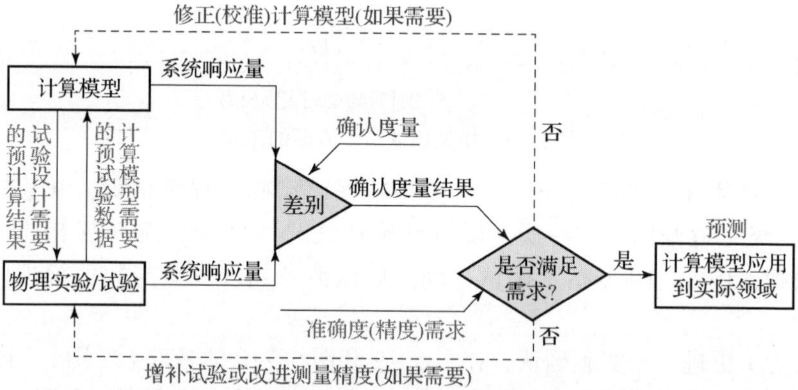

图 5–11 确认、校准和预测在确认中的作用

（1）确认度量。确认度量为计算模型的模拟输出（模拟结果 + 不确定度量化）与通过合理设计、实施试验得到的试验输出（试验数据 + 不确定度量化）对比提供了一种方法。确认度量必须考虑试验结果相关的不确定性和模拟结果相关的不确定性。

第3章给出了确认的含义。确认主要是给出软件的可信度或模型置信度的范围，即通过确认实验数据与确认数值模拟结果对比，采用一致性判断方法，给出模型预测的置信度。而建模的逼真度是数值模拟结果与真实世界、概念模型一致性判断的前提，所以建模要通过模型确认过程，反复调整和修改，达到模型正确的，图 5 – 12 清楚显示了此过程。首先，利用开发及通过验证的模型得到模拟数据，与真实世界观察数据进行对比，对模型逼真度量化，开展确认度量；其次，结合用户需求，通过确认判断是否充分满足；最后，如果模型能够满足，则该模型用于实际。否则，返回，调整和修改模型，直至得到满足用户需求的正确模型。

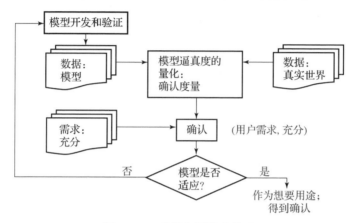

图 5 – 12　确认与逼真度关系

（2）校准。校准的主要目的是使计算结果与已有实验数据更一致，而不是判断结果的精度。事实上，考虑经费和计算资源的有限性或因为物理建模数据的不完整，校准经常比确认更合适。在很多情况下都不容易区分校准和确认间的差别，但在计算模型的预测中，如果校准直接影响置信度，就应该区分它们间的差别。换一种说法，校准影响人们从现有实验数据库能够预测"多远"，以及人们在该预测中所能维持的可接受的置信度水平。

如果数学模型不能很好地公式化或计算解用的数值离散化不够，评估经校准模型的精密预测能力就更加困难。例如，在通过复杂结构来分析冲击波的过程中，如果用网格法还没得到解（可能还需要很久才能得到解），则通常使用计算模拟。如果根据已经明确得到的网格解能够判断出物理模型参数，优化参数相对于其物理基准值的偏差则是因解的数值误差所致。这种偏差降低了数学模型的预测能力，并使得未来应用的可靠性更低。

(3) 应用域评估。众所周知，数值模拟软件存在于众多工程领域的方方面面。它用于对许多重要活动做出关键决策，仿真成为未来装置可靠性认证、系统性能评估/优化、战标/指标设计、事故分析和预防等的重要甚至唯一手段。确保数值模拟软件能准确发挥作用的标准过程就是对运行参数空间的各个方面（包括极限）进行试验，以确保向需要它的人、机器或决策机构提交准确答案。

数值仿真软件、模型或参数都有其应用的范围。在确认领域将其使用范围分为确认域（有试验数据）和应用域（可能无试验数据）（图 5-13）。确认域是有确认试验数据的区域，可以通过试验数据确认模型或软件。应用域中预测域是无试验数据，可通过确认域和仿真给出结果。在有试验数据的确认域，可以通过模型确认度量确定确认域可信度范围及大小。确定了确认域可信度范围及大小后，可据此推断数值模拟结果应用域的可信度大小。

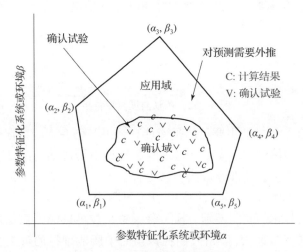

图 5-13 确认域和应用域定义

首先在有确认实验的确认域评估模型的预测能力，然后将其推广到没有确认实验的应用域。V&V 的最终目标是评估预测结果的置信度，而预测域往往不在有实验数据的确认域内，因此常常需要在确认域的基础上进行外插，以推断预测的置信度，如图 5-14（a）所示。确认域推断应用域有完全重叠、部分重叠和无重叠三种情况，如图 5-14（b）所示。

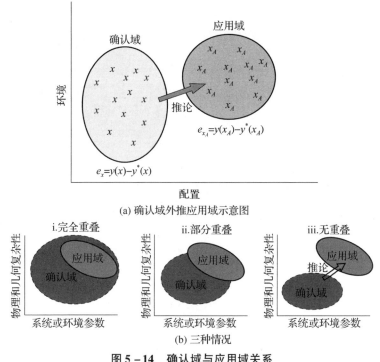

图 5-14 确认域与应用域关系

对于完全重叠情况,内插是最好的方法。确认实验的设计意味着选择一组 x 点,在这些点上进行实验和相应的计算(包括在同一个 x 点上进行重复实验)。由于各种原因(如环境),确认实验选择的确认点不一定在应用所需要的区域内,因此可能需要根据确认比较的结果进行外推,这将带来潜在的不确定性,应该努力使确认域尽量接近应用域(理想的情形是包含应用域)。

图 5-15 给出了可信度评估的基本原理。可信度评估是根据试验数据和数值模拟结果及它们各次的不确定度,确定确认域可信度的范围与大小关系,再通过科学分析方法,以推断预测域可信度范围与大小。其中,图 5-15(a)是物理试验及确认域插值,图 5-15(b)是计算模拟响应量及确认域插值,图 5-15(c)是由确认域推断预测域(简单地说,就是数值模拟在多大置信范围内能达到多大置信预测)。可信度评估是基于物理试验、计算机模拟确认域响应量的插值,推断预测域的可信度。

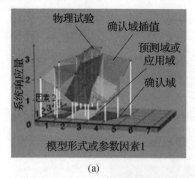
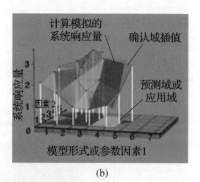
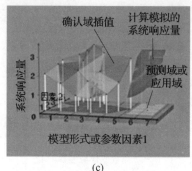

图 5-15 可信度评估的基本原理

(4) 预测能力评估。预测的定义是"使用一个计算模型来预估某个物理系统在一定条件下的状态,而这些条件是在确认数据库之外"。因此,预测是指对相关特定情形的计算模拟,这些情形与已经确认的情况并不相同。而确认数据库则应该作为历史证据来考查,即证明在给定问题的解中,某个模型已经达到了指定的精确度水平。从这个角度来说,确认对比并不能直接明确描述出预测的精度,而只是推测。

预测是在设计空间中未经确认比较的点上,使用计算模型来预示物理系统的状态。模型预测能力可用各种各样的参数来度量模型在一个 x 点处的预测能力,如误差的期望和方差、标准误差等。在有限的数据下,对于任何所选的预测能力的度量,其统计估计也应该给出估计本身的可信度,这可以使用置信区间估计方法完成。

预测的置信度是根据确认点上的比较结果做出推断的。图 5-16 表示的是与两个模型变量 X_1 和 X_2 有关的模型确认和模型预测之间的关系。对于不同的 X_1 和 X_2 值,模型计算和确认实验都要被执行和确认。模型结果和实验结果中的不确定度造成了图中所示的不确定等高线(更暗的阴影区表示不确定性更小)。模型预估造成的不确定度表示为不带阴影的等高线,它被映射在从确认数据库(确认域)推演出的众多等高线中。一般情况下,预估点和确认点越接近,可信度越高。这不仅能较好地得到确认结果,同时在确认实验基础上也能得到更好的预测置信度。

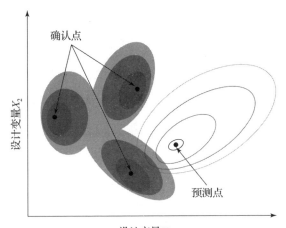

图 5-16　模型确认和模型预测之间的关系

特别应当强调,调整模型(无论是模型参数还是基本方程)不属于确认,虽然它可以改善模型结果和实验测量值之间的一致程度。在某些情况下,校正(或模型升级)是有用的,但它仅是建模工作的一个部分,绝不属于确认评估过程。然而,为了改进模型结果和实验结果之间的吻合度而调整极其复杂的计算机模型参数,这种方法常常很有诱惑。如果模型结果和实验结果不吻合,一定要避免这种诱惑,直到进行完对比工作。

如图 5-17 所示,模型预测的步骤主要分为 6 步:①识别所有相关的不确定性源;②描述每一种不确定性;③估计所关心系统响应量的数值求解误差;④估计所关心系统响应量的不确定性;⑤进行参数修正、模型确认和不确定性预测;⑥进行灵敏度分析。

其中,第②步为不确定度量化过程;第④步对应不确定度的量化传递;第③步属于模型验证部分;第⑥步为灵敏度分析过程,属于预测以后模型的改变对模型预测响应的改变程度;第⑤步为模型的参数修正、确认和不确定性预测。

计算流体力学验证和确认及不确定度量化

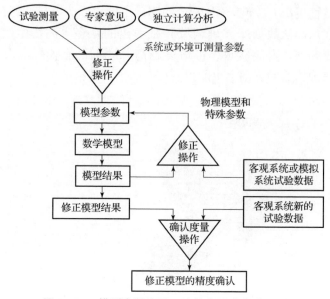

图 5-17　模型参数修正、确认和不确定度预测

（5）确认与预测。由于在科学和工程各个学科中，确认和预测的含义都不一样。图 5-18 给出了确认和预测的关系。图中下面循环表示确认过程，上面则表示了预测过程。计算模拟所需的输入数据由确认实验提供，但确认实验的结果并不提供给计算模拟。计算预测完成后，将其结果与实验结果进行比对，从而确定符合或不符合的程度。符合或不符合的程度则用来推断对那些确认数据库中不存在的事件进行预测时的置信度。相关事件的预测可能和确认数据库中的事件非常一致，也可能根本不同，如相关事件的预测可能与物理过程有很强的耦合，而确认数据库中事件的耦合程度可能要低一些。

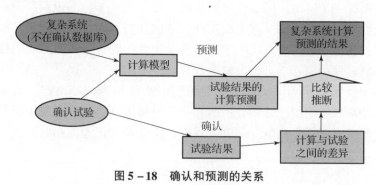

图 5-18　确认和预测的关系

5.3 确认基本方法

对于确认而言，精度是与实验数据的对比，而实验数据是现实最好的反映。需要注意的是，在这个对比过程中，并不是事先假定实验测量比计算结果更精确，而是将实验测量结果理解为对现实的唯一真实反映。如果只能从小尺度的物理模型或完整系统的子系统中获取确认数据，那么就得面对用部分数据集对完整系统进行预测到底有多高置信度的挑战。在这种情况下，模型分层确认是非常好的方法。模型分层确认思想是将复杂系统分解成简单系统或部件，并分别进行研究。通过将复杂系统层层分解，可以使得系统的复杂性逐渐降低，便于进行理论分析并建立精细的仿真模型，同时也便于开展细致的试验研究，有效实施模型的确认。首先，将复杂系统自顶向下划分成若干个子系统，对子系统再进行划分，直到单元，单元的粒度以方便获取试验数据为确定依据，全系统、子系统、基准、单元之间具有明确的层次关系，构成一个树型结构，树的节点对应于子系统或单元模型，顶点对应全系统模型，因此系统分层过程最终形成模型确认层级树型结构。分层确认方法中层级结构分为几层，没有严格的要求，通常可分为全系统、系统、子系统、基准和单一问题 5 个层次。系统层次越低，影响因素越少，耦合程度越低，越易于模型的确认。其次，根据层级结构，自下而上开展模型的确认，涉及每层每个节点的模型确认和跨层模型传递的确认。确认过程涉及确认试验、确认模拟和确认度量，其中试验不确定性和模拟不确定度量化是确认的关键。为此，分层确认方法除了发展分层创建方法，也必须发展各类 UQ 方法。

5.3.1 模型分层确认方法

模型分层确认是把复杂系统划分为若干层级，使得每个层级有明确的目的的一种模型确认方法。模型确认首先是要基于对复杂性系统的理解，构建一个确认层级图。确认试验层级构造是知识密集性比较高的一项系统工程，需要实验物理学家、应用物理学家、计算数学家和软件工程师的大力协作和配合。它对开展复杂系统演变过程的物理模型描述精确度评估活动有重要的指导作用。模型分层确认层级一般划分为单一问题层、基准过程层、子系统层、全系统层。图 5-19 所示为爆轰流体力学模型分层确认树型结构。

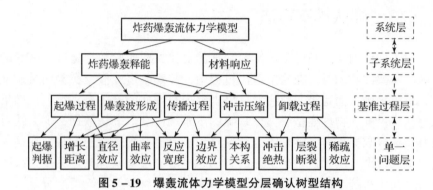

图 5-19　爆轰流体力学模型分层确认树型结构

（1）单一问题层（机理或机制实验）。复杂系统的建模首先是通过观察自然现象，其次是通过简单试验发现物理机理或机制，最后通过简化和抽象建立描述物理机理或机制的简单模型。此模型形式简单，含有单流动机理、单流动特征，人们对此过程的认识程度较高。此类问题对应的单一层试验的试验初边值条件和试验结果准确度高。数值模拟软件首先必须对此类问题能很好地再现与解释。为此，单一问题层划分主要是针对复杂物理系统中涉及的机理或机制的单一试验，如火焰传播、压力波传播、可燃气体在各种简单结构下的燃烧机理、炸药达到稳定爆轰波的 CJ 理论等。（基础规律试验）

（2）基准层（构件或物理过程实验）。对复杂物理过程的描述，目前的技术水平不可能将所有的机理或机制等细节过程都耦合到一起进行相应的描述。只能采取将某两个或多个强关联的因素耦合在一起，形成系统级试验中标准构件型或实际功能性物理过程的基准模型。此基准模型能体现真实系统某一简单特征和少数机理之间的耦合。此类模型对应的基准试验结果有一定的准确度，也含有不确定度。数值模拟软件必须在高可信度单一机理或机制认知的程度上对此类问题能很好地在不确定度下给出合理的解释与确认。为此，基准模型层划分主要是能体现真实系统某一特征的标准构件型中物理过程的基准试验，如可燃气体在各种简单结构下的慢燃烧转快燃烧、炸药对金属做功等。（基础物理试验）

（3）子系统层（功能或真实结构试验）。复杂系统总是由多个不同子系统结构构成，综合性全系统试验要能真实再现复杂事件的整个过程，首先每个子系统结构应该对其真实过程准确再现。子系统是一个真实系统，它是整个系统的一部分结构或整个实际过程和完整机理构型的简化系统。

子系统试验结果的不确定度劣于基准层级的不确定度，但比全系统试验易于实施，此简化系统对应的模型能够较好地模拟和预测相应的物理过程，可为全系统再现与分析提供重要支撑。为此，子系统层划分主要是按全系统的组成分系统的子系统试验，如弯道爆炸管中的爆炸、炸药爆破试验等。

（4）全系统层（真实装置试验）。真实系统和构型，全过程试验，包括所有物理机理、关键系统性能等综合性试验，试验结果的不确定度劣于基准层试验或子系统层试验。

5.3.2 确认试验设计方法

试验就是尽可能地排除外界的各种影响，突出主要因素，并且在能够细致地观察到各种现象之间相互关系的条件下，使某一事物（或过程）发生或重演。科学试验有三类类型：第一类是为了提高对某些物理机理和现象的基本试验，有时称为物理发现试验；第二类是为了构造或改善物理过程的试验；第三类是判断部件、子系统或完整系统的功能、可靠性、性能和安全的试验，这类试验通常称为工程部件或系统的"产品被接受程度试验"或"性能试验"。确认试验不同于传统的试验，它是在传统试验基础上，必须量化试验不确定性的试验。确认试验设计包括试验目的、试验原理、试验装置、试验场景、试验装配、试验实施和试验测量等要求。

1. 试验目的

进行确认试验，首先必须明确试验的目的，要证明并发展什么理论与推断，即明确该试验要确认的内容及对试验不确定度量化的要求。如果是未遇到过的现象，还需提出假设。试验目的要求尽可能简洁、清楚，且需规定重要建模输入数据在试验中必须是可测量的。

2. 试验原理

试验原理是设计试验的依据。试验原理首先要遵循试验的科学性原则。试验中涉及的试验设计依据必须是经前人证明的科学理论。这里所说理论主要是指理论依据，包括已经建立的原理和根据已有知识的推断。要开展试验，只有明确试验的原理，才能真正掌握试验的关键和实施要点，从而达到试验设计、工程改造和创新的目的。描述科学试验原理要求尽可能简洁、清楚。

3. 试验装置

为了提高试验设计的效率和解决问题的成功率，有效达到试验的目的，选择合适的试验装置必不可少。在情况允许下，所选用设备、测量仪器、材料等应尽量是最先进的试验装置。试验装置选取或加工是可行的，即从仪器选取、试验条件和操作等方面来看，试验装置是否符合实际情况，能否达到试验目的。

4. 试验场景

试验场景方案设计要安全可靠，不会对仪器、人身及周围环境造成危害。另外，尽量满足试验设计的需求，使实施试验成功率高。

5. 试验装配

试验工作和生产工作一样，也需要预先制定出一套装配流程。在多数情况下，这种流程较生产操作规程更严格。装配流程是根据试验条件及设备装置制定出来的，试验条件变动时，装配流程应做出相应的修改。

6. 试验实施

预先分析试验给定的已知条件，确定试验组，排出合理、简单可行的试验实施步骤（试验方案）。试验便于操作、读数及数据处理。

7. 试验测量

试验测量特征量的选择，应该主要基于关心的响应特征量。如果可能，这些特征量尽量直接测量，而不是由其他测量派生出来。例如，如果应变是关心的特征，那么最好使用应变仪而不是多元位移测量设备进行测量。换句话说，试验数据的一致性是提高试验数据可信度的一个重要属性。有些试验测量其预期结果可能有多种，应尽量考虑全面。在多组比较的试验中还需设计测试结果记录表。

在传统试验中，一些重要的参数没有测量，建模人员必须通过变化这些参数值，进行多种计算并与试验进行对比。建模人员不能随意选择一个在其可接受范围内的参数值并以该选择为基础进行确认比较，因为这么做将会产生错误的确认或错误的失效。如果所有的计算结果都使用了参数真实的变化范围，在可接受的容差内进行确认，那么即使实验有不可控的参数，确认也是可以被断言的。但是，如果实际参数的重要取值区间的计算结果在容差范围之外，确认是不能被断言的，试验人员可以通过约束不能测量或很难测量的参数取值范围做出一些改进。

5.3.3 不确定度量化方法

不确定现象分析或量化的数学方法一般可分为：概率方法和非概率方法两大类。概率方法在理论上比较完善，是一种广泛接受并应用于实际工程领域最多的一种不确定性现象分析方法。概率方法样本信息比较大时才能正确描述不确定度的分布，一般只用于偶然不确定度量化，如经典的蒙特卡洛方法、高斯过程和贝叶斯方法。非概率方法是针对认知不确定性现象发展的系列新方法，主要有：①模糊集理论；②区间分析；③概率边界分析，也称为二阶概率、二维蒙特卡洛抽样和嵌套蒙特卡洛抽样；④证据理论，也称为 Dempster – Shafer 理论；⑤可能性理论；⑥上下预知理论，也称为不精确可能性理论。这些方法有的只能处理认知不确定性，但大多数既能处理认知不确定性，也能处理偶然不确定性。这些不确定性现象的数学方法与不同理论相结合，产生了不确定性研究理论。例如，与结构优化理论和有限元方法相结合，就产生了不确定性优化和不确定性有限元的研究理论。

不确定度量化是定量描述和减少预测系统行为中不确定性的一种科学，而不确定性的传递在模型预测中的不确定度量化中起着重要的作用。不确定性量化涉及大量的数学方法，而不确定性的传递主要分为正向和逆向传递两种。不确定性正向传递是指输入不确定性在系统输出响应中的影响；不确定性反向传递是指通过输出响应的不确定性来识别输入的不确定性过程。不确定性的正向和反向传递如图 5 – 20 所示。

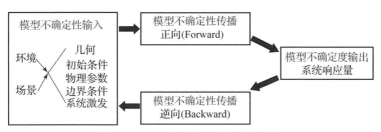

图 5 – 20　不确定性正向和逆向传递

1. 不确定性正向传递方法

敏感性分析是指从众多不确定性因素中找出对现象、事件、过程中某特征量指标有重要影响的因素，并分析其对特征量指标的影响程度和敏感性程度，进而判断现象、事件、过程的承受风险能力的一种不确定性分析方法。常用的方法包括误差分析、敏感性系数、统计检验（期望、方差）、回归分析（线性回归、非线性回归、半参/非参回归）、相关性分析。在复杂工程 M&S 中，敏感性分析是利用典型物理问题作为分析模型，结合已有的实验信息，分析论证数值模拟计算结果中由于计算模型、计算参数、数值方法等引入的不确定度。敏感性分析的不确定度量化方法其核心思想是看输入参数怎样影响模拟结果。常用的方法包括相关性分析（相关性、偏相关）、回归分析（线性回归、非线性回归、半参/非参回归）、方差分解、统计检验（基于网格模式的统计检验/熵检验、二维柯尔莫哥洛夫检验）等。它可以筛选出对计算结果影响大的"重要"因素，剔除"不重要"的因素（或将这些影响不大的因素固定为某个值，由不确定性变量变为确定性变量），从而将模型降维。目前，敏感性分析主要的困难和瓶颈是输入条件之间有强耦合性（或者模型之间相互作用，或者多输出变量）等问题，这时已有方法效果很不理想，需要在未来发展更合适的方法。

抽样方法是通过在模型参数的取值区间抽样，利用选定的参数进行数值计算，统计分析多次计算结果以获得概率分布函数，对不确定度进行量化的一种方法。首先是建立或给定不确定性因素应满足的分布（选择合理的变量概率分布函数是 UQ 分析计算首要解决的问题）。常用的分布（区间）有均匀分布、威布尔分布、正态分布、勒让德多项式等。其次是针对分布的抽样方法。最原始的蒙特卡洛抽样方法是通过在物理模型参数的取值区间抽样，利用选定的物理参数进行数值计算，分析多次抽样的计算结果以获得概率分布函数（或概率密度函数），然后对不确定度进行量化。蒙特卡洛方法具有较强的理论基础，适用性广，但是其收敛效率比较低。为了满足指定的方差必须有足够多的样本，计算量比较大。对于有多参数或计算代价很大的数学模型，这个缺点限制了蒙特卡洛方法的应用。目前，抽样方法的问题是如何选择合理的抽样参数维数、抽样参数的范围、对应的分布，以及如何提高抽样方法的收敛速度。

随机谱方法是使用谱逼近随机微分方程或参量，然后将其分解为独立的确定性分量和随机分量来量化不确定度。其数学思想是把数学模型中的每个参量利用正交多项式（如哈密特多项式）展开成无穷级数项，在实际应用中取有限项。无穷级数第一项表示参量的平均值，第二项表示高斯随机波动，第三项及高阶项表示非高斯随机波动。目前，采用两类方法：KL 展开（Karhunen–Loeve Expansion，KLE）和多项式混沌（PC）方法。其中，多项式混沌方法又分为嵌入式多项式混沌法（IPC）和非嵌入式多项式混沌法（NIPC）两种。IPC 是将数学模型中的每个参量进行正交多项式混沌展开，然后利用伽辽金映射，得到相应的随机控制方程，即新的计算控制方程。IPC 无法利用已有程序，需要对已有的数值求解程序进行大量修改或重新研制计算程序。NIPC 是把已有的数值求解程序作为一个黑匣子，在随机空间（不确定性参数分布）里通过一定的抽样方法，获得若干个样本点，将各样本点输入确定性程序求解，然后对确定性输出结果进行统计分析，以获得相关数值求解结果的统计特征，来评估输入参数或计算条件的不确定性在计算过程中传播的影响。NIPC 既不需要对控制方程进行修改，也不需要重新编写程序。无论是 KLE，还是 PC 的随机谱方法，其收敛效率比蒙特卡洛方法高，并且可以直接用于敏感性分析，但是它的计算量随着随机参数的个数增长呈现指数增长，因此该方法的随机变化参数不能过多。另外，对于非连续或非光滑模型，多项式混沌方法可能会不收敛。因此，随机谱方法的研究重点有两个方面：①如何降低随机参数的维数；②寻找更合适的数学方法解决非连续、非光滑的问题。

响应面法可看作一种代理模型技术。结合数学方法和统计知识，依据数学模型形式和试验设计的原理，分析影响因子和响应输出之间的数学模式关系。其基本思想是通过近似构造一个具有明确表达形式的多项式来表达隐式功能函数。本质上，响应面法是一套统计方法，用这种方法来寻找考虑了输入变量值的变异或不确定性之后的最佳响应值。最早使用的响应面模型主要是低阶多项式的参数型拟合方法，后来发展了高阶多项式参数型响应面方法，随着研究问题越来越复杂，传统参数型响应面（多项式形式响应面）难以较好拟合或表示响应变量与影响因子之间的关系，尤其是在处理高维（大于 10）和非线性等情况时遇到困难。后来针对高维、小样本和强非线性等复杂问题，经过技术的不断发展形成了很多非参数型的拟合方法，如高斯响应面方法、多元自适应回归样条方法（MARS）、人工神经网络（ANN）和支持向量机（SVM）。目前，采用快速建模结合抽样方法进行不确定性的量化和传递在工程上得到了广泛应用，尤其是高斯过程响应面还能够考虑响应面模型本身的不确定性，因此在 M&S 的不确定度量化研究中受到广泛关注。目前，响应面法的问题是逼近的响应面是否是最佳的逼近和收敛到最佳逼近的速度问题。

广义上的随机微分方程包括由随机过程驱动的微分系统和系数为随机量的微分方程，狭义上的随机微分方程常常专指前者。系数为随机量的微分方程可以直接处理为随机参数的微分方程，常见的分析方法是前面提及的随机谱方法。对于由随机过程驱动的微分系统，方程的解一般是随机过程函数，一般求解微分方程的方法不适用于求解随机微分方程。然而，有些复杂过程可以直接用随机过程建模，模型的不确定性直接表现在模型本身上而不是输入参数的不确定性，随机微分方程是一种解决不确定度量化的很好思路。目前，随机微分方程及其求解是应用数学界非常关心的问题。确定性的微分方程在物理和工程问题中的应用是人们所熟悉的，而不确定的因素往往是问题的关键所在，不可忽视，而一般的确定性微分方程不能解决这些随机（不确定）问题，因此随机微分方程的研究就越来越重要，利用随机微分方程来处理随机问题，就成为自然而必要的手段。特别是近 30 年来随着随机微分方程越来越广泛地应用于系统科学、工程控制、生态学、复杂工程等各个方面，使得随机微分方程的理论和应用有了迅速的发展，内容十分丰富。因此，未来结合实际应用的典型微分方程发展相应的随机微分方程及求解是未来很重要的数学基础研究方向。

2. 不确定性逆向传递方法

在模型确认时，如果发现实验与计算之间存在偏差，既可以修改模型本身或者校准其参数，也可以直接将估计的偏差函数加到模型预测上来校正它（在确认域内，这实际上删除了模型，相当于对实验值的光滑化），这个过程属于不确定性反向传递方法。不确定性反向传递属于不确定性反问题。

参数优化的数学问题可以看作一个以时间和空间要素作为变量的函数过程。参数优化是物理建模的反问题，求解方法分为直接法和间接法。直接法是将参数作为因变量来直接求解，需要整个空间域和时间域的导数信息，所以应用较少且不适用于模型的非线性问题。间接法是基于模型输出和观测值的接近程度的一个迭代寻优过程，通过构建一个模拟残差方程（SRF），若 SRF 值低于某一设定值，或者处于可接受的范围内，认为该参数是合理的，可接受的，否则调整参数重新评价。参数优化是任何模型求解过程中都非常重要的一个环节，也是模型应用合理性的一个评断过程。模型参数优化已成为参数调试、参数估计或参数率定的不确定度量化的重要方法，通过一定的方法手段使得模型的模拟输出值与实际观测值误差最小。在数值模拟中参数优化是一个非常棘手的问题。目前，参数优化的主要问题是收敛区间、局部极小点、目标函数响应粗糙和响应曲面形状的问题。

根据建模与模拟（M&S）不确定度量化（UQ）的主要活动和需求，UQ技术按照不确定度来源可分为物理模型不确定度参数标定技术、同效异构物理模型形式选择技术、数值逼近方法或计算方法不确定度量化技术、实物试验测量结果不确定度量化技术等。从具体数学求解包括实验设计（DOE）、数据分析、参数敏感性分析、代理模型技术、参数优化标定、图像技术、模型确认、数值离散不确定度量化等技术；从软件工具设计角度还包括平台设计相关技术，如良好的用户界面、丰富的功能模块、方便集成新算法的可扩展性、方便规划UQ流程的可操作性、执行过程方便可视化等技术。

各种不确定度量化方法及参数标定等技术的具体含义及方法原理将在下一章讨论。

5.4 确认度量方法

模型确认的方法既有定性方法，又有定量方法。定性方法是通过计算某个性能指标值来考核仿真输出与实际系统输出之间一致性，只能给出定性结论。定性分析方法主要依靠专家经验，而且在相同的条件下，不同的专家可能做出不同的判断，因此，这会给确认工作带来很大的主观性。定量方法可以给出仿真输出与实际系统输出之间的一致性的定量分析结果。定量方法以严格的理论基础作保障，因而得出的结果更可信。但是，定量方法在应用中往往对样本数据的性质有严格的要求，如平稳性、独立性、样本容量大小等，实际情况经常难以满足定量方法的前提条件。定量分析的方式大体上可以分为两类：一类是面向静态数据（随机变量），另一类是面向动态数据（时间序列）。在静态数据分析中常采用假设检验的 χ^2 检验、Kolmogorov – Smirnov 检验等方法，动态数据分析中常采用时域分析的泰尔（Theil）不等式系数（Theil's Inequality Coefficient，TIC）法、频域分析的方差分析法。

确认度量是模型确认的重要环节，它是对感兴趣系统响应量的数值模拟输出和实验测试输出吻合程度的量化表示（度量）。确认度量是用于定量比较仿真计算与试验结果一致程度的方法，可以有各种各样的度量方法，如常规对比方法、经典的假设检验（期望和方差对比）、贝叶斯假设检验、频率度量、标准误差度量等都可用于确认度量。更进一步，由于模型确认度量更加强调的是计算仿真结果和试验数据进行量化比较，而各种方法各有优缺点，在 V&V 活动中应该根据实际情况进行比较选择。在有限的数据下，对于任何所选的度量方法，都可使用非统计估计方法，如概率密度函数的面积度量。确认度量是定量确定物理模型及其载体（模拟软件）在多大程度上或在什么条件下，感兴趣系统响应量计算和实验之间的一致性量化表示，即确认度量实质上就是分析计算和试验的一致性。

一致性评定是指用来说明两件事物（如主观和客观、仿真和试验）符合规定的标准、合同、技术规格说明和人们的期望，一致性评定过程包括 4 个要素：①明确两件事物的标准（指标、合同、技术规格说明）；②客观事物事件或系统的可信度；③依据数据做出决定的可信度（实验室认可）；④主观的可信度 – 仿真认可。一致性评定是仿真模型验证和确认中最常用的方法。在仿真领域涉及 4 个方面的概念：①准确度是指检测结果与真实值之间相符合的程度（检测结果与真实值之间差别越小，则分析检验结果的准确度越高）。②精密度是指在重复检测中，各次检测结果之间彼此的符合程度（各次检测结果之间越接近，则说明分析检测结果的精密度越高）。③重复性是指在相同测量条件下，对同一被测量进行连续、多次测量所得结果之间的一致性。重复性条件（相同测量条件）包括相同的测量程序、相同的测量者、相同的条件，使用相同的测量仪器设备，在短时间内进行的重复性测量。④再现性（复现性）是指在改变测量条件下，同一被测量的测定结果之间的一致性。改变条件包括测量原理、测量方法、测量者、参考测量标准、测量地点、测量条件和测量时间等。

5.4.1 常规方法

确认度量是一个比较新的概念，它是在传统仿真领域，定性和定量比较法的基础上，为了确定模型或软件的精度，更加强调量化的比较，图 5 – 21 总结了常用的 6 种方法。图 5 – 21（a）阐述了工程和科学研究中应用最为广泛的图形比较方法，将计算仿真结果和试验数据采用图形定性对比。图形比较法是定性分析研究最早的方法，且往往针对动态数据，也是一种十分有效的方法。定量分析的方式大体上可以分为两类：一类是面向静态数据（随机变量），另一类是面向动态数据（时间序列）。图 5-21（b）也是一种应用广泛的比较方法，与图 5-21（a）中的图形比较，这种方法还考虑了计算仿真和试验结果随输入的变化；图 5-21（c）～图 5-21（e）都是在图 5-21（b）的基础上考虑各种不确定性而来的，并依次考虑了试验不确定性，同时考虑试验不确定性和数值求解误差，以及试验不确定性和计算仿真的不确定性。而在图 5-21（f）中体现了计算仿真和试验结果之间的统计不确定性，图 5-21（f）在统计意义下，可以定量比较，因此将这种比较方法称为确认度量。

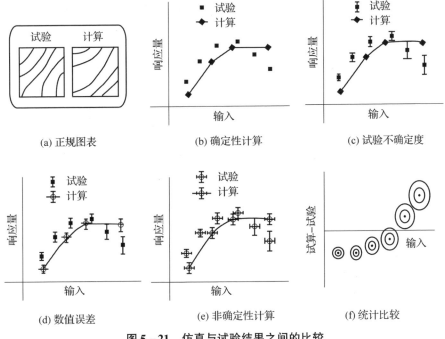

图 5-21 仿真与试验结果之间的比较

确认度量必须包含实验数据和模拟结果的误差和不确定性，确认度量是表征实验数据和模拟结果的总体而非个体之间的差异。假设用方框表示试验测试数据，用椭圆表示计算结果，图 5-22 是在不断量化计算结果和试验数据的不确定度，然后通过对比，逐渐达到精确确认度量的目的。

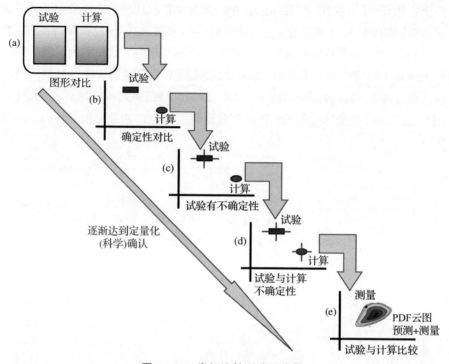

图 5-22 常规比较到确认度量

5.4.2 假设检验

经典的假设检验和贝叶斯假设检验都可用于确认度量。假设检验基于数学上的反证法和小概率推断原理,通过样本信息来推断总体是否具有某种特征。它是统计推断的一类重要方法,分为建立假设、选择检验统计量、选择显著性水平、给出拒绝域、做出判断 5 个步骤。

假设 $x_1, x_2, \cdots, x_m$ 是来自模拟数据总体 $N(\mu_1, \sigma_1)$ 的样本,$y_1, y_2, \cdots, y_n$ 是来自参考数据总体 $N(\mu_2, \sigma_2)$ 的一个样本(如试验数据)。S_1、S_2 分别为模拟数据样本和参考数据样本的标准差,是 σ_1、σ_2 的无偏估计。$\bar{x}$ 表示样本均值。

1. *方差一致性检验*

方差一致性检验即 F 检验的具体步骤如下:
(1) 构造假设检验 $H_0: \sigma_1^2 = \sigma_2^2, H_1: \sigma_1^2 \neq \sigma_2^2$。

(2) 构造统计量 $F = \dfrac{S_1^2}{S_2^2}$，当原假设成立时，$F \sim F(m-1, n-1)$。

(3) 选择显著水平 α，F 检验做出拒绝原假设的原因为 $\dfrac{S_1^2}{S_2^2}$ 过大或过小，拒绝域计算公式为

$$\{F \leq F_{\frac{\alpha}{2}}(m-1, n-1)\} \text{ 或 } \{F \geq F_{1-\frac{\alpha}{2}}(m-1, n-1)\} \tag{5-1}$$

(4) 计算统计量，判断是否落入拒绝域，做出是否接受原假设的结论。

2. 均值一致性检验

均值一致性检验即 T 检验的具体步骤如下：

(1) 构造假设检验 $H_0: \mu_1 = \mu_2$，$H_1: \mu_1 \neq \mu_2$。

(2) 构造统计量。根据样本情况，T 检验的统计量是不同的，常规有三种情况。

情况 1：$\sigma_1^2 = \sigma_2^2 = \sigma^2$，$\sigma^2$ 未知。统计量计算公式为

$$t = \dfrac{(\bar{x} - \bar{y}) - (\mu_1 - \mu_2)}{S_w \sqrt{\dfrac{1}{m} + \dfrac{1}{n}}} \tag{5-2}$$

其中，S_w 计算公式为

$$S_w^2 = \dfrac{1}{m+n-2} \left[\sum_{i=1}^{m} (x_i - \bar{x})^2 + \sum_{i=1}^{n} (y_i - \bar{y})^2 \right] \tag{5-3}$$

当原假设成立时，$t \sim t(m+n-2)$。

情况 2：σ_1^2、σ_2^2 未知，样本容量 m、n 较大（以 30 为界）。统计量计算公式为

$$t = \dfrac{(\bar{x} - \bar{y}) - (\mu_1 - \mu_2)}{\sqrt{\dfrac{S_1}{m} + \dfrac{S_2}{n}}} \tag{5-4}$$

当原假设成立时，$t \sim N(0, 1)$。

情况 3：σ_1^2、σ_2^2 未知，样本容量 m、n 较小（以 30 为界）。统计量与式（5-4）相同，且原假设成立时，$t \sim t(l)$，且

$$t = \dfrac{\left(\dfrac{s_1^2}{m} + \dfrac{s_2^2}{n}\right)^2}{\dfrac{s_1^4}{m^2(m-1)} + \dfrac{s_2^4}{n^2(n-1)}} \tag{5-5}$$

当原假设成立时，$t \sim N(0,1)$。

(3) 选择显著水平 α，根据统计量的不同，拒绝域是不同的。

情况 1：$\{|t| \geq t_{\frac{\alpha}{2}}(m+n-2)\}$。

情况 2：$\{|t| \geq u_{1-\frac{\alpha}{2}}\}$。

情况 3：$\{|t| \geq t_{\frac{\alpha}{2}}(l)\}$。

(4) 计算统计量，判断是否落入拒绝域，做出是否接受原假设的结论。

5.4.3 TIC 不等式系数法

设 $\{x_n\}$ 和 $\{y_n\}$ 分别为物理试验和仿真计算的观测序列，$n=1,2,\cdots,N$。定义两个序列的泰尔不等式系数（TIC）表达式为

$$\text{TIC} = \frac{\sqrt{\frac{1}{N}\sum_{n=1}^{N}(x_n - y_n)^2}}{\sqrt{\frac{1}{N}\sum_{n=1}^{N}x_n^2} + \sqrt{\frac{1}{N}\sum_{n=1}^{N}y_n^2}} \tag{5-6}$$

可以看出，$0 \leq \text{TIC} \leq 1$，如果 TIC 接近于 0，则表示两个序列之间的差异较小；如果 TIC 较大，则两个时间序列是不相容的。由于 TIC 统计分布未确定，一般工程上认为该方法只能作为定性方法使用，并且工程中通常以 0.3 作为判断实测时间序列与其仿真结果是否一致的阈值，即若 TIC ≤ 0.3，则可以认为实测时间序列 $\{x_n\}$ 与其仿真结果 $\{y_n\}$ 之间的差异不显著，否则认为两者之间存在显著差异，仿真结果不正确或可信度不能被接受。TIC 不等式系数指标计算方便，不涉及时间的分布特性，物理意义明确。但是，噪声干扰对于序列的影响将直接影响 TIC 的取值，因此还应对噪声的影响作进一步的分析。此时，TIC 法还不能做出相容性的统计分析，这也是其应用受到限制的主要原因。

5.4.4 置信区间法

在相同的条件下，试验数据为一个样本 $\{x(t), t=1,2,\cdots,N\}$，而仿真试验可重复多次，获得 m 个样本 $\{y_i(t), t=1,2,\cdots,N\}, i=1,2,\cdots,m$。那么可以对时间序列 $\{y(t)\}$ 作估计，均值函数和方差函数分别为

$$\hat{y}(t) = \frac{1}{m}\sum_{i=1}^{m} y_i(t) \qquad (5-7)$$

$$\hat{\sigma}^2(y(t)) = s^2(t) = \frac{1}{m-1}\sum_{i=1}^{m}[y_i(t) - \hat{y}(t)]^2 \qquad (5-8)$$

可以对试验结果进行直接统计,由 $\{\hat{y}(t)\}$ 作置信带(区间),若 $\{x(t)\}$ 落在置信带内,则接受假设,认为仿真试验结果和飞行试验结果具有动态一致性。

若时间序列 $\{y(t)\}$ 为正态分布,则 t 分布式为

$$\frac{(E[y(t)] - \hat{y}(t))\sqrt{m}}{s(t)} \sim t(m-1), \quad t = 1,2,\cdots,N \qquad (5-9)$$

且 $t(m-1)$ 不依赖于 $E[y(t)]$,由此得

$$P\left\{-t_{\frac{\alpha}{2}}(m-1) < \frac{(E[y(t)] - \hat{y}(t))\sqrt{m}}{s(t)} < t_{\frac{\alpha}{2}}(m-1)\right\} = 1 - \alpha$$
$$(5-10)$$

则 $E[y(t)]$ 的 $100(1-\alpha)\%$ 置信区间为

$$\left(\hat{y}(t) \pm t_{\frac{\alpha}{2}}(m-1)\frac{s(t)}{\sqrt{m}}\right), \quad t = 1,2,\cdots,N \qquad (5-11)$$

如果在每个时刻 $t = 1,2,\cdots,N$,时序 $\{x(t)\}$ 的样本观测值都落在时序 $\{y(t)\}$ 的置信区间内,则认为这两个时序具有时域一致性,仿真模型的可信度为100%或1。如果有90%的点落在置信区间内,则认为仿真模型的可信度为90%或0.9。

这是工程上应用的最简便、最直观的方法。它只考察相同的误差变化范围,而不考察系统的结构、参数等。在系统很复杂的情况下,这不失为一种有效的分析方法。

5.4.5 谱估计法

设两个时间序列 $x(t)$ 和 $y(t)$ 的功率谱密度分别为 $S_x(\omega)$ 和 $S_y(\omega)$,$\omega \in [-\pi,\pi]$。当采用适当方法进行功率谱估计,可得到二者的谱密度估计分别为 $\hat{S}_x(\omega)$ 和 $\hat{S}_y(\omega)$,$\omega \in [-\pi,\pi]$。问题是如何根据估计值来判断 $S_x(\omega)$ 和 $S_y(\omega)$ 是否相等。一般地,采用统计假设检验的方法来进行判断,即要检验下列假设:

$$H_0: S_x(\omega) = S_y(\omega)$$
$$H_1: S_x(\omega) \neq S_y(\omega)$$

设飞行试验和仿真试验的数据序列在第 i 个频率点的最大熵谱估计分别为 $\hat{S}_1(\omega)$ 和 $\hat{S}_2(\omega)$，则它们的抽样分布近似于

$$\ln \hat{S}_1(\omega_i) \sim N\left(\ln S_1(\omega_i), \frac{2M_1}{N_1}\right) \qquad (5-12)$$

$$\ln \hat{S}_2(\omega_i) \sim N\left(\ln S_2(\omega_i), \frac{2M_2}{N_2}\right), i=1,2,\cdots,m \qquad (5-13)$$

式中：N_1、N_2 为样本数据长度；M_1、M_2 为 AR 模型阶次；$N(\mu,\sigma^2)$ 为正态分布随机变量。如果两时间序列具有相同的功率谱密度，即 $\hat{S}_1(\omega) = \hat{S}_2(\omega) = \hat{S}(\omega)$，则

$$D = \left[2\left(\frac{M_1}{N_1} + \frac{M_2}{N_2}\right)\right]^{\frac{1}{2}} \ln \frac{S_1(\omega)}{S_2(\omega)} \sim N(0,1) \qquad (5-14)$$

式 (5-14) 作假设检验的接受域是 $[-Z_{\frac{\alpha}{2}} \leqslant D \leqslant Z_{\frac{\alpha}{2}}]$，其中 α 为显著性水平。检验公式为

$$|\ln \hat{S}_1(\omega) - \ln \hat{S}_2(\omega)| \leqslant Z_{\frac{\alpha}{2}} \left[2\left(\frac{M_1}{N_1} + \frac{M_2}{N_2}\right)\right]^{\frac{1}{2}} \qquad (5-15)$$

对每个频率点做这样的检验，如果所有频率点的功率谱都一致，则认为两个时间序列的相容性为 100%；如果有 90% 的频率点的功率谱一致，则认为两个时间序列的相容性为 90%。检验时，如果数据长度为 200，模型定解为 25，对功率谱作 10 倍以 10 为底的对数变换，取显著性水平 $\alpha = 5\%$，则

$$Z_{\frac{\alpha}{2}}\left[2\left(\frac{M_1}{N_1} + \frac{M_2}{N_2}\right)\right]^{\frac{1}{2}} \approx 1.96 \times \sqrt{2 \times \left(\frac{25}{200} + \frac{25}{200}\right)} \approx 1.4 \qquad (5-16)$$

那么功率谱纵坐标的差别上限为 $10 \times \frac{1.4}{\ln 10} \approx 6.0$，据此来判断各个频率点功率谱的相容性。

5.4.6 基于累积分布匹配的面积度量

面积度量是验证和确认研究中常见的一种定量度量标准方法（图 5-23），遵照确认原则，分别对试验和计算建立误差的累积分布，然后采用对比方法，达到确认的目的。如何合理给出模型或计算可接受（可信度）定量评价仍是难题，尤其是考虑认知不确定度的影响，且目前面积度量、可信度评价的计算求解方法需要进一步研究。

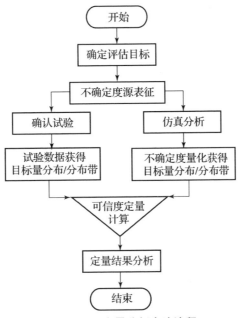

图 5-23 定量分析方法流程

1. 面积度量基本原理

面积度量是通过量化数值计算的累积分布函数（CDF）和试验观测的经验分布函数（EDF）之间夹的面积（图 5-24），作为计算结果和试验之间差异的度量，达到确认模型。

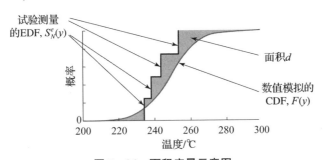

图 5-24 面积度量示意图

当只有偶然不确定度存在时，面积确认度量的计算公式为

$$d(F^m, S_N^e) = \int_{-\infty}^{+\infty} |F^m(y) - S_N^e(y)| \, dy \tag{5-17}$$

式中：y 为感兴趣系统响应量（System Response Quantity，SRQ），如位移、

应力和温度;$F^m(y):R \to [0,1]$为根据模型预测结果估计的 CDF;$S_N^e(y):R \to [0,1]$为根据试验观测数据估计的 EDF。这里确认度量 d 与 y 的单位一致,有效给出了数值模拟与实验测量分布之间的差距。面积差异越大,说明在指定的确认环境下,模型预测和实验观测之间的差异就越明显。

为了给出可信度评价,将面积确认度量无量纲化,考虑 y 取值范围为 $[y_L,y_U]$,有

$$\bar{d}(F^m,S_N^e) = \frac{1}{y_U - y_L}\int_{y_L}^{y_U} |F^m(y) - S_N^e(y)| \mathrm{d}y \qquad (5-18)$$

因此可信度定量表征为

$$c = (1 - \bar{d}) \times 100\% \qquad (5-19)$$

此可信度表达式说明如图 5-23 所示,极限情况 $\bar{d}$ 最大为 1,$c \in [0,1]$。

通常式(5-18)的直接积分是很困难的,一般采用数值积分的方法,可以在 y 取值范围 $[y_L,y_U]$ 内考虑 N - 点数值离散,N 尽可能大,度量函数离散为

$$d(F^m,S_N^e) \approx \bar{d}(F^m,S_N^e) = \sum_{i=1}^{N} |F^m(\bar{y}_i) - S_N^e(\bar{y}_i)| w_i = (F^m - S_N^e)^T W \qquad (5-20)$$

$$W = \begin{bmatrix} w_1 \\ \vdots \\ w_N \end{bmatrix}, \quad F^m = \begin{bmatrix} F^m(\bar{y}_1) \\ \vdots \\ F^m(\bar{y}_N) \end{bmatrix}, \quad S_N^e = \begin{bmatrix} S_N^e(\bar{y}_1) \\ \vdots \\ S_N^e(\bar{y}_N) \end{bmatrix} \qquad (5-21)$$

式中:离散点 $\bar{y}_i$ 的权重为 $w_i(i=1,2,\cdots,N)$。

数值模拟的累积分布值 F^m 一般来说是未知的,需要对不同输入变量 x 对应 y 的分布进行估计,可以基于这 N 个响应值利用核密度估计(KDE)方法获得。根据输入不确定度的分布情况,选取个点 $\{\xi_j\}$,即 $y_j(X) = y(X,\xi_j)$,$j=1,2,\cdots,M$。设 KDE 的核函数 $K(\cdot)$ 窗宽为 h,每一个 F^m 可以近似如下:

$$F^m(y) \approx \hat{F}_x(y) = \frac{1}{M}\sum K(y - y_j(x)) \qquad (5-22)$$

写成矩阵形式为

$$F^m \approx F_x = Ke, \quad K \in R^{N \times M} \qquad (5-23)$$

式中:$K_{ij} = \frac{1}{M}K(\bar{y}_i - y_j(x))$;$e$ 为元素均为 1 的 M 维向量。根据式(5-22)

和式 (5-23) 可以求得 F^m，而 S_N^e 基于 p-box 方法估计经验分布函数（EDF），这样就实现了面积确认度量求解与可信度定量分析。

当认知不确定度存在时，此时系统响应的累计分布函数变为 CBF 与 CPF 构成的区间，可信度评价定量表达式 (5-19) 相同，但式 (5-17) 与式 (5-18) 可能并不适用，根据 S_N^e 与 CBF、CPF 的位置关系，分为 4 种情况进行面积确认度量（图 5-25）。

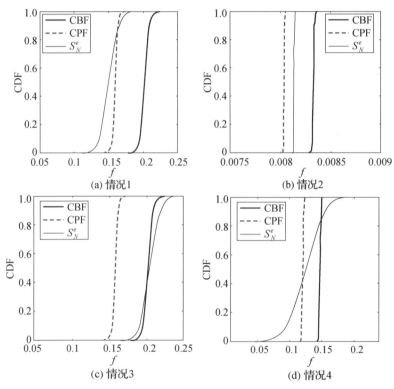

图 5-25 考虑认知不确定度影响的可能 4 类情况

情况 1：S_N^e 与 CPF 相交或位于 CPF 左侧时，面积确认度量为

$$d(F^m, S_N^e) = \int_{y_1}^{y_U} | S_N^e(y) - F^m(y) | \mathrm{d}y, \quad y_1 \text{ 为交点对应的响应值}$$

(5-24)

式中：$F^m(y)$ 为 CPF，无量纲化为

$$\bar{d}(F^m, S_N^e) = \frac{1}{y_U - y_L} \int_{y_1}^{y_U} | S_N^e - F_{CPF}^m | \mathrm{d}y \quad (5-25)$$

情况2：S_N^e 位于 CBP 与 CPF 区间且与二者均不相交时，面积确认度量为 $d(F^m,S_N^e) = \bar{d}(F^m,S_N^e) = 0$，数值可信度按 $c = 100\%$。

情况3：S_N^e 与 CBF 相交或位于 CBF 右侧时，面积确认度量为

$$d(F^m,S_N^e) = \int_{y_L}^{y_2} |F^m(y) - S_N^e(y)| \, dy, \quad y_2 \text{ 为交点对应的响应值}$$
(5-26)

式中：$F^m(y)$ 为 CBF，无量纲化为

$$\bar{d}(F^m,S_N^e) = \frac{1}{y_U - y_L} \int_{y_L}^{y_2} |F_{CPF}^m - S_N^e| \, dy \quad (5-27)$$

情况4：S_N^e 与 CBF、CPF 均相交，面积确认度量为

$$d(F^m,S_N^e) = \int_{y_1}^{y_U} |S_N^e - F_{CPF}^m| \, dy + \int_{y_L}^{y_2} |F_{CPF}^m - S_N^e| \, dy \quad (5-28)$$

式中：y_1、y_2 分别为左/右侧交点对应响应值；$F^m(y)$ 为 CBF，无量纲化为

$$\bar{d}(F^m,S_N^e) = \frac{1}{f_U - f_L} \left[\int_{y_1}^{y_U} |S_N^e - F_{CPF}^m| \, dy + \int_{y_L}^{y_2} |F_{CPF}^m - S_N^e| \, dy \right]$$
(5-29)

除了量化评估模型预测能力，面积度量可应用到模型形式的不确定度量化。一般情况下，度量 d 应用到模型形式不确定度的估计范围式（5-30）内，以预测 $F(y)$ 的 CDF 表征。

$$[F(y) - d, F(y) + d] \quad (5-30)$$

为了更好地表征模型的不确定性，修正面积确认度量，给出适应于偶然和认知同时存在的情况。在 CDF 空间范围轨道区间，试验值比模拟值大（d^+），试验值比模拟值小（d^-）。一旦得到这两个量 d^+ 和 d^-，模型形式不确定度就以模拟 CDF 周围的区间形式（5-31）表示。

$$[F(y) + (d^+ - d^-)/2 - F_s(d^+ + d^-), F(y) + (d^+ - d^-)/2 + F_s(d^+ + d^-)]$$
(5-31)

式中：$F(y)$ 为预测的 CDF；F_s 为安全因子，一般取值 1.25。

2. 经验分布函数

由于观测数据通常以带点值的数据集的形式提供，因此使用 EDF 将数据集总结为一个适用于面积度量概念中图形化描述的函数。在统计学中，EDF 是与样本的经验测量相关的分布函数。假设 $\{y_1, y_2, \cdots, y_n\}$ 是独立的实随机变量，伴随通用的累积分布函数 $F^e(y)$。则 EDF 定义为

$$S_N^e(y) = \frac{当前样本个数}{n} = \frac{1}{n}\sum_{i=1}^{n} 1_{y_i \leq y} \quad (5-32)$$

式中：$1_{y_i \leq y}$ 是事件 $y_i \leq y$ 的指示器。根据式（5-32），EDF 是一个非递减阶跃函数，具有恒定的垂直阶跃尺寸 $\frac{1}{n}$ 和输出范围 $[0,1]$。

经验分布函数是对在样本中生成点的累积分布函数的估计。根据 Glievenko-Cantelli 定理，EDF 在 y 上均匀地收敛于概率 1 的真实累积分布。令

$$\|S_N^e(y) - F^e(y)\|_\infty \equiv \sup_{y \in R} |S_N^e(y) - F^e(y)| \xrightarrow{a.s.} 0 \quad (5-33)$$

有许多方法可以量化收敛速度，如 Kolmogorov 分布或 Dvoretzky-Kiefer-Wolfowitz 不等式：

$$Pr(\sqrt{n}\|S_N^e(y) - F^e(y)\|_\infty > z) \leq 2e^{-2z^2} \quad (5-34)$$

上述不等式提供了 $\sqrt{n}\|S_N^e(y) - F^e(y)\|_\infty$ 尾概率的界和用上界范数（sup-norm）的渐近行为量化收敛速率。

3. 确认度量

将原面积度量的思想扩展到一个新的确认度量，考虑试验数据不足，即区间面积度量。新度量的核心是基于 Dvoretzky-Kiefer-Wolfowitz 不等式在给定置信水平下定义两个边界分布函数，估计物理观测的真实 CDF。新的度量不仅保留了现有面积度量的优点，而且提供了与试验数据量相关的置信水平。下面详细介绍区间面积度量和基于度量的确认过程。

（1）扩展区间面积度量。在不失一般性的情况下，只考虑一个感兴趣的 SRQ，并用一个标量 y 表示。表示模型预测的 CDF 为 $F^m(y)$ 和试验数据集为 $\{y_1^e, y_2^e, \cdots, y_n^e\}$，其中 n 为观测的总数。由于在实际工程中进行试验一般都很昂贵，观测值 n 的数目通常很小。因此，观测数据的 EDF 将非常粗糙，这将导致原始区域的采样不确定性很大。由于缺乏信息，我们给出了区间面积度量的概念。该度量引入了两个有界分布函数 $S_L^e(y)$（下限函数）和 $S_U^e(y)$（上限函数），以描述给定置信水平 $(1-\alpha)$ 下真实 CDF 的可能范围。根据式（5-34），存在一个 z_0，定义为

$$z_0 = \sqrt{-1/2\ln(\alpha/2)} \quad (5-35)$$

满足不等式

$$Pr(\sqrt{n}\|S_N^e(y) - F^e(y)\|_\infty > z_0) \leq \alpha \quad (5-36)$$

这意味着有一个概率大于 $(1-\alpha)$ 满足不等式

$$\sup_{y \in \mathbf{R}} | S_N^e(y) - F^e(y) | < z_0/\sqrt{n} \qquad (5-37)$$

因此，下限函数 $S_L^e(y)$ 和上限函数 $S_U^e(y)$ 可以由 $S_N^e(y)$ 和 $z_0/\sqrt{n}$ 定义。考虑分布函数的输出必须在 $[0,1]$ 范围内，两个边界函数在尾部被截断，并且定义为

$$S_L^e(y) = \begin{cases} 0, & y \in \{ y \mid S_N^e(y) \leq z_0/\sqrt{n} \} \\ 1, & y \in \{ y \mid S_N^e(y) = 1 \} \\ S_N^e(y) - z_0/\sqrt{n}, & y \in \{ y \mid S_N^e(y) > z_0/\sqrt{n}, S_N^e(y) \neq 1 \} \end{cases}$$

$$(5-38)$$

$$S_U^e(y) = \begin{cases} 1, & y \in \{ y \mid S_N^e(y) + z_0/\sqrt{n} \geq 1 \} \\ 0, & y \in \{ y \mid S_N^e(y) = 0 \} \\ S_N^e(y) + z_0/\sqrt{n}, & y \in \{ y \mid S_N^e(y) + z_0/\sqrt{n} < 1, S_N^e(y) \neq 0 \} \end{cases}$$

$$(5-39)$$

因为 $S_N^e(y)$ 和两个边界函数的范围必须是 $[0,1]$，$z_0/\sqrt{n}$ 的值必须小于 1。也就是说，在构造区间时，应根据式 (5-35) 选择适当的置信水平 $(1-\alpha)$ 和试验数 n。在一定的置信水平下，大量的试验数据会减少区间范围，这意味着随着试验数据的增加，真实 CDF 分布的不确定性会减少。例如，如果只有两个物理观测数据，置信水平 $(1-\alpha)$ 必须小于 96.3%，以确保 $z_0/\sqrt{n} < 1$。当随着试验次数从 2 个增加到 10 个，得到的区间范围将减少到 44.7%。

在得到两个边界函数后，可以定义面积差 d。由于观察 $F^e(y)$ 的真实 CDF 可以是两个边界函数之间的任何曲线，因此，$F^e(y)$ 和预测值 $F^m(y)$ 的 CDF 之间的面积差不再是确定值，而是由 $d \in [d_L, d_U]$ 表示的一个区间内的随机值。为了获得下限 d_L 和上限 d_U，首先提出了修正面积确认度量的概念，定义了模型预测分布与两个边界函数 $S_L^e(y)$ 和 $S_U^e(y)$ 之间的面积差。如图 5-26 所示，将 d_U^+ 表示为在相同 CDF 水平下，上限函数 $S_U^e(y)$ 的水平值大于 $F^m(y)$ 的水平值的区域面积。相反，d_U^- 表示为在相同 CDF 水平下，上限函数 $S_U^e(y)$ 的水平值小于 $F^m(y)$ 的水平值的区域面积。同样，d_L^+ 表示下限函数 $S_L^e(y)$ 的水平值大于同一 CDF 水平的 $F^m(y)$ 的水平值的区域面积，d_L^- 表示下限函数 $S_L^e(y)$ 的水平值小于同一 CDF 水平的 $F^m(y)$ 的水平值的区域面积。

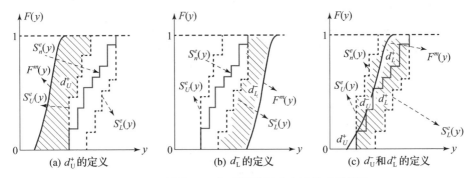

图 5-26 预测 CDF 与观测边界分布函数三种情况

基于前面对 d_U^- 和 d_L^+ 的定义，两个 CDF 的 $F^e(y)$ 和 $F^m(y)$ 之间关系可分为三种情况：

情况 1：（图 5-26（a））表示 $d_U^- = 0$ 时的情况，意味着在给定概率下，观测 $F^e(y)$ 的 CDF 的试验值总是大于模拟值。

情况 2：（图 5-26（b））表示 $d_L^+ = 0$ 时的情况，表示当观察值 $F^e(y)$ 的真实 CDF 的试验值总是小于给定概率下的模拟值。

情况 3：（图 5-26（c））表示 $d_U^- \neq 0$ 和 $d_L^+ \neq 0$ 时的情况，这意味着不确定观察值 $F^e(y)$ 的真实 CDF 的试验值是否大于给定概率下的模拟值。

综上所述，对于这三种情况，区间面积 $[d_L, d_U]$ 定义为

$$d \in \begin{cases} [d_U^+, d_L^+], & 情况 1, d_U^- = 0 \\ [d_L^-, d_U^-], & 情况 2, d_L^+ = 0 \\ [d_U^+ + d_L^-, d_U^+ + d_L^- + \max(d_U^- - d_L^-, d_L^+ - d_U^+)], & 情况 3, d_U^- \neq 0, d_L^+ \neq 0 \end{cases} \quad (5-40)$$

（2）确认度量过程。为了更好地理解推荐的度量，将使用此度量开展模型确认，并在下面的单个确认站点开展确认过程。首先指定可控制输入 x 作为确认站点 x_0。x_0 处的物理观察可以用 $y^e(x_0)$ 表示，其中 y 是一个标量，可以是感兴趣的 SQR 中的任何一个，如位移、应力等。被认定的计算机的预测可以用 $y^m(x_0, \boldsymbol{\theta})$ 表示，$\boldsymbol{\theta}$ 为模型参数的向量。模型参数和输入总是包含不确定性，通过仿真过程可以将不确定性传播到计算输出的感兴趣的 SQR。由于实验条件的变化、随机测量的不确定性、有限的观测数据等原因，物理观测也存在不确定性。因此，我们将计算和观测的感兴趣 SQR 分布与实际实验进行比较，以确认模型与实际实验的一致性。用建议的区

间面积度量确认过程如图 5-27 所示。它包括 4 个步骤：

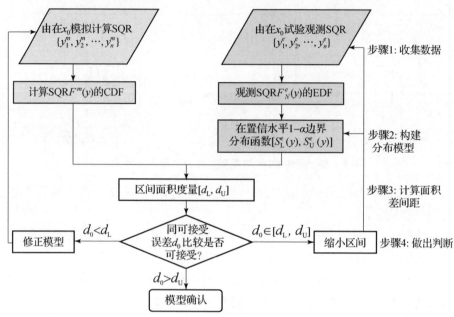

图 5-27 用区间面积度量的确认过程

步骤 1：收集数据。根据确认点 x_0 的重复物理试验，试验数据集 $\{y_1^e, y_2^e, \cdots, y_n^e\}$ 被收集，这里 y_i^e 是第 i 次由试验感兴趣的观测 SQR，n 是观测总数。而模拟数据集 $\{y_1^m, y_2^m, \cdots, y_q^m\}$ 被收集，从模型输入 x_0 和模型参数 θ 的概率密度函数中抽取样本，然后将这些样本代入模型模拟程序，计算感兴趣的 SQR。q 是样本总数，通常比 n 大得多。

步骤 2：构建分布模型。首先用数据集 $\{y_1^m, y_2^m, \cdots, y_q^m\}$ 构造预测 $F^m(y)$ 的 CDF。由于计算的数据通常足够，$F^m(y)$ 的 CDF 可能很平滑。其次根据实验数据集 $\{y_1^e, y_2^e, \cdots, y_n^e\}$ 和给定的置信水平 $(1-\alpha)$，利用式（5-38）和式（5-39）计算边界分布函数 $S_L^e(y)$ 和 $S_U^e(y)$。观测值 $F^e(y)$ 的真实 CDF 可以是两个边界函数之间的任意曲线。

步骤 3：计算面积差间距。首先确定预测的 CDF 与观测边界分布函数的关系属于哪种情况，判断的标准已经在 3.1 节介绍。其次根据式（5-40）计算面积差间距 $[d_L, d_U]$。正面积差 d 可以是置信水平为 $(1-\alpha)$ 的区间内的任意值。

步骤 4：做出判断。为了确认计算模型，应预先定义可接受的误差 d_0。

由于实际面积差 d 在 d_L 和 d_U 之间，如果 $d_0 > d_U$，实际面积差 d 必小于可接受的误差 d_0，属于可接受的计算模型。如果 $d_0 < d_L$，实际面积差 d 必大于可接受的误差 d_0，应通过模型修正或模型校准来改进计算模型，这是模型确认中的另一个重要问题。例如，可以将区间 d_L、d_U 或中值最小化，以找出不确定性模型参数的适当值，以及模型不足引起的系统误差。如果 $d_0 \in [d_L, d_U]$，表明没有明确的证据来确定实际面积差 d 是否大于可接受的误差 d_0；因此，需要更多的努力来缩小间隔，以便对模型的接受做出明确的判断。缩小间隔有两种方法，即收集更多的试验数据和分配较少的置信水平。试验数据越多，信息量越大，不确定区间越小。此外，分配一个较小的置信水平也可以减少间隔。但是，它意味着对确认结果的置信度要小一些。除了评估模型的可接受性，区间面积度量也可以扩展到比较不同的模型。例如，有模型 1 和模型 2，其面积差间隔分别计算为 $[d_L^1, d_U^1]$ 和 $[d_L^2, d_U^2]$。如果同时 $d_L^1 < d_L^2$ 和 $d_U^1 < d_U^2$，则认为模型 1 更好。如果同时 $d_L^1 > d_L^2$ 和 $d_U^1 > d_U^2$，则认为模型 2 更好。否则，当 $[d_L^1, d_U^1] \subset [d_L^2, d_U^2]$ 或者 $[d_L^2, d_U^2] \subset [d_L^1, d_U^1]$ 时，没有足够的证据来决定哪个模型性能更好，需要更多的试验数据，即需要完善和补充试验。

5.4.7 基于试验数据的参数标定方法

实际工程中，如果模型确认精度不满足工程需求，这时，基于试验数据的模型修正方法成为模型确认中至关重要的环节。特别是基于试验数据的参数标定方法，其基本思想就是将试验测试数据作为目标，将基于数值模拟建立的代理模型与试验数据之间的残差作为优化函数，在待定参数不确定性范围的约束下，求解优化问题，达到快速找出数值仿真软件或物理模型能再现试验结果的参数，从而降低预测结果与参考数据之间的偏差。图 5-28 给出了基于炸药爆轰圆筒试验对爆轰模型参数标定的过程，涉及试验分支和模拟分支、建立优化问题、优化求解、模型确认等环节。

如针对多次工况试验，假设工况 NM_j 下试验数据为 $V_{t_i, NM_j}^{Experiment}$，对应于该工况下计算模型结果为 $V_{t_i, NM_j}^{Model}(\xi_1, \xi_2, \cdots, \xi_{NM\_Para})$（可以是精准模型，也可是代理模型），于是可建立优化问题：

$$\begin{cases} \min \left[\sum_{NM_j}^{NM_{Exp}} \sum_{t_i}^{T_{max}} \left(\frac{V_{t_i, NM_j}^{model}(\xi_1, \xi_2, \cdots, \xi_{NM\_Para}) - V_{t_i, NM_j}^{Experiment}}{V_{t_i, NM_j}^{Experiment}} \right)^2 \right] \\ s.t. \ \xi_i \in [\xi_i^a, \xi_i^b], i = 1, 2, \cdots, NM\_para \end{cases} \quad (5-41)$$

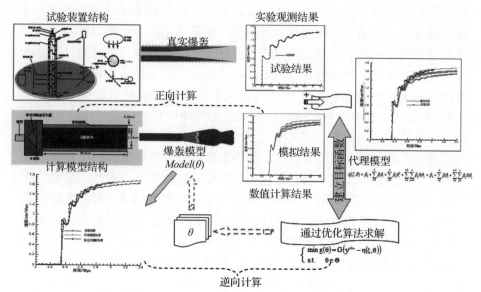

图 5-28 基于试验数据的参数标定过程示意图

式中：NM_{Exp} 为工况数；T_{max} 为时间方向离散点上界；NM_para 表示考虑参数的个数。

采用优化求解算法（如牛顿法、可变容差法、遗传算法），对式（5-41）优化问题求解，就可得到参数的最佳值。关于优化求解算法在本书第 6 章描述。

参数标定实施步骤如下：

（1）在因素分布或设计空间，通过抽样产生输入样本，代入确定性软件正向计算，产生能表征输入到输出之间关联的数据。

（2）基于数据的关联样本/关联性，采用数学手段，凭经验建立输入到输出之间关联的方程或函数关系，建立关联模型，并不断测试各要素之间的交互影响，通过海量数据分析与海量验证，最终使模型日臻完善。

（3）建立目标函数（性能量化函数），通过优化求解，选择最优模型或参数。

（4）通过真实问题模拟与已知行为对比，确认模型，达到预测未来的目的。

第 6 章
不确定度量化

在自然科学和社会科学研究中，人们碰到的现象可分为两类：一类是确定性现象，另一类是不确定现象。对于人们能够知道其产生原因和发展规律的现象认为是确定性的。如果人们不能全面掌握一个现象的产生原因和发展规律，那么这个现象对人来说是带有随机性的，属不确定性现象。不确定性普遍存在于工程系统和产品开发的各个阶段，如由对现实的抽象、假设、知识的缺乏、随机的物理属性等产生的模型结构和参数方面的不确定性等。不确定性现象在当今复杂工程的建模与模拟（M&S）、控制理论的建模与仿真、经济预测的方法与模型中体现得尤为明显，严重影响着这些领域的决策与发展。如何解决复杂工程中的建模与模拟不确定度量化问题、控制理论中的不确定系统控制问题及金融中的模型风险和不确定性度量问题已经成为学术界和应用界关注的热点。

自 20 世纪 90 年代以来，计算机模拟正在成为科学和工程许多领域内解决问题的主流方法，与理论分析、实验/试验研究一起成为科学研究的三大支柱之一。基于（偏）微分方程的建模与模拟成为复杂系统装置可靠性认证、性能评估和优化、战标或指标设计、事故分析和预防等的重要甚至唯一手段。例如，在航空航天、海洋与船舶、国防与安全、气候与生态环境、通信、交通和电力系统等国家重大领域，对物理规律的认识、产品功能设计的数值预先试验和系统可靠性认证，设计良好控制系统等的重要决策数据直接来源于数值模拟与数值仿真结果。但由于这些领域中的问题所涉及物理现象的复杂性以及人们认知的局限性，在建模与模拟或控制系统设计中的有许多不确定因素，如模型形式的不确定性、模型中各种参数的不确定性、数值求解过程中初边界条件与数值离散误差带来的不确定性等都会给数值模拟和仿真结果带来不确定性。如何在建模、模拟、仿真和风险评估时考虑并量化其不确定性,在评估模拟结果的可信度和准确性,或面临一定的不确定性时仍能保持控制系统的良好性能,一直以来是复杂工程和控制论的核心问题。近年来,复杂工程建模和模拟的不确定度量化方法已成为衡量建模的逼真度和模拟结果的精确度的必要手段,控制论下建模与仿真的不确定度量化方法已成为系统不确定性控制分析的重要手段,其中尚有许多亟待解决的不确定度量化问题。

6.1 CFD 不确定度量化价值

不确定度量化问题在工程设计中是一个历史悠久的问题,已在水文、地理、预报、经济、自动控制、结构力学分析等领域发展了 30 多年,建立了很多不确定性分析方法,如经典的灵敏度分析方法、贝叶斯理论、响应面方法等。不确定性按其性质可以分为偶然不确定性和认知不确定性。偶然不确定性通常与随机不确定性、变异、固有不确定性等相关,如物理模型中有明显物理含义、可通过多次试验测量的变量不确定性。认知不确定性通常与可减少不确定性、知识不确定性和主观不确定性等相关,如数值模拟中用到的一些无物理含义的经验参数的不确定性,或仿真过程中有明显物理含义,但不能确定的经验参数。尤其是在多物理耦合的非线性偏微分方程与数值解相关的众多实际工程领域,建模与模拟中偶然与认知两类不确定性表现极为明显。例如,核爆就是高温高压多介质复杂流体、辐射输运和中子、光子、带电离子等随时间、空间迅速变化的行为,以及中子热核反应过程耦合的复杂多物理过程,相关的模型为非线性偏微分方程组与常微分方程耦合在一起的不确定性微分方程组,涉及抛物型、双曲型微分方程组或积分 – 微分方程组与多种形式的常微分方程耦合的多物理随机偏微分方程组。即使相关的偏微分方程形式确定后,其模拟过程中众多参数的不确定性给仿真预测也带来了巨大的不确定性。例如,爆轰流体力学模型,涉及高温高压多介质非定常流体力学方程组、描述炸药爆轰的各种形式唯象模型和材料物性的函数关系式,它是双曲型的偏微分方程组与一阶常微分方程和复杂函数关系式耦合的非线性偏微分方程组,但由于唯象模型中含有众多不确定性参数,给模拟结果带来不确定性。再如,控制论中系统不确定现象更为普遍,既有源自系统内部的也有来自系统外部的,如结构与非结构不确定性、动态不确定性、参数不确定性、时变不确定性、非线性不确定性、随机不确定性等。这些不确定性给基于仿真数据决策者带来巨大风险。"风险"是指可用概率度量的不确定性，即人们可以根据理论规律或历史经验得到模型所服从的概率分布，进而根据所得的概率分布来度量"风险"；而一般意义下的不确定性还包含了不可度量的风险，即由于各种原因无法获知模型所服从的概率分布，从而不能通过现有概率理论和方法对其"风险"进行度量。特别是针对非线性偏微分方程求解、复杂系统建模与仿真过程，以及复杂系统可靠性评估中，随时间演变的时域不确定度量化方法非常欠缺。加之实际问题中存在着众多不可预知的不确定性，如由于工作环境随机变化的不确定性和产品加工误差或腐蚀、老化、氧化、污染等因素引起的几何不确定性。在建模和决策过程中，研究和掌握这些不确定性演变规律及影响大小，不仅能针对性地建立高精度模型，而且会大大降低决策的风险。

不确定度量化虽然在众多领域已有较长的发展历史，但在计算流体力学（CFD）和计算结构力学（CSD）领域的应用刚刚兴起。目前，CFD中的不确定度量化受到科技界、学术界、应用界的普遍关注，越来越受到重视，正在快速发展。对于CFD模拟结果的不确定度量化不仅可以为评估的应用软件精确性或鲁棒性提供有用的信息，还可以为工程预测结果的可信性提供必需的决策依据。首先，不确定度量化可以判断出哪些不确定因素对结果的影响较大，哪些不确定因素对结果的影响较小，可以忽略，这为实际工程设计提供下一步改进的方向。其次，确定性的模拟结果因为无法给出不确定性的估计，传统的设计经常引入"安全系数"，并将其取得很大来降低风险，但是过大的安全系数会带来很多其他的问题，如超重、成本高等，而通过不确定度量化可以对系统的不确定度进行评估，得到一个更加合理的安全系数，从而避免由于过大的安全系统带来的问题。因此，数值模拟中不确定度量化对于提高数值模拟结果的精确性和可靠性非常重要，而且具有很高的工程实用价值。

在CFD领域，不确定性通常与"由于欠缺知识而在建模过程的某个阶段或操作中的潜在缺陷"有关。既存在模型参数或边界条件的固有不确定性，也存在由于真实流体与物理模型不同、模型参数估计不准确、模型数值离散精度不够等带来的认知不确定性，包括参数不确定性、模型形式不确定性和逼近方法不确定性。对其量化面临众多挑战，如多源因素/参数（几十到数百个）引起的"维数灾难"；偏微分方程离散求解的空间网格、时间步长、离散格式等连续到非连续引起的"逼近精度"；非线性方程数值求解引起的"非线性传播"；遍历随机参数空间产生样本的大量计算引起"超大规模高耗时";模型确认/软件可信度评估引起的"时序反问题"等,不仅面临物理、力学、数学、计算机的学科交叉挑战,而且面临科学、工程和应用融合的挑战。

不确定度量化是一项跨领域、多学科交叉性很强的系统研究,此研究不仅具有理论研究意义和实用价值,而且有效支撑着工程仿真模型验证和确认、结构优化设计、系统可靠性评估等众多应用领域。

6.1.1 模型验证和确认

不确定度量化伴随着验证、确认和预测活动的全过程,对建模与模拟中存在的所有可能的不确定性因素进行定量分析。对实验数据中不确定性分散程度进行量化,确认不确定性范围或可信程度,并用于外推预测其他区域不确度量化的方法。对试验测量数据的不确定度量化的最终结果是由一个合适的置信水平的试验不确定度的数值估计给出。其中,置信水平是指真值落在规定极值内的概率。一般情况下,真值是指无误差的一个参数或试验结果,标准采用最常用的95%置信水平,95%置信水平也称为"期望"不确定度。

模型验证和确认是通过科学方法、标准流程、科学判断等手段,充分利用已知行为(如实验数据),不断为仿真建模与模拟产生证明,保证模型、方法、算法等程序实施的正确性,且误差和不确定度能够充分量化,达到量化物理模型再现客观实际的程度,是实证仿真模型的适应性、软件正确性的最佳途径。其目的是研发一个有预测能力高可信度的仿真软件。而工程软件预测的可信度主要依赖于建模误差和模拟误差,以及存在的缺陷和各种不确定性。建模误差是由于知识不完备、认知局限,导致控制方程、初边值条件和本构关系等物理模型简化引入的误差,如炸药反应率模型、湍流模型、表面不均匀温度近似等温处理等。模拟误差包括物理及数学模型离散化产生的离散误差,以及求解离散方程及边界条件时的计算误差。离散误差由离散格式的截断误差、初边值的处理方法、网格的疏密与分布、网格质量,以及非定常问题的时间项离散等引起的。计算误差是由于计算过程中计算机舍入误差和迭代不完全收敛等引起的误差。不确定度除了参数不确定度,针对具体问题,使用哪种模型结构也会带来模型不确定度。此外,在数值求解过程中使用何种计算网格、离散格式和求解算法,以及求解达不到收效会带来模拟不确定度。这些参数、模型与方法的误差和不确定度都直接影响工程软件仿真结果的置信度。

一般来说，需要对不确定性进行多次 V&V 循环才能使预测置信度达到预定要求，所以这一过程其实就是根据各种不确定性源的影响程度，循序渐进地尽可能准确量化随机不确定性，努力减小认知不确定性的过程。

6.1.2 不确定性优化设计

优化是采取一定措施使模型或求解算法变得优异。在计算机算法领域，优化往往是指通过算法得到要求问题的更优解。值得一提的是堪称近 20 年来制造技术最大进展之一的快速原型制造技术（Rapid Prototype Manufacturing, RPM），其特点是能以最快的速度将设计思想物化为具有一定结构功能的产品原型或直接制造零件，从而使产品设计开发可能进行快速评价、测试、改进，以完成设计制造过程，适应市场需求。在这过程中，不仅要考虑产品结构和性能，还要考虑运行过程中不稳定性和不确定性。

随着科学技术的不断发展，不确定性因素对机械产品性能的影响越来越受到人们的关注。近年来，通过对不确定性因素的深入研究，人们通常将不确定性因素分为随机不确定性和认知不确定性两种类型。随机不确定性是指那些可以通过一定条件下的大量重复随机实验来刻画的不确定性，通常用概率的方法来描述。认知不确定性则是指那些由于信息不完备或知识不足而引起的不确定性，通过增加统计信息或知识储备可在一定范围内减小不确定性的程度。常规可靠性理论以数理统计和概率论为基础，适合处理包含随机不确定性的情况。基于可能性的可靠性理论，能够考虑事件的模糊性和信息不完备等情况，更适合处理由于样本数量不足或样本之间不存在概率重复性时的认知不确定性。然而，工程结构中往往同时存在随机不确定性和认知不确定性，因此大量国内外学者研究了各种不确定性条件下的可靠性设计问题。例如，将不确定性参数描述为区间变量，建立的非概率区间可靠性分析模型；利用模糊变量来描述结构中的不确定性因素，建立的基于可能性理论的结构模糊可靠性分析和优化设计方法；通过概率可靠性模型和可能可靠性模型之间的特点，应用的信息不完备情况下的可能可靠性设计优化方法等。可以看出，根据结构中不确定性变量的信息完备程度，将其描述为随机变量、模糊变量或区间变量等不确定性，并通过一定的可靠性模型来求解是优化设计中发展的重要内容。为此，不确定性表征与量化在优化设计中尤为重要。

例如，在 20 世纪中叶，风洞试验是对飞行器气动特性进行分析的主要手段，尽管其能够获取精度非常高的试验数据，但是耗费非常多的人力资源和财物资源是其较为突出的不足之处。波音公司对其型号为767的飞机进行风洞试验时，在有数值计算作为辅助的条件下，依旧要花费时间高达35000h。时代在进步，科技在发展，用于科研的计算能力也在不断提高，随着计算流体力学学科的出现，研究者开始将数值仿真和风洞试验两种方法结合使用，甚至有时也用数值仿真来取代风洞试验进行仿真计算。然而，在对飞行器的外形参数进行气动优化设计时，为了追求容积率和升阻比的最大化，在外形尺寸约束范围内需要不断地修改和调整外形参数取值。这导致要反复不断地修改计算流场，即使在如今计算机技术水平较为发达和计算资源较为丰富的情况下也是难以接受的，这也促使着满足工程设计精度和时间周期要求的气动力工程计算经验公式的出现，并且开始成为气动外形参数优化设计的有效手段和应用工具。研究人员开始在飞行器的概念设计阶段，采用精度满足一定要求且计算效率比较高的工程计算方法来获得飞行器外形参数对气动特性的整体影响。同时，研究人员也采用近似的数学模型即代理模型来代替CFD计算方法进行气动特性分析。一方面，在给定的设计变量空间内，这些目标函数通常会存在几个极值点，尤其是设计变量空间的维度越多，就会导致目标函数的极值多，模型存在更多极点。另一方面，由于需要考虑的设计参数比较多，且参数之间存在着非线性耦合关系，使得各参数对目标函数取值的影响程度各有不同，即灵敏度不同。因此，为了提高优化效率和减少设计参数的空间，需要对所有参数进行灵敏度分析，从而选取灵敏度高的参数作为主要的设计参数。除此之外，目标函数之间也存在着相互冲突和相互制约，从而导致难以找到一个同时使得所有目标函数最优的设计值，这就给气动外形的优化设计添加了不小的难度。另外，在气动外形优化设计的同时，因为有的性能指标往往还要额外地增加一些约束条件，这些约束条件有时是针对外形的限制，有时是针对优化本身提出的，无论如何，这都对气动外形的优化设计增加了一定的难度。

6.1.3 基于QMU的复杂系统可靠性认证方法

QMU方法，即裕量和不确定性的量化（Quantification of Margins and Uncertainties，QMU）方法，其基本思想是建立一套能表达系统或部件性能、可靠性和安全性的关键性能参数清单，通过各种技术（试验、仿真等），计算这些关键性能参数的安全区间的上下限，即性能参数都存在一个可靠域（图6-1），也称为性能通道或阈值，在该区间内能保证系统不失效。在设计时,产品性能一般都存在一个理论设计点,围绕这个设计点都会存在一个动作范围 Y_D（工程上也称为设计公差）,该范围 Y_D 在理论上与可靠性的边界有一个安全距离即性能裕量 M（其裕量的定义为系统名义响应值和性能通道边界阈值之间的距离）,以确保系统能按要求正常运作。计算性能裕量时存在的不确定性,是削弱性能裕量 M 的不利因素。为此需要运用各种量化方法对关键性能参数的裕量 M 及不确定量 U 进行量化,定义一个重要参数,即置信因子 CF 或 CR,通过置信因子的值认证系统的可靠性,即在 QMU 中通过数值模拟或试验结果不仅给出各关键性能参数值,且需量化性能裕量 M 及其评估过程中存在的所有不确定性 U,并通过置信因子 CF 判断参数是否在可靠域内。

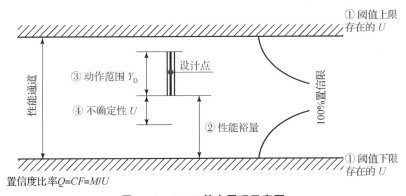

图 6-1　QMU 基本原理示意图

其中,性能阈值直接根据系统的物理特性结合安全要求来设定;裕度定义为正常运行下的性能值与阈值之间的距离;不确定性一般分为随机不确定性与认知不确定性两部分,根据系统的历史数据或者分析模型来估计。但这三个量目前还没有通用的标准计算方法,通常需要根据具体研究对象来展开。为此,QMU 评估技术只是一种评估方法,它很依赖其他方法来获取评估所需要的性能数据。

从基本思想可知,QMU 认为系统的不可靠源于性能的不确定性 U,其核心是量化关键参数的性能裕量 M 和不确定度 U,并用置信因子 CF 表征系统可靠的可信程度,其定义是关键性能参数的性能裕量 M 与评估性能裕量中所存在的总不确定度 U 之比;$CF = M/U$。其中性能裕量 M 及其不确定性 U 一般是物理特征量,有量纲,而置信因子 CF 是一个比值,无量纲。置信因子不用概率形式来衡量系统可靠性,而是用一种新的表征形式——

最简单的、确定的比值形式来表征系统是否可靠地按照设计正常运行，即 CF——性能裕量 M 与不确定性 U 的比值来表征性能裕量与不确定性之间的这种关系。如果 CF = M/U > 1，则可以认为整个系统是安全可靠的；如果 CF≤1，则不能保证确定可靠，根据保守性原则，可以规定该状态所对应的产品为不可靠。当某项性能的 CF 接近 1.0 时，就表示一个警告信号，表明这是一个薄弱环节。如果能够肯定没有低估不确定度，CF 取作 1 也是可以接受的。

6.2 CFD 不确定度来源及分类

误差与不确定度的分类最早起源于测量，表征被测值的分散性参数，其大小决定了测量结果在某种程度上的可信度和使用价值。在测量领域，不确定性按其评定方法将其分为 A 类不确定度和 B 类不确定度两类。该分类仅在于说明计算测量不确定度的两种不同途径，并非在本质上有何区别，它们都是基于概率分布，且用方差和标准差来定量表征。但在评定方法上存在一定的区别。A 类不确定度是由于偶然效应，被测量值是分散的，对测量采用统计分析的方法；而 B 类不确定度是由于误差的影响，仅使测量值向某一方向有恒定的偏离，这时不能用统计方法只能用其他方法估算。不确定性是按其性质不同将其分为随机不确定度（误差）和系统不确定度（误差），它与 A 类不确定度和 B 类不确定度之间不存在一一对应的关系，本书论述的不确定度是指 CFD 仿真系统的不确定性。

6.2.1 仿真系统不确定度来源

仿真系统不确定度来源有以下几种：

（1）模拟误差。用于计算复杂现象的计算机程序都结合了多种物理过程的模型，这些程序都使用了能够解控制方程的算法，包含了诸如反应截面或能将模拟与现实世界系统联系在一起的状态方程等材料特征的大型数据库，按最低级别集成到模拟程序中。这些程序与用户输入既独立又间接耦合在一起，这样，复杂现象的模拟程序就可成为一个精心制作的软件，并可近似地表示现实。

模拟误差有：不精确的输入数据、不精确的物理模型以及有限精度的控制方程解三个主要的来源。显然，每种误差都很重要。如果方程的解法有问题，再好的物理模型加上再好的输入数据都可能会给出错误的答案。

同样，对错误方程的完美解也仍然会导致错误的结果。每种来源误差的相对重要性是问题相关的，但必须评估每种来源误差。本书将模拟不充分性按输入、解和物理误差进行分类，这样对误差模拟的讨论就能反映上述问题。

输入误差指的是用来说明问题的数据误差，其包括材料特性、几何配置的描述、边界和初始条件及其他误差。解误差是指模型控制方程的精确数学解和模拟中使用的数值算法方程近似解间的差异。物理误差包括模拟中无法充分表示的现象的影响，如亚尺寸（subscale）物理的未知细节，以及模拟中以宏观方式生成的材料的微观细节。这些细节影响的评估通常基于统计描述。因此，误差模型的物理部件基于名义模型各个方面的知识，而该名义模型需要或可能需要校正。

（2）实验误差和解误差。关于如何分析误差的大部分理解都来自对实验误差的研究。实验误差和解误差在不确定性分析中的作用相似，下面先来讨论实验误差。

在建立模拟误差模拟中，实验误差起着重要的作用。首先，当模拟结果和测量数据对比时，实验误差可能会使所得结论产生偏差。其次，实验误差会影响模拟中使用的数据库和输入数据，从而间接地影响模拟精度。实验误差分为随机误差和系统误差。通常情况下，在每个实验中都会同时存在这两种误差。一个常见的随机误差的例子是随意测验结果带来的统计取样误差。另一类随机误差是随机物理过程中变量的结果，如在样品每单位时间内放射性衰变的数量。测量仪器信号通常包含这样一个部分，无论测量的内容是否是随机的，这部分都（或看上去）是随机的。该部分即普遍存在的"噪声"，这是由测量仪器中发生的多种不需要或未知的过程引起的。为了能从数据中得到可靠的结论，必须要考虑噪声影响测量仪器的方式。噪声通常以概率分析处理，或单独处理，或与其他随机误差一起进行统计处理。不过，系统误差通常比随机误差更重要，也更难以处理。同时，它还经常不被重视甚至完全被忽略。

为了解系统误差是如何发生的，让我们想象进行一次有关教育重要性的民意调查，方式是在大街上"随机"询问来往的人，事先并不知道他们是准备进去还是离开恰好在附近的一家大型图书馆。我们当然知道，相对于普通老百姓，受过更高教育的人群肯定会认为教育更重要些。即便询问了大量的人，统计取样误差因而比较小，但对于更大范围的人而言，从这些数据得到的有关更高教育的重要性的结果仍然可能是不正确的。这就是为什么要小心地设计民意调查，保证取样人群具有代表性，以避免系统误差(或结果偏倚)的原因。

(3) 自然现象的随机性。自然环境的变化方式多种多样,而复杂系统建模与模拟也与自然环境的变化方式一样,存在多样性。例如,数值仿真在对超声速某飞行器进行预测时,自然环境不断发生变化,造成预测出现一定的偏差,即使在保障模拟参数准确的情况下,也不能保证预测没有误差出现。不确定度量化方法很多,UQ 方法主要为正向传递计算方法,包括敏感性分析、代理模型方法、统计分析等。

6.2.2 CFD 中不确定度来源

计算流体力学是集"物理建模、数值建模、软件研制、问题实验、结果分析"等融为一体的知识密集型、学科交叉性很强的系统工程,CFD 过程中近似或不精确及误差来源很多,将误差来源分为如下 6 类(图 6-2)。

图 6-2 CFD 中误差和不确定度来源

(1) 主物理模型误差。描述基本物理规律的主控方程，通常为（偏）微分方程（组）、积分方程（组）或（偏）微分 – 积分方程（组），如流体力学方程组、辐射输运/扩散方程、粒子输运方程等。

(2) 辅助物理模型误差。描述具体物理现象、材料性质的辅助方程，通常为非线性/线性常/偏微分/积分/代数方程（组），如材料的状态方程、弹塑性本构方程、湍流模型、炸药化学反应率方程等。

(3) 物理参数误差。在主物理模型、辅助物理模型中，常有一些求解时需要的参数，如物性参数、湍流系数等。

(4) 特殊模拟技术误差。例如，滑移计算。拉氏大变形扭曲网格，拉氏网格重分、重映，欧氏混合网格计算，数值参数的选择与调试等；不同程序间的连接计算等；由于程序的功能或能力的限制而不得不采用的近似措施，如一维程序模拟简化的二维问题，以近似推算、估算、估计二维结果，二维程序模拟简化的三维问题，以近似推算、估算、估计三维结果，程序算不到所需物理时刻而由前期结果推算后期结果等。

(5) 截断误差。其主要来源于对控制方程及边界条件的求解，如人工黏性、迭代未收敛、网格未收敛，质量、动量和能量的不守恒，内外边界条件不连续等。

(6) 软件使用误差（编程、用户和计算机舍入误差）。其主要来源于代码编程正确性、用户使用经验，以及源于计算机数据存储字长的限制。

6.2.3 不确定度分类

不确定度分为偶然不确定度和认知不确定度两种类型，如图 6 – 3 所示。偶然不确定度（aleatory uncertainty）是由于事物固有的随机性导致的不确定度。偶然不确定度通常与随机不确定性（stochastic uncertainty）、变异（variability）、固有不确定性（inherent uncertainty）以及 A 类不确定性等相关。偶然不确定度是客观系统固有的特点，即使在理论上也不能削减，如在火箭助推器系统中质量特性和几何形状的变异。偶然不确定性具有两个特点：一是变异的幅度，通常可以控制，但不能完全消除；二是变异是紧密相连的混沌系统，即初始条件是很微小的，不可测量到的差异就会导致结果发生很大程度的改变。从数学的表现形式和特征来看，偶然不确定度最普遍的描述方法就是概率分布。例如，鲁棒性设计中引入的不确定性参数（马赫数、攻角、几何外形等），建模过程中流动参数的概率化假设等。

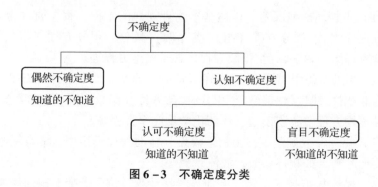

图 6-3 不确定度分类

认知不确定度（epistemic uncertainty）是由于缺乏知识导致的不确定度。认知不确定度通常跟可减小不确定性（reducible uncertainty）、知识不确定性（knowledge uncertainty）和主观不确定性（objective uncertainty）等相关。认知不确定性是主观认知系统的特点，认知不确定性的根源是由于信息缺乏或知识不完备造成的，随着理论认知的提高逐渐减小。例如，湍流模型、材料本构方程等，随着试验增加，对认知的提高，模型逐渐完善，会大大提高模型的精度，不确定度逐渐减少。认知不确定性有两类：一类是认可不确定性（recognized uncertainty），所谓知道的不知道（known unknown），如断裂力学；另一类是盲目不确定性（blind uncertainty），所谓不知道的不知道（unknown unknown），如在建模与模拟中，没有意识到软件中的程序代码出错。从数学的表现形式和特征来看，认知不确定度一般采用区间分析理论进行描述。例如，对湍流的认知局限，构建本构方程引入线性假设等导致计算模型存在不确定性。

在实际复杂系统工程中，人们通常所遇到的情况是信息不够完善、不够精确，即所掌握的知识具有不确定性。不确定性常常表现为偶然不确定性和认知不确定性共存，称为混合不确定性。首先，大型复杂系统的物理模型往往是非线性的，很难将其准确地转换为数学模型，这就带来了模型近似误差；其次，由于随机不确定性或认知不确定性，系统输入的数据存在精度问题，由此产生了参数取值误差；最后，由于求解技术的多样性，使得数学方程的计算存在计算误差。据此，复杂工程领域中，将不确定度分为模型输入不确定度（input uncertainty）、模型形式不确定度和模型预测不确定度（predictive uncertainty）三类。

在 CFD 领域理论上，CFD 模拟属于确定性模拟，因为只要给定几何形状、初边值条件和一个定义明确的数值方法等，其模拟结果就是确定唯一的，即确定性的输入会得到确定性输出。在数值模拟和分析过程中存在着诸多不确定因素，除了模型参数和模型输入的不确定性，同时包括：①模型本身的不确定性，如模型对参数很敏感，同一物理过程不同模型形式差异很大；尤其是由于 CFD 除了涉及基于试验数据的流体本身机理建模，还涉及由于认知缺陷或知识不完备的物理过程唯象建模。这意味着所得到结果也会受到模型形式和参数的影响。②模型对复杂的实际问题进行简化而产生的不确定性。例如，作为重要模型输入条件依据的观测资料的不确定性。③由于流体力学方程非线性，需要数值求解，这意味着所得到结果的精度会受到偏微分方程所选离散方法和理论精度的限制。为此，在 CFD 领域，不确定性通常与"由于欠缺知识而在建模过程的某个阶段或操作中的潜在缺陷"有关。其既存在模型参数或边界条件的固有不确定性，也存在由于真实流体与物理模型不同、模型参数估计不准确、模型数值离散精度不够等带来的认知不确定性。据此，CFD 中将不确定性分为参数不确定性、模型形式不确定性和逼近方法不确定性。这些不确定因素直接反映在 CFD 模拟结果中。由于确定性模型只能得到唯一的结果，如果仅依据这类结果进行模拟分析与工程决策，则存在决策失误的风险。因此，对确定性模型的模拟结果进行不确定性分析十分必要。

为了着眼未来，有效决策或提高产品设计水平，无论不确定性是什么来源，怎样分类，其核心都是要对不确定性进行表征，量化从系统输入到系统输出的不确定性传播，已成为急需解决的关键问题，这也是科技界最为关注的。

6.2.4 不确定度量化策略

CFD 软件可信度是指在特定应用场景，其过程、现象和结果反映真实世界的程度，评估是建立在严格的验证和确认活动基础之上，也就是说，V&V 活动是软件可信度评估重要的环节。从 CFD 建模与模拟本身来说，开展软件可信度和预测能力评估的关键是要精准量化其不确定度。

不确定度量化一般采用两种策略：①在原有模型基础上，通过耦合随机因素，构造不确定性模型或随机方程，然后通过适度样本分析。此策略是要重新开发软件（嵌入式方法）。②通过原有模型，结合实验设计，产生大量样本，再通过统计的手段，达到量化的目的。此策略不需要新开发软件，成为目前的主流方法。图 6-4 给出了基于样本统计分析策略，涉及初始样本设计、计算模拟初始样本下各工况样本和 UQ 统计分析量化。

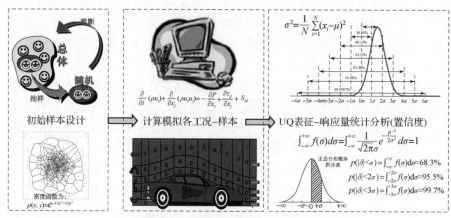

图 6-4　基于样本统计分析策略

6.2.5　CFD中不确定度量化基本步骤

不确定度量化是对模拟系统中不确定性识别、表征和定量评估的过程，其基本步骤如图6-5所示。涉及不确定度来源特征、不确定度传播、模型输出不确定度分析。

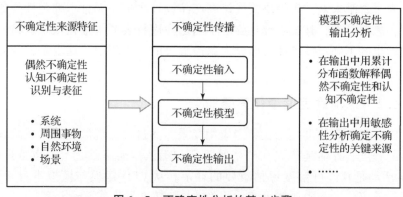

图 6-5　不确定性分析的基本步骤

（1）模型参数的不确定性表征。在CFD过程中，不管是试验数据，还是模型参数，都可能存在不确定性，开展研究所得出的结果，也会存在较大的不确定性。这之中对于已明确的模型，其参数的不明确性具体体现在两个层面：一是对某一次预测参数的不明确性；二是所参照的信息资料有较大的不确定性。必须研究其表征方法。

(2) 模型形式的不确定性传播量化。模型本质是对物理过程的抽象概括，是某种符号的综合体，将数据当作语言把自然现象加以符号化展示，为再现物理现象而构建逻辑架构与数学架构。但是，即便物理结构模型十分健全，也无法对自然发生过程进行精准模拟，也无法体现出流场的整个物流流程。例如，概念模型，仅是单一的物理意义，缺乏相应的物理定律，流程也较为简单，包含很多环节，各环节均包括数量众多的子环节，从而致使偏差增大。图6-6给出了复杂工程M&S不确定度量化传播过程。

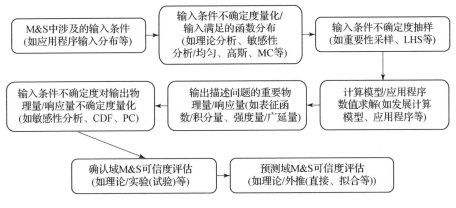

图6-6 复杂工程M&S不确定度量化传播

(3) 数值方法不确定度量化。虽然已得到广泛应用的确定性数值模型，但由于使用参数的不确定性，选取模型形式的多样性等，在模拟分析过程对模拟结果产生影响外，还有数值方法中的不确定性因素。首先，引入人工黏性，其中的人工黏性系数（参数）取什么值最佳是未知的。其次，在离散时，计算空间的网格划分的尺度、方程时空离散的项数、怎样定出是未知的。再次，数值模拟输入的初始条件，即初边值条件施加怎样能真实反映实际是未知的。最后，实际问题求解在什么条件下达到收敛是未知的。要开展数值模拟必须对未知因素开展不确定度量化。

6.3 不确定度量化中统计分析理论

不确定度量化不仅涉及物理、力学、数学、计算机等学科，而且涉及众多分支。在UQ方法中，就涉及数学中很多分支学科，如统计、逼近论、计算方法等。本节对 UQ 方法中常用的统计分析基本概念和内涵进行论述。

6.3.1 随机变量统计矩

给定容量为 n 的简单随机样本的样本值 $(x_1, x_2, \cdots, x_n)$，估计分布的均值、平均差、标准差、方差、斜差和峰态，都可作为所研究数据样本的特征表示。这些随机样本分布统计矩，是分析不确定性变量常用的方法。其表达式为

均值： $$\bar{x} = \frac{1}{n}\sum_{j=1}^{n} x_j \tag{6-1}$$

平均差： $$\mathrm{ADev}(x_1, x_2, \cdots, x_n) = \frac{1}{n}\sum_{j=1}^{n} |x_j - \bar{x}| \tag{6-2}$$

标准差： $$\mathrm{var}(x_1, x_2, \cdots, x_n) = \frac{1}{n}\sum_{j=1}^{n} (x_j - \bar{x})^2 \tag{6-3}$$

方差： $$\sigma(x_1, x_2, \cdots, x_n) = \sqrt{\mathrm{var}(x_1, x_2, \cdots, x_n)} \tag{6-4}$$

斜差（偏度）： $$\mathrm{SKew}(x_1, x_2, \cdots, x_n) = \frac{1}{n}\sum_{j=1}^{n} \left(\frac{x_j - \bar{x}}{\sigma}\right)^3 \tag{6-5}$$

峰态： $$\mathrm{Kurt}(x_1, x_2, \cdots, x_n) = \frac{1}{n}\sum_{j=1}^{n} \left(\frac{x_j - \bar{x}}{\sigma}\right)^4 - 3 \tag{6-6}$$

中位数是指将数据按大小顺序排列起来，形成一个序列，居于数列中间位置的那个数据。中位数的作用与算法平均数相近，也是作为所研究数据的代表值。在一个等差数列或一个正态分布数列中，中位数就等于算术平均数。在数列中出现极端变量值的情况下，用中位数作为代表值要比用算术平均数更好，因为中位数不受极端变量值的影响。

6.3.2 随机变量相关性分析

在各种分析和评估中，为了简化问题或模型，习惯性假设（不确定性）因素之间是相互独立的。然而，在实际工程系统中，（不确定性）因素之间的相关性是客观存在的，且对最终结果有不可忽视的影响，因而准确描述（不确定性）因素之间的相关性是十分必要的。下面是因素相关性分析常常采用的表征计算。

（1）样本空间和样本点：随机变量的所有可能结果组成的集合称为样本空间；样本空间的元素，即每一个结果，称为样本点。假设 $X = (X_1,$

$X_2,\cdots,X_p)^\mathrm{T}$ 是 p 维随机向量，$\boldsymbol{X} = (X_1, X_2, \cdots, X_p)^\mathrm{T}$ 的 n 个样品为 $\boldsymbol{X}_i = (x_{i1}, x_{i2}, \cdots, x_{ip})^\mathrm{T}$，$i = 1, 2, \cdots, n(n > p)$，构造样本空间为

$$\begin{bmatrix} x_{11} & x_{12} & \cdots & x_{1p} \\ x_{21} & x_{22} & \cdots & x_{2p} \\ \vdots & \vdots & & \vdots \\ x_{n1} & x_{n2} & \cdots & x_{np} \end{bmatrix} \quad (6-7)$$

式中：$x_{ij}(i=1,2,\cdots,n;j=1,2,\cdots,p)$ 的每个元素称为样本点。

（2）相关矩阵：定义相关矩阵为 $\boldsymbol{R}$，计算如下：

$$\boldsymbol{R} = \begin{bmatrix} r_{11} & r_{12} & \cdots & r_{1p} \\ r_{21} & r_{22} & \cdots & r_{2p} \\ \vdots & \vdots & & \vdots \\ r_{p1} & r_{p2} & \cdots & r_{pp} \end{bmatrix} \quad (6-8)$$

式中：$r_{ij}(i=1,2,\cdots,p;j=1,2,\cdots,p)$ 为原变量 X_i 与 X_j 的相关系数，$r_{ij} = r_{ji}$，其计算公式为

$$r_{ij} = \frac{\sum_{k=1}^n (x_{ki} - \bar{x}_i)(x_{kj} - \bar{x}_j)}{\sqrt{\sum_{k=1}^n (x_{ki} - \bar{x}_i)^2 \sum_{k=1}^n (x_{kj} - \bar{x}_j)^2}} \quad (6-9)$$

$$\bar{x}_j = \frac{\sum_{i=1}^p x_{ij}}{p} \quad (6-10)$$

（3）相关系数矩阵：给定一组数据 $x_i(t) \in \mathrm{R}$，$(i = 1, 2, \cdots, n; t = 1, 2, \cdots, N)$，$x_i(t)$ 表示第 t 样本（样品）的第 i 个变量（指标）的数值。其闵可夫斯基（Minkowski）距离为

$$d_p(x(k), x(t)) = \left(\sum_{i=1}^n |x_i(k) - x_i(t)|^p \right)^{\frac{1}{p}}, \quad p \geq 1 \quad (6-11)$$

常用特例：

$$d_2(x(k), x(t)) = \left(\sum_{i=1}^n |x_i(k) - x_i(t)|^2 \right)^{\frac{1}{2}} \quad (6-12)$$

相似系数：

$$s(x(k),x(t)) = \frac{x^T(k)x(t)}{\|x(k)\|\|x(t)\|} = \frac{\sum_{i=1}^{n}x_i(k)x_i(t)}{\left(\sum_{i=1}^{n}(x_i(k))^2\sum_{i=1}^{n}(x_i(t))^2\right)^{\frac{1}{2}}}$$

(6-13)

两向量间夹角越小,相似系数越大。变量间相关系数:

$$v(x_i,x_j) = \frac{\sum_{k=1}^{N}(x_i(k)-e(x_i))(x_j(k)-e(x_j))}{\sqrt{\sum_{k=1}^{N}(x_i(k)-e(x_i))^2\sum_{k=1}^{N}(x_j(k)-e(x_j))^2}}$$

$$= \frac{\frac{1}{N-1}\sum_{k=1}^{N}(x_i(k)-e(x_i))(x_j(k)-e(x_j))}{\left(\frac{1}{N-1}\sum_{k=1}^{N}(x_i(k)-e(x_i))^2\frac{1}{N-1}\sum_{k=1}^{N}(x_j(k)-e(x_j))^2\right)^{\frac{1}{2}}}$$

$$= \frac{1}{N-1}\sum_{k=1}^{N}\left(\frac{x_i(k)-e(x_i)}{\delta(x_i)}\right)\left(\frac{x_j(k)-e(x_j)}{\delta(x_j)}\right)$$

$$= \frac{1}{N-1}\sum_{k=1}^{N}\tilde{x}_i(k)\tilde{x}_j(k) \qquad (6-14)$$

即为样本相关矩阵的 i,j 分量。柯西-许瓦兹不等式:

$$\left|\sum_{k=1}^{N}\tilde{x}_i(k)\tilde{x}_j(k)\right| \leq \sqrt{\sum_{k=1}^{N}(\tilde{x}_i(k))^2}\sqrt{\sum_{k=1}^{N}(\tilde{x}_j(k))^2} \Rightarrow v(x_i,x_j) \leq 1$$

(6-15)

其中,等式成立当且仅当: $\tilde{x}_i(k) = a\tilde{x}_j(k)$,$\forall 1 \leq k \leq N$,其包括两种情况:

① 如果 $v(x_i,x_j) = 1$

$\Rightarrow \tilde{x}_i(k) = a\tilde{x}_j(k)$, $\forall 1 \leq k \leq N \Rightarrow \frac{1}{N-1}\sum_{k=1}^{N}(\tilde{x}_i(k))^2$

$= a\frac{1}{N-1}\sum_{k=1}^{N}\tilde{x}_i(k)\tilde{x}_j(k)$

$\Rightarrow 1 = a \times 1 \Rightarrow \tilde{x}_i(k) = \tilde{x}_j(k)$, $\forall 1 \leq k \leq N$

两个变量变化规律完全一样:正相关。

② 如果 $v(x_i,x_j) = -1$

$$\Rightarrow \tilde{x}_i(k) = a\tilde{x}_j(k), \quad \forall 1 \leq k \leq N \Rightarrow \frac{1}{N-1}\sum_{k=1}^{N}(\tilde{x}_i(k))^2$$

$$= a\frac{1}{N-1}\sum_{k=1}^{N}\tilde{x}_i(k)\tilde{x}_j(k)$$

$$\Rightarrow 1 = a \times (-1) \Rightarrow \tilde{x}_i(k) = -\tilde{x}_j(k), \quad \forall 1 \leq k \leq N$$

两个变量变化规律完全相反：负相关。

可用于系统聚类法一开始将每个向量视为一类，然后把距离最近（最相似、最相关）的两类聚为一类，并计算新类和其他各类间的距离（相似系数、相关系数）。如此继续，直至所有向量均聚为一类。最后按照聚类过程绘制聚类谱系图，再根据给定阈值确定如何分类。

6.3.3 概率和累积分布函数

定义在概率空间 (Ω, B, P) 上的连续函数 $X(\omega) \in \{0,1\}$，Ω 为输出量空间，B 为随机事件，P 为事件概率。连续随机变量 $X(\omega)$ 是 R 上的一个随机元素 x 对 ω 的映射的函数。对于每个事件 $A_i \in B \subseteq \Omega$ 都属于区间 $B_i \subseteq R$。

随机变量 $X(\omega)$ 的分布函数在概率空间 (Ω, B, P) 上的定义为

$$F_x(x) = P(X(\omega) \leq x) \tag{6-16}$$

式（6-16）等号左侧称为 $X(\omega)$ 的累积分布函数（CDF）。它定义了一次随机试验中的概率分布，并计算了随机变量 $X(\omega)$ 的假设值小于或等于 x 值的概率。累积分布函数总是非负且单调非递减，值域为 $0 \sim 1$。

给定连续随机变量 $X(\omega) \subseteq R$ 并定义集合 $B \subseteq X(\Omega)$，则 $f_x(x)$ 的可积函数为

$$\int_B f_x(x)\mathrm{d}x = P \quad (x \in B) \tag{6-17}$$

函数 $f_x(x)$ 成为 $X(\omega)$ 的概率密度函数（Probability Density Function，PDF），概率密度函数的积分代表了 $x \in B$ 时取 $X(\omega)$ 的概率。此外，累积分布函数与概率密度函数的关系可以定义为

$$f_x(x) = \frac{\mathrm{d}F_x(x)}{\mathrm{d}x} \rightarrow F_x(x) = \int_B f_x(x)\mathrm{d}x \tag{6-18}$$

6.3.4 最大似然估计法

设总体 X 的分布函数形式已知，但它的一个或几个参数未知。借助于总体 X 的一个样本值 $x_1, x_2, \cdots, x_n$ 来估计总体未知参数的问题称为参数的

点估计问题。最大似然估计法是其中常用的方法之一。

最有可能发生的事件最容易发生。设 $x_1, x_2, \cdots, x_n$ 是总体 X 的一个样本值，那么既然已经取到总体 X 的一个样本值 $x_1, x_2, \cdots, x_n$，则有足够理由认为样本值 $x_1, x_2, \cdots, x_n$ 发生的概率比较大，从而就可以根据已经取到样本值 $x_1, x_2, \cdots, x_n$ 的概率比较大这一朴素认识，去估计总体 X 的未知参数值。

根据上述朴素认识，英国统计学家费希尔（R. A. Fisher，1890—1962）于1912年提出了最大似然估计法：既然已经取到总体 X 的一个样本值 x_1, $x_2, \cdots, x_n$，这表明取到这一样本值的概率较大，而不用考虑那些不能使样本出现的参数值 θ 作为其估计值。另外，如果当参数取 θ_0 时，样本值 x_1, $x_2, \cdots, x_n$ 的概率取很大值，而其他参数值 θ 使此概率取很小值，自然认为取 θ_0 作为参数的估计值较为合理。由概率最大的事件最容易发生，从而有理由认为取到样本值 $x_1, x_2, \cdots, x_n$ 的概率最大。进而根据其概率最大，去估计总体 X 的未知参数的值也就最为合理。

若总体 X 属于连续型，其概率密度函数 $f(x;\theta)$，$\theta \in \Theta$ 的形式已知，θ 为待估参数，Θ 是 θ 可能取值的范围。设 $X_1, X_2, \cdots, X_n$ 是来自 X 的样本，$x_1, x_2, \cdots, x_n$ 是相应于样本 $X_1, X_2, \cdots, X_n$ 的一个观测值，则随机点 $(X_1, X_2, \cdots, X_n)$ 落在点 $(x_1, x_2, \cdots, x_n)$ 的邻域（边长分别为 $\mathrm{d}x_1, \mathrm{d}x_2, \cdots, \mathrm{d}x_n$ 的 n 维立方体）内的概率近似地为

$$\prod_{i=1}^{n} f(x_i;\theta) \mathrm{d}x_i \tag{6-19}$$

其值随待估参数 θ 的取值而变化。取 θ 的估计值 $\hat{\theta}$ 使式（6-19）取到最大值，但因为 $\prod_{i=1}^{n} \mathrm{d}x_i$ 不随 θ 而变，故只考虑函数

$$L(\theta) = L(x_1, x_2, \cdots, x_n; \theta) = \prod_{i=1}^{n} f(x_i;\theta) \tag{6-20}$$

的最大值。这里称 $L(\theta)$ 为样本的似然函数。若 $\hat{\theta}$ 使 $L(\theta)$ 取最大值，则取其为 θ 的估计值，即

$$L(x_1, x_2, \cdots, x_n; \hat{\theta}) = \max_{\theta \in \Theta} L(x_1, x_2, \cdots, x_n; \theta) \tag{6-21}$$

则称 $\hat{\theta}$ 为 θ 的最大似然估计值。

这样，确定最大似然估计值的问题就归结为微分学中求最大值的问题了。注意到样本的似然函数 $L(\theta)$ 为连乘形式，通常对其取对数化为和的形

式，便于求解最大值。

6.3.5 3σ法则

如果随机变量 X 服从参数是 μ，σ 的正态分布，其概率密度函数为

$$\varphi(x) = \frac{1}{\sqrt{2\pi}\sigma} e^{-\frac{(x-\mu)^2}{2\sigma^2}}, \sigma > 0, -\infty < x < +\infty$$

则随机变量 X 的取值落在 $[\mu-3\sigma, \mu+3\sigma]$ 内的概率为

$$P\{\mu - 3\sigma < x < \mu + 3\sigma\} = \int_{\mu-3\sigma}^{\mu+3\sigma} \frac{1}{\sqrt{2\pi}\sigma} e^{-\frac{(x-\mu)^2}{2\sigma^2}} dx > 0.99$$

(6-22)

注：3σ 法则是最简单且常用的粗大误差判别原则，它一般应用于样本数量充分多（$n \geq 30$）且做粗略判别时的情况。表 6-1 给出了正态分布概率。

表 6-1 正态分布概率

序号	项目	正态分布标准概率
1	$P(\mu-\sigma < X \leq \mu+\sigma)$	68.27%
2	$P(\mu-2\sigma < X \leq \mu+2\sigma)$	95.44%
3	$P(\mu-3\sigma < X \leq \mu+3\sigma)$	99.70%

6.4 抽样方法

抽样（试验设计，Design of Experiment，DOE）主要是对数值试验进行合理安排，以较小的试验规模（试验次数）、较短的试验周期和较低的试验成本，获得理想的试验结果并得出科学的结论。一个好的试验设计方法，既可以减少试验次数，缩短试验时间和避免盲目性，又能迅速得到有效的结果。不确定性参数或随机分布开展试验设计方法（抽样方法）有正交阵列设计、蒙特卡洛方法、分层抽样法、拉丁超立方抽样（Latin Hypercube Sampling，LHS）、MOAT 抽样法、傅里叶幅度灵敏性分析抽样和拟蒙特卡洛方法。其核心是基于参数分布的抽样技术，包括连续性（均匀分布、正态分布、韦伯尔分布）分布、离散型（直方图）数

据等变量。

6.4.1 蒙特卡洛方法

蒙特卡洛抽样方法是目前常用的方法，其算法步骤如下：

（1）构造或描述概率过程。对于本身就具有随机性质的问题，如粒子输运问题，主要是正确描述和模拟这个概率过程。对于本来不是随机性质的确定性问题，如计算定积分，就必须事先构造一个人为的概率过程，它的某些参量正好是所要求问题的解，即要将不具备随机性质的问题转化为随机性质的问题，如区间均匀分布的概率密度函数为

$$p(x) = \begin{cases} \dfrac{1}{b-a}, & x \in (a,b) \\ 0, & \text{其他} \end{cases} \quad (6-23)$$

正态分布的概率密度函数为

$$p(x) = \dfrac{1}{\sqrt{2\pi}\sigma} e^{-\frac{(x-a)^2}{2\sigma^2}}, \ x \in R, \ \sigma > 0, \ \sigma, a \text{ 为常数} \quad (6-24)$$

其中，均匀分布的均值（数学期望）为 $\dfrac{b+a}{2}$，方差为 $\dfrac{(b-a)^2}{12}$；正态分布的均值为 a，方差为 σ^2。

（2）实现从已知概率分布抽样：构造了概率模型以后，由于各种概率模型都可以看作由各种各样的概率分布构成的，因此产生已知概率分布的随机变量（或随机向量），就成为实现蒙特卡洛方法模拟试验的基本手段，这也是蒙特卡洛方法称为随机抽样的原因。最简单、最基本、最重要的一个概率分布是（0,1）上的均匀分布（或称矩形分布）。随机数就是具有这种均匀分布的随机变量。随机数序列就是具有这种分布的总体的一个简单子样，也就是一个具有这种分布的相互独立的随机变数序列。产生随机数的问题，就是从这个分布的抽样问题。

假设某参数满足的正态分布 $N(\mu, \sigma^2)$，采用 MC 抽样就是先抽取两个随机数 ξ_1 和 ξ_2，计算标准正态分布概率 $P = \sqrt{-2\ln\xi_1} \cdot \arccos(2\pi\xi_2)$，则某参数随机参数的样本为 $f = \mu P + \sigma$。

6.4.2 拉丁超立方抽样

拉丁超立方抽样（LHS）方法是一种"充满空间的设计"，假设有 m 个设计变量，需要从中抽出 N 组样本，即 m 维空间，样本数量为 N。LHS

方法是将每个设计变量变化范围分为 N 个区间，如果均匀分布，则 N 个区间等间隔。这样，整个设计空间被分成 N^m 个子区域。LHS 方法选取样本点计算公式为

$$x_j^{(i)} = \frac{\pi_j^{(i)} + U_j^{(i)}}{N} \tag{6-25}$$

式中：$1 \leq j \leq m$，$1 \leq i \leq N$，上标 i 表示样本序号，下标 j 表示变量序号，U 为 [0,1] 之间的随机数，π 为 $0,1,\cdots,N-1$ 独立随机排列，有 $N!$ 种排列。$\pi_j^{(i)}$ 决定了 $x_j^{(i)}$ 在哪个子区域，$U_j^{(i)}$ 则决定了 $x_j^{(i)}$ 在子区域的哪个位置。LHS 方法选取的样本有以下特点：①在任一维上的投影都有个数与样本数量相同的子区间，每个子区间中有且仅有一个样本；②样本在每个子区域内随机选取。

可以看出，LHS 方法选取的样本具有随机性，尽管可以保证任意维上的投影都有个数与样本点数相同的子区间，但并不能保证整个空间样本分布的均匀性，因此样本有时布性好，有时均布性就不太好。图 6-7 所示为利用 LHS 方法生成的两个不同样本（两个设计变量，6 个样本点），样本 1 的均布性就明显优于样本 2。为了解决这一问题，可采用两种方式进行改进：一种是缩小 LHS 取样的范围，如正交 - 拉丁超立方方法等；另一种是按照一定的准则对样本的分布进行优化，如最大最小距离法、最小最大距离法等方法。

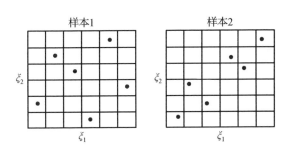

图 6-7 拉丁超立方方法选取的样本点

6.4.3 重要性抽样

重要性抽样是另一种广泛使用的方差减小方法，其主要思想是改变响应函数的变量，使得对于修改后的函数只在函数值接近于常数的区域内抽样。

6.5 不确定度正向传播方法

不确定度量化是定量描述和减少预测系统行为中不确定度的一种方法，不确定度量化分为正向传播和逆向传播两种（图6-8）。不确定度正向传播是指输入不确定性对系统输出响应中的影响，如CFD中人工黏性变化对压力分布的影响；不确定性反向传播是指通过输出响应的不确定性来识别输入的条件或不确定性范围，常用于修正模型或参数标定。

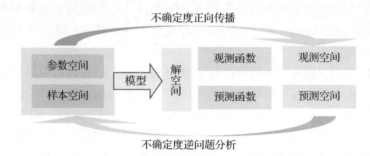

图6-8 不确定度的正向传播和反向传播

在CFD分析过程中不确定性的正向传播称为不确定度量化；在设计系统中不确定性的反向传播以获得不受不确定性影响的解的过程称为鲁棒性设计（Robust Design）。不确定度正向传播量化是对模拟系统中从输入不确定性因素识别和表征，到系统响应传播，再到对输出响应的影响的量化过程。随着CFD技术的发展，以及验证和确认在研发可信软件的重要性，不确定度正向传播出现了系列方法，主要是基于输入到输出关联样本的统计方法，包括敏感性分析、响应面方法（基于样本数据的代理模型方法）等。

6.5.1 敏感性分析

敏感性分析是指从定量分析的角度研究有关因素发生某种变化对某一个（或一组）关键指标影响程度的一种不确定性分析技术。其实质是通过逐一改变相关变量数值的方法来解释关键指标受这些因素变动影响大小的规律。敏感性分析是通过分析，预测主要因素发生变化时对评价指标的影响，从中找出敏感因素，并确定其敏感程度。敏感性因素是指当该因素的量值发生很小变化时，就会对评价指标产生很大影响的因素，一般可选择主要参数进行分析。

根据不确定性因素每次变动数目的多少,敏感性分析法可分为单因素敏感性分析和多因素敏感性分析两种。单因素敏感性分析是每次只变动一个因素而其他因素保持不变时所做的分析,该分析所采用的方法称为单因素敏感性分析法。单因素敏感性分析在计算特定不确定因素对响应量影响时,需假定其他因素不变,实际上这种假定很难成立。可能会有两个或两个以上的不确定因素在同时变动,此时单因素敏感性分析就很难准确反映项目承担风险的状况,因此必须进行多因素敏感性分析。多因素敏感性分析法是指在假定其他不确定性因素不变条件下,计算分析两种或两种以上不确定性因素同时发生变动,对响应量的影响程度,确定敏感性因素及其极限值。多因素敏感性分析一般是在单因素敏感性分析基础上进行,且分析的基本原理与单因素敏感性分析大体相同。但需要注意的是,多因素敏感性分析需进一步假定同时变动的几个因素都是相互独立的,且各因素发生变化的概率相同。敏感性分析有以下几种方法。

(1) 偏导敏感性分析方法。假设一个目标响应模型描述为 $y = f(x)$,其中设计变量 $x = (x_1, x_2, \cdots, x_n)$,若目标响应函数是可导的,则基于求导的局部敏感性指标可表示为

$$E_i(x^*) = \frac{\partial f}{\partial x_i} \tag{6-26}$$

$E_i(x^*)$ 能用来评估变量 x_i 在名义点 x^* 附近的敏感性程度。于是,可以对全域的局部敏感性值 $E_i(x^*)$ 进行全局统计,即

$$\int_\Omega \frac{\partial f}{\partial x_i} \mathrm{d}x \tag{6-27}$$

这就可以对变量的全局敏感性进行度量。基于这种思想,20 世纪 90 年代初期,莫里斯 (Morris) 基于有限差分的方法模拟全域的积分求解提出了莫里斯指标。然而,在实际的应用中,目标函数可能是非单调的,在整个积分域内,变量的偏导值 $\frac{\partial f}{\partial x_i}$ 可能存在正值的同时也存在负值,因此,直接的全域积分统计必然存在正负抵消的效应而影响敏感性评估的正确性。为了避免此缺陷,通过对偏导的绝对值进行统计,即

$$\int_\Omega \left| \frac{\partial f}{\partial x_i} \right| \mathrm{d}x \tag{6-28}$$

然而,在众多偏导基础方法的敏感性求解过程中,由于涉及难以求解的高维积分问题,传统方法通常采用样本统计方法进行求解。而这些样本

求解方法存在计算量大、求解效率低、结果不稳定等诸多缺陷，而使得这类方法不能较好地应用于复杂的实际工程问题。

为了克服传统方法存在的这些问题，采用选择构造出原始模型的最优多项式响应面替代模型，并对其进行敏感性分析求解，以实现直接积分求解得到敏感性结果，并以此来提高该方法在实际工程结构问题上的应用能力。然而，传统的偏导基础的敏感性指标存在绝对值，不利于直接积分求解，于是定义了偏导积分的全局敏感性指标，使其更便于直接积分求解计算。

定义指标为

$$M_i = \sqrt{\int_{\Omega^n} \left(\frac{\partial f}{\partial x_i}\right)^2 \mathrm{d}x} \qquad (6-29)$$

$$M^T = \sum_{i=1}^{n} M_i \qquad (6-30)$$

式（6-29）中，定义的指标 M_i 是对变量偏导信息的全域统计，因此可以用它来反映变量 x_i 在全域上的敏感性信息，将它命名为变量 x_i 的标准值。相应地，式（6-30）中的 M^T 则是总标准值，是在全域上各变量对应的标准值的总和。由此，比率

$$S_i = \frac{M_i}{M^T} \qquad (6-31)$$

称为偏导积分的全局敏感性指标，可用来标准化定量评估参数 x_i 在全域上的敏感性。敏感性指标 S_i 是对各变量的偏导信息在同一个全域上的统计，并对其归一化评估，这使得评估更具合理性，能更直观有效地量化评估参数的敏感性。

在上述敏感性分析时，目标响应模型可以采用各种代理模型，如多元线性回归模型。

（2）莫里斯方法。莫里斯方法是由莫里斯在1991年提出的，作为一种定性全局敏感性分析方法被广泛应用，通常可用来筛选与识别最敏感的参数（组）。它以较低的计算成本给出模型参数的敏感性相对大小，确定模型参数的敏感性大小排序。它能在全局范围内研究试验设计参数，即参数在一个相当大的范围内变化时，对试验的影响程度。其基本思想是评估单个因子微小变化量引起的输出响应变化，即"基效应"（Elementary Effect，EE）概念，计算公式为

$$d_i(j) = \frac{f(x_1,\cdots,x_{i-1},x_i+\Delta,x_{i+1},\cdots,x_n) - f(x_1,\cdots,x_n)}{\Delta} \quad (6-32)$$

式中：$d_i(j)$ 为第 i 个参数第 j 组样本的基效应，$j=1,2,\cdots,R$（R 为重复抽样次数）；n 为参数个数；x_i 为第 i 个参数；Δ 为单个参数微小变化量；$f(\cdot)$ 为对应参数组的响应输出。

虽然莫里斯方法是全局敏感性分析的很好方法，但是莫里斯方法也有局限性。莫里斯法是基于基效应计算，其采样原则设计颇为巧妙，以较小的计算代价便得到参数全局灵敏度的比较及参数相关性。因此，采用莫里斯法确定模型参数灵敏性的大小，即使对灵敏度很小的参数进行辨别仍然非常有效。在莫里斯法中，假定参数灵敏性的基效应服从某种分布，计算分布的均值 μ 和标准差 σ，即可确定参数的全局灵敏度。如果第 i 个参数所对应的均值 μ 越大，对系统输出的影响则越大；但是，当某一个区间的基本因素比较大，而其他区间比较小时，只取平均数便不太准确，可以采用阈值控制，当某一个区域的基本因素超过阈值时，就认为该参数敏感。标准差 σ 表示参数之间相互作用的程度，如果标准差小，表示与其他参数相互作用的程度小；反之，则大。但是，由于莫里斯法的随机性，很容易在某次随机采样及随机化过程中出现误差，所以需重复多次，取平均值才是参数的灵敏度。而由于莫里斯方法很可能使某一区间的变化较大，其余区间变化不大，取平均值便很难反映真实情况。为了改进莫里斯方法，在比较参数灵敏度时，需先比较某一区间变化是否超出变化判断阈值，再比较平均变化。

假设需进行辨识的参数为 $x_1,x_2,\cdots,x_m$，根据莫里斯法的设计准则，先将每个参数的变化范围映射到区间 $[0,1]$，使每个参数只能在 $\left\{0,\dfrac{1}{p-1},\dfrac{2}{p-1},\cdots,1\right\}$ 中取值，其中 p 为参数取样点的个数。每个参数都在 p 个取样点上随机取值，为了达到更好的试验效果，p 的取值至关重要，p 值取得过小很难反映真实情况；而 p 值取得过大则不便于计算。将 p 限定为所用参数的最大取值区间数目为最佳，获得向量 $\boldsymbol{X}$ 表示为

$$\boldsymbol{X} = [x_1, x_2, \cdots, x_m] \quad (6-33)$$

式中：m 为参数个数（数目）。

对 $\boldsymbol{X}$ 的第 i 个参数 x_i 施加 Δ 的变化量，则参数 x_i 的基本效应可以表示为

$$\mathrm{EE}_i(x_i) = y(x_1,\cdots,x_i,\cdots,x_m) - y(x_1,\cdots,x_i+\Delta,\cdots,x_m) \quad (6-34)$$

这里 Δ 是预先设定的变化量，$\Delta = \dfrac{1}{p-1}$。

那么，利用莫里斯法分析全局灵敏度的步骤如下：

①假定矩阵 $\boldsymbol{D}$ 是 m 维对角阵，每个对角元素只能等概率地随机取值为 $+1$ 或者 -1。矩阵 $\boldsymbol{B}$ 是一个元素为 1 的严格下三角阵，$\boldsymbol{B} \in R^{(m+1)\times m}$，即

$$\boldsymbol{B} = \begin{bmatrix} 0 & 0 & 0 & \cdots & 0 \\ 1 & 0 & 0 & \cdots & 0 \\ 1 & 1 & 0 & \cdots & 0 \\ \vdots & \vdots & \vdots & & \vdots \\ 1 & 1 & 1 & \cdots & 1 \end{bmatrix} \quad (6-35)$$

设 $\boldsymbol{J}_{m+1,m}$ 是 $(m+1)\times m$ 维所有元素都为 1 的矩阵，则 $(m+1)\times m$ 维矩阵为

$$\boldsymbol{J}^* = (2\boldsymbol{B} - \boldsymbol{J}) \times \boldsymbol{D} \times \boldsymbol{J} \quad (6-36)$$

②设 X_i^* 为输入参数 $\boldsymbol{X}$ 的"基值"，X_i^* 随机从集合 $\left\{0, \dfrac{1}{p-1}, \dfrac{2}{p-1}, \cdots, 1\right\}$ 中取值，设有 $1\times m$ 维矩阵 $\boldsymbol{Z}^*$，其中

$$\boldsymbol{Z}^* = [X_1^*, \cdots, X_i^*, \cdots, X_m^*] \quad (6-37)$$

③设 $\boldsymbol{p}^*$ 为 $m\times m$ 维随机置换矩阵，矩阵的每列每行都只有一个值为 1，其余值都为 0。$\boldsymbol{J}_{m+1,1}$ 为所有元素都为 1 的 $(m+1)\times 1$ 维矩阵，采样矩阵的随机化矩阵为

$$\boldsymbol{B}^* = \left(\boldsymbol{J}_{m+1,1} \times \boldsymbol{Z}^* + \dfrac{\Delta}{2} \times \boldsymbol{J}^*\right) \times \boldsymbol{p}^* \quad (6-38)$$

由于矩阵 $\boldsymbol{D}$、$\boldsymbol{Z}_i^*$ 和 $\boldsymbol{p}^*$ 的随机取值都是彼此独立的，从而保证矩阵 $\boldsymbol{B}^*$ 也是随机取值的，而且矩阵 $\boldsymbol{B}^*$ 每两行只有一个不同的参数。

通过以上步骤便得到了取样矩阵 $\boldsymbol{B}^*$，利用取样矩阵转换便可以得到 $m+1$ 个试验方案。但是，由于一次生成的 $m+1$ 个方案得到的结果并不一定能展示每个参数的变化规律。为了改进莫里斯方法结果的准确度，生成 n 个取样矩阵（n 为整数，可以按照试验需求进行选择），就是总共有 $m\times(n+1)$ 个试验方案。

运用莫里斯筛选法进行模型参数敏感性分析的流程如图 6-9 所示。在生成莫里斯样本时，$\boldsymbol{B}^*$ 为 $(m+1)\times m$ 参数样本矩阵，每一行代表一个参数样本，m 为模型参数数量；$\boldsymbol{J}_1$ 为 $(m+1)\times 1$ 矩阵，$\boldsymbol{J}_m$ 为 $(m+1)\times m$ 矩阵，矩阵元素均为 1；$\boldsymbol{B}$ 为矩阵 $(b_{ij})_{(m+1)\times m}$，当 $j\leq i$，$i=1,2,\cdots,m$ 时，

$b_{ij}=1$,否则为 0;D^* 为 $m\times m$ 对角矩阵,每个对角元素为 ± 1 的可能性相同;p^* 为 $m\times m$ 随机混淆矩阵。生成的参数样本矩阵 B^* 具有以下特征:相邻两行的模型参数样本有且仅有 1 个参数取值不同,其余 $m-1$ 个模型参数取值完全相同。

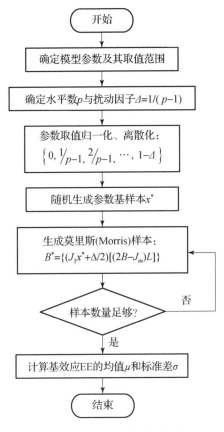

图 6-9 莫里斯筛选法流程

模型参数的基效应计算公式为

$$\mathrm{EE}_i = \frac{f(x_1,x_2,\cdots,x_{i-1},x_i+\Delta,x_{i+1},\cdots,x_m) - f(x_1,x_2,\cdots,x_m)}{\Delta}$$

(6-39)

式中:EE_i 为第 i 个模型参数的基效应值;$x_1,x_2,\cdots,x_m$ 为模型参数取值;$f(\cdot)$ 为目标函数。

在式(6-39)计算的基础上,可以用两个指标来判断参数的敏感性,

即基效应的均值 μ 和标准差 σ。其中，μ 表征参数的敏感度，确定参数的排序，而 σ 表征参数之间的非线性或相互作用的程度。考虑模型非单调可能导致计算的 μ 为负数，为了避免 $EE_i(j) < 0$ 时正负相抵，可采用修正均值 μ^* 代替 μ，计算公式为

$$\mu_i^* = \frac{1}{n}\sum_{j=1}^{n} |EE_i(j)| \qquad (6-40)$$

$$\sigma_i = \sqrt{\frac{1}{n-1}\sum_{j=1}^{n}\left[EE_i(j) - \frac{1}{n}\sum_{j=1}^{n}EE_i(j)\right]^2} \qquad (6-41)$$

模型参数基效应的均值越大，表明该参数的敏感性越高；基效应的标准差越大，表明该参数与其他模型参数的相互作用影响越大。通过莫里斯筛选法可初步确定模型参数的敏感性相对大小。

(3) 传统的 Sobol 敏感性分析方法。该方法最早由 Sobol 于 1993 年提出，是一种应用较为广泛的定量全局敏感性分析方法。相比于定性敏感性分析方法，该方法能够通过敏感性量化指标的计算直接给出模型参数的敏感性大小。

①Sobol 法基本理论。Sobol 全局敏感性分析方法是基于方差分解的方法。在 Sobol 敏感性分析方法对模型参量进行识别和定量化评估时，将 n 维模型参量 x 转化到单元体 H^n 空间域，其中 $H^n = \{X \mid 0 \leq x_i \leq 1, i = 1, 2, \cdots, n\}$。基于方差分解，将目标响应 $f(x)$ 分解成单个模型参量及参量相互作用的子项函数之和。

$$f(x) = f_0 + \sum_{i} f_i(x_i) + \sum_{1 \leq i \leq j \leq n} f_{ij}(x_i, x_j) + \cdots + f_{12\cdots n}(x_1, x_2, \cdots, x_n)$$

$$(6-42)$$

式（6-42）全部的子项的个数为 2^n，若令各子项通过下面的多重积分求得

$$f_0 = \int_0^1 f(x)\,dx \qquad (6-43)$$

$$f_i(x_i) = \int_0^1 f(x) \prod_{k \neq i} dx_k - f_0 \qquad (6-44)$$

$$f_{ij}(x_i, x_j) = \int_0^1 f(x) \prod_{k \neq i,j} dx_k - f_0 - f_i(x_i) - f_j(x_j) \qquad (6-45)$$

以此类推，可求出其他的高阶子项，则除常数项 f_0，各子项满足对其所包含的任一变量的积分等于 0。

$$\int_0^1 f_{i_1\cdots i_s}(x_{i_1},x_{i_2},\cdots,x_{i_s}\mathrm{d}x_{i_k}) = 0, \ 1 \leqslant i_1 < i_2 < \cdots < i_s \leqslant n, \ 1 \leqslant k \leqslant s$$
(6-46)

式（6-43）~式（6-45）构成的子项满足式（6-46）的条件，且使得式（6-42）中的各子项满足两两相互正交的关系，即当$(i_1,i_2,\cdots,i_s) \neq (j_1,j_2,\cdots,j_l)$时，则

$$\int_{H^n} f_{i_1\cdots i_s}(x_{i_1},x_{i_2},\cdots,x_{i_s})f_{j_1\cdots j_l}(x_{j_1},x_{j_2},\cdots,x_{j_l})\mathrm{d}x = 0 \quad (6-47)$$

基于以上条件，Sobol 敏感性分析方法可定义偏方差和总方差，并通过偏方差和总方差的比值来表示模型参量及其交互作用对目标响应的影响程度，其中目标响应 $f(x)$ 的总方差为

$$D = \int_{H^n} f^2(x)\mathrm{d}x - f_0^2 \quad (6-48)$$

式（6-42）中的各子项的偏方差为

$$D_{i_1,i_2,\cdots,i_s} = \int_0^1 f_{i_1,i_2,\cdots,i_s}^2(x_{i_1},x_{i_2},\cdots,x_{i_s})\mathrm{d}x_{i_1}\mathrm{d}x_{i_2}\cdots\mathrm{d}x_{i_s} \quad (6-49)$$

Sobol 敏感性指标定义为

$$S_{i_1,i_2,\cdots,i_s} = \frac{D_{i_1,i_2,\cdots,i_s}}{D} \quad (6-50)$$

对式（6-49）两边先平方再进行全域积分，由各子项两两正交的性质可知

$$D = \sum_{i=1}^n D_i + \sum_{1 \leqslant i \leqslant j \leqslant n} D_{ij} + \cdots + D_{12\cdots n} \quad (6-51)$$

于是，可以得出所有敏感性指标皆为非负数且和为 1 的性质：

$$\sum_{i=1}^n S_i + \sum_{i=1}^n \sum_{\substack{j=1 \\ i \neq j}}^n S_{ij} + \cdots + S_{12\cdots n} = 1 \quad (6-52)$$

敏感性指标 S_i 表示的是参量 x_i 的一阶影响，并没有考虑交叉作用的影响，为更好评估参量 x_i 的整体影响，定义了参量 x_i 的总敏感性指标 S_i^T，计算公式为

$$S_i^T = 1 - S_{-i} \quad (6-53)$$

式中：S_{-i} 为不包含参量 x_i 的所有 $S_{i_1,i_2,\cdots,i_s}$ 之和。

②多模型实际应用。基于 Sobol 方法的基本思想，将总方差分解为某个或某几个模型参数作用的方差项。若用 $y = f(X) = f(x_1,x_2,\cdots,x_m)$ 表示模型结构，$x_1,x_2,\cdots,x_m$ 表示模型参数，m 为模型参数数量，则方差分解公式

可表示为

$$V(y) = \sum_{i=1}^{m} V_i + \sum_{i<j}^{m} V_{ij} + \cdots V_{1,2,\cdots,m} \qquad (6-54)$$

式中：$V(y)$ 为模型输出 y 的总方差；V_i 为第 i 个参数作用的方差项；V_{ij} 为第 i 个和第 j 个参数共同作用的方差项；$V_{1,2,\cdots,m}$ 为所有参数共同作用的方差项。

定义一阶敏感度 S_i、二阶敏感度 S_{ij} 与总敏感度 S_{yi} 指标：

$$S_i = \frac{V_i}{V(y)}, \quad S_{ij} = \frac{V_{ij}}{V(y)}, \quad S_{yi} = 1 - \frac{V_{-i}}{V(y)} \qquad (6-55)$$

式中：V_{-i} 为不含第 i 个参数作用的方差项。一阶敏感度 S_i 与二阶敏感度 S_{ij} 分别表征单一模型参数与两个模型参数的组合对于模型输出的影响，总敏感度 S_{yi} 描述的是所有包括第 i 个模型参数在内的参数组合对于模型输出的影响，因此总敏感度 S_{yi} 与一阶敏感度 S_i 之差可以用来分析第 i 个模型参数与其他模型参数的相互作用影响。

(4) CFD 参数敏感性分析方法的一般过程。假设 $x_i(i=1,2,\cdots,n)$ 是物理模型 $L(P)$ 或软件 $S(C)$ 的 n 个影响因素，SNM_i 对应于第 i 个因素的样本个数，$\text{VNM}_j^i(j=1,2,\cdots,\text{SNM}_i)$ 是第 i 个因素对应的样本值，$\text{FNM}_k^{ij}\left(k=1,2,\cdots,\sum_{i=1}^{n}\text{SNM}_i\right)$ 是各个样本通过计算得到某个响应量值。敏感度分析方法如下：

① 计算每个因素样本的期望与方差。

$$E_i(F(x_i)) = \frac{1}{\text{SNM}_i} \sum_{\substack{i-1 \\ k=\sum_{j=1}^{}\text{SNM}_j+1}}^{\sum_{j=1}^{i}\text{SNM}_j} \text{FNM}_k^{ij} \qquad (6-56)$$

$$\text{var}_i(F(x_i)) = \frac{1}{\text{SNM}_i} \sqrt{\left(\sum_{\substack{i-1 \\ k=\sum_{j=1}^{}\text{SNM}_j+1}}^{\sum_{j=1}^{i}\text{SNM}_j} \text{FNM}_k^{ij} - E_i(F(x_i))\right)^2} \qquad (6-57)$$

② 计算整个样本的期望与方差。

$$E(F(x)) = \frac{1}{\sum_{i=1}^{n}\text{SNM}_i} \sum_{k=1}^{\sum_{i=1}^{n}\text{SNM}_i} \text{FNM}_k^{ij} \qquad (6-58)$$

$$\text{var}(F(x)) = \frac{1}{\sum_{i=1}^{n} \text{SNM}_i} \sqrt{\left(\sum_{k=1}^{\sum_{i=1}^{n} \text{SNM}_i} \text{FNM}_k^{ij} - E(F(x))\right)^2} \quad (6-59)$$

③计算每个因素样本期望与整体样本的误差,即均值减极差值。

$$\text{Err}(x_i) = E(F(x_i)) - E(F(x)) \quad (6-60)$$

④根据误差大小排序。

在流体动力学中,常常把流体看成由许多流体微元或流体微粒子组成的连续介质。实验测量时通常以观测者所在的坐标系或与测量仪器固定在一起的三维空间坐标系作为参考系,通过观察流经固定空间位置流体微元的运动状态随时间变化来研究整个流场的运动状态,如用固定在河道某一位置的流速仪测量水流速度随时间的变化,在水文站报告江河汛期的流量,用高速转镜式扫描相机记录筒壁在爆轰产物驱动下的膨胀过程等。这种参考系称为实验室坐标系或欧拉坐标系。欧拉坐标系中的坐标是固定于欧拉空间的特定标记,通过测量流经该坐标位置的流体运动速度、加速度等物理量随时间 t 的变化,来描述欧拉空间中流场的信息,此方法称为欧氏方法(Euler 方法)。另一种方法,常常需要对某个或某些感兴趣的特定流体粒子进行测量,如自由面速度剖面测量。在这种测量中要对特定的流体粒子以某种方法进行标记,通过观测这些特定流体粒子在流场中运动状态的历史变化,来获得整个流场的信息。流体粒子的标记就是它的坐标,被标记的流体粒子所具有的标号在整个实验观测过程中保持不变,这相当于把坐标固定在流体粒子上。这种将坐标固定在流体粒子上的参考系称为拉格朗日坐标系,简称拉氏坐标系,拉氏坐标系中的流体粒子称为拉氏粒子,其坐标简称拉氏坐标,此方法称为拉氏方法(拉格朗日方法)。拉氏方法每个计算网格只含有一种流体,每个网格的密度 ρ、压力 P、比内能 e 等物理量都是单值确定的,因此它所描述的流体界面清晰,精确度比较高。特别是用于描述密度相差很大的轻重流体界面时,这类方法更加受到使用者的重视。

拉格朗日方法多用于固体结构的应力应变分析,这种方法以物质坐标为基础,其所描述的网格单元将以类似"雕刻"的方式划分在用于分析的结构上,即采用拉格朗日方法描述的网格和分析结构是一体的,计算网格或节点的运动即为物质点的运动,在某种程度上反映了流体的行为。采用这种方法时,分析结构的形状变化和计算网格变化完全是一致的,物质不会在单元与单元之间发生流动。这种方法主要优点是能够非常精确地描述结构边界的运动,跟踪单元运行的轨迹,但对应的物理试验不易测量出此轨迹,给各个因素的分析及模型确认带来困难。为此,基于模拟复杂结构问题的先验知识,采用增加拉氏参考点的方法,开展多因素敏感度分析。拉格朗日方法模拟流体力学问题时,既然计算网格或节点的运动在某种程度上反映了流体的行为。为此,将流体力行为的关键位置上的计算网格或节点作为跟踪点,点上的特征量沿网格或作为描述流体特性的特征量,据此作为参考点,就可以开展因素的敏感性分析。

(1)拐角绕爆问题及试验。拐角效应是爆轰学中的重要研究内容,对于了解炸药性能、合理设计弹体以发展爆轰波传播理论等都有重要的意义。Cox 和 Campbell 利用多狭缝扫描技术观察了 PBX9502 炸药中的爆轰波拐角现象,得到了炸药中不爆轰区域的大小。对其开展数值模拟技术研究,可以更细致地认识拐角爆轰的演化过程。图 6-10 给出了爆轰波 90°拐角效应的试验装置示意图。

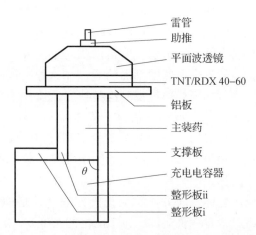

图 6-10 观察爆轰波拐角效应的试验装置示意图

由于炸药驱动装置属于多介质问题,某些重流体的厚度只占整个区域大小的几百分之一或几千分之一,物质密度相差几百倍至上万倍,爆轰问题模拟中常用拉氏方法。图 6-11 所示为计算区域 Ω,Ω 被分成左右两部分:左面为小管道 $\Omega_1 = [0;3.0] \times [0;0.5]$,右面为大管道 $\Omega_2 = [3.0;6.0] \times [0;3.0]$,均装(填充)炸药 PBX9502,炸药的物性参数:$\rho_0 = 1.849\text{g/cm}^3$,$k = 3.0792$(Gruneisen 系数),$D_{CJ} = 8.712\text{km/s}$。炸药起爆从左侧，这样形成一个 90°拐角爆轰结构。为了定量分析爆轰模型中各因素对计算响应量的影响，在拐角附近设置 A 和 B 两个拉氏参考点，坐标分别为 $A(3.0,0.466667)$、$B(3.033333,0.5)$（图 6 – 11），此两个拉氏参考点随拉氏运动的特征基本可以定性描述爆轰波形成涡的过程。

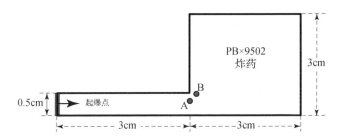

图 6 – 11　绕爆计算模型结构及拉氏参考点 A 和 B 设置

炸药区计算网格及产物状态方程严重影响绕爆问题的数值模拟结果。据此，基于上述拉氏参考点对其两个因素的敏感性进行了研究。首先，针对炸药爆轰采用的 JWL 状态方程中的参数 R_1 和 R_2，通过均匀抽样，得到 4 组样本（表 6 – 2）。

表 6 – 2　爆轰产物 JWL 状态方程参数的 4 组取值

参数	A	B	R_1	R_2	ω
第一种	1019.330309	23.256644	4.9	1.39	0.38
第二种	914 – 120056	54 – 721156	4.9	2.3	0.38
第三种	2419.880739	119.484339	7.0	2.3	0.38
第四种	1587.628835	63.950693	5.95	1.845	0.38

在三种网格规模中：①6750 ×（90 × 15 + 90 × 15 + 90 × 45）；②27000 ×（180 × 30 + 180 × 30 + 180 × 90）；③108000 ×（360 × 60 + 360 × 60 + 360 × 180）下，通过爆轰弹塑性流体力学软件程序生成敏感度分析样本。图 6 – 12 所示为拉氏参考点 A（距离拐角 0.466667 位置）在不同因素下点的位置和点的速度随时间变化情况。图 6 – 13 所示为拉氏参考点 B（距离拐角 0.033333 位置）在不同因素下点的位置和速度随时间变化情况。

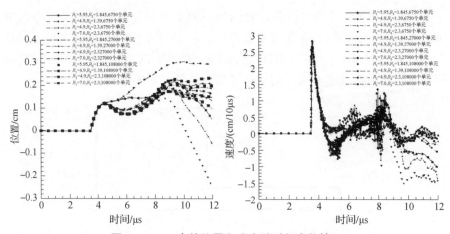

图 6-12　A 点的位置和速度随时间变化情况

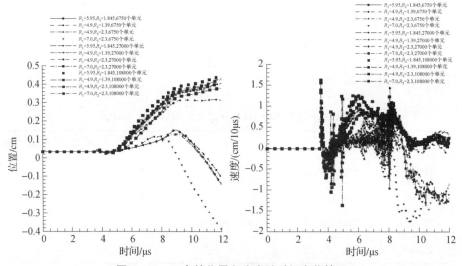

图 6-13　B 点的位置和速度随时间变化情况

基于图 6-12 和图 6-13，图 6-14 和图 6-15 分别给出了拉氏参考点 A 和 B 的位置和速度随时间变化的期望与方差。从图可以看出，网格尺度与爆轰参数对拉氏参考点的位置比较敏感，对速度敏感性略一点。从拉氏参考点 A 和 B 的模拟结果可以看出，在三种网格（6750 个单元，27000 个单元，108000 个单元）下，当网格增加到 108000 个单元时，计算结果的分散性越来越小，说明拐角绕爆的模拟最小需要 108000 个单元。

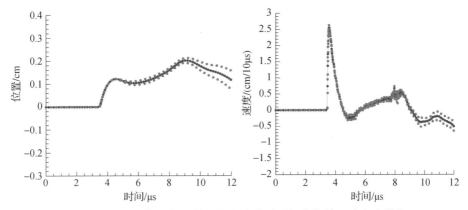

图 6-14 拉氏参考点 A 的位置和速度随时间变化的不确定度量化

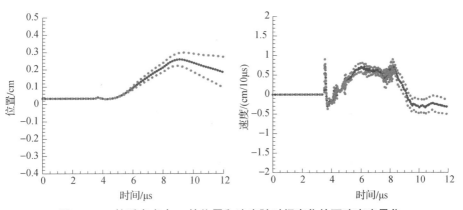

图 6-15 拉氏参考点 B 的位置和速度随时间变化的不确定度量化

（2）高速钢柱侵彻铝盘问题的敏感性分析。钢柱侵彻铝靶的计算模型结构如图 6-16 所示。靶和弹尺寸分别是 0.5cm × 2.0cm 和 2.5cm × 0.25cm，表 6-3 给出了材料物性参数。靶上⊗代表三个拉氏参考点，分别用 1~3 表示。

图 6-16 钢柱侵彻铝靶的计算模型结构

表6-3 铝靶和钢弹的材料特性

特性参数	铝（Al）	钢（Fe）
密度 $\rho/(\text{g/cm}^3)$	2.7	7.795
声速 $c_0/(\text{cm}/10\mu\text{s})$	5.350	4.6930
Gruneisen 参数 γ	2.05541	1.9966

在靶上设置了三个拉氏参考点，考虑网格尺度与状态方程形式两个因素对敦粗和侵彻深度的影响。同样将爆轰弹塑性流体力学软件软件当成黑盒，人工改变初始输入分布。计算网格规模选取2806个、10806个、24006个和42406个单元的4种，金属材料的状态方程选取G-Gruneisen-EOS 和C-凝聚态两种形式。图6-17给出了拉氏参考点1~3的位置、速度随时间的变化情况，图6-18给出了三个拉氏参考点的位置与速度的样本分布。

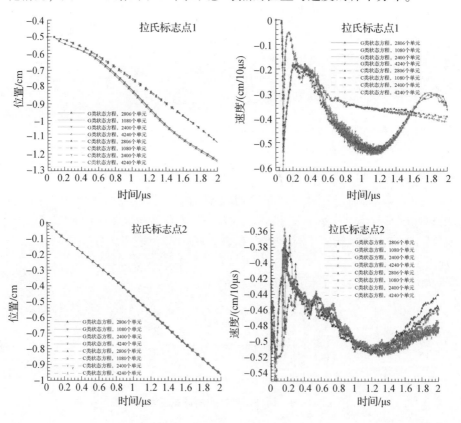

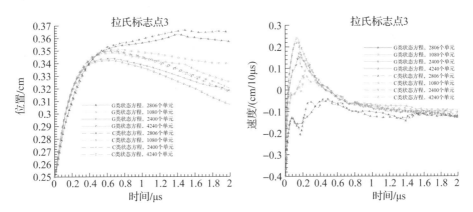

图 6-17 拉氏参考点位置和速度随时间的变化

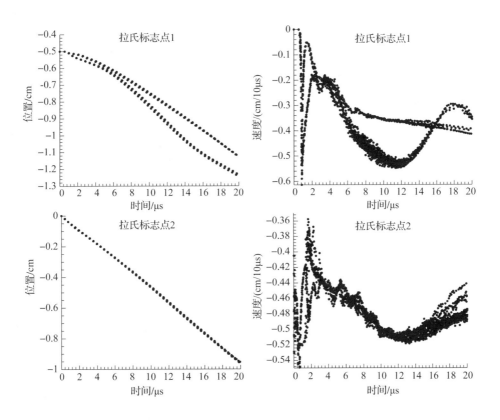

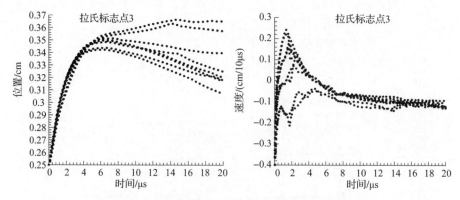

图 6-18 拉氏参考点位置和速度随时间变化的样本

基于图 6-17 和图 6-18，图 6-19 给出了拉氏参考点的位置和速度随时间变化的期望与方差。从图可以看出，随网格规模增大的网格收敛指标验证情况。当网格规模由 2806 个、10806 个、24006 个到 42406 个单元，拉氏参考点位置、速度随时间变化逐渐趋于稳定。从图 6-18 可以看出，要准确模拟钢弹侵彻铝靶，网格单元最少要达到 2500 万个。

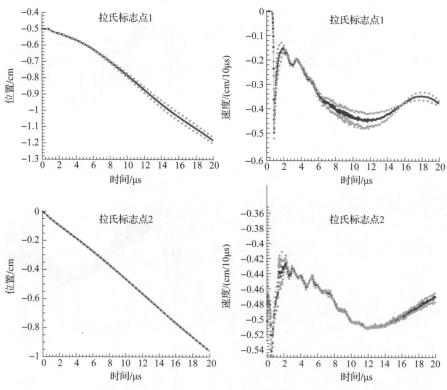

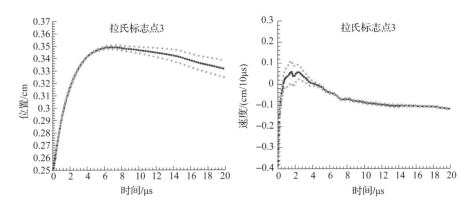

图6-19 拉氏参考点位置和速度随时间变化的不确定度量化

6.5.2 多元高次多项式回归代理模型

参数标定和模型优化成为模型应用中必不可少的环节。但对于参数很多（维数灾难）的模型，标定过程将变得极为复杂，同样也很耗时。为此，需要考虑参数之间的相互关联程度，参数对模型输出的不确定性影响以及贡献程度，利用敏感性分析识别模型输出响应的重要影响参数，为后续的标定与优化提供条件。常用的全局分析方法包括：①基于回归或相关分析技术的方法，如多元回归法、响应曲面方法（Response Surface Methodology，RSM）；②全局筛选法，如 LH - OAT 方法、莫里斯方法；③基于方差理论的方法，如傅里叶幅度灵敏度检验法（Fourier Amplitude Sensitivity Test，FAST）、Sobol 方法和扩展傅里叶幅度灵敏度检验法（Extend FAST）。

为了建立统一的多项式回归建模。这里假设多项式为 m 元 n 次多项式，并采用归纳法给出了 m 元 n 次多项式的形式。

假设 $x = \{x_1, x_2, \cdots, x_n\}$ 是考虑多项式元的集合，则 n 元一次多项式的数学形式为

$$\hat{y}(x) = \beta_0 + \sum_{i=1}^{n} \beta_i x_i \tag{6-61}$$

假设用记号 num_n^m 表示 n 元 m 次的项数，则很容易知道，n 元 1 次多项式项数为

$$\text{num}_n^1 = 1 + n \tag{6-62}$$

n 元 2 次多项式的数学形式（二阶响应面函数模型）为

$$\hat{y}(x) = \beta_0 + \sum_{i=1}^{n} \beta_i x_i + \sum_{i=1}^{n} \beta_{ii} x_i^2 + \sum_{i=1}^{n-1} \sum_{j=i+1}^{n} \beta_{ij} x_i x_j = \beta_0 + \sum_{i=1}^{n} \beta_i x_i + \sum_{i=1}^{n-1} \sum_{j=i+1}^{n} \beta_{ij} x_i x_j$$
(6-63)

通过计算，n 元 2 次多项式项数为

$$\text{num}_n^2 = 1 + n + (n + n - 1 + \cdots + 1) = 1 + n + \frac{n(n+1)}{2}$$

$$= \frac{2 + 3n + n^2}{2} = \frac{(n+1)(n+2)}{2} \tag{6-64}$$

n 元 3 次多项式是在 n 元 2 次多项式的基础上，从常数项开始，每一项再乘以 n 元 2 次项，舍取超过 3 次方的项，剩下就是 n 元 3 次多项式项数。这样 n 元 3 次多项式可以表示为

$$\text{num}_n^3 = \sum_{i=n+1}^{0} \frac{(i+1)(i+2)}{2} \tag{6-65}$$

将式（6-65）展开，得

$$\text{num} = \sum_{i=n}^{0} \frac{(i+1)(i+2)}{2} = \sum_{i=n}^{0} \frac{(i^2 + 3i + 2)}{2}$$

$$= \sum_{i=0}^{n} \frac{i^2}{2} + \sum_{i=0}^{n} \frac{3i}{2} + \sum_{i=0}^{n} \frac{2}{2}$$

$$= \frac{1}{2} \sum_{i=0}^{n} i^2 + \frac{3}{2} \frac{(n+1)n}{2} + (n+1)$$

$$= \frac{1}{2} \sum_{i=0}^{n} i^2 + \frac{3}{4} n^2 + \frac{3}{4} n + n + 1$$

$$= \frac{1}{2} \sum_{i=0}^{n} i^2 + \frac{3}{4} n^2 + \frac{7}{4} n + 1 \tag{6-66}$$

在式（6-66）中，只要知道 $\sum_{i=0}^{n} i^2$，就可以知道 n 元 3 次多项式的项数。

利用微积分思想，$\int_a^b F'(x) = f(x) \big|_a^b = f(b) - f(a)$，可得

$$\sum_{i=0}^{n} [(i+1)^3 - (i)^3] = \sum_{i=0}^{n} (i+1)^3 - \sum_{i=0}^{n} i^3 \tag{6-67}$$

令 $i + 1 = j$，于是式（6-67）变为

$$\sum_{i=0}^{n} [(i+1)^3 - (i)^3] = \sum_{j=1}^{n+1} j^3 - \sum_{i=0}^{n} i^3 \tag{6-68}$$

对式（6-68）作变换，可得

$$\sum_{i=0}^{n}\left[(i+1)^3-(i)^3\right]=\sum_{j=1}^{n+1}j^3-\sum_{i=0}^{n}i^3=\sum_{j=0}^{n}j^3+(n+1)^3-\sum_{i=0}^{n}i^3=(n+1)^3 \tag{6-69}$$

再将式（6-67）左端展开，得

$$\begin{aligned}\sum_{i=0}^{n}\left[(i+1)^3-(i)^3\right]&=\sum_{i=0}^{n}(i^3+3i^2+3i+1-i^3)\\&=\sum_{i=0}^{n}(3i^2+3i+1)=3\sum_{i=0}^{n}i^2+3\sum_{i=1}^{n}i+(n+1)\\&=3\sum_{i=0}^{n}i^2+\frac{3}{2}(n+1)n+n+1\\&=3\sum_{i=0}^{n}i^2+\frac{3}{2}n^2+\frac{5}{2}n+1\end{aligned} \tag{6-70}$$

由式（6-69）和式（6-70），可得

$$3\sum_{i=0}^{n}i^2+\frac{3}{2}n^2+\frac{5}{2}n+1=(n+1)^3 \tag{6-71}$$

由式（6-71），可得

$$\begin{aligned}\sum_{i=0}^{n}i^2&=\frac{1}{3}(n+1)^3-\frac{1}{2}n^2-\frac{5}{6}n-\frac{1}{3}\\&=\frac{n^3}{3}+n^2+n+\frac{1}{3}-\frac{1}{2}n^2-\frac{5}{6}n-\frac{1}{3}=\frac{n^3}{3}+\frac{n^2}{2}+\frac{n}{6}\end{aligned} \tag{6-72}$$

将式（6-72）代入式（6-66），得

$$\begin{aligned}\text{num}_n^3&=\frac{1}{2}\sum_{i=0}^{n}i^2+\frac{3}{4}n^2+\frac{7}{4}n+1\\&=\frac{n^3}{6}+\frac{n^2}{4}+\frac{n}{12}+\frac{3}{4}n^2+\frac{7}{4}n+1\\&=\frac{n^3}{6}+n^2+\frac{11}{6}n+1\\&=\frac{n^3+6n^2+11n+6}{6}\end{aligned} \tag{6-73}$$

即 n 元 3 次多项式的项数为

$$\text{num}_n^3=\frac{n^3+6n^2+11n+6}{6} \tag{6-74}$$

基于 n 元 3 次多项式的项数，同样可得 n 元 4 次多项式的项数为

$$\text{num}_n^4=\sum_{i=n+1}^{0}\frac{i^3+6i^2+11i+6}{6} \tag{6-75}$$

对式（6-75）展开，得

$$\text{num}_n^4 = \sum_{i=n+1}^{0} \frac{i^3 + 6i^2 + 11i + 6}{6} = \frac{1}{6}\sum_{i=0}^{n} i^3 + \sum_{i=0}^{n} i^2 + \frac{11}{6}\sum_{i=0}^{n} i + n + 1$$

$$= \frac{1}{6}\sum_{i=0}^{n} i^3 + \sum_{i=0}^{n} i^2 + \frac{11}{12}(n+1)n + n + 1 \quad (6-76)$$

将式（6-72）代入式（6-76），得

$$\text{num}_n^4 = \frac{1}{6}\sum_{i=0}^{n} i^3 + \sum_{i=0}^{n} i^2 + \frac{11}{12}(n+1)n + n + 1$$

$$= \frac{1}{6}\sum_{i=0}^{n} i^3 + \frac{n^3}{3} + \frac{n^2}{2} + \frac{n}{6} + \frac{11}{12}n^2 + \frac{23}{12}n + 1$$

$$= \frac{1}{6}\sum_{i=0}^{n} i^3 + \frac{n^3}{3} + \frac{17n^2}{12} + \frac{25}{12}n + 1 \quad (6-77)$$

同样，利用微积分思想，可得

$$\sum_{i=0}^{n}\left[(i+1)^4 - (i)^4\right] = \sum_{i=0}^{n}(i+1)^4 - \sum_{i=0}^{n} i^4 \quad (6-78)$$

于是，得

$$\sum_{i=0}^{n} i^3 = \frac{n^4 + 2n^3 + n^2}{4} \quad (6-79)$$

将式（6-79）代入式（6-77），得

$$\text{num}_n^4 = \frac{1}{6}\sum_{i=0}^{n} i^3 + \frac{n^3}{3} + \frac{17n^2}{12} + \frac{25}{12}n + 1$$

$$= \frac{n^4 + 2n^3 + n^2}{24} + \frac{n^3}{3} + \frac{17n^2}{12} + \frac{25}{12}n + 1$$

$$= \frac{n^4 + 2n^3 + n^2 + 8n^3 + 34n^2 + 50n + 24}{24}$$

$$= \frac{n^4 + 10n^3 + 35n^2 + 50n + 24}{24} \quad (6-80)$$

即 n 元 4 次多项式的项数为

$$\text{num}_n^4 = \frac{n^4 + 10n^3 + 35n^2 + 50n + 24}{24} \quad (6-81)$$

经过上述推导，可知 n 元 m 次多项式的项数为

$$\text{num}_n^m = \text{num}_n^{m-1} \cdot \frac{n+m}{m} \quad (6-82)$$

检验：众所周知，n 元 1 次多项式的项数为 $\text{num}_n^1 = n + 1$。

由式（6-82）可知：

n 元 2 次多项式的项数为

$$\text{num}_n^2 = (n+1) \cdot \frac{n+2}{2} = \frac{(n+1)(n+2)}{2} = \frac{n^2 + 3n + 2}{2}$$

n 元 3 次多项式的项数为

$$\text{num}_n^3 = \frac{n^2+3n+2}{2} \cdot \frac{n+3}{3} = \frac{n^3+6n^2+11n+6}{6}$$

n 元 4 次多项式的项数为

$$\text{num}_n^4 = \frac{n^3+6n^2+11n+6}{6} \cdot \frac{n+4}{4} = \frac{n^4+10n^3+35n^2+50n+24}{24}$$

n 元 5 次多项式的项数为

$$\text{num}_n^5 = \frac{n^4+10n^3+35n^2+50n+24}{24} \cdot \frac{n+5}{5}$$

$$= \frac{n^5+15n^4+85n^3+225n^2+274n+120}{120}$$

这样,基于式(6-82),可知进一步展开,得

$$\text{num}_n^m = \text{num}_n^{m-1} \cdot \frac{n+m}{n}$$

$$= \text{num}_n^{m-2} \cdot \frac{n+m-1}{m-1} \cdot \frac{n+m}{m}$$

$$= \text{num}_n^{m-3} \cdot \frac{n+m-2}{m-2} \cdot \frac{n+m-1}{m-1} \cdot \frac{n+m}{m}$$

$$= \frac{(n+1)}{1} \cdot \frac{n+2}{2} \cdot \frac{n+3}{3} \cdots \frac{n+m}{m} \qquad (6-83)$$

推导的式(6-83)与有关文献多项式总项数为

$$\text{num}_n^m = \frac{(m+n)!}{m!\,n!} = \frac{(m+n)\times(m+n-1)\times\cdots 2\times 1}{m\times(m-1)\times\cdots 2\times 1\times n\times(n-1)\times\cdots\times 2\times 1}$$

$$= \frac{(m+n)\times(m+n-1)\times\cdots\times(m+1)}{n\times(n-1)\times\cdots\times 2\times 1} \qquad (6-84)$$

6.5.3 克里金插值方法

克里金方法又称空间局部插值法,是以变异函数理论和结构分析为基础的。克里金模型不仅能给出对未知函数的预估值,还能给出预估值的误差估计,这是克里金模型区别于其他代理模型的显著特点。克里金模型由于其对非线性函数的良好近似能力和独特的误差估计功能,正受到越来越多研究者的关注,是目前最具代表性和应用潜力的代理模型方法之一。

1. 克里金模型及其预估值

克里金模型是一种插值模型,其插值结果定义为已知样本函数响应值的线性加权,即

$$\hat{y}(x) = \sum^n \omega^i y^i \qquad (6-85)$$

于是，只要能给出加权系数 $\boldsymbol{\omega} = [\omega^{(1)} \quad \omega^{(2)} \quad \cdots \quad \omega^{(n)}]^{(\mathrm{T})}$ 的表达式，便可得到设计空间中任意设计方案的性能预估值。为了计算加权系数，克里金模型引入了统计学假设：将未知函数看作某个高斯静态随机过程的具体实现，该静态随机过程定义为

$$Y(x) = \beta_0 + Z(x) \tag{6-86}$$

式中：$\beta_{(0)}$ 为未知常数，也称为全局趋势模型，代表 $Y(x)$ 的数学期望值；$Z(\cdot)$ 为均值，方差为 $\sigma^2(\sigma^2(x)\sigma^2, \forall x)$ 的静态随机过程。在设计空间不同位置处，这些随机变量存在一定的相关性（或协方差）。该协方差可表述为

$$\mathrm{Cov}[Z(x), Z(x')] = \sigma^2 R(x, x') \tag{6-87}$$

式中：$R(x, x')$ 为"相关函数"（只与空间距离有关），并满足距离为 0 时等于 1，距离无穷大时等于 0，相关性随着距离的增大而减小。

基于上述假设，克里金模型寻找最优加权系数 ω，使得均方差：

$$\mathrm{MSE}[\hat{y}(x)] = E[(\boldsymbol{\omega}^{\mathrm{T}} \boldsymbol{Y}_S - \boldsymbol{Y}(X))^2] \tag{6-88}$$

最小，并满足插值条件（或无偏差条件）：

$$E\left[\sum_{i=1}^{n} \omega^{(i)} Y(X^{(i)})\right] = E[Y(x)] \tag{6-89}$$

采用拉格朗日乘数法，经过推导可证明最优加权系数 ω 由式（6-85）描述的线性方程组（也称克里金模型方程组）给出

$$\begin{cases} \sum_{j=1}^{n} \omega^j R(X^{(i)}, X^{(j)}) + \dfrac{\mu}{2\sigma^2} = R(X^{(i)}, X) \\ \sum_{i=1}^{n} \omega^{(i)} = 1 \end{cases} \tag{6-90}$$

式中：$i = 1, 2, \cdots, n$；μ 为拉格朗日乘数。式（6-85）写成短阶形式为

$$\begin{bmatrix} \boldsymbol{R} & \boldsymbol{F} \\ \boldsymbol{F}^{\mathrm{T}} & 0 \end{bmatrix} \begin{bmatrix} \boldsymbol{\omega} \\ \tilde{\mu} \end{bmatrix} = \begin{bmatrix} \boldsymbol{r} \\ 1 \end{bmatrix} \tag{6-91}$$

其中

$$\boldsymbol{F} = [1 \quad 1 \quad \cdots \quad 1]^{\mathrm{T}} \in R^n; \quad \tilde{\mu} = \frac{\mu}{2\sigma^2}$$

$$\boldsymbol{R} = \begin{bmatrix} R(X^{(1)}, X^{(1)}) & \cdots & R(X^{(1)}, X^{(n)}) \\ \vdots & & \vdots \\ R(X^{(n)}, X^{(1)}) & \cdots & R(X^{(n)}, X^{(n)}) \end{bmatrix} \in R^{n \times n}; \quad \boldsymbol{r} = \begin{bmatrix} R(X^{(1)}, X) \\ \vdots \\ R(X^{(n)}, X) \end{bmatrix} \in R^n$$

$$\tag{6-92}$$

式中：$\boldsymbol{R}$ 为"相关矩阵"，由所有已知样本点之间的相关函数值组成；$\boldsymbol{r}$ 为"相关矢量"，由未知点与所有已知样本点之间的相关函数值组成。求解式（6-91），并代入式（6-85），可得克里金模型预估值为

$$\hat{y}(X) = \begin{bmatrix} \boldsymbol{r}(X) \\ 1 \end{bmatrix}^{\mathrm{T}} \begin{bmatrix} \boldsymbol{R} & \boldsymbol{F} \\ \boldsymbol{F}^{\mathrm{T}} & 0 \end{bmatrix}^{-1} \begin{bmatrix} \boldsymbol{y}_s \\ 0 \end{bmatrix} \tag{6-93}$$

通过分块矩阵求逆，该模型最终为

$$\hat{y}(X) = \boldsymbol{\beta}_0 + \boldsymbol{r}^{\mathrm{T}}(X) \underbrace{\boldsymbol{R}^{-1}(\boldsymbol{y}_s - \boldsymbol{\beta}_0 \boldsymbol{F})}_{=: V_{\mathrm{krig}}} \tag{6-94}$$

式中：$\boldsymbol{\beta}_0 = (\boldsymbol{F}^{\mathrm{T}} \boldsymbol{R}^{-1} \boldsymbol{F})^{-1} \boldsymbol{F}^{\mathrm{T}} \boldsymbol{R}^{-1} \boldsymbol{y}_s$；列向量 V_{krig} 只与已知样本点有关，可在模型训练结束后一次性计算并存储。之后，预测任意 X 处的函数值只需要计算 $\boldsymbol{r}(X)$ 与 V_{krig} 之间的点乘，其计算时间相比 CFD 或 CSM 分析而言完全可以忽略。此外，克里金模型还能够给出预估值的均方差估计：

$$\mathrm{MSE}\{\hat{y}(X)\} = s^2(X) = \sigma^2 \{1.0 - \boldsymbol{r}^{\mathrm{T}} \boldsymbol{R}^{-1} \boldsymbol{r} + (1 - \boldsymbol{F}^{\mathrm{T}} \boldsymbol{R}^{-1} \boldsymbol{r})^2 / \boldsymbol{F}^{\mathrm{T}} \boldsymbol{R}^{-1} \boldsymbol{F}\}$$
$$(6-95)$$

该均方差可用于指导加入新样本点，以提高代理模型精度或逼近优化问题的最优解。

2. 相关函数的选择

在克里金模型中，$\boldsymbol{R}$ 和 $\boldsymbol{r}$ 的构造均涉及相关函数的选择和计算。目前比较流行的一类相关函数为

$$\boldsymbol{R}(X, X') = \prod_{k=1}^{m} \boldsymbol{R}_k(\theta_k, x_k - x'_k) \tag{6-96}$$

式中：X、X' 为设计空间中任意两个不同位置；$\boldsymbol{\theta} = [\theta_1 \quad \theta_2 \quad \cdots \quad \theta_m]^{\mathrm{T}} \in R^m (\theta_k > 0, k = 1, 2, \cdots, m)$，为待定模型参数。对模型参数进行训练，可获得最优代理模型。需要说明的是，相关函数的选择必须满足高斯假设，并使得相关矩阵对称正定。对于 R_k，目前用得比较多的是"高斯指数模型"，其表达式为

$$R_k(\theta_k, x_k - x'_k) = \exp(-\theta_k |x_k - x'_k|^{p_k}), \quad 1 \leq p_k \leq 2; k = 1, 2, \cdots, m$$
$$(6-97)$$

参数 $p = [p_1 \ p_2 \cdots p_m]^{\mathrm{T}} \in R^m$，是决定光滑程度的各向异性参数。$p_k = 2$ 时，相关函数具有全局性，且无穷阶可导；$p_k < 2$ 时，相关函数仅一阶可导。最初，人们大都直接采用 $p_k = 2$，虽然能获得非常光滑的插值结果，但由于相关矩阵条件数大，容易出现奇异性，导致不稳定。将 p_k 作为模型参数进行优化，大大提高了克里金模型的鲁棒性。有研究者作了进一步简

化,令各方向的指数相同,即各向同性($p_k \equiv p, k=1,2,\cdots,m$)。这样,待定模型参数减少了,而预测精度与简化前相当。

实践证明,在实际应用中一些其他相关函数可近似满足高斯假设,也具有很好的性能。例如,目前比较流行一类三次样条函数:

$$R_k(\theta_k, \xi_k - \xi_k') = \begin{cases} 1 - 15\zeta_k^2 + 30\zeta_k^3, & 0 \leqslant \zeta_k \leqslant 0.2 \\ 1.25(1-\zeta_k)^3, & 0.2 < \zeta_k < 1 \\ 0, & \zeta_k \geqslant 1 \end{cases} \quad (6-98)$$

式中:$\zeta_k = \theta_k |x_k^{(i)} - x_k^{(j)}|, k=1,2,\cdots,m$。

6.5.4 多项式混沌方法

PC 方法是威纳(Wiener)于 1938 年首次提出的,他利用高斯随机变量的哈密特多项式混沌展开,从而对随机过程进行建模。在 19 世纪 60 年代,这种方法在用于湍流模拟时,对于高雷诺数湍流,混沌扩展是不合适的。Ghanem 和 Spanos 扩展了威纳的工作,他们使用有限元方法对不确定性进行量化,并处理基于哈密特多项式的线性弹性问题。在 Ghanem 和 Spanos 的工作之后,PC 方法在几个领域的应用大大增加。例如,在流场分析、复合材料结构、材料、边界条件和加载条件、化学反应、随机优化设计等方面,逐渐使用 PC 方法开展不确定度量化研究。

经典 PC 方法是基于高斯随机变量的哈密特多项式。根据 Cameron-Martin 定理,在高斯随机过程中,以指数收敛,且多项式混沌的收敛速度对高斯过程是最优的。对于不同的随机过程,如果使用其他类型正交多项式代替哈密特多项式来构造多项式混沌,收敛速度则会大大降低。UQ 领域的著名学者修东滨(Dongbin Xiu)教授利用 Askey 格式将 Cameron-Martin 结果推广到其他连续分布和离散分布,证明了相应 Hilbert 函数空间中的 L_2 收敛性。该方法称为广义多项式混沌(gPC)方法,并广泛应用于随机流体力学、固体力学和动力学系统等领域。

PC 法的基本数学原理:考虑一个概率空间 (Ω, F, P),其中 Ω 为样本空间,F 为定义其上的一个 σ 代数,P 为定义在可测空间 (Ω, F) 的概率测度。$\xi_1(\theta), \xi_2(\theta), \cdots, \xi_n(\theta)$ 为 Ω 上的一组随机变量,$\Psi_k(\xi_i)$ 为一组正交多项式,该多项式都是随机变量 ξ_i 的函数。则对于任意 Ω 上的随机变量 $\varphi = \{\varphi_1, \varphi_2, \cdots, \varphi_n\}$,其多项式展开式如下:

$$\varphi^i(\theta) = \varphi_0^i + \sum_{k=1}^{\infty} \varphi_k^i \Psi_1(\xi_k) + \sum_{k=1}^{\infty}\sum_{j=1}^{k} \varphi_{kj}^i \Psi_2(\xi_k, \xi_j) +$$

$$\sum_{k=1}^{\infty}\sum_{j=1}^{k}\sum_{l=1}^{j}\varphi_{kjl}^{i}\Psi_3(\xi_k,\xi_j,\xi_l) + \cdots \qquad (6-99)$$

紧凑格式为

$$\varphi^i(\theta) = \sum_{k=0}^{N_{pc}}\varphi_k^i\Psi_k(\vec{\xi}) \qquad (6-100)$$

式（6-100）称为多项式混沌。其中，系数 φ_k 为确定性量；N_{pc} 为多项式展开式的项数，其确定公式为

$$N_{pc} = \frac{(p+n)!}{p!\,n!} - 1 \qquad (6-101)$$

式中：p 为多项式展开式的最高阶数；n 为随机变量的个数。对于分布函数或概率密度函数已知的随机变量，式中的系数为确定值。该分布函数或概率密度函数由要求解的实际问题来确定，进而可确定式中的系数。多项式的选择依赖于随机变量的概率密度函数，根据 Askey 法则，对应不同的概率密度函数，存在不同的最优多项式。对于连续型变量，对应的概率密度函数和最优多项式如表 6-4 所示。

表 6-4 连续型变量与对应的最优多项式

随机变量分布	多项式类型	支撑域
高斯	哈密特	$(-\infty, +\infty)$
伽玛	拉盖尔	$[0, +\infty)$
贝塔	雅可比	$[a,b]$
区间/均匀	勒让德	$[a,b]$

多项式的正交性质由带权函数 $w(\xi_1,\cdots,\xi_n)$ 的内积决定，如

$$\langle\Psi_i,\Psi_j\rangle = \int\Psi_i(\xi_1,\cdots,\xi_n)\Psi_j(\xi_1,\cdots,\xi_n)w(\xi_1,\cdots,\xi_n)\mathrm{d}\xi_1\cdots\mathrm{d}\xi_n$$
$$(6-102)$$

其中，权函数一般与概率密度函数相同，这样可以保证指数收敛。对于概率密度函数为高斯函数的随机变量，取权函数为

$$w(\xi_1,\cdots,\xi_n) = \frac{1}{\sqrt{(2\pi)^n}}\exp\left(-\frac{\xi_1^2+\cdots+\xi_n^2}{2}\right) \qquad (6-103)$$

其最优多项式为哈密特多项式，如一维形式为

$$\Psi_0 = 1, \Psi_1 = \xi, \Psi_2 = \xi^2 - 1, \Psi_3 = \xi^3 - 3\xi, \cdots \qquad (6-104)$$

在实际应用过程中，使用有限项展开，设

$$U(x,t,\xi(\theta)) = \sum_{i=0}^{N_{PC}} \tilde{U}_i(x,t)\psi_i(\xi(\theta)) \qquad (6-105)$$

式中：N_{pc} 为截断长度，$N_{pc} = \dfrac{(d+n)!}{d!\ n!} - 1$，$n$ 为随机变量的维数，d 为 Wiener – Askey 多项式的最高阶数。同时，根据 Cameron – Martin 定理：

$$\lim_{N_{pc}\to 0} E \left\| U - \sum_{i=0}^{N_{PC}} \tilde{U}_i(x,t)\psi_i(\xi(\theta)) \right\| = 0 \qquad (6-106)$$

式中：E 代表期望；$\|\cdot\|$ 代表 R^2 空间中的欧几里得（Euclid）范数。因此，只要项数足够大，式（6-106）U 的统计特征可以通过 PC 以相对简单的公式得到。

数学期望：
$$E(u) = \tilde{U}_0(x,t) \qquad (6-107)$$

方差：
$$s_u^2 = \sum_{i=1}^{N_{PC}} \tilde{U}_i(x,t)^2 \langle y_i^2 \rangle \qquad (6-108)$$

由表达式可以看出，期望和方差不依赖于随机数的生成，也不需要多次取点计算，这正是 PC 方法的优点。

根据与求解器的耦合方式，多项式混沌方法可分为嵌入式多项式混沌法（IPC）和非嵌入多项式混沌法（NIPC）。IPC 需根据原控制方程，建立相应的随机控制方程，对已有的数值求解程序需进行大量修改，无法利用现有确定性程序。而 NIPC 不需要对控制方程进行修改，可以采用已有的数值求解程序。此方法是把已有的确定流动问题求解器作为一个黑匣子，在随机空间里通过一定的抽样方法，获得若干个样本点，将各样本点代入确定性程序计算求解，然后对这些确定性结果进行统计分析，获得相关不确定性输入参数数值求解结果的统计特征，以评估输入参数或计算条件的不确定性在计算过程中传播的影响。此方法有利于采用经过完好确认的 CFD 软件，避免了可能会给工业应用引入新误差的风险。但此方法需要的配置点数随随机变量个数的增加而迅速增加，因此计算量较大。IPC 方法虽然需要改变控制方程，对已有的求解器进行大量的修改，但其在求解过程中即可获得变量的统计特性，计算量相对较小，这对计算资源要求较高的 CFD 问题，具有很强的吸引力。

为了描述简单，这里分别以一维非定常流体方程和二维炸药爆轰流体力学方程为例，分别介绍嵌入式多项式混沌方法和非嵌入式多项式混沌方法。对于其他方程，也很容易拓展。

1. 嵌入式多项式混沌在炸药爆轰一维流体力学方程中应用

炸药的爆炸是极为迅速的能量释放过程，爆轰波由非常强的冲击波及波后的化学反应区组成，基于微分方程炸药爆轰建模与模拟的基本方程是不定常可压缩理想流体力学方程和化学动力学方程的耦合方程组。

质量方程：
$$\frac{\partial \rho}{\partial t} + \nabla \cdot \rho \boldsymbol{u} = 0 \tag{6-109}$$

动量方程：
$$\frac{\partial \rho \boldsymbol{u}}{\partial t} + \nabla \cdot \rho \boldsymbol{uu} + \nabla P = 0 \tag{6-110}$$

能量方程：
$$\frac{\partial \rho E}{\partial t} + \nabla \cdot \rho E \boldsymbol{u} + \nabla \cdot P \boldsymbol{u} = 0 \tag{6-111}$$

化学反应率方程：
$$\frac{\mathrm{d}\lambda}{\mathrm{d}t} = F(\rho, e, \lambda) \tag{6-112}$$

状态方程：
$$P = P(\rho, \boldsymbol{u}, \rho E, F) \tag{6-113}$$

式中：$\boldsymbol{uu}$ 为并矢张量；E 为内积，$E = e + \frac{1}{2}\boldsymbol{u} \cdot \boldsymbol{u}$；$\rho$、$\boldsymbol{u}$、$E$、$e$、$P$ 分别为密度、速度、单位质量的总能量、单位质量的内能与压力；λ 为化学反应份额。由于炸药的化学反应复杂而迅速，因此还处于唯象模型的阶段，反应率只是一些热力学量的函数。这里化学反应率采用 Wilkins 函数，它是最早使用的一种反应率函数，主要针对平面爆轰的数值模拟，引进一种伪反应区的炸药能力释放过程描述的反应率函数，它与CJ爆速和网格大小有关，需要通过试验进行参数的标定。形式如下：

$$F = \begin{cases} 0, & t \leqslant t_\mathrm{b} \\ (t - t_\mathrm{b})/\Delta L, & t_\mathrm{b} < t < t_\mathrm{b} + \Delta L \\ 1, & t \geqslant t_\mathrm{b} + \Delta L \end{cases} \tag{6-114}$$

式中：t_b 为爆轰波刚到达计算网格的时刻，即起爆时间，其取值基于惠更斯原理；t 为当前计算时刻；$\Delta L = r_\mathrm{b} \Delta R / D_J$，$\Delta R$ 为网格宽度，D_J 为CJ爆轰速度，r_b 为可调参数。一般 γ_B 是通过经验取值的，或通过试算来逐渐调整，获得合理而较好的计算结果。朱建士院士指出，γ_B 的取值与计算中采用的人为黏性系数密切相关。这里取相应的状态方程为

$$P = (\gamma - 1)\rho e F \tag{6-115}$$

设方程式（6-111）~式（6-117）解的具有形式为

$$U(x, t, \xi(\theta)) = \sum_{i=0}^{\infty} \widetilde{U}_i(x, t) \psi_i(\xi(\theta)) \tag{6-116}$$

式中：$\tilde{U}_i(x,t)$ 为确定性向量函数，$\tilde{U}_i(x,t) = (\tilde{\rho}_i, \tilde{u}_i, (\tilde{\rho}\tilde{E})_i, \tilde{P}_i)^{\mathrm{T}}$；$\psi_i(\xi)$ 为随机变量 ξ 的多项式函数，且 $\{\psi_i(\xi)\}_{i=0}^{\infty}$ 为正交多项式族；ξ 为概率空间 (Ω, F, P) 上的随机变量；$U(x,t,\xi)$ 为概率空间 (Ω, F, P) 上的随机函数，Ω 为样本空间（事件集），F 为 Ω 上的 σ 代数，$P: F \rightarrow [0,1]$ 为概率测度，θ 为事件，$\theta \in \Omega$。不同随机变量类型对应不同多项式 ψ_i。例如，均匀分布对应勒让德（Legendre）正交多项式；正态分布对应哈密特正交多项式；泊松分布对应 Charlier 多项式。

在实际应用过程中，使用有限项展开，设

$$U(x,t,\xi(\theta)) = \sum_{i=0}^{N_{\mathrm{PC}}} \tilde{U}_i(x,t)\psi_i(\xi(\theta)) \qquad (6-117)$$

式中：N_{PC} 为阶段长度，$N_{\mathrm{PC}} = \dfrac{(d+n)!}{d!n!} - 1$，$n$ 为随机变量的维数，d 为 Wiener-Askey 多项式的最高阶数。由于在这里 $n=1$，所以 $N_{\mathrm{PC}} = d$。同时，根据 Cameron-Martin 定理，即

$$\lim_{N_{\mathrm{PC}} \to \infty} E \left\| U - \sum_{i=0}^{N_{\mathrm{PC}}} \tilde{U}_i(x,t)\psi_i(\xi(\theta)) \right\| = 0 \qquad (6-118)$$

式中：E 代表期望；$\|\cdot\|$ 代表 R^3 空间中的欧几里得范数。因此，只要项数足够大，式（6-117）接近于式（6-118）。U 的统计特征可以通过 IPC 以相对简单的公式得到，具体如下：

数学期望：
$$E(u) = \tilde{u}_0(x,t) \qquad (6-119)$$

方差：
$$\sigma_u^2 = \sum_{i=1}^{N_{\mathrm{PC}}} \tilde{u}_i(x,t)^2 <\psi_i^2> \qquad (6-120)$$

由此可以看出，期望和方差不依赖于随机数的生成，也不需要多次取点计算。从式（6-116）和式（6-117）可以看出，只要用某种方式得到了级数中的确定性向量函数 $\tilde{U}_i(x,t)$，就可得到随机函数 $U(x,t,\xi(\theta))$ 的近似值。

对上述控制方程式（6-109）~式（6-115）中物理量进行多项式展开，则

$$\rho(t,x,\xi) = \sum_{k=0}^{N_{\mathrm{PC}}} \rho_k \psi_k \qquad (6-121)$$

$$u(t,x,\xi) = \sum_{k=0}^{N_{\mathrm{PC}}} u_k \psi_k \qquad (6-122)$$

$$(\rho E)(t,x,\xi) = \sum_{k=0}^{N_{\text{PC}}} (\rho E)_k \psi_k \qquad (6-123)$$

$$p(t,x,\xi) = \sum_{k=0}^{N_{\text{PC}}} p_k \psi_k \qquad (6-124)$$

将式（6-121）~式（6-124）其代入控制方程式（6-111）~式（6-113），得

$$\begin{cases} \sum_{k=0}^{N_{\text{PC}}} \psi_k \dfrac{\partial \rho_k}{\partial t} + \sum_{k=0}^{N_{\text{PC}}} \sum_{j=0}^{N_{\text{PC}}} \dfrac{\partial \rho_j u_k}{\partial x} \psi_j \psi_k = 0 \\[2mm] \sum_{k=0}^{N_{\text{PC}}} \sum_{j=0}^{N_{\text{PC}}} \dfrac{\partial \rho_j u_k}{\partial t} \psi_j \psi_k + \sum_{l=0}^{N_{\text{PC}}} \sum_{k=0}^{N_{\text{PC}}} \sum_{j=0}^{N_{\text{PC}}} \dfrac{\partial \rho_j u_k u_l}{\partial x} \psi_j \psi_k \psi_l + \sum_{k=0}^{N_{\text{PC}}} \psi_k \dfrac{\partial p_k}{\partial x} = 0 \\[2mm] \sum_{k=0}^{N_{\text{PC}}} \psi_k \dfrac{\partial (\rho E)_k}{\partial t} + \sum_{k=0}^{N_{\text{PC}}} \sum_{j=0}^{N_{\text{PC}}} \dfrac{\partial (\rho E)_j u_k}{\partial x} \psi_j \psi_k + \sum_{k=0}^{N_{\text{PC}}} \sum_{j=0}^{N_{\text{PC}}} \dfrac{\partial \rho_j u_k}{\partial x} \psi_j \psi_k = 0 \\[2mm] \sum_{k=0}^{N_{\text{PC}}} p_k \psi_k = (\gamma - 1) \left[\sum_{k=0}^{N_{\text{PC}}} (\rho E)_k \psi_k - \sum_{l=0}^{N_{\text{PC}}} \sum_{k=0}^{N_{\text{PC}}} \sum_{j=0}^{N_{\text{PC}}} \dfrac{\rho_j u_k u_l}{2} \psi_j \psi_k \psi_l \right] F \end{cases}$$

上式两端同时乘以 $\psi_i(\xi), i = 1, 2, \cdots, N_{\text{PC}}$，并在 $L^2(\Omega)$ 空间中作内积，同时利用 $\{\psi\}$ 的正交性，即 $<\psi_i(\xi), \psi_j(\xi)> = <\psi_i(\xi)^2>\delta_{ij}$，$\delta_{ij}$ 代表 Kronecker 算子。得到新的控制方程为

$$\begin{cases} <\psi_i,\psi_i> \dfrac{\partial \rho_i}{\partial t} + \sum_{k=0}^{N_{\text{PC}}} \sum_{j=0}^{N_{\text{PC}}} \dfrac{\partial \rho_j u_k}{\partial x} <\psi_i,\psi_j,\psi_k> = 0 \\[2mm] \sum_{k=0}^{N_{\text{PC}}} \sum_{j=0}^{N_{\text{PC}}} \dfrac{\partial \rho_j u_k}{\partial t} <\psi_i,\psi_j,\psi_k> + \sum_{l=0}^{N_{\text{PC}}} \sum_{k=0}^{N_{\text{PC}}} \sum_{j=0}^{N_{\text{PC}}} \dfrac{\partial \rho_j u_k u_l}{\partial x} <\psi_i,\psi_j,\psi_k,\psi_l> + \\[2mm] \quad <\psi_i,\psi_i> \dfrac{\partial p_i}{\partial x} = 0 \\[2mm] <\psi_i,\psi_i> \dfrac{\partial (\rho E)_i}{\partial t} + \sum_{k=0}^{N_{\text{PC}}} \sum_{j=0}^{N_{\text{PC}}} \dfrac{\partial (\rho E)_j u_k}{\partial x} <\psi_i,\psi_j,\psi_k> + \\[2mm] \sum_{k=0}^{N_{\text{PC}}} \sum_{j=0}^{N_{\text{PC}}} \dfrac{\partial \rho_j u_k}{\partial x} <\psi_i,\psi_j,\psi_k> = 0 \\[2mm] <\psi_i,\psi_i> P_i = (\gamma - 1) \left[<\psi_i,\psi_i>(\rho E)_i - \right. \\[2mm] \left. \sum_{l=0}^{N_{\text{PC}}} \sum_{k=0}^{N_{\text{PC}}} \sum_{j=0}^{N_{\text{PC}}} \dfrac{\rho_j u_k u_l}{2} <\psi_i,\psi_j,\psi_k,\psi_l> \right] F \end{cases}$$

$$(6-125)$$

式中：$i,j,k,l = 1,2,\cdots,N_{PC}$。

令 $C_{ijk} = \dfrac{<\psi_i,\psi_j,\psi_k>}{<\psi_i,\psi_i>}$，$D_{ijkl} = \dfrac{<\psi_i,\psi_j,\psi_k,\psi_l>}{<\psi_i,\psi_i>}$，则方程简化为

$$\begin{cases} \dfrac{\partial \rho_i}{\partial t} + \sum\limits_{k=0}^{N_{PC}} \sum\limits_{j=0}^{N_{PC}} C_{ijk} \dfrac{\partial \rho_j u_k}{\partial x} = 0 \\ \sum\limits_{k=0}^{N_{PC}} \sum\limits_{j=0}^{N_{PC}} \dfrac{\partial \rho_j u_k}{\partial t} C_{ijk} + \sum\limits_{l=0}^{N_{PC}} \sum\limits_{k=0}^{N_{PC}} \sum\limits_{j=0}^{N_{PC}} \dfrac{\partial \rho_j u_k u_l}{\partial x} D_{ijkl} + \dfrac{\partial p_i}{\partial x} = 0 \\ \dfrac{\partial (\rho E)_i}{\partial t} + \sum\limits_{k=0}^{N_{PC}} \sum\limits_{j=0}^{N_{PC}} C_{ijk} \dfrac{\partial (\rho E)_j u_k}{\partial x} + \sum\limits_{k=0}^{N_{PC}} \sum\limits_{j=0}^{N_{PC}} C_{ijk} \dfrac{\partial \rho_j u_k}{\partial x} = 0 \\ P_i = (\gamma - 1) \left[(\rho E)_i - \sum\limits_{l=0}^{N_{PC}} \sum\limits_{k=0}^{N_{PC}} \sum\limits_{j=0}^{N_{PC}} \dfrac{\rho_j u_k u_l}{2} D_{ijk} \right] F \end{cases} \quad (6-126)$$

由于炸药颗粒凝结的不均匀性，导致初值不确定性。假设炸药初始密度服从正态分布，对应的 $\{\psi\}$ 为哈密特多项式，此时 $\psi_0 = 1$，$\psi_1 = \xi$，$\psi_2 = \xi^2 - 1$，且满足迭代关系式：

$$\begin{cases} \psi_0 = 1 \\ \psi_1 = \xi \\ \psi_{i+1}(\xi) = \xi \psi_i(\xi) - i\psi_{i-1}(\xi) \end{cases}$$

同时 $<\psi_i(\xi)> = 0$，$<\psi_i(\xi)^2> = i!$，$<\psi_i(\xi),\psi_j(\xi)> = <\psi_i(\xi)^2>\delta_{ij} = \delta_{ij} i!$，特别的，有

$$<\psi_i(\xi),\psi_j(\xi),\psi_k(\xi)> = \begin{cases} 0, & i+j+k \text{ 是奇数，或 } \max\{i,j,k\} > s \\ \dfrac{i!\,j!\,k!}{(s-i)!\,(s-j)!\,(s-k)!}, & \text{其他} \end{cases}$$

式中：$s = \dfrac{i+j+k}{2}$，$i,j,k = 0,1,2,\cdots,N_{PC}$。

利用置换的轮换对称性，有

$$<\psi_i,\psi_j,\psi_k> = <\psi_i,\psi_k,\psi_j> = <\psi_j,\psi_i,\psi_k> = <\psi_j,\psi_k,\psi_i>$$
$$= <\psi_k,\psi_i,\psi_j> = <\psi_k,\psi_j,\psi_i> <\psi_i,\psi_j,\psi_k,\psi_l>$$
$$= <\psi_j,\psi_i,\psi_k,\psi_l> = <\psi_k,\psi_j,\psi_i,\psi_l> = <\psi_l,\psi_j,\psi_k,\psi_i>$$
$$= <\psi_i,\psi_k,\psi_j,\psi_l> = <\psi_i,\psi_l,\psi_j,\psi_k> = <\psi_l,\psi_k,\psi_j,\psi_i>$$

利用上述理论，这里给出非嵌入式多项式混沌（IPC）的前三阶展开。

(1) 零阶展开式为

$$\begin{cases} \dfrac{\partial \rho_0}{\partial t} + \dfrac{\partial \rho_0 u_0}{\partial x} + \dfrac{\partial \rho_1 u_1}{\partial x} = 0 \\[2mm] \dfrac{\partial \rho_0 u_0}{\partial t} + \dfrac{\partial \rho_0 u_0 u_0}{\partial x} + \dfrac{\partial p_0}{\partial x} = 0 \\[2mm] \dfrac{\partial (\rho E)_0}{\partial t} + \dfrac{\partial (\rho E)_0 u_0}{\partial x} + \dfrac{\partial p_0 u_0}{\partial x} = 0 \\[2mm] P_0 = (\gamma - 1)\left[(\rho E)_0 - \dfrac{\rho_0 u_0 u_0}{2}\right]F \end{cases}$$

(2) 一阶展开式为

$$\begin{cases} \dfrac{\partial \rho_0}{\partial t} + \dfrac{\partial \rho_0 u_0}{\partial x} + \dfrac{\partial \rho_1 u_1}{\partial x} = 0 \\[2mm] \dfrac{\partial \rho_1}{\partial t} + \dfrac{\partial \rho_0 u_1}{\partial x} + \dfrac{\partial \rho_1 u_0}{\partial x} = 0 \\[2mm] \dfrac{\partial \rho_0 u_0}{\partial t} + \dfrac{\partial \rho_1 u_1}{\partial t} + \dfrac{\partial \rho_1 u_1 u_0}{\partial x} + \dfrac{\partial \rho_1 u_0 u_1}{\partial x} + \dfrac{\partial \rho_0 u_0 u_0}{\partial x} + \dfrac{\partial \rho_0 u_1 u_1}{\partial x} + \dfrac{\partial p_0}{\partial x} = 0 \\[2mm] \dfrac{\partial \rho_0 u_1}{\partial t} + \dfrac{\partial \rho_1 u_0}{\partial t} + \dfrac{\partial \rho_1 u_0 u_0}{\partial x} + 2\dfrac{\partial \rho_1 u_1 u_1}{\partial x} + \dfrac{\partial \rho_0 u_0 u_1}{\partial x} + \dfrac{\partial \rho_0 u_1 u_0}{\partial x} + \dfrac{\partial p_1}{\partial x} = 0 \\[2mm] \dfrac{\partial (\rho E)_0}{\partial t} + \dfrac{\partial (\rho E)_0 u_0}{\partial x} + \dfrac{\partial (\rho E)_1 u_1}{\partial x} + \dfrac{\partial p_0 u_0}{\partial x} + \dfrac{\partial p_1 u_1}{\partial x} = 0 \\[2mm] \dfrac{\partial (\rho E)_1}{\partial t} + \dfrac{\partial (\rho E)_1 u_0}{\partial x} + \dfrac{\partial (\rho E)_0 u_1}{\partial x} + \dfrac{\partial p_0 u_1}{\partial x} + \dfrac{\partial p_1 u_0}{\partial x} = 0 \\[2mm] P_0 = (\gamma - 1)\left[(\rho E)_0 - \dfrac{\rho_1 u_1 u_0}{2} - \dfrac{\rho_1 u_0 u_1}{2} - \dfrac{\rho_0 u_0 u_0}{2} - \dfrac{\rho_0 u_1 u_1}{2}\right]F \\[2mm] P_1 = (\gamma - 1)\left[(\rho E)_1 - \dfrac{\rho_1 u_0 u_0}{2} - \rho_1 u_1 u_1 - \dfrac{\rho_0 u_0 u_1}{2} - \dfrac{\rho_0 u_1 u_0}{2}\right]F \end{cases}$$

利用一维拉氏流体力学方程组迎风型格式，采用 0 阶至 2 阶展开式，得出 IPC 系数，然后利用式（6 – 119）和式（6 – 120）求出数学期望和方差。

计算流体时，考虑人为黏性。

(1) von Neumann – Richtmyer 人为黏性（二次黏性）：

$$q_{NR} = \begin{cases} l_{NR}^2 \rho \left(\dfrac{\dot V}{V}\right)^2, & \dot V < 0 \\ 0, & \dot V \geqslant 0 \end{cases} \quad (6-127)$$

式中：l_{NR} 为具长度量纲的量，$l_{NR}^2 = a_{NR}^2 A$；a_{NR} 为人为黏性系数；A 为计算网格面积。

（2）Landshoff 人为黏性（一次黏性或线性黏性）：

$$q_L = \begin{cases} l_L \rho c \left(\dfrac{\dot{V}}{V}\right), & \dot{V} < 0 \\ 0, & \dot{V} \geqslant 0 \end{cases} \quad (6-128)$$

式中：l_L 为具长度量纲的量，$l_L = a_L \sqrt{A}$；a_L 为 Landshoff 人为黏性系数；A 为计算网格面积；c 为当地声速。

多方指数 γ 的取值伴随着炸药爆炸后密度的变化而出现起伏，即 $\gamma \in N(1.4, 0.1)$。

令 $\beta = \gamma - 1$，$\beta \in N(0.4, 0.1)$。将 β 利用 K - L 展开（Karhunen - Loeve expansion），即

$$\beta = \beta_0 + \beta_1 \xi$$

式中：$\beta_1 = 0.4$ 为多方指数 γ 的期望；$\beta_1 = 0.1$ 代表多方指数 γ 的标准差；随机变量 ξ 服从标准正态分布。由于 $\psi_0 = 1$，$\psi_1 = \xi$，则

$$\beta = \beta_0 \psi_0 + \sum_{i=1}^{L} \beta_i \psi_i \quad (6-129)$$

此处，$L = 1$。

将式（6 - 121）~式（6 - 124）及其式（6 - 129）代入控制方程式（6 - 109）~式（6 - 115），利用 0 阶展开法得到一阶展开式为

$$\begin{cases} \dfrac{\partial \rho_i}{\partial t} + \sum\limits_{k=0}^{N_{PC}} \sum\limits_{j=0}^{N_{PC}} C_{ijk} \dfrac{\partial \rho_j u_k}{\partial x} = 0 \\ \sum\limits_{k=0}^{N_{PC}} \sum\limits_{j=0}^{N_{PC}} \dfrac{\partial \rho_j u_k}{\partial x} C_{ijk} + \sum\limits_{l=0}^{N_{PC}} \sum\limits_{k=0}^{N_{PC}} \sum\limits_{j=0}^{N_{PC}} \dfrac{\partial \rho_j u_k u_l}{\partial x} D_{ijkl} + \dfrac{\partial p_i}{\partial x} = 0 \\ \dfrac{\partial (\rho E)_i}{\partial t} + \sum\limits_{k=0}^{N_{PC}} \sum\limits_{j=0}^{N_{PC}} C_{ijk} \dfrac{\partial (\rho E)_j u_k}{\partial x} + \sum\limits_{k=0}^{N_{PC}} \sum\limits_{j=0}^{N_{PC}} C_{ijk} \dfrac{\partial \rho_j u_k}{\partial x} = 0 \\ P_i = \left(\sum\limits_{k=0}^{L} \sum\limits_{j=0}^{N_{PC}} C_{ijk} \beta_k (\rho E)_i - \sum\limits_{m=0}^{L} \sum\limits_{l=0}^{N_{PC}} \sum\limits_{k=0}^{N_{PC}} \sum\limits_{j=0}^{N_{PC}} \dfrac{\beta_m \rho_j u_k u_l}{2} e_{ijklm} \right) F \end{cases}$$

$$(6-130)$$

式中：$e_{ijklm} = \dfrac{<\psi_i, \psi_j, \psi_k, \psi_l, \psi_m>}{<\psi_i, \psi_i>}$，$i, j, k, l = 1, 2, \cdots, N_{PC}$，$m = 1, 2, \cdots, L$。

利用 0 阶展开法，系统的 1 阶展开式为

$$\begin{cases}
\dfrac{\partial \rho_0}{\partial t} + \dfrac{\partial \rho_0 u_0}{\partial x} + \dfrac{\partial \rho_1 u_1}{\partial x} = 0 \\[6pt]
\dfrac{\partial \rho_1}{\partial t} + \dfrac{\partial \rho_0 u_1}{\partial x} + \dfrac{\partial \rho_1 u_0}{\partial x} = 0 \\[6pt]
\dfrac{\partial \rho_0 u_0}{\partial t} + \dfrac{\partial \rho_1 u_1}{\partial t} + \dfrac{\partial \rho_1 u_1 u_0}{\partial x} + \dfrac{\partial \rho_1 u_0 u_1}{\partial x} + \dfrac{\partial \rho_0 u_0 u_0}{\partial x} + \dfrac{\partial \rho_0 u_1 u_1}{\partial x} = -\dfrac{\partial p_0}{\partial x} \\[6pt]
\dfrac{\partial \rho_0 u_1}{\partial t} + \dfrac{\partial \rho_1 u_0}{\partial t} + \dfrac{\partial \rho_1 u_0 u_0}{\partial x} + 2\dfrac{\partial \rho_1 u_1 u_1}{\partial x} + \dfrac{\partial \rho_0 u_0 u_1}{\partial x} + \dfrac{\partial \rho_0 u_1 u_0}{\partial x} = -\dfrac{\partial p_1}{\partial x} \\[6pt]
\dfrac{\partial (\rho E)_0}{\partial t} + \dfrac{\partial (\rho E)_0 u_0}{\partial x} + \dfrac{\partial (\rho E)_1 u_1}{\partial x} + \dfrac{\partial p_0 u_0}{\partial x} + \dfrac{\partial p_1 u_1}{\partial x} = 0 \\[6pt]
\dfrac{\partial (\rho E)_1}{\partial t} + \dfrac{\partial (\rho E)_1 u_0}{\partial x} + \dfrac{\partial (\rho E)_0 u_1}{\partial x} + \dfrac{\partial p_0 u_1}{\partial x} + \dfrac{\partial p_1 u_0}{\partial x} = 0 \\[6pt]
P_0 = \Big[\beta_0 (\rho E)_0 - \dfrac{\beta_0 \rho_1 u_1 u_0}{2} - \dfrac{\beta_0 \rho_1 u_0 u_1}{2} - \dfrac{\beta_0 \rho_0 u_0 u_0}{2} - \dfrac{\beta_0 \rho_0 u_1 u_1}{2} - \beta_1 \rho_0 u_1 u_0 - \\[4pt]
\quad \dfrac{\beta_1 \rho_1 u_0 u_0}{2}\Big] F \\[6pt]
P_1 = \Big[\beta_0 (\rho E)_1 + \beta_1 (\rho E)_0 - \dfrac{\beta_0 \rho_1 u_0 u_0}{2} - \beta_0 \rho_1 u_1 u_1 - \beta_1 \rho_0 u_1 u_1 - 2\beta_1 \rho_0 u_0 u_1 - \\[4pt]
\quad \beta_0 \rho_0 u_0 u_1 - \dfrac{\beta_0 \rho_1 u_0 u_0}{2} - \dfrac{\beta_1 \rho_0 u_0 u_0}{2}\Big] F
\end{cases}$$

再利用式（6-119）和式（6-120）求出数学期望和方差，即可。

从上述可以看出，嵌入式多项式混沌展开（IPC）方法得到的控制方程相当复杂，对已有的数值求解程序需进行大量修改，甚至需要重新研制程序，无法利用现有确定性程序，这给该方法的使用带来巨大挑战。

2. 非潜入式多项式混沌方法在炸药爆轰高维爆轰流体力学中应用

爆轰数值模拟所使用的基本方程是不定常可压缩理想流体力学方程和化学动力学方程的耦合方程组，即

质量方程： $\quad\dfrac{\partial \rho}{\partial t} + \nabla \cdot \rho \boldsymbol{u} = 0 \quad$ （6-131）

动量方程： $\quad\dfrac{\partial \rho \boldsymbol{u}}{\partial t} = \nabla \cdot \rho \boldsymbol{u}\boldsymbol{u} + \nabla P = 0 \quad$ （6-132）

能量方程： $\quad\dfrac{\partial \rho E}{\partial t} + \nabla \cdot \rho E \boldsymbol{u} + \nabla \cdot P \boldsymbol{u} = 0 \quad$ （6-133）

状态方程： $\quad P = P(\rho, e, F) \quad$ （6-134）

化学反应方程： $$\frac{\mathrm{d}\lambda}{\mathrm{d}t} = F(\rho, e, \lambda) \tag{6-135}$$

式中：uu 为并矢张量；E 为内积，$E = e + \frac{1}{2}\boldsymbol{u} \cdot \boldsymbol{u}$；$\rho$、$\boldsymbol{u}$、$E$、$e$、$P$ 分别为密度、速度、单位质量的总能量、单位质量的内能与压力；λ 为化学反应份额。

炸药的点火、爆轰建立和传播研究是炸药装置设计以及安全性、可靠性中的重要问题。炸药点火到爆轰过程是一个非常复杂的过程，炸药的状态方程对描述炸药的点火爆轰性质至关重要，是数值模拟的核心参数，而描述炸药状态方程有许多种形式，如等熵律状态方程、BKW 及 JWL 状态方程等，目前常用的是 JWL 状态方程。JWL 状态方程是由美国三位学者（Jones、Wilkins 和 Lee）研究得到的。JWL 形式的状态方程形式如下：

$$P = A\left(1 - \frac{w}{R_1 V}\right)e^{-R_1 V} + B\left(1 - \frac{w}{R_2 V}\right)e^{-R_2 V} + \frac{wE}{V} \tag{6-136}$$

式中：$V = \frac{v}{v_0}$，v 与 v_0 为比容；E 为比热容力学能；A、B、R_1、R_2 和 w 为常数。其中参数 A、B、R_1、R_2 和 w 的取值一直是使用者关心的重要问题，选取的合理性是使用 JWL 状态方程可信与否的关键。

方程式（6-131）~式（6-136）的主要问题是状态方程式（6-136）与一般的流体力学计算不同，其中包含了燃烧函数 F，燃烧函数 F 要能正确反映化学反应的特性。爆炸产物的状态方程可以是 JWL 形式的状态方程，也可以是理想气体 $P = (\gamma - 1)\rho e$，这里选用式（6-136）的 JWL 形式状态方程，呈静止状态的凝固炸药 $P = 0$。为了进行数值计算，用一条光滑曲线将它们连接起来，通常引进燃烧函数 F 来表征炸药反应程度，这里考虑 Wilkins 函数（时间燃烧函数 + CJ 比容燃烧函数）：

$$F = [\max(F_1, F_2)]^{n_b} \tag{6-137}$$

$$F_1 = \begin{cases} 0, & \text{凝固炸药区} \\ (V_0 - V)/(V_0 - V_J), & \text{过渡区} \\ 1, & \text{爆炸产物区} \end{cases} \tag{6-138}$$

$$F_2 = \begin{cases} 0, & t \leq t_b \\ (t - t_b)/\Delta L, & t_b < t < t_b + \Delta L \\ 1, & t \geq t_b + \Delta L \end{cases} \tag{6-139}$$

式中：V_J 为 CJ 比容，$V_J = \gamma V_0/(\gamma + 1)$，$V_0 = 1/\rho_0$；$t_b$ 为爆轰波刚到达计

算网格的时刻（开始燃烧），即起爆时间；t 为当前计算时刻；$\Delta L = r_b \Delta R / D_J$，$\Delta R$ 为网格宽度，D_J 为 CJ 爆轰速度，r_b 为可调参数。此爆轰模型计算时，涉及的不确定性参数很多，其中 JWL 状态方程中参数 A、B、R_1、R_2 和 w 的取值与确定是模拟爆轰过程的关键。

假设所求解问题的解（如爆轰压力）为 $u(X,t,\xi)$，具有 PC 展开形式表示为

$$u(X,t,\xi) = \sum_{k=0}^{K} u_k(X,t)\psi_k(\xi) \qquad (6-140)$$

式中：$K = \dfrac{(n+p)!}{n!\,p!}$，$n$ 为随机变量的维数，p 为 Wiener – Askey 多项式的最高阶数；$u(X,t,\xi)$ 为模型输出（需评估的响应量）；$u_k(X,t)$ 为序列系数；$\psi_k(\xi)$ 为基函数，对于随机变量参数 ξ 服从均匀分布，选取勒让德多项式。数学上，勒让德函数是指勒让德微分方程的解：

$$(1-x^2)\dfrac{\mathrm{d}^2 P(x)}{\mathrm{d}x^2} - 2x\dfrac{\mathrm{d}P(x)}{\mathrm{d}x} + n(n+1)P(x) = 0 \qquad (6-141)$$

勒让德多项式的一个重要性质是其在区间 $-1 \leqslant x \leqslant 1$ 关于 L^2 内积满足正交性，即

$$\dfrac{\mathrm{d}}{\mathrm{d}x}\left[(1-x^2)\dfrac{\mathrm{d}}{\mathrm{d}x}P(x)\right] = \dfrac{2}{2n+1}\delta_{mn} \qquad (6-142)$$

式中：δ_{mn} 为克罗内克 δ 记号，当 $m=n$ 时为 1，否则为 0。相邻的三个勒让德多项式具有三项递推关系式：

$$(n+1)P_{n+1} = (2n+1)xP_n + nP_{n-1} \qquad (6-143)$$

根据式（6-143），表 6-5 列出了头 11 阶（$n = 0 \sim 10$）勒让德多项式的表达式。

表 6-5 勒让德多项式头 11 阶的表达式

n	$P_n(x)$
0	1
1	x
2	$\dfrac{1}{2} \times (3x^2 - 1)$
3	$\dfrac{1}{2} \times (5x^3 - 3x)$

续表

4	$\frac{1}{8} \times (35x^4 - 30x^2 + 3)$
5	$\frac{1}{8} \times (63x^5 - 70x^3 + 15x)$
6	$\frac{1}{16} \times (231x^6 - 315x^4 + 105x^2 - 5)$
7	$\frac{1}{16} \times (429x^7 - 693x^5 + 315x^3 - 35x)$
8	$\frac{1}{128} \times (6435x^8 - 12012x^6 + 6930x^4 - 1260x^2 + 35)$
9	$\frac{1}{128} \times (12155x^9 - 25740x^7 + 18018x^5 - 4620x^3 + 315x)$
10	$\frac{1}{256} \times (46189x^{10} - 109395x^8 + 90090x^6 - 30030x^4 + 3465x^2 - 63)$

由式（6-143）求出 $\psi_k(\xi)$。对于式（6-140）中序列系数 $u_k(X,t)$，其计算公式为

$$u_k(X,t) = \frac{\sum_{m=1}^{M}(u(X,t))_m (\psi_k(\xi))_m}{\sum_{m=1}^{M}[(\psi_k(\xi))_m]^2}, \quad k = 0,1,\cdots,P \quad (6-144)$$

式中：$u(X,t)$ 为模型不确定参数每一次抽样确定后，利用"确定性爆轰流体力学程序"计算得到相应的数值解，$(u(X,t))_m$ 为第 m 次抽样得到的数值解。将 $\psi_k(\xi)$ 与式（6-144）代入式（6-140）就可以求出随机变量参数 ξ 对观察量 $u(X,t,\xi)$ 的影响。进行统计评估，数学期望（均值）为 $\mu_u = u_0(x,t)$，方差为 $\sigma_u^2 = \sum_{i=1}^{K} u_i(x,t)^2 <\psi_i^2>$。然后就可以给出随机变量 ξ 对需评估观察量的不确定度及影响。

采用式（6-140）对爆轰计算输入一组随机变量参数 $\xi_1,\xi_2,\cdots,\xi_n$（如炸药爆轰 JWL 状态方程中参数 $\boldsymbol{R}_1$ 和 $\boldsymbol{R}_2$）和输出响应量（如压力、密度等）进行 PC 展开，则

$$u(X,t,\xi_1,\xi_2,\cdots,\xi_n) = \sum_{k=0}^{K} u_k(X,t)\psi_k(\xi) \quad (6-145)$$

第6章 不确定度量化

根据上述理论,NIPC 实施算法如下:

(1) 选取模型参数 $\{\xi_1,\xi_2,\cdots,\xi_n\}$ 的 PDF,如正态分布、对数正态分布、指数分布和均匀分布等。对于爆轰模型,为了说明 PC 法的应用,将其他输入参数固定,仅将爆轰模型 JWL 中参数 R_1 和 R_2 作为随机变量参数,PDF 按均匀分布。

(2) 确定模型评估的响应量在参数 $\{\xi_1,\xi_2,\cdots,\xi_n\}$ 的 PC 谱展开式。

(3) 对参数构成的随机向量 $\boldsymbol{\varpi}=\{\xi_1,\xi_2,\cdots,\xi_N\}$ 进行抽样,将其代入 PC 多项式中的 $\psi_k(\boldsymbol{\varpi}(\theta))$,$k=0,1,2,\cdots,P$,然后再计算模型参数向量 $\boldsymbol{\theta}=\{\xi_1,\xi_2,\cdots,\xi_N\}$,对每一次抽样,模型参数向量值为确定值。

(4) 对每一抽样确定后的模型参数值,利用"确定性程序"计算得到相应的数值解 $u(x,t)$,如第 m 次抽样得到解为 $(u(x,t))_m$。

(5) 计算 $u(x,t,\theta)=\sum\limits_{k=0}^{K}u_k(x,t)\psi_k(\boldsymbol{\varpi}(\theta))$ 中的 $u_k(x,t)$,其中

$$u_k(x,t)=\frac{\sum\limits_{m=1}^{M}(u(x,t))_m(\psi_k(\theta))_m}{\sum\limits_{m=1}^{M}[(\psi_k(\theta))_m]^2},\quad k=0,1,2,\cdots,P \quad (6-146)$$

(6) 统计评估。计算数学期望(均值):$\mu_u=u_0(x,t)$ 和方差:$\sigma_u^2=\sum\limits_{i=1}^{K}u_i(x,t)^2<\psi_i^2>$。

采用上述算法分别对炸药平面爆轰过程和散心爆轰过程问题,给出了式(6-138)JWL 状态方程中不确定性参数 R_1、R_2 对流体力学响应量不确定性传播的量化结果。

针对平面爆轰问题,假设计算区域 $[0,10]$,炸药取 PBX-9404,参数为 $K=2.827$、$D_J=8.88\text{km/s}$、$\rho_0=1.842\text{g/cm}^3$。初始从左面起爆,如图 6-20 所示。

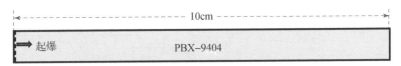

图 6-20 计算模型

计算条件。空间分网格 100 个,即 $x_i=x_0+(i-1)(x_n-x_0)/100=(i-1)\times 0.1$。起爆采用压缩比 $\sigma=1.03$,燃烧函数中参数固定取 $n_b=1.3$、$r_b=2.1$。JWL 参数作为随机参数,PC 取 2 阶展开。图 6-21 给出了 $R_1=$

4.8 ± 0.5,$R_2=1.95\pm0.5$,即 $R_1\in[4.3,5.3]$、$R_2\in[1.45,2.45]$ 均匀抽样 10 次 PC 给出的期望值及方差。其中,图 6-21(a)是不同时刻(从 $1\mu s$ 到 $10\mu s$,间隔 $1\mu s$)压力随空间变化的期望值及叠加方差后的范围,图 6-21(b)是不同时刻压力随空间变化的方差,图 6-21(c)是不同时刻密度随空间变化的期望值及叠加方差后的范围,图 6-21(d)是不同时刻密度随空间变化的方差。图 6-22 给出了 $R_1=7.3\pm0.5$,$R_2=2.46\pm0.5$,即 $R_1\in[6.8,7.8]$、$R_2\in[1.96,2.96]$ 下的期望值及方差。其中,图 6-22(a)是不同时刻压力随空间变化的期望值及叠加方差后的范围,图 6-22(b)是不同时刻压力随空间变化的方差,图 6-22(c)是不同时刻密度随空间变化的期望值及叠加方差后的范围,图 6-22(d)是不同时刻密度随空间变化的方差。

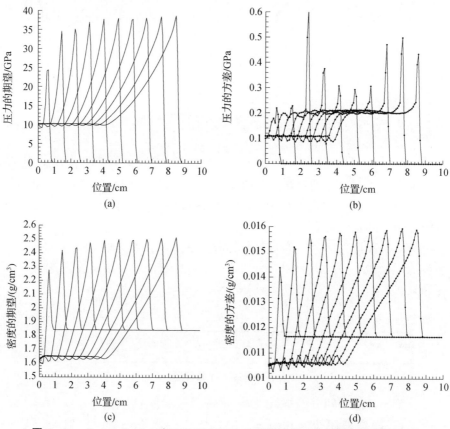

图 6-21　$R_1=4.8\pm0.5$ 和 $R_2=1.95\pm0.5$ 随机抽样下物理量的期望和方差

从图 6-21 和图 6-22 可以看出，炸药爆轰数值模拟中，产物 JWL 状态方程参数 R_1、R_2 的随机不确定度，对计算结果的不确定性有影响。可以看出，$R_1 = 7.3 \pm 0.5$，$R_2 = 2.46 \pm 0.5$ 比 $R_1 = 4.8 \pm 0.5$，$R_2 = 1.95 \pm 0.5$ 的方差小，说明输入参数 $R_1 = 7.3 \pm 0.5$，$R_2 = 2.46 \pm 0.5$ 对计算结果敏感性比输入参数 $R_1 = 4.8 \pm 0.5$，$R_2 = 1.95 \pm 0.5$ 对计算结果敏感性小。初步可以说明，输入参数 $R_1 = 7.3 \pm 0.5$，$R_2 = 2.46 \pm 0.5$ 更合理。

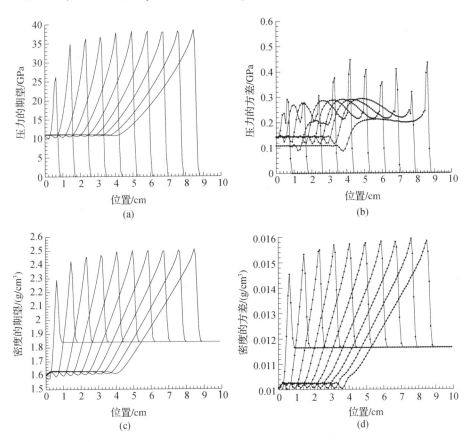

图 6-22　$R_1 = 7.3 \pm 0.5$ 和 $R_2 = 2.46 \pm 0.5$ 随机抽样下物理量的期望和方差

针对散心爆轰问题，假设计算区域 [0,10]，炸药取 PBX-9404，物性同平面爆轰，初始从底部起爆。如图 6-23 所示，沿轴对称旋转，即柱坐标系。

计算条件。空间分网格 100 个，即 $r_i = r_0 + (i-1)(r_n - r_0)/100 = (i -$

1)×0.1。起爆采用压缩比 $\sigma = 1.03$，燃烧函数中参数固定取 $n_b = 1.3$、$r_b = 2.1$。JWL 参数作为随机参数，PC 取 2 阶展开。图 6-24 给出了 $R_1 = 4.8 \pm 0.5$，$R_2 = 1.95 \pm 0.5$ 下的期望值及方差。其中，图 6-24（a）是不同时刻压力随空间变化的期望值及叠加方差后的范围，图 6-24（b）是不同时刻压力随空间变化的方差，图 6-24（c）是不同时刻密度随空间变化的期望值及叠加方差后的范围，图 6-24（d）是不同时刻密度随空间变化的方差。图 6-25 给出了 $R_1 = 7.3 \pm 0.5$，$R_2 = 2.46 \pm 0.5$，即 $R_1 \in [6.8, 7.8]$、$R_2 \in [1.96, 2.96]$ 下抽样 10 次的期望值及方差。其中，图 6-25（a）是不同时刻压力随空间变化的期望值及叠加方差后的范围，

图 6-23　计算模型

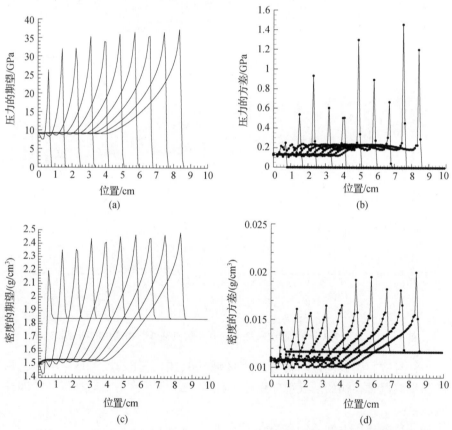

图 6-24　$R_1 = 4.8 \pm 0.5$ 和 $R_2 = 1.95 \pm 0.5$ 随机抽样下物理量的期望和方差

图 6 – 25（b）是不同时刻压力随空间变化的方差，图 6 – 25（c）是不同时刻密度随空间变化的期望值及叠加方差后的范围，图 6 – 25（d）是不同时刻密度随空间变化的方差。

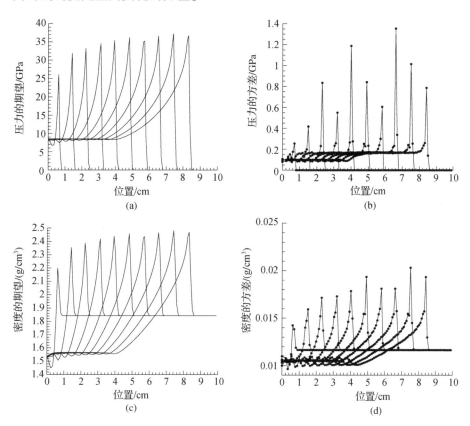

图 6 – 25　$R_1 = 7.3 \pm 0.5$ 和 $R_2 = 2.46 \pm 0.5$ 随机抽样下物理量的期望和方差

从图 6 – 23 和图 6 – 24 可以看出，炸药爆轰数值模拟中，散心爆轰产物 JWL 状态方程参数 R_1、R_2 的输入不确定度，对计算结果的影响比平面爆轰问题强，需要引起重视。

6.5.5　活跃子空间降维

对于复杂系统的 UQ 问题，一般涉及多个变量、多门学科，这些问题维度较高，需要更多的仿真样本求解，加上每次系统仿真计算的时间较长，现有高置信度的不确定度量化方法面临着很大挑战。假设一个问题受 10 维不确定性的影响，每一维输入按 10 次仿真量化，则需要 10^{10}

次仿真才能构建准确的代理模型,如果每一次仿真单核耗时 1s,即使具备 10 核计算机,仍需 32 年才能完成整个计算,这是普遍存在的维度瓶颈问题。

1. 活跃子空间降维方法

2013 年美国 Paul 等在数学上给出了一种特殊降维结构——活跃子空间(Active Subspaces,AS),它是由输入空间敏感方向定义的一种低维作用子空间,沿这些敏感方向的输入扰动对输出产生最大程度的影响。通过识别与利用活跃子空间,可以在保证分析精度的情况下,加速 UQ 过程,这对高维问题尤为有效。与主成分分析(Principal Component Analysis,PCA)不同,活跃子空间基于梯度的偏协方差(特征向量)构建低维作用子空间,来近似多维输入变量的系统响应 f。PCA 关心的是特征值大小对协方差的影响,而 AS 主要是利用特征向量识别引起系统响应均值改变较大的特征方向,进而形成新的作用子空间。

对于受 n 维不确定度影响的某气动特性目标量 f(如升阻力),对应的平均梯度函数,用对称和半正定的矩阵 C 表示如下:

$$C = \int (\nabla_X f)(\nabla_X f)^{\mathrm{T}} \rho \mathrm{d}X = W \Lambda W^{\mathrm{T}} \qquad (6-147)$$

式中:W 为正交矩阵;$X = [d, p]^{\mathrm{T}} \in R^n$ 为不确定度向量;Λ 为特征值矩阵,$\Lambda = \mathrm{diag}(\lambda_1, \lambda_2, \cdots, \lambda_n)$,$\lambda_1 \geqslant \lambda_2 \geqslant \cdots \geqslant \lambda_n \geqslant 0$;$\rho$ 为权重函数,$\rho = \rho(X)$,积分为 1,对于随机不确定性为概率密度函数。C 的半正定性满足:

$$V^{\mathrm{T}} C V = \int (V^{\mathrm{T}} (\nabla_X f))^2 \rho \mathrm{d}X \geqslant 0, \quad V \in R^n \qquad (6-148)$$

C 的每个元素是 f 偏导数乘积的均值,表示如下:

$$c_{ij} = \int \left(\frac{\partial f}{\partial x_i}\right)\left(\frac{\partial f}{\partial x_j}\right) \rho \mathrm{d}X_0, \quad i,j = 1,2,\cdots,n \qquad (6-149)$$

式中:c_{ij} 为 C 的第 (i,j) 个元素,C 的对角线元素是 f 的均方偏导数,可以作为灵敏度信息的度量。对于矩阵 W 的分量 $w_i(i = 1,2,\cdots,n)$,满足:

$$\lambda_i = W_i^{\mathrm{T}} C W_i = W_i^{\mathrm{T}} \left(\int (\nabla_X f)(\nabla_X f)^{\mathrm{T}} \rho \mathrm{d}X\right) W_i = \int ((\nabla_X f)^{\mathrm{T}} W_i)^2 \rho \mathrm{d}X$$

$$(6-150)$$

式(6-150)体现出系统响应 f 的特性。如果最小特征值 λ_n 为零,则 f 沿特征向量 W_n 的梯度均方变化是零,也就是说 $(\nabla_X f)^{\mathrm{T}} W_n$ 的值为零,即 f 在 W_n 方向为常值,不受其影响,这为有效降维提供了理论支撑。实际上,W 定义了 R^n 空间的一个坐标变换,进而定义 f 的变化范围。根据特征值的

降序,可以将这个变换后的坐标分为影响较大与影响较小的两组,其相应特征值与特征向量表示为

$$\boldsymbol{\Lambda} = \begin{bmatrix} \boldsymbol{\Lambda}_1 & \\ & \boldsymbol{\Lambda}_2 \end{bmatrix}, \ \boldsymbol{W} = \begin{bmatrix} \boldsymbol{W}_1 & \boldsymbol{W}_2 \end{bmatrix} \quad (6-151)$$

式中:$\boldsymbol{\Lambda}_1 = \mathrm{diag}(\lambda_1, \cdots, \lambda_r)$,$r \leqslant n$;$\boldsymbol{W}_1$ 为对应前 r 个较大特征值的特征向量。记 $y = \boldsymbol{W}_1^\mathrm{T} \boldsymbol{X} \in R^r$,$z = \boldsymbol{W}_2^\mathrm{T} \boldsymbol{X} \in R^{n-r}$,则

$$\boldsymbol{X} = \boldsymbol{W}\boldsymbol{W}^\mathrm{T}\boldsymbol{X} = \boldsymbol{W}_1\boldsymbol{W}_1^\mathrm{T}\boldsymbol{X} + \boldsymbol{W}_2\boldsymbol{W}_2^\mathrm{T}\boldsymbol{X} = \boldsymbol{W}_1 y + \boldsymbol{W}_2 z \quad (6-152)$$

因而

$$\nabla_y f(\boldsymbol{X}) = \nabla_y f(\boldsymbol{W}_1 y + \boldsymbol{W}_2 z) = \boldsymbol{W}_1^\mathrm{T} \nabla_X f(\boldsymbol{W}_1 y + \boldsymbol{W}_2 z) = \boldsymbol{W}_1^\mathrm{T} \nabla_X f(\boldsymbol{X}) \quad (6-153)$$

进一步求解平均梯度内积,有

$$\int (\nabla_y f)^\mathrm{T} (\nabla_y f) \rho \mathrm{d}\boldsymbol{X} = \int \mathrm{trace}((\nabla_y f)(\nabla_y f)^\mathrm{T}) \rho \mathrm{d}\boldsymbol{X}$$

$$= \mathrm{trace}((\boldsymbol{W}_1^\mathrm{T} (\int (\nabla_X f)(\nabla_X f)^\mathrm{T}) \rho \mathrm{d}\boldsymbol{X}) \boldsymbol{W}_1)$$

$$= \mathrm{trace}(\boldsymbol{W}_1^\mathrm{T} \boldsymbol{C} \boldsymbol{W}_1) = \lambda_1 + \lambda_2 + \cdots + \lambda_r \quad (6-154)$$

同样地,$\nabla_z f(\boldsymbol{X}) = \boldsymbol{W}_2^\mathrm{T} \nabla_X f(\boldsymbol{X})$,$\int (\nabla_z f)^\mathrm{T} (\nabla_z f) \rho \mathrm{d}\boldsymbol{X} = \lambda_{r+1} + \cdots + \lambda_n$。

活跃子空间定义为特征向量 $\boldsymbol{W}_1$ 所表示的降维空间,而非活跃子空间为余下特征向量 $\boldsymbol{W}_2$。称 y 为活跃变量,z 为非活跃变量。相比非活跃变量,活跃变量的变化对系统响应 f 产生更显著的影响,具体影响大小可通过相应矩阵 $\boldsymbol{C}$ 的特征值来量化,$\boldsymbol{W}_1$ 还可以反映原输入变量对输出的灵敏度信息,而 z 的影响在很多实际问题中可以忽略。

例如,$f(\boldsymbol{X}) = b(\boldsymbol{A}^\mathrm{T} \boldsymbol{X})$,其中 $\boldsymbol{A}$ 是 n 行 r 列的满秩矩阵,$b(\boldsymbol{A}^\mathrm{T} \boldsymbol{X}) : R^r \to R$,则

$$\nabla_X f(\boldsymbol{X}) = \boldsymbol{A} \nabla b(\boldsymbol{A}^\mathrm{T} \boldsymbol{X}) \quad (6-155)$$

变为

$$\boldsymbol{C} = \boldsymbol{A} \left(\int (\nabla b(\boldsymbol{A}^\mathrm{T} \boldsymbol{X}))(\nabla b(\boldsymbol{A}^\mathrm{T} \boldsymbol{X}))^\mathrm{T} \rho \mathrm{d}\boldsymbol{X} \right) \boldsymbol{A}^\mathrm{T} \quad (6-156)$$

这里 $\lambda_{r+1} = \cdots = \lambda_n = 0$,$\boldsymbol{C}$ 的秩为 r,$\mathrm{ran}(\boldsymbol{W}_1) = \mathrm{ran}(\boldsymbol{A})$,特别地,当 $r = 1$ 时,识别的活跃子空间是一维的。

针对不同系统响应,$\boldsymbol{C}$ 的特征值与特征向量是不同的。少数情况下,可以通过系统响应 f 直接分解出相应的特征值与特征向量,大多数问题需通过数值计算获得。根据已知的 M 个随机样本,获得到相应的梯度值,可

以转化为

$$C \approx \hat{C} = \frac{1}{M}\sum_{j=1}^{M}(\nabla_X f_j)(\nabla_X f_j)^{\mathrm{T}} = \hat{W}\hat{\Lambda}\hat{W}^{\mathrm{T}} \quad (6-157)$$

式中：特征向量矩阵 $\hat{W}$ 决定了对应系统响应的活跃子空间，特征值按降序排列 $\hat{\Lambda} = \mathrm{diag}(\hat{\lambda}_1,\cdots,\hat{\lambda}_n)$。如果梯度项 $\nabla_X f_j = \nabla_X f(X_j)$，可直接进行特征值分解；如果上述梯度项不可得，则可以利用有限差分方法求解。

一般求得 C 的特征值取对数坐标表示，然后对比各特征值之间的间隔，子空间估计误差与降序排列后相邻特征值间隔的大小成反比，与经典扰动理论计算特征向量是一致的。例如，第二个与第三个特征值的间隔要大于第三个与第四个特征值之间的间隔，则二维子空间估计精度优于三维子空间估计精度，这与正交分解、主成分分析等传统降维方法基于特征值大小判定的思想是不同的。

将上述方法与高置信 CFD 模型进行非嵌入式耦合，即对 AS 降维过程所需高斯积分点或样本点进行 CFD 计算，获取相应的气动性能指标，进而建立高维高效不确定度降维量化。面向混合不确定度影响，基于区间分析可以推导广义活跃子空间的数学表达式，结合区间特征值与相应特征方向的特性以及误差评价方法，实现多维随机与认知不确定度降维。

2. 基于活跃变量的自适应代理模型

对于高维高效不确定度量化评估中"维度灾难"和"超大规模计算"的挑战问题，采用活跃子空间降维与代理模型结合的高效传播分析方法，其基本思想如图 6-26 所示。在对输入不确定性描述、降维后，可构建与评价计算量较小的代理模型，通过近似计算快速获得目标变量的概率密度函数。

响应面近似是不确定度量化中常见的量化方法，但是常规的响应面近似方法只适用于输入变量数量一定的情形。每次进行不确定性分析所关注的参数可能有所不同，而通过活跃子空间降维后获得的活跃变量数也可能不同，因此其响应面的构造更加复杂。本书采用可变维度、可变形式活跃变量的自适应更新动态混合变量多项式回归（Dynamic Multivariate Polynomial Regression，DMPR）方法来构建响应面模型。其简介原理如下：

二次响应面用于活跃坐标的通用形式为

$$f^{(p)} = \beta_0 + \sum_{1 \leqslant j \leqslant l}\beta_j y_j^{(p)} + \sum_{1 \leqslant j \leqslant k \leqslant l}\beta_{l-1+j+k}y_j^{(p)}y_k^{(p)} \quad (6-158)$$

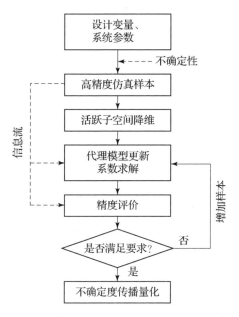

图 6-26 基于活跃子空间的分层降维近似模型

式中：$\boldsymbol{\beta}$ 为待估 DMPR 的系数矩阵，包含 β_0，β_j 以及 $\beta_{l-1+j+k}$；$f^{(p)}$ 为第 p 个样本点的系统响应；$y_j^{(p)}$ 与 $y_k^{(p)}$ 为第 p 个样本点对应的第 j 个与第 k 个活跃变量值；那么有

$$f^{(p)} = \boldsymbol{\beta}^{\mathrm{T}} \boldsymbol{y}^{(p)} \tag{6-159}$$

$$\boldsymbol{\beta}^{\mathrm{T}} = [\beta_0, \beta_1, \cdots, \beta_l, \cdots, \beta_{n_l-1}] \tag{6-160}$$

$$(\boldsymbol{y}^{(p)})^{\mathrm{T}} = [1, y_1^{(p)}, \cdots, y_l^{(p)}, y_1^{(p)} y_2^{(p)}, \cdots, (y_l^{(p)})^2] \tag{6-161}$$

式中：$n_l = \dfrac{(l+1)(l+2)}{2}$。

$$\boldsymbol{f} = \boldsymbol{Y}\boldsymbol{\beta} \tag{6-162}$$

$$\boldsymbol{Y}^{\mathrm{T}} = [\boldsymbol{y}^{(1)}, \boldsymbol{y}^{(2)}, \cdots, \boldsymbol{y}^{(M)}] \tag{6-163}$$

$$\boldsymbol{f}^{\mathrm{T}} = [f^{(1)}, \cdots, f^{(p)}, \cdots f^{(M)}] \tag{6-164}$$

对于 DMPR，$\boldsymbol{\beta}$ 通过最小二乘法（LSM）求解。由于降维坐标已归一化，可以通过设立系数阈值的方式，来筛选多项式中的项。近似的系统响应为

$$\hat{f}^{(p)} = \hat{\boldsymbol{\beta}}^{\mathrm{T}} \boldsymbol{y}^{(p)} \tag{6-165}$$

$$\hat{\boldsymbol{\beta}} = (\boldsymbol{Y}^{\mathrm{T}}\boldsymbol{Y})^{-1} \boldsymbol{Y}^{\mathrm{T}}\boldsymbol{f} \tag{6-166}$$

在求出响应面模型的待估参数后，还需要对模型进行校验，评估其对真实系统响应的近似程度。这里给出区间动态关联分析准则，并结合显著性校验与交叉验证，综合它们各自评价的优势，使得响应面模型的评价尽可能准确。由于复杂 CFD 数值计算的开销较大，采用适用于小样本量情形的留一交叉验证法（Leave-One-Out Cross Validation，LOOCV），该方法使用平均绝对误差（MAE）及均方根误差（R^2）作为评价指标，其中平均绝对误差（MAE）表示预测响应与真实响应之间的差异度，与真实响应具有相同量纲；方根误差（R^2）表示各样本真实值与估计值误差的均方和的平方根。这些评价指标的值越小，表明代理模型的精度越高。

在对输入不确定性描述、降维后，考虑整个计算过程的不确定性域，通过构建与评价适合不确定性变量的传播模型，则可对整个计算系统进行不确定性分析。考虑某些情况下，CFD 计算输入参数的不确定性分布方式可能未知，基于多项式响应面构建自适应传播模型，使其对区间活跃变量情况仍可以适用。

6.6 不确定度反向传播方法

不确定性的反向传播属于不确定性反问题，因此该研究具有相当大的挑战。体现到模型 V&V 中，不确定性的反向传播就是模型校准环节，目前主要有贝叶斯模型校准方法和极大似然估计校准方法。也可以通过建立某种残差，建立优化问题并求解，以达到标定参数的目的。

在 CFD 领域，参数标定的目的是确定物理模型，建立具有预测能力的高可信度数值软件。基于实验/试验的模型确认/修正是目前改进和提升软件/模型可信度的唯一方法。

6.6.1 贝叶斯方法

贝叶斯统计发源于 18 世纪英国学者贝叶斯。他的方法被以后的一些统计学家发展成一种系统的统计推断方法。到 20 世纪 30 年代已形成贝叶斯学派，20 世纪 50 年代至 60 年代已发展成一个有影响的统计学派，其影响还在日益扩大。

Kenndy 和 O. Hagan 最早提出了一种现实可行的基于贝叶斯方法的模型标定方法，目前广泛用于参数标定和模型确认，简称为 KOH 方法。KOH 方法不仅考虑模型参数不确定性，还考虑模型偏差，它将实验观测 z 与计

算模型 $y_c = F(\boldsymbol{\theta}_m;\boldsymbol{x})$ 的关系表示为

$$z = F(\boldsymbol{\theta}_m;\boldsymbol{x}) + \delta(\boldsymbol{x}) + \varepsilon \tag{6-167}$$

式中：$\delta(\boldsymbol{x})$ 表征模型偏差；ε 表示观测误差，通常假设为高斯分布 $N(0,\sigma_m^2)$。模型偏差 $\delta(\boldsymbol{x})$ 可以采用多种形式，如 Kenndy 和 O. Hagan 采用的是高斯过程。计算模型 $F(\boldsymbol{\theta}_m;\boldsymbol{x})$ 可以采用替代模型以加快标定过程，常用的替代模型有多项式混沌展开和高斯过程模型。由此，KOH 框架需要标定的参数有：①模型参数 $\boldsymbol{\theta}_m$；②替代模型中的超参数 $\boldsymbol{\theta}_s$；③模型偏差中的超参数 $\boldsymbol{\theta}_\delta$；④观测误差的标准差 σ_m。根据各种信息来源定义这些参数的先验分布，然后根据实验测量值由贝叶斯公式得到它们的后验分布为

$$f''(\boldsymbol{\theta}) = \frac{L(\boldsymbol{\theta})f'(\boldsymbol{\theta})}{\int L(\boldsymbol{\theta})f'(\boldsymbol{\theta})} \tag{6-168}$$

式中：$\boldsymbol{\theta} = (\boldsymbol{\theta}_m,\boldsymbol{\theta}_s,\boldsymbol{\theta}_\delta,\sigma_m)$ 为所有待标定参数；$f'(\boldsymbol{\theta})$ 为先验分布；$f''(\boldsymbol{\theta})$ 为后验分布；$L(\boldsymbol{\theta})$ 为似然函数。不考虑模型偏差，似然函数可以定义为

$$L(\boldsymbol{\theta}) = \sum_{i=1}^{n} \frac{1}{\sigma_m \sqrt{2\pi}} \exp\left(-\frac{(z_i - F(\boldsymbol{\theta}_m;\boldsymbol{x}_i))^2}{2\sigma_m^2}\right) \tag{6-169}$$

而 Kenndy 和 O. Hagan 给出了考虑模型偏差的似然函数。通常，待标定参数的后验分布（贝叶斯公式）中的归一化因子没有解析形式，因此往往采用马尔可夫链蒙特卡洛（MCMC）方法或高维积分公式数值求解，由此实现模型参数和模型偏差的标定。

贝叶斯学派的最基本观点是：任一未知量 θ 都可看作随机变量，都可用一个概率分布去描述它，这个分布称为先验分布，记为 $\pi(\theta)$。假设 $p(x|\theta)$ 为依赖于参数 θ 的条件密度函数，对 θ 做出统计决策，从贝叶斯的观点要分为以下几步：

(1) 样本 $X = (X_1,\cdots,X_n)$ 的产生要分两步进行。首先设想从先验分布 $\pi(\theta)$ 产生一个观测值 θ，其次再从条件密度函数 $p(x|\theta)$ 产生样本观测值 $x = (x_1,\cdots,x_n)$。这时样本 X 的联合条件密度函数为

$$p(x|\theta) = \prod_{i=1}^{n} p(x_i|\theta) \tag{6-170}$$

这个联合分布综合了样本信息，称为似然函数。

(2) θ 的先验分布为 $\pi(\theta)$，综合先验信息与样本信息后得到样本 X 和 θ 的联合分布为

$$h(x,\theta) = p(x|\theta)\pi(\theta) \tag{6-171}$$

(3) 为了对 θ 做出统计决策，把联合分布进行分解：

$$h(x,\theta) = \pi(\theta|x)m(x) \qquad (6-172)$$

式中：$m(x)$ 为 x 的边际密度函数。

$$m(x) = \int_{\Theta} h(x,\theta)\mathrm{d}\theta = \int_{\Theta} p(x|\theta)\pi(\theta)\mathrm{d}\theta \qquad (6-173)$$

式中：Θ 为 θ 所在的参数空间。

由于 $m(x)$ 不含 θ 的任何先验信息，因此能用来对 θ 做出统计决策的仅是条件分布 $\pi(\theta|x)$。它的计算公式为

$$\pi(\theta|x) = \frac{h(x,\theta)}{m(x)} = \frac{p(x|\theta)\pi(\theta)}{\int_{\Theta} p(x|\theta)\pi(\theta)\mathrm{d}\theta} \qquad (6-174)$$

这就是贝叶斯公式的密度函数形式。在样本给定下 θ 的条件分布称为 θ 的后验分布。它是在样本给定下集中了样本与先验中用于 θ 的一切信息。它要比先验分布 $\pi(\theta)$ 更接近于实际情况。因此，使用后验分布 $\pi(\theta|x)$ 对 θ 做出统计决策会得到改进。

一个重要的不利因素阻碍了贝叶斯方法更进一步广泛应用，就是由此方法得到的后验分布函数 $\pi(x)$ 经常是复杂的、高维的、非标准形式，对这种函数进行有关的积分计算通常十分困难。马尔可夫链蒙特卡洛方法为解决此类问题提供了一个很好的方法——贝叶斯推断算法。贝叶斯理论是基于总体信息、样本信息和先验信息得到的后验信息所进行的统计推断的一种量化方法。

假设代理模型为 $\hat{y}(x)$，试验数据为 z_i，$i=1,2,\cdots,n$ 为数据点数，则有最大似然函数为

$$L\left(\frac{z}{\theta}\right) = \prod_{i=1}^{n} \frac{1}{\sqrt{2\pi\sigma^2}} e^{\left\{-\frac{(z_i-y(\theta))^2}{2\sigma^2}\right\}} \approx \prod_{i=1}^{n} \frac{1}{\sqrt{2\pi\sigma^2}} e^{\left\{-\frac{(z_i-\hat{y}(\theta))^2}{2\sigma^2}\right\}}$$

$$(6-175)$$

先验分布为 $P(\theta)$，这是已知的。于是，后验分布为

$$P\left(\frac{\theta}{z}\right) = \frac{P(\theta)L\left(\dfrac{z}{\theta}\right)}{P(Z)} \propto P(\theta)L\left(\frac{z}{\theta}\right) \qquad (6-176)$$

通过式 (6-175) 和式 (6-176)，只要给定一组样本 θ_i，$i=1,2,\cdots,m$（m 为尽量遍历参数空间的样本），就可以得到 $P\left(\dfrac{\theta}{z}\right)^{(i)}$，$i=1,2,\cdots,m$，$m$ 组中最大的一组为最佳参数，即最大似然估计。

$$\max_{i}\left(P\left(\frac{\theta}{z}\right)\right)^{i} \propto \max\left(P(\theta)L\left(\frac{z}{\theta}\right)\right) \qquad (6-177)$$

$$\max\left(P(\theta)L\left(\frac{z}{\theta}\right)\right) \propto \prod_{i=1}^{n} \frac{1}{\sqrt{2\pi\sigma^2}} e^{\left\{-\frac{(z_i-\hat{y}(\theta))^2}{2\sigma^2}\right\}} = G_1(\sigma^2) \cdot G_2(\theta)$$

(6-178)

实际上，当初始参数分布为区间分布时，先验分布 $P(\theta)$ 为常数，式 (6-178) 也变为

$$\max_i\left(P\left(\frac{\theta}{z}\right)\right)^i \propto \max\log\left(P(\theta)L\left(\frac{z}{\theta}\right)\right) \propto (z_i-\hat{y}(\theta))^2 \quad (6-179)$$

即最大似然函数估计等价于残差平方和估计。这样，只要计算每组样本与实验结果的残差平方和 $\text{erf}_{\text{variance}} = \frac{1}{n}\sqrt{(f_{\text{simulation}}-f_{\text{experiment}})^2}$，寻找最小值情况，就可得知哪种情况下，结果与试验是一致性逼近的，由此就可以推出最佳参数。

贝叶斯推断将参数的先验信息看成一个概率分布，称为先验分布。通过贝叶斯公式并结合测量数据的信息（似然函数），来探求未知参数的后验概率密度函数（PPDF）。贝叶斯推断标定参数的关键点在于如何选择先验分布，使得该分布尽可能描述未知参数的信息。如果先验分布的选择合适，可以使得反问题从无解变为有解。带有费希尔统计量的杰弗里（Jeffrey）先验估计，具有重整不变性的优点，但是不适合试验样本稀疏的爆轰模型参数标定。共轭先验适合一维随机变量，同样不适用高维爆轰模型参数标定。使用层级贝叶斯推断（又称为超参数贝叶斯推断），理论上能够更加精准地预测爆轰动力行为。克里金型高斯过程模型（GPM）和马尔可夫（Markov）随机场模型（MRF）是工程反问题中实用性较好的两类先验分布。与 GPM 相比，MRF 的优点为只需要一个参数，对试验样本容量要求较低。其次，MRF 简单的条件相关结构，易于在 MCMC 中实现更新。

一旦确定了似然函数和先验分布，贝叶斯推断的任务就在于描述 PPDF 的数学期望、方差等统计信息。然而由于爆轰模型的反问题是高度非线性的，很难使用解析方法计算或逼近 PPDF。另外，不确定爆轰模型 PPDF 的高维性和隐式表达是应用经典蒙特卡洛方法的障碍。不需要正则化的 MCMC 方法是计算高维、复杂非线性、隐式爆轰模型 PPDF 值得依赖的方法。

基于有限的、受污染、间接的试验测量数据，利用层级贝叶斯推断标定高维爆轰多物理过程中爆轰产物状态方程和燃烧函数等唯象模型中不确定性参数。选择马尔可夫随机场模型作为先验函数，带有超参数的分布，

进而得到后验概率密度函数。采用基于 Metropolis-Hastings 算法的马尔可夫链蒙特卡洛方法，计算后验概率密度函数，同时得到参数的点估计和区间估计。标定参数结果与已有基于代理模型的标定参数结果比对，验证了该方法的有效性。

6.6.2 可变容差优化方法

近年来，随着计算机运算效率的快速提高，直接优化方法得到了进一步开发与广泛应用。直接方法即只用到目标函数值，不需要计算导数。可变容差法就是一种直接优化方法。

可变容差法是把多个约束的求极小值问题变为一个单约束求极小值问题。下面简单阐述可变容差法的主要思想。

对于目标函数及约束条件中至少有一个非线性的规划问题：

$$\begin{cases} \min f(X), X \in E^n \\ \text{s.t.} \quad g_i(X) \geqslant 0, i=1,2,\cdots,m \\ h_i(X) = 0, i=m+1, m+2, \cdots, p \end{cases} \quad (6-180)$$

可变容差法是把它化为一个较为简单而有同解的单约束问题：

$$\begin{cases} \min f(X), X \in E^n \\ \text{s.t.} \quad \phi^{(k)} - T[x] \geqslant 0 \end{cases} \quad (6-181)$$

式中：$\phi^{(k)}$ 为第 k 步搜索中给出的关于可行性的可变容差准则的值，它是一个下降序列，随着 k 的增大，$\phi^{(k)}$ 将趋于 0，即

$$\phi^{(0)} \geqslant \phi^{(1)} \geqslant \cdots \geqslant \phi^{(k)} \geqslant 0 \quad (6-182)$$

$T[x]$ 是式（6-180）原问题所有等式和不等式约束条件的一个正泛函，是约束违背程度的一个测度（破坏的估计量），表达式为

$$T[X] = \left[\sum_{i=1}^{m} h_i^2(x) + \sum_{i=m+1}^{p} U_i g_i^2(x) \right]^{\frac{1}{2}} \quad (6-183)$$

式中：U_i 为赫维赛德（Heaviside）算子，使得 $g_i(x) \geqslant 0$ 时，$U_i = 0$；否则 $U_i = 1$。赫维赛德函数是 delta(x) 函数从负无穷到 x 的积分。

很显然，当 $T(x) = 0$ 时，表明约束条件满足，但一般寻找 $T(x^{(k)}) \leqslant \phi^{(k)}$ 的解比寻找满足 $T(x^{(k)}) = 0$ 的解更容易，于是就采取逐步解近似可行域（满足 $\phi^{(k)} - T(x^{(k)}) \geqslant 0$）的方法来逼近可行域（$T(x^{(k)}) = 0$）。只要 $\phi^{(k)}$ 的定义是递减序列，这个目的就能达到。$\phi^{(k)}$ 的定义有多种，本算法定义为

$$\phi^{(k)} = \min\left\{ \phi^{(k-1)}, \frac{m+1}{r+1} \sum_{i=1}^{k+2} \| x_i^{(k)} - x_{i+2}^{(k)} \| \right\} \quad (6-184)$$

$$\phi^{(0)} = 2(m+1)t \qquad (6-185)$$

式中：t 为初始多面体大小；m 为等式约束数目；$x_i^{(k)}$ 为空间 E^n 多面体中第 i 次搜索时的第 i 个顶点值；r 为 $f[x]$ 的自由度，$r = n - m$；$x_{i+2}^{(k)}$ 为多面体（除 x_h 外）的形心顶点；$\phi^{(k)}$ 为第 k 阶段的容许误差准则值。

本算法取多面体顶点数为 $r+1$（若 $r+1 < 3$，则取 3）。

简略步骤如下：

(1) 令 $k = 0$，给定初始点 $x^{(0)}$ 及边长 t。

(2) 第 k 阶段，采用 Nelder-Mead 求出多面体各顶点的 $f[x_i^{(k)}]$（$i = 1, 2, \cdots, r+1$），求出函数最高点 $x_h^{(k)}$，最低点 $x_1^{(k)}$ 及 $x_{r+2}^{(k)}$。

(3) 求出 $x_1^{(k)}$ 点的 $T(x_1^{(k)})$ 值。

(4) 检验，若 $\phi^{(k)} - T(x_1^{(k)}) > 0$ 成立，则用 Nelder-Mead 法求出新点代替 $x_h^{(k)}$ 点，并转向 (6)；否则，转向 (5)。

(5) 极小化 $T(x)$，直到求出可行点为止，该点作为新的多面体基点，令为 $x^{(k)}$。

(6) 若 $\phi^{(k)} < \varepsilon$ 成立，结束搜索；否则，转向 (2)，继续迭代计算。

6.6.3 遗传算法

遗传算法是模拟达尔文生物进化论的自然选择和遗传学机理的生物进化过程的计算模型，是一种通过模拟自然进化过程随机搜索最优解的方法。遗传算法是从代表问题可能潜在解集的一个种群开始的，而一个种群则由经过基因编码的一定数目的个体组成。每个个体实际上是染色体带有特征的实体。染色体作为遗传物质的主要载体，即多个基因的集合，其内部表现（基因型）是某种基因组合，它决定了个体形状的外部表现。因此，在一开始就需要实现从表现型到基因型的映射即编码工作。由于仿照基因编码的工作很复杂，往往需进行简化，如二进制编码。初代种群产生之后，按照适者生存和优胜劣汰的原理，逐代演化产生出越来越好的近似解，在每一代，根据问题域中个体的适应度大小选择个体，并借助于自然遗传学的遗传算子进行组合交叉和变异，产生出代表新的解集种群。其中，交叉算子是最重要的算子，决定着遗传算法的全局收敛性。交叉算子设计最重要的标准是子代继承父代优良特征和子代的可行性。遗传算法这个过程将导致种群像自然进化一样的后生代种群比前代更加适应于环境，末代种群中的最优个体经过解码，可以作为问题近似最优解。

遗传算法主要特点：①直接对结构对象进行操作，不存在求导和函数连续性的限定；②具有内在的隐并行性和更好的全局寻优能力；③采用概率化的寻优方法，不需要确定规则就能自动获取和指导优化的搜索空间，自适应地调整搜索方向。

对于一个求函数最大值的优化问题（求函数最小值也类同），一般可以描述的数学规划模型为

$$\begin{cases} \max f(X) \\ X \in R \\ R \subset U \end{cases} \quad (6-186)$$

式中：X 为决策变量（模型参数）；$\max f(X)$ 为目标函数式；$X \in R$、$R \subset U$ 为约束条件，U 为基本空间，R 为 U 的子空间集。满足约束条件的解 X 称为可行解，集合 R 表示所有满足约束条件的解所组成的集合，称为可行解集合。

图 6-27 给出了遗传算法的过程。在遗传算法中，通过编码组成初始群体后，遗传操作的任务就是对群体的个体按照它们对环境适应度（适应度评估）施加一定的操作，从而实现优胜劣汰的进化过程。从优化搜索的角度而言，遗传操作可使问题的解一代又一代地优化，并逼近最优解。

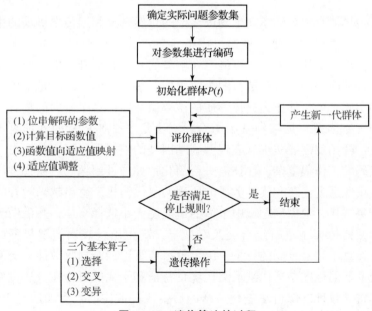

图 6-27 遗传算法的过程

遗传操作包括选择、交叉和变异三个基本遗传算子。这三个遗传算子有如下特点：

（1）个体遗传算子的操作都是在随机扰动情况下进行的。因此，群体中个体向最优解迁移的规则是随机的。需要强调的是，这种随机化操作和传统的随机搜索方法是有区别的。遗传操作进行的高效有向搜索而不是如一般随机搜索方法所进行的无向搜索。

（2）遗传操作的效果和三个遗传算子所取的操作概率、编码方法、群体大小、初始群体以及适应度函数的设定密切相关。

基本遗传算子简介如下：

（1）选择。从群体中选择优胜的个体，淘汰劣质个体的操作称为选择。选择算子有时又称为再生算子。选择的目的是把优化的个体（或解）直接遗传到下一代或通过配对交叉产生新的个体再遗传到下一代。选择操作是建立在群体中个体的适应度评估基础上的，目前常用的选择算子方法有适应度比例方法、随机遍历抽样法、局部选择法。其中，轮盘赌选择法是最简单也是最常用的选择方法。在该方法中，各个个体的选择概率和其适应度值成比例。设群体大小为 n，其中个体 i 的适应度为 f_i，则 i 被选择的概率 $P_i = \dfrac{f_i}{\sum\limits_{j=1}^{n} f_j}$。

显然，概率反映了个体 i 适应度在整个群体的个体适应度总和中所占的比例。个体适应度越大，其被选择的概率越高，反之亦然。计算群体中各个个体的选择概率后，为了选择交配个体，需要进行多轮选择。每一轮产生一个 $[0,1]$ 之间的均匀随机数，将该随机数作为选择指针来确定被选个体。个体被选后，可随机地组成交配对，以供交叉操作。

（2）交叉。在自然界生物进化过程中起核心作用的是生物遗传基因重组（加上变异）。同样，遗传算法中起核心作用的是遗传操作的交叉算子。交叉是指把两个父代个体的部分结构加以替换重组而生成新个体的操作。通过交叉，遗传算法的搜索能力得以飞跃提高。交叉算子根据交叉率将种群中的两个个体随机地交换某些基因，能够产生新的基因组合，期望将有益基因组合在一起。根据编码表示方法的不同，有以下交叉算法：

①实值重组：(a) 离散重组；(b) 中间重组；(c) 线性重组；(d) 扩展线性重组。

②二进制交叉：(a) 单点交叉；(b) 多点交叉；(c) 均匀交叉；

(d) 洗牌交叉；(e) 缩小代理交叉。

最常用的交叉算子为单点交叉，具体操作是：在个体串中随机设定一个交叉点，实行交叉时，该点前或后的两个个体的部分结构进行互换，并生成两个新个体。下面给出了单点交叉的一个例子：个体 A 与个体 B 的交叉。

个体 A：1 0 0 1 ↑1 1 1 → 1 0 0 1 0 0 0 新个体

个体 B：0 0 1 1 ↑0 0 0 → 0 0 1 1 1 1 1 新个体

(3) 变异。变异算子的基本内容是对群体中个体串的某些基因座上的基因值作变动。依据个体编码表示方法的不同，有以下算法：①实值变异；②二进制变异。

一般来说，变异算子操作的基本步骤如下：①对群中所有个体以事先设定的变异概率判断是否进行变异；②对进行变异的个体随机选择变异位进行变异。

遗传算法引入变异的目的有两个：一是使遗传算法具有局部的随机搜索能力。当遗传算法通过交叉算子已接近最优解邻域时，利用变异算子的这种局部随机搜索能力，可以加速向最优解收敛。显然，此种情况下的变异概率应取较小值，否则接近最优解的积木块会因变异而遭到破坏。二是使遗传算法可维持群体多样性，以防止出现未成熟收敛现象。此时，收敛概率应取较大值。

遗传算法中，交叉算子因其全局搜索能力而作为主要算子，变异算子因其局部搜索能力而作为辅助算子。遗传算法通过交叉和变异这对相互配合又相互竞争的操作而使其具备兼顾全局和局部的均衡搜索能力。相互配合是指当群体在进化中陷于搜索空间中某个超平面而仅靠交叉不能摆脱时，通过变异操作可有助于这种摆脱。相互竞争是指当通过交叉已形成所期望的积木块时，变异操作有可能破坏这些积木块。如何有效地配合使用交叉和变异操作，是目前遗传算法的一个重要研究内容。

基本变异算子是指对群体中的个体码串随机挑选一个或多个基因座并对这些基因座的基因值做变动（以变异概率 P 做变动），(0,1) 二值码串中的基本变异操作如下：①基因位下方标有 * 号的基因发生变异；②变异率的选取一般受种群大小、染色体长度等因素的影响，通常选取很小的值，一般取 0.001~0.1。

个体 A 1011011→1110011 个体 A'。
          *   *

(4) 终止条件。当最优个体的适应度达到给定的阈值，或最优个体的适应度和群体适应度不再上升时,或迭代次数达到预设的代数时,算法终止。预设的代数一般设置为 100~500。

6.7 软件可信度评估

计算流体力学验证和确认及不确定度量化的最终目的是客观给出软件可信度和模拟结果置信度,使得使用者和工程决策有足够信息使用软件和相信仿真结果,为此,其可信度评估尤为重要。

计算流体力学和计算辅助工程(CFD&CAE)软件的工程仿真与预测结果,已成为航空与航天、武器与国防、大气与海洋等重大工程装置可靠性认证、系统性能评估与优化、战标/指标设计、事故分析和预防等决策的重要依据。但由于物理机制与过程的复杂性,知识信息的不足,人们认知的缺陷,软件中采用的物理模型、数学模型和计算模型等存在参数、同效异参或同效异构模型形式、逼近方法等不确定性,使得模拟结果的可信度受到很大影响。从可信度评估技术层面,CFD 软件可信度评估涉及流体模型的建模误差与相关性分析、网格收敛指标验证、敏感度分析、代理建模、参数优化、参数识别、参数分析、数值实验设计、不确定性参数标定、不确定度量化、结构优化和仿真结果精度(可信度)评估等方法,同时为了落地,必须自主研发与打造 CFD 模拟预测可信度评估软件。

CAE 软件是"物理模型、数学方法、软件设计、数值实验、预测应用"等知识密集型耦合很强的复杂系统,特别是由于建模的简化近似处理、方法的连续到离散、算法的复杂逻辑到程序化实现、模拟结果的海量数据分析等多维度耦合,其软件及模型是否可信,模拟结果是否具有置信度,一直是工程界人们关注的焦点。

6.7.1 软件可信度评估原则

软件可信度评估原则有以下几点:

(1) 全员全程参与。软件开发方、软件评价方和软件用户应相互配合,全程参与。必要时邀请模型、算法开发者等相关人员参与。

(2) 周密计划。实施软件可信度评估前应先制定软件可信度评估方案,指导、约束软件可信度评估。

(3) 有限目标。由于资源和时间的限制,软件可信度评估的目标应有限。

（4）分类分层实施。软件可信度评估工作应根据应用环境和流动特征进行分类，并对软件功能进行分层，便于制定评价指标和评价算例。

（5）先验证后确认。软件可信度评估中应先进行验证再进行确认等软件可信度评估。

（6）考虑不确定度影响。软件可信度评估应考虑模型、参数和实验等潜在不确定因素的影响。

（7）正确实现数值模拟。软件可信度评价建立在软件实现正确使用的基础上，必须保证数值误差（舍入、离散、迭代、统计抽样）满足设定的要求。

（8）完备记录。应在软件可信度评估的各个阶段形成规范、完备的文档。

（9）适当裁剪增补。应根据具体应用需求，对软件可信度评估指标和评价方法进行适当裁剪和增补。

（10）相对置信。软件可信度是针对特定使用环境和应用场景的。

6.7.2 软件可信度评估要素

软件可信度评估要素是评估的基础。其主要手段是根据软件质量管理、软件物理属性、软件工程属性等与软件可信度相关方面梳理影响软件可信度要素，具体包括：

1. 软件质量管理评估要素

（1）可用性：功能符合性、易理解性、易操作性、适应性、易安装性。

（2）可靠性：成熟性、容错性。

（3）安全性：密级性、完整性。

（4）实时性：时间特征。

（5）可维护性：可修改性、稳定性、易测试性。

（6）可生存性：抗攻击性、攻击识别性、易恢复性、自我完善性。

2. 软件物理评估要素

（1）理论性（物理现象或机理性）：对软件所对应数学物理模型的基本机理、基本现象等要素评估。例如，CFD 中各种激波、稀疏波等间断机理模拟能力；激波过台阶、激波碰撞等学科基本原理。

（2）过程性（基本物理过程）：从软件所对应数学物理模型的基本物

理过程等要素评估。例如，CFD 激波过气泡、界面不稳定性等基本物理过程。

（3）方法性（基本数学理论）：离散格式精度、误差、不确定度、网格、时间步长。

3. 软件工程评估要素

（1）子系统性：针对工程全系统，定义组成子系统适应性评估。

（2）系统性：全系统适应性评估。

6.7.3 软件可信度评估理论

软件可信度评估方法是依据软件预期用途和评价需求，通过科学合理的评估指标体系，采用度量算子评估软件计算结果与已知数值分析结果、可信度基准结果的一致性，再经合理加权综合给出软件综合可信度。

6.7.3.1 软件可信度评估指标体系理论模型

软件可信度评估可根据软件一般属性、物理属性、工程属性，建立置信度评估指标体系理论模型，主要是构建各类属性、评估项以及评估算例构成的多层结构。图 6-28 展示了一种 4 层结构，第一、第二层为可信度属性和可信度子属性，依据具体软件可信度属性的特点和评估指标制定便于程度划分的树型层级结构，第三层为评估项，第四层为评估算例。

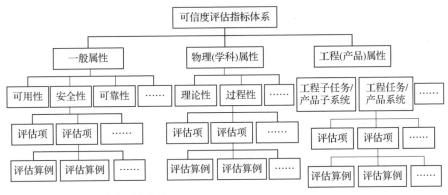

注："……"代表可以根据需求扩展

图 6-28 软件可信度评估指标体系理论模型

6.7.3.2 软件可信度评估指标体系的建立原则

软件可信度评估指标体系应遵循以下原则：

（1）目标明确。评估指标要具体反映可信度评估目的，准确描述软件可信度属性，涵盖实现目标所需的基本内容。

（2）系统全面。评估指标内涵清晰，并且尽可能相互独立，以层次结构方式从多个维度衡量软件可信度，全面覆盖软件可信度评估的全部特征。

（3）科学实用。必须协调评估指标在软件生命周期内的一致性，确保指标简洁、明确、便于采集证据，具有很强的显著性和可操作性。

（4）动态可扩展。必须兼顾评估指标动态可扩展的实际需求，随软件可信度评估目标的变化而做相应裁剪、增补或修改。

6.7.3.3 度量算子的选择

度量算子是对两组数据之间一致性的度量，优秀的度量算子应具有以下性质：

（1）应该是定量的方法且具有客观性。对于给定输出响应与已知行为或性质、试验观测数据集，不同决策者应该给出相同的结果，与决策主观偏好无关。

（2）确定是否接受的标准应与度量结果相独立。

（3）度量算子需要尽可能考虑各种不确定度来源。

（4）度量算子能够提供与试验数据量相关的置信度。

（5）应能区分不确定度大小不同的模型；换句话说，如果模型中引入过多的不确定度，模型确认度量结果不应认为该模型更好。

（6）确认度量不仅能够对模型响应和试验观测进行"单点"比较，也能将"多点"试验数据集成起来对模型的全局预测能力进行评估。

6.7.3.4 权重确定方法

确定权重的方法包括：

（1）主观方法。根据决策者或评估主体的知识、经验或偏好，按照重要性程度、可能性程度或偏好程度对指标或算例进行比较、赋值并计算权重的方法。

（2）客观方法。指标或算例对评估结果提供的信息量越大，权重越大。

（3）组合方法。多种权重确定方法的组合。

6.7.4 基于层次分析法的软件可信度评估方法

层次分析法（Analytic Hierarchy Process，AHP）是美国匹兹堡大学运筹学家教授托马斯·萨蒂（T. L. Saaty）于20世纪70年代初提出的一种处理复杂问题多目标决策的系统分析方法。它是一种定性和定量相结合的、系统化、层次化的分析方法。层次分析法可以把数据、专家意见和分析人员的判断有效结合起来，不仅能保证模型的系统性和合理性，而且能让决策人员充分运用其有价值的经验和判断能力。AHP 可分为 5 个步骤（实施算法），如图 6-29 所示。

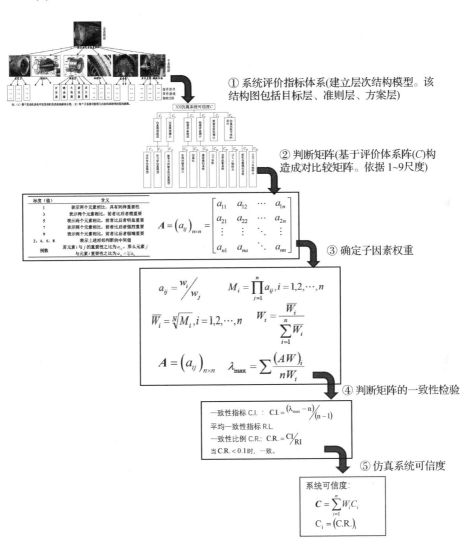

图 6-29　层次分析法（AHP）实施步骤

层次分析法可以分为5个步骤（实施算法）：

（1）基于复杂系统分解，建立问题的递阶层次结构（包括系统评价指标体系）。

（2）基于因素重要性等级比例标度数值，构造两两比较的判断矩阵。

（3）由判断矩阵计算比较排序，确定子因素相对权重。

（4）判断矩阵的一致性检验。

（5）计算组合权重和系统可信度。

1. 建立递阶层次结构模型

建立递阶层次结构模型是 AHP 中最重要的一步。首先，把复杂问题分解为称为元素的各组成部分，把这些元素按属性不同分成若干组，以形成不同层次。同一层次的元素作为准则，对下一层次的某些元素起支配作用，同时它又受上一层次元素的支配。这种从上至下的支配关系形成了一个递阶层次。处于最上面的层次通常只有一个元素，一般是分析问题的预定目标或理想结果。中间层一般是准则层、子准则层。最底层是决策层。层次之间元素的支配关系不一定是完全的，即可以存在这样的元素，它并不支配下一层次的所有元素。一个典型的层次可以用图 6-30 表示。

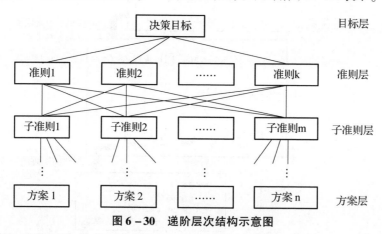

图 6-30 递阶层次结构示意图

在建立递阶层次结构模型的过程中，附加/建立一个科学、合理的评估指标体系（因素准则）尤为重要，这是整个层次分析法的依据。在仿真系统可信度评估中，需建立带有指标的仿真系统可信度评估模型（图 6-31）。其最高层表示 AHP 所要达到的仿真系统可信度的总目标，是评价的顶层指标；中间层为指标层，是评价的主指标体系，即决定系统仿真可信度的主要因素；最底层为子指标层，是对主评价指标的具体化。

第6章 不确定度量化

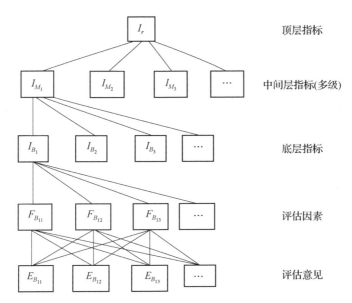

图6-31 仿真系统可信度评估递阶层次结构模型

一般来讲，实际系统和评估目标共同决定了评价指标的选取，在确定评价指标上应注意以下几点：

（1）评价指标是与评价目的密切相关的。

（2）在不影响仿真系统评估的基础上，评价指标的个数应尽可能少，以降低评价负担。

（3）评价指标集应能代表一个完整的系统体系，能够全面反映所需评价对象的各个方面。

2. 构造两两比较判断矩阵

在这一步中，决策要反复回答问题：针对准则 C_k，两个元素 A_i 和 A_j 哪一个更重要，重要多少。需要对重要多少赋予一定数值，这里使用了 1~9 的比例标度。表6-6 列出了萨蒂给出的9个重要性等级及其赋值。

表6-6 标度的含义

因素 i 比因素 j	同等重要	稍微重要	较强重要	强烈重要	极端重要	两相邻判断的中间值（第 i 个因素相对于第 j 个因素的影响介于两个相邻等级之间）
量化值	1	3	5	7	9	2，4，6，8

假设某层有 n 个因素，$A = \{A_1, A_2, \cdots, A_n\}$。要比较它们对上一层某一准则（或目标）的影响程度，确定在该层中相对于某一指标（准则）所占的比重（把 n 个因素对上层某一目标的影响程度排序）。用 a_{ij} 表示第 i 个因素相对于第 j 个因素的重要性比较结果，如果认为元素 A_i 比元素 A_j 明显重要，它们的比例标度取 5，即 $a_{ij}=5$，而元素 A_j 对于元素 A_i 的比例标度则取 1/5，即 $a_{ij}=\dfrac{1}{a_{ji}}$。对于 n 个元素来说，得到成对比较判断矩阵，即

$$A = (a_{ij})_{n\times n} = \begin{bmatrix} a_{11} & a_{12} & \cdots & a_{1n} \\ a_{21} & a_{22} & \cdots & a_{2n} \\ \vdots & \vdots & & \vdots \\ a_{n1} & a_{n2} & \cdots & a_{nn} \end{bmatrix} \qquad (6-187)$$

判断矩阵 A 属于正互反矩阵，满足以下性质：

(1) $A = (a_{ij})_{n\times n}$，即为方阵。

(2) $a_{ij} > 0$，即所有元素大于 0，且判断矩阵 A 对角线元素应当为 1，即 $a_{ii}=1$。

(3) 判断矩阵 A 的左下三角和右上三角各对应元素应当互为倒数，$a_{ij}=\dfrac{1}{a_{ji}}$，即对角线元素互为倒数。

由于性质（2）和（3），事实上，对于 n 阶判断矩阵仅需对其上（下）三角元素共 $\dfrac{n(n-1)}{2}$ 个给出判断。

判断矩阵 A 的元素不一定具有传递性，即未必 $a_{ij}=\dfrac{a_{ik}}{a_{kj}}$，$i,j,k=1,2,\cdots,n$ 且 $i \neq j$ 的等式成立。但当等式 $a_{ij}=\dfrac{a_{ik}}{a_{kj}}$ 成立时，则 A 为一致性矩阵。在说明由判断矩阵导出元素排序权值时，一致性矩阵具有重要意义。

正互反矩阵的特点是一定存在正的最大特征根和特征向量，这个特性为下一步的权重计算提供了有利条件。

3. 层次单排序及计算单一准则下元素的相对权重

这一步要解决在准则（指标）C_k 下，n 个元素 $A_1, A_2, \cdots, A_n$ 排序权重

的计算问题,并为下一步进行一致性检验准备。对于 $A_1, A_2, \cdots, A_n$ 通过两两比较得到判断矩阵 A,解特征根问题:

$$Aw = \lambda_{\max} w \qquad (6-188)$$

所得到的 w 经正规化后作为元素 $A_1, A_2, \cdots, A_n$,在准则 C_k 下排序权重,这种方法称为排序权向量计算的特征根方法。$\lambda_{\max}$ 存在且唯一,w 可以由正分量组成,除了差一个常数倍数外,w 是唯一的。$\lambda_{\max}$ 和 w 的计算一般采用幂法,其步骤如下:

(1) 任取初始正向量 w_0,如 $w_0 = \left\{\dfrac{1}{n}, \dfrac{1}{n}, \cdots, \dfrac{1}{n}\right\}^{\mathrm{T}}$。

(2) 对于 $k = 1, 2, \cdots$,计算:

$$\bar{w}_k = Aw_{k-1} \qquad (6-189)$$

式中:w_{k-1} 为经归一化所得的向量。

(3) 对于事先给定的计算精度,若

$$\max |w_{ki} - w_{(k-1)i}| < \varepsilon \qquad (6-190)$$

式中:w_{ki} 为 w_k 的第 i 个分量,则计算停止。否则,令 $k = k+1$,转步骤 (2)。

(4) 计算

$$\lambda_{\max} = \frac{1}{n} \sum_{i=1}^{n} \frac{\bar{w}_{ki}}{w_{(k-1)i}} \qquad (6-191)$$

$$w_{ki} = \frac{w_{ki}}{\sum_{j=1}^{n} \bar{w}_{kj}} \qquad (6-192)$$

4. 判断矩阵的一致性检验

在判断矩阵的构造中,并不要求判断具有传递性和一致性,即不要求 $a_{ij} = \dfrac{a_{ik}}{a_{kj}}$ 成立,这是因为客观事物的复杂性与人的认识多样性所决定的。但要求判断有大体的一致性却是应该的,出现甲比乙极端重要,乙比丙极端重要,而丙比甲极端重要的情况一般是违反常识的。当判断偏离一致性过大时,排序权向量计算结果作为决策依据将会出现某些问题。因此,排序权向量计算结果作为决策依据还需要通过一致性检验,否则将重新构造判断矩阵。即还需要对判断矩阵进行一致性检验,以确定人们的判断是否一致。一般用随机一致性比率 CR 来检验判断矩阵是否具有满意的一致性,若 CR < 0.1,判断矩阵具有满意的一致性;否则,不满足一

致性检验。

在得到 $\lambda_{\max}$ 后,需要进行一致性检验,其步骤如下:

(1) 计算一致性指标 CI:

$$CI = \frac{\lambda_{\max} - n}{n - 1} \qquad (6-193)$$

式中:n 为判断矩阵的阶数。

$CI = 0$ 时 A 一致;CI 越大,判断矩阵 A 的不一致性程度越严重。

(2) 平均随机一致性指标 RI。随机一致性指标 RI 是随判断矩阵的阶数 n 改变而改变,确定判断矩阵的阶数 n 便可以查表得到 RI。表 6-7 是 1~15 阶的平均随机一致性指标。

表 6-7 随机一致性指标 RI

阶数 n	1	2	3	4	5	6	7	8
RI	0	0	0.52	0.89	1.12	1.26	1.36	1.41
阶数 n	9	10	11	12	13	14	15	
RI	1.46	1.49	1.52	1.54	1.56	1.58	1.59	

(3) 计算一致性比例 CR:

$$CR = \frac{CI}{RI} \qquad (6-194)$$

当 $CR < 0.1$ 时,一般认为判断矩阵的一致性是可以接受的。

5. 计算组合权重和仿真系统的可信度

假定已经计算第 $k-1$ 层元素相对于总目标的组合排序权重向量 $\boldsymbol{a}^{k-1} = \{a_1^{k-1}, a_2^{k-1}, \cdots, a_m^{k-1}\}^T$,第 k 层在第 $k-1$ 层第 j 个元素作为准则下元素的排序权重向量为 $\boldsymbol{b}_j^k = \{b_{1j}^k, b_{2j}^k, \cdots, b_{mj}^k\}^T$,其中不受支配(与 $k-1$ 层第 j 个元素无关)的元素权重为零。令 $\boldsymbol{B}^k = \{b_1^k, b_2^k, \cdots, b_m^k\}$,则第 k 层 n 个元素相对于总目标的组合排序权重向量为

$$\boldsymbol{a}^k = \boldsymbol{B}^k \boldsymbol{a}^{k-1} \qquad (6-195)$$

更一般地,有排序的组合权重为

$$\boldsymbol{a}^k = \boldsymbol{B}^k \cdots \boldsymbol{B}^3 \boldsymbol{a}^2 \qquad (6-196)$$

式中:$\boldsymbol{a}^2$ 为第二层次元素的排序向量;$3 \leq k \leq h$,h 为层次数。

对于递阶层次组合判断的一致性检验,需要类似地逐层计算 CI。若分别得到了第 $k-1$ 层次的计算结果 CI_{k-1}、RI_{k-1} 和 CR_{k-1},则第 k 层的相应指标为

$$\mathrm{CI}_k = (\mathrm{CI}_k^1, \cdots, \mathrm{CI}_k^m) a^{k-1} \qquad (6-197)$$

$$\mathrm{RI}_k = (\mathrm{RI}_k^1, \cdots, \mathrm{RI}_k^m) a^{k-1} \qquad (6-198)$$

$$\mathrm{CR}_k = \mathrm{CR}_{k-1} + \frac{\mathrm{CI}_k}{\mathrm{RI}_k} \qquad (6-199)$$

这里 CI_k^i 和 RI_k^i 分别为在 $k-1$ 层第 i 个准则下判断矩阵的一致性指标和平均随机一致性指标。当 $\mathrm{CR}_k < 0.10$ 时,认为递阶层次在 k 层水平上整个判断有满意的一致性(可接受)。

系统的可信度 C 可由专家给出的子指标可信性 $C_i(i=1,2,\cdots,n)$ 和总排序权重得到,即

$$C = \sum_{i=1}^{n} w_i C_i \qquad (6-200)$$

式中:w_i 为子指标 i 的总排序权重。

6.7.5　软件可信度评估流程

软件可信度评估专注于软件正确性验证、适应性确认、不确定度量化、试验方案优化、试验与模拟之间相关分析、基于试验修正模型等。从物理建模阶段到数值仿真阶段,软件可信度评估贯穿于整个过程,保证仿真分析的准确性和试验方案的合理性。软件可信度评估涉及流体模型的建模误差与相关性分析、网格收敛指标验证、敏感度分析、代理建模、参数优化、参数识别、参数分析、数值实验设计、不确定性参数标定、不确定度量化、结构优化和仿真结果精度(可信度)评估等方法。

软件可信度评估一般包括前期准备、评价分析、方案制定、方案实施和总结 5 个步骤,如图 6-32 所示。

6.7.6　软件可信度评估结果

采用多维雷达图或者综合打分的形式,由权重和算例综合不同指标影响,确定软件可信度评估结果。

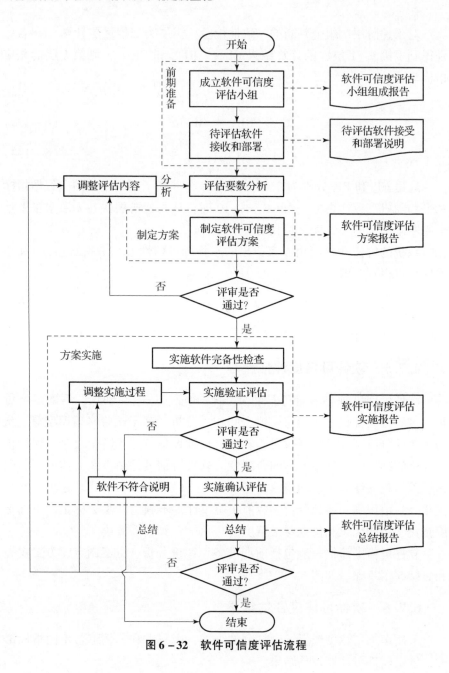

图 6-32 软件可信度评估流程

第 7 章
软件及应用案例

众多领域在验证和确认及不确定度量化方法的引进、消化、吸收等方面都取得了长足的进步，要使得 V&V&UQ 真正在仿真领域和工程设计中发挥作用，必须在 V&V&UQ 理论和方法研究的基础上，集成众多方法，研发一款 CFD 软件 V&V&UQ 专业工具。目前，与 V&V&UQ 相关的软件和工具已有不少，但重点集中在结构优化和复杂系统不确定度量化方面，对于 CFD 验证和确认适应能力有限。例如，美国三大核武器实验室通过专款专项，研发 DAKOTA（SNL）、PSUADE（LLNL）、GPMSA（LANL）等著名分析软件，都是与 UQ 相关的软件。这些 UQ 软件大部分是针对单独方法应用开发的，正在向集成化发展。为了简单、鲁棒地实现 V&V&UQ 工具，基于高级语言（如 FORTRAN、C++）自主开发一款 V&V&UQ 工具势在必行。

7.1 软件概况

为了高效开展 CFD/CAE 数值仿真过程中的不确定度量化、优化设计、参数识别，许多高端工程领域与企业产品设计领域，投入大量人力、物力与财力，开展不确定度量化、优化设计、参数识别技术的研究。多数研究机构、企业采用的分析工具是通过宏语言/脚本编程来实现的。例如，采用 Python 语言、R 语言、MATLAB、Excel 等进行编程实现。应用这些编程环境开展 CFD/CAE 数值仿真过程中的不确定度量化、结构优化设计、参数识别等研究，会受很多限制（因素简单、个数比较少；与数值仿真软件耦合难；移植性比较差等）。表 7-1 汇总了目前国内外 UQ 的重要软件/工具包、采用的主要方法和商家。

表 7-1 UQ 工具综述和它们的能力

序号	软件名称	不确定度评估方法			开发商
		UA（不确定性分析）	SA（敏感度分析）	PE（参数评估）	
1	BATEA	重要抽样	审查/筛除法	MCMC	Newcastle
2	Dakota	蒙特卡洛抽样 分层抽样 近似方法 代理模型	局域法	局域搜索 全局搜索 组合搜索	Sandia
3	GPMSA Toolkit	分层抽样 重要抽样	局域法 回归法	局域搜索 全局搜索 重要抽样	LANL
4	GLUE	重要抽样	审查/筛除法	重要抽样	Lancaster
5	NLFIT	重要抽样	审查/筛除法	全局搜索 MCMC	Newcastle
6	PEST	重要抽样 近似方法	局域法	局域搜索 全局搜索 组合搜索	SSPA Co
7	PNNL Toolkit	分层抽样 重要抽样 近似方法	审查/筛除法 局域法 偏差法	局域搜索 全局搜索	PNNL
8	PSUADE	蒙特卡洛抽样 分层抽样 近似方法	审查/筛除法 关联法 回归法 偏差法	局域搜索 全局搜索 组合搜索 MCMC	LLNL
9	SIMLAB	蒙特卡洛抽样 分层抽样	审查/筛除法 关联法 回归法 偏差法		JRC/Italy

续表

序号	软件名称	不确定度评估方法			开发商
		UA（不确定性分析）	SA（敏感度分析）	PE（参数评估）	
10	UCODE	近似方法	局域法	局域搜索	S. Mines
11	iSight	响应面模型 试验设计	审查/筛除法 关联法 回归法 偏差法		France Dassault 法国达索
12	modeFrontier				意大利 Esteco 公司
13	OptiSLang				Dynardo 公司
14	SmartUQ	统计、代理模型、优化设计等不确定度量化方法于一体，在发动机领域得到了很好的应用			Madison, WI
15	UQ–PyL	蒙特卡洛方法 分层抽样 拉丁超立方抽样、 MOAT 抽样法	莫里斯参数法 分类/回归树方法 多元自适应回归 McKay 相关比例 Sobol 敏感性指数	单目标优化 多目标优化 马尔可夫链 蒙特卡洛 （MCMC） 代理模型	北京师范大学
16	SimV&Ver–CFD	集迭代误差分析、网格收敛验证、一致性分析、试验设计（DOE）、敏感性分析（PSA）、代理模型（SM）、模型修正/参数标定、不确定度量化等于一体的一款 V&V&UQ 软件			北京安怀信科技有限公司

不确定度量化软件是 V&V 工具软件的核心，为了更清楚地了解 UQ 软件，这里选择了几款目前大家公认的软件进行介绍。

7.1.1 PSUADE 软件

PSUADE（Problem Solving environmental for Uncertainty Analysis and

Design Exploration）是美国 Lawrence Livermore 国家重点实验室开发的一款面向复杂动力学的不确定性分析与设计探索工具，集成多种抽样和分析方法，将复杂动力系统模型简化为等效的输入—输出响应曲面关系，从而极大减少不确定性分析过程中的样本运算量，使复杂动力系统的不确定性分析成为可能，也为复杂工程建模与模拟的不确定度量化研究提供了参考和借鉴。

PSUADE 提供了很多功能，包括不确定性分析与抽样设计、响应曲面分析、降维或参数筛选、敏感性分析、风险分析和数值优化等。其中，抽样设计方法有蒙特卡洛方法、拉丁超立方抽样法（LHS）、正交表设计法、准随机序列 LPTAU 方法、中心组合设计和因子设计等；参数筛选包括 MOAT 方法、部分因子设计和 Plackett – Burman 方法等；响应曲面分析方法包括多变量自适应回归样条分析方法、人工神经网络、多元回归和高斯过程等方法；敏感性分析方法主要为全局敏感性分析方法，包括以 LH – OAT 方法、MOAT 方法和傅里叶幅度灵敏度检验法等为主的定性敏感性分析及以基于方差分析的 Sobol 法和扩展傅里叶幅度灵敏度检验法（Extend FAST）定量敏感性分析。下面以参数敏感性分析为例阐述 PSUADE 的运行过程（图 7 – 1）。

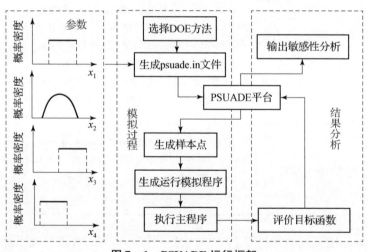

图 7 – 1　PSUADE 运行框架

PSUADE 中的响应曲面模型是一种基于统计理论的模拟器模型，将一个大型复杂动力系统模型的复杂输入输出关系概化成一个"黑箱子"模型，构建一个响应曲面关系来近似地表达这种高度复杂高维非线性关系，

第7章 软件及应用案例

从而提高模型的计算速度和降低模型的计算量与复杂度，同时在一定程度上保证模型计算精度。运用响应曲面模型的关键就是需要样本数据（对应的输入输出数据和空间填充数据）和响应曲面的拟合方法，拟合方法包括参数型，如线性回归、勒让德多项式和非线性回归函数等和非参数型，如MARS、人工神经网络、高斯过程、支持向量机、累加树方法等。以耦合大气—陆面—水文过程的复杂水循环模型为例，构建对应的响应曲面模型过程（图7-2），主要步骤如下：

（1）选择抽样方法，如LP-tau、Metis、LH等多种方法。
（2）应用模拟器生成样本数据点。
（3）根据模拟结果与实测结果比较拟合优度。
（4）若拟合效果较好，则运用该响应曲面进行模拟计算，否则增加样本点。
（5）运用部分因子设计的方法产生填充空间数据。
（6）根据Rstest评估外推误差。
（7）若满足误差要求，则生成新的响应曲面。
（8）重复步骤（3）~（7）直至满足模拟要求。

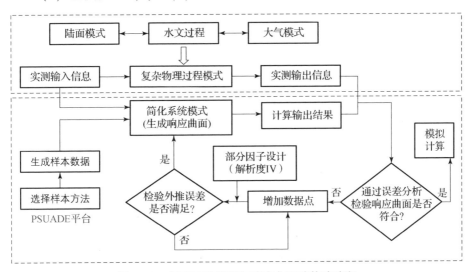

图7-2 复杂系统简化与响应曲面法构建流程

由于PSUADE集合了众多的分析方法，如非嵌入式和并行处理技术，一种集成的设计和分析框架，且其核心响应曲面分析方法的集成与应用，针对大尺度复杂动力水循环系统模型的高维复杂非线性问题，运用"黑箱

307

子"模式对模型进行直观系统概化,在保证精度的同时可以有效地减少模型计算复杂度,节省计算时间和成本,在今后的研究中,其将为大尺度陆面—大气耦合水循环模型的不确定性评价提供一个很好的平台。

7.1.2 DAKOTA 软件

DAKOTA(Design Analysis Kit for Optimization and Terascale Application)的意思为"万亿级应用和优化设计分析工具包",是美国能源部的先进科学计算研究(ASCI)项目和美国国家核安全局的 ASC 项目共同资助,由美国 Sandia 国家实验室开发的基于 UNIX 平台、Windows 等面向工作站和高性能计算机开发的通用设计优化框架工具包(图 7-3)。其主要特点是提供了丰富的优化算法库,其优化算法库包含了基于梯度计算的非线性规划、无须梯度计算的模式搜索法和遗传算法、含整型和连续型混合设计变量的优化算法,具有很强的代理模型生成功能。DAKOTA 几乎包括了目前主要的代理模型技术,可用于基于不确定性的优化设计,支持高性能计算机的并行计算功能,提供对遗留程序的集成功能,对优化设计过程具有一定的可视化功能。由于 DAKOTA 并不是商用软件,其用户界面不太理想,而且 DAKOTA 目前还不能实现并行分布式计算,也没有对其他 CAD/CAE 商用软件提供接口。

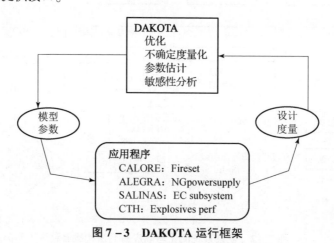

图 7-3 DAKOTA 运行框架

DAKOTA 是一个柔性的软件工具包,为模拟软件与优化最新算法、不确定度量化、参数评估、实验设计和灵敏度分析提供柔性接口,与超过 20 个模拟程序有接口。在 DAKOTA 软件框架中,发展了新的、高效的全局可靠性分析和随机扩展方法，在效率与精度之间架起了一座桥梁。图 7-4 系统化地总结了该软件涉及的主要方法。

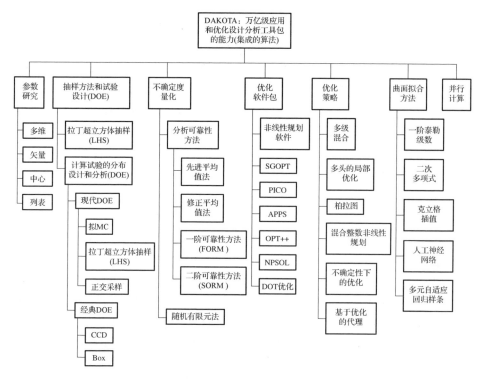

图 7-4　DAKOTA 的能力

DAKOTA 对于圣地亚的验证与确认和裕度与不确定度量化（QMU）战略工作来说是一个全局性中心问题，可用于全系统建模以支持核武器安全和保障评估。

7.1.3　UCODE 软件

通用求解程序（Universal inverse CODE，UCODE）是一款常用的地下水模型参数反演程序，在商业化的地下水数值模拟软件 Processing MODF-LOW、Visual MODFLOW 和 GMS 等中都有嵌套。该程序由美国科罗拉多矿业学院国际地下水模型中心的 Poeter 教授于 1998 年开发，到目前已发展到 UCODE_2005。它可以进行参数敏感性分析、利用非线性回归进行参数优化、预测、数据需求评价、参数和预测值的不确定性分析等。

目标函数是模拟值与观测值的残差平方和，校正的目的是优化参数，使目标函数值最小。

$$S(\boldsymbol{b}) = \sum_{i=1}^{n} \boldsymbol{\omega}_i [\boldsymbol{y}_i - \boldsymbol{y}'_i(\boldsymbol{b})]^2 \qquad (7-1)$$

式中：n 为观测数据个数；$\boldsymbol{b}$ 为 k 维的参数向量；k 为待估参数的个数；$\boldsymbol{y}_i$ 为观测值向量；$\boldsymbol{y}'_i(\boldsymbol{b})$ 模型参数值为 $\boldsymbol{b}$ 的情况下，得到与观测数据对应的模拟值；$\boldsymbol{\omega}_i$ 为与观测数据 $\boldsymbol{y}_i$ 对应的反应不确定性的权重，一般取相同值。UCODE_2005 校正的目的就是要找到参数向量 $\boldsymbol{b}$ 的合理最佳估计 $\hat{\boldsymbol{b}}$，使得目标函数 $S(\boldsymbol{b})$ 的值达到最小。

（收敛标准是在达到 n 次迭代之内，待估参数在两次迭代间的改变量小于某给定的值，如 1%）。

UCODE 是美国地质调查局（USGS）为地下水模型反问题求解开发出的一套通用求解程序，可以与各种过程模型（有限元 femwater 或有限差 modflow 等）耦合使用。它采用修正的高斯 – 牛顿（Gauss Newton）方法对反问题进行求解，并在求解过程中引入摄动敏感度。

UCODE 是基于 modflow 或 femwater 等过程模型开发出的一套地下水模型反问题求解程序。该程序的最新版本是由美国地质调查局与美国环境保护署、科罗拉多州矿业大学国际地下水模型中心合作开发推出的。

由于 UCODE 2005 是基于 JUPITER API 规范编写的，只要程序的输入输出文件类型符合 ASCII 或文本类型就可以很方便地对 UCODE 进行调用，因此 UCODE 能够快速地与物理、化学、地球化学等数值模型进行耦合，扩展了应用范围。

UCODE 反求参数基本流程如图 7 – 5 所示，通过程序计算的各参数摄动敏感度值，结合修正的高斯 – 牛顿方法，确定需拟合模型参数的演进方向，再根据收敛条件的设定，不断迭代直至求得最优参数。

1. 修正的高斯 – 牛顿法

运用最优化方法反求水文地质参数问题的基本思想（薛禹群等，2007）：根据最小二乘法的原理，用误差平方和作为衡量计算所得的水头值和水头实际观测值之间拟合程度的标准，建立目标函数来约束拟合误差，使 $E(k)$ 达到最小，最终获得反映该区水文地质特征的水文地质参数，用来构造地下水数值模型。

2. 摄动敏感度

在模型反演过程中，敏感度 $\partial y'/\partial b$ 通常用来衡量一个因素 b 变化对别

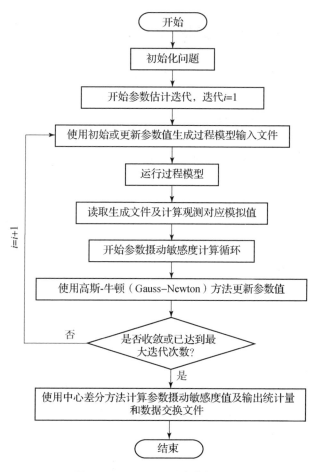

图 7-5　UCODE 反求参数流程

的因素 y' 的影响程度，主要有以下两个功能：首先，在衡量观测值对反求得参数及参数对预测结果的重要性时，它是一个很好的指征量；其次，由于 UCODE 采用的是修正的高斯－牛顿方法，这就需要通过计算敏感度来决定参数值的变化方向，以便能产生更好的模型拟合。

摄动敏感度是 UCODE 采用的敏感度计算方法。其主要优点是：在保证模型精度的同时可以很方便地进行并行计算。实际计算时，敏感度 $\partial y'/\partial b$ 不是直接求解，而是采用有限差分摄动法来近似求解。具体有向前、向后和中心差分三种方法可供选择。

7.2 自主研发 V&V&UQ 软件

工业软件是用于支撑工业、企业、业务和应用的软件,是工业生产提质增效的重要工具。工业软件的本质,是将特定工业场景下的经验知识,以数字化模型或专业化软件工具的形式积累沉淀下来。从广义上讲,凡利用到计算机解决工程问题的软件,都可以纳入工业软件的范畴,如 CAD、CAM、CAE、CFD、EDA 和各种配套分析工具(如 V&V、UQ、优化、绘图、数据处理等)。

为了适应 CFD 软件的 V&V&UQ,借鉴现代软件生命周期模型,集 CFD 验证和确认及不确定度量化中基本理论、能力、方法与算法,主要采用科学计算的高级语言 FORTRAN 95、C++等,自主研发了一套 CFD 软件的 V&V&UQ 工具。

7.2.1 工业软件研发全生命周期模型

软件是一项创新性很强的工作,唯有创新,才能铸魂。基于工业软件的特点和作者多年从事大型工业应用软件研发的经验,将工业软件的研发分为 7 个阶段(图 7-6)。

(1) 需求调研与交流。其包括:①背景/场景概述;②概念及内涵;③具备能力;④功能、性能、环境需求;⑤需求交付内容与需求评审。

在软件开发或项目实施前,首先要通过大量调研,了解客户需求,统一与客户需求领域的知识概念与发展现状,面对问题与场景(大场景、小场景),明确开发具有什么能力、具有什么功能、需要达到什么性能、适应于什么环境、软件系统研发应具备特色等。实际上,开发软件系统或承担项目最为困难的部分就是准确声明或定义软件的需求。据此需求编写出清晰、可行的软件需求说明书,包括所有面向工程、面向学科、面向用户、面向计算和其他软件系统的接口等。软件需求如果不是很清晰,最终将会给软件系统研发带来很多不确定性,造成软件开发周期、开发经费大幅度增加,甚至不能按时交付。对后期应用、发展与完善很不利,甚至造成完全返工等严峻困难。为此,在进行软件研发之前,需要充分调研相关领域的物理与学科常识、方法与算法、计算机技术、工程知识、应用场景等基本知识,并结合需求,梳理其现状与问题,整合工单需求与产品规划需求于一处,清晰且统一概述软件背景,对应功能、性能、环境的三大需

第 7 章 软件及应用案例

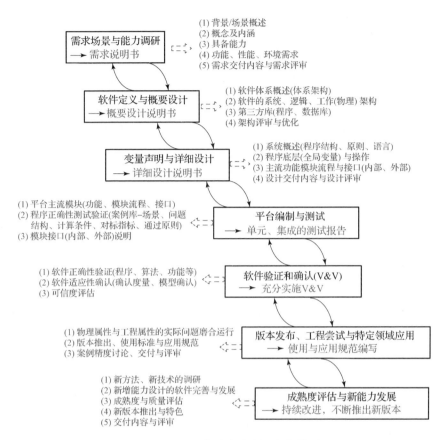

图 7-6 工业软件全生命周期新模型

求要解决的问题与提供能力等，编写《软件需求说明书》报告。软件需求说明书往往是在充分调研客户或工程项目需求下，应该具备哪些能力、解决哪些场景的问题。据此，软件需要哪些功能、满足哪些性能和适应什么样的环境等内容。软件需求说明书往往是在一定需求能力下，应该具备的功能、满足的性能和环境三个方面阐述，即功能、性能、环境的三大需求是需求说明的核心内容。

（2）软件定义与概要设计。其包括：①软件体系概述（体系架构）；②软件的系统、逻辑、工作（物理）架构；③第三方库（程序、数据库）；④架构评审与优化。

基于软件需求，结合软件研发相关专业知识，以及领域需求、领域专家、软件开发相关人员的先验知识，共同讨论，对需求细化。其包括软件

313

相关术语与概念及内涵、系统能力（体系架构）、软件系统框架、逻辑框架、工作流程（物理框架）、内外接口等定义，编写《软件概要设计说明书》报告。软件概要设计说明书是在《软件需求说明书》报告基础上，对软件宏观设计应该具备哪些能力。据此，软件需要哪些功能，满足哪些性能和适应什么样的环境等。其体系架构、系统框架、逻辑框架、工作流程（物理框架）的一个架构和三个框架是概要设计的核心内容。

（3）变量声明与详细设计。其包括：①程序系统概述（程序结构、原则、语言）；②程序底层（全局变量）及操作；③主流功能模块流程及接口（内部、外部）；④设计交付内容与设计评审。

基于软件概要设计，结合软件体系架构、系统框架、逻辑框架、工作流程（物理框架）等，在详细设计中主要是定义软件的界面、程序代码中全局变量、操作、流程等内容。其目的是让大家了解软件程序结构和代码布局、数据流、控制流的情况。

（4）代码编写与测试。其包括：①程序主流模块（功能、模块流程、接口）；②正确性测试验证（案例库–场景、问题结构、计算条件、对标指标、通过原则）；③模块接口（内部、外部）说明。

基于软件概要设计和详细设计，结合软件体系架构、系统框架、逻辑框架、工作流程（物理框架），以及界面和底层管理，具体定义软件的界面、程序代码中全局变量、操作、流程等内容，对软件编码及开展单元、集成等测试。

（5）软件验证和确认。其包括：①软件正确性验证（程序、算法、功能等）；②软件适应性确认（确认度量、模型确认）；③可信度评估。

基于软件与模型验证和确认理论与方法，对其实施完整的全生命周期验证和确认。

（6）版本发布试用与专业用户应用。其包括：①学科物理与工程实际问题磨合运行；②版本推出、使用标准与应用规范；③案例精度讨论、交付与评审。

（7）完善与发展。其包括：①新方法、新技术的调研；②新增能力设计的软件完善与发展；③成熟度与质量评估；④新版本推出与特色；⑤交付内容与评审。

7.2.2 软件架构/框架

基于软件全生命周期新模型，自主开发一款 V&V&UQ 工具。根据

第7章 软件及应用案例

CFD 软件 V&V&UQ 理论及方法，首先，集"迭代误差分析、网格收敛指标、一致性分析、试验设计（DOE）、敏感性分析（PSA）、代理模型（SM）、模型修正、不确定度量化"于一体设计搭建软件架构（architecture）架构（framework）（图 7-7），涉及前处理（抽样方法）、确定性程序并行求解、可信度评估方法、后处理（评估结果和图形）4 个层次。其次，逐渐开展了各模块的独立研发，可支撑多级并行目标定制的工作框架。

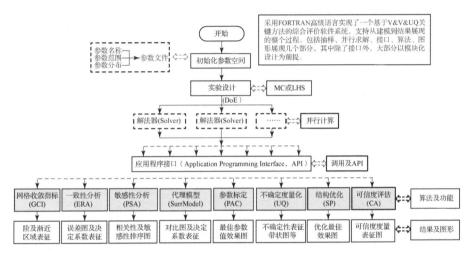

图 7-7　软件可信度评估系统架构/框架

7.2.3　试验设计模块

1. 试验设计模块功能

在随机（不确定度）参数空间/随机分布函数中抽取给定的样本数。其具体功能包括：

（1）参数区间中区间均分设计（正交设计-全析因试验设计），往往用于遍历参数空间的设计，以更充分的样本统计分析参数特征。

（2）区间或高斯分布的蒙特卡洛（MC）抽样。

（3）区间或高斯分布的拉丁超立方（LHS）抽样。

（4）高斯分布中按方差倍数（如 $\sigma, 2\sigma, 3\sigma, \cdots, n\sigma$）约束抽样。

（5）混合多参数随机抽样。

2. 模块框架

图7-8给出了试验设计模块的框架，涉及随机参数空间信息、抽样需求、基本抽样方法、结果输出及图形显示。

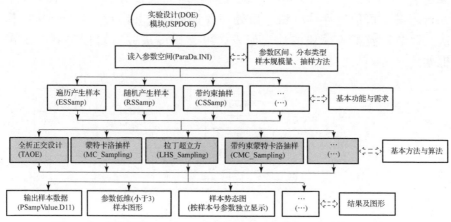

图7-8 试验设计（DOE）模块调用关系/试验设计模块架构/框架

3. 案例

1）全析正交设计

假设有三个随机参数 $\xi_1 \in [4,11]$、$\xi_2 \in [1,4]$、$\xi_3 \in [0.1,0.5]$，分别采用4、3、3和15、10、10两组遍历。图7-9给出了样本分布，从图可以看出，样本均匀分布在参数空间。实际应用中，可以根据需求，只修改每个参数的水平个数，就可采用此模块产生需要的样本。

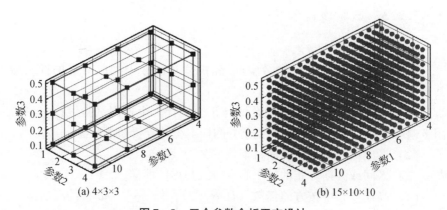

图7-9 三个参数全析正交设计

2) 参数随机抽样设计

这是一个炸药爆轰流体力学模拟中的实际案例,有 16 个不确定性参数,表 7 - 2 给出了参数特征。表 7 - 3、表 7 - 4 是通过拉丁超立方抽样(LHS)方法,得到的 20 组有效样本。为了说明抽样方法的可行性,可以给出随机遍历参数空间的样本,从样本散点图可以看出样本势态与参数分布是否一致,说明抽样方法的可行性。

表 7 - 2 实际问题中 16 个参数特征及分布

序号	参数	参数分布	参数不确定性范围
1	Para01	正态分布: $f(x)=\frac{1}{\sqrt{2\pi}\sigma}e^{-\frac{(x-\mu)^2}{2\sigma^2}}$	$N(\mu,\sigma^2)=N(1.849,2.5\times10^{-7})$
2	Para02	区间分布: $[a,b]$	$[4.0,11.0]$
3	Para03	区间分布: $[a,b]$	$[1.0,4.0]$
4	Para04	区间分布: $[a,b]$	$[0.2,0.5]$
5	Para05	区间分布: $[a,b]$	$[1.0,1.3]$
6	Para06	区间分布: $[a,b]$	$[2.0,2.3]$
7	Para07	区间分布: $[a,b]$	$[1.0,2.0]$
8	Para08	区间分布: $[a,b]$	$[0.04,1.0]$
9	Para09	正态分布: $f(x)=\frac{1}{\sqrt{2\pi}\sigma}e^{-\frac{(x-\mu)^2}{2\sigma^2}}$	$N(\mu,\sigma^2)=N(8.93,1.6\times10^{-3})$
10	Para12	区间分布: $[a,b]$	$[45.9,46.9]$
11	Para13	区间分布: $[a,b]$	$[0.108,0.132]$
12	Para14	区间分布: $[a,b]$	$[1.85210,2.26368]$
13	Para15	区间分布: $[a,b]$	$[8.1621,9.9759]$
14	Para16	区间分布: $[a,b]$	$[3.5091,4.2889]$
15	Para17	区间分布: $[a,b]$	$[1.35,1.65]$
16	Para18	区间分布: $[a,b]$	$[0.09,0.11]$

表 7-3 实际问题中 16 个参数中前 8 个参数 20 组有效样本值

序号	Para01	Para02	Para03	Para04	Para05	Para06	Para07	Para08
1	1.8590	8.2095	3.6748	0.4904	1.0569	2.1545	1.3980	0.2924
2	1.8510	6.0797	2.2782	0.4698	1.1959	2.2705	1.9615	0.1981
3	1.8482	7.0719	2.2360	0.4727	1.2977	2.1731	1.1639	0.7106
4	1.8478	4.6539	1.2001	0.4498	1.1169	2.0573	1.1654	0.9602
5	1.8485	8.2101	2.6798	0.4541	1.1513	2.2734	1.3100	0.8017
6	1.8504	7.0544	3.9514	0.3841	1.0153	2.2525	1.2398	0.5702
7	1.8511	5.4220	3.2053	0.3086	1.2861	2.0103	1.0495	0.8845
8	1.8477	10.0339	2.8571	0.4950	1.2264	2.0564	1.9160	0.6799
9	1.8468	8.6572	2.1837	0.2755	1.1394	2.1167	1.1833	0.5646
10	1.8511	5.7211	2.3190	0.3476	1.1169	2.0051	1.1357	0.3279
11	1.8508	6.9279	2.7888	0.4761	1.2712	2.0349	1.3315	0.3836
12	1.8500	7.8365	3.6810	0.4722	1.2181	2.2237	1.3215	0.8282
13	1.8491	5.2501	3.3707	0.3278	1.0400	2.0591	1.3805	0.9425
14	1.8524	6.5203	2.9326	0.2677	1.1873	2.1116	1.6260	0.3378
15	1.8520	5.0434	1.4275	0.3248	1.2595	2.2757	1.0968	0.7314
16	1.8507	8.0919	3.9506	0.4599	1.2876	2.1081	1.0020	0.3494
17	1.8470	4.7767	3.2620	0.2751	1.0087	2.2113	1.0820	0.4276
18	1.8531	5.2835	1.4270	0.2741	1.0378	2.0381	1.9457	0.7469
19	1.8471	5.5935	3.0650	0.2759	1.2191	2.0987	1.9074	0.9290
20	1.8509	7.3704	3.5172	0.3856	1.2495	2.1826	1.1839	0.7352

表 7-4 实际问题中 16 个参数中后 8 个参数 20 组有效样本值

序号	Para09	Para10	Para11	Para12	Para13	Para14	Para15	Para16
1	8.9310	46.4604	0.1220	2.1853	9.2357	3.9081	1.6130	0.1099

续表

序号	Para09	Para10	Para11	Para12	Para13	Para14	Para15	Para16
2	8.9307	46.1940	0.1305	2.0228	8.7216	3.9106	1.4686	0.1058
3	8.9277	45.9762	0.1111	1.9239	8.9634	3.5382	1.5012	0.0993
4	8.9302	46.7706	0.1229	2.1290	9.2759	3.9674	1.3953	0.0951
5	8.9303	46.8645	0.1133	2.0367	9.2754	3.7458	1.6252	0.0911
6	8.9332	46.4348	0.1123	2.0667	9.6770	3.7664	1.4820	0.0964
7	8.9317	45.9608	0.1096	2.1862	8.3782	4.2727	1.4422	0.0945
8	8.9259	46.7306	0.1256	2.2240	9.5092	3.6463	1.4459	0.1013
9	8.9303	46.5105	0.1277	1.9330	8.9504	3.6193	1.4505	0.1034
10	8.9283	46.3614	0.1282	2.1395	9.8704	3.6704	1.4037	0.0936
11	8.9276	46.5754	0.1111	2.0372	9.1600	3.8281	1.4704	0.1024
12	8.9297	46.1372	0.1092	1.9393	9.4981	3.6771	1.5180	0.1016
13	8.9283	46.2045	0.1222	2.1175	8.3311	4.1506	1.4927	0.1057
14	8.9316	46.8665	0.1123	2.1054	8.2342	3.8743	1.4532	0.1024
15	8.9282	46.2257	0.1121	2.0638	9.3159	3.6133	1.4783	0.0914
16	8.9321	46.3057	0.1179	1.9348	8.2371	3.7868	1.5988	0.1047
17	8.9296	46.5512	0.1319	2.2036	8.6566	3.7249	1.3827	0.1030
18	8.9304	46.8185	0.1189	1.8991	9.6272	4.0801	1.5248	0.1048
19	8.9308	46.7051	0.1286	2.2089	9.0267	3.8369	1.6242	0.0996
20	8.9295	46.1222	0.1252	2.0124	9.5085	4.0556	1.4311	0.0911

3）高斯分布约束条件下抽样

某非光滑质量弹簧阻尼的振荡系统模型为 $m\dfrac{\mathrm{d}^2 x}{\mathrm{d}t^2} + c\dfrac{\mathrm{d}x}{\mathrm{d}t} + kx = F[t]$，其中 m 为系统非确定的质量（随机变量），满足 $m \sim N(\mu, \sigma^2) = N(4.2, 0.2)$ 的高斯分布。

4) 混合型不确定度参数

在实际问题中不确定性往往是混合型的,如炸药爆轰圆筒试验模拟:①由于加工过程中炸药颗粒凝结的不均匀性,其密度存在随机性,往往采用正态分布函数对其进行表征。对于 PBX 9501 炸药,期望为 $\mu = 1.842 \text{ g/cm}^3$,标准差 $\sigma^2 = 2.5 \times 10^{-7} \text{ g/cm}^3$,其概率密度函数为 $\rho(x) = \frac{1}{\sqrt{2\pi}\sigma} e^{-\frac{(x-\mu)^2}{2\sigma^2}}$,即炸药密度满足正态分布,$N(\mu,\sigma^2) = N(1.849, 2.5 \times 10^{-3})$。②圆筒壁铜采用 Gruneisen 状态方程时,其系数 γ_0 存在不确定性,数学上用区间描述 $\gamma_0 \in [1.99, 2.12]$,即 γ_0 可以取区间内的任意值。

7.2.4 敏感性分析模块

1. 敏感性分析模块功能

只要给出响应量和输入因素之间的关联样本(含输入与输出关系的样本),据此输入因素和输出响应量的样本,就可开展因素敏感性分析,即能对输入多因素影响输出响应量的程度排序。其具体功能包括:

(1) 独立变化一个因素的局部敏感性分析。
(2) 统计所占份额大小,开展全局敏感性分析。
(3) 基于数学建模的敏感性分析(线性代理模型系数分析法)。
(4) 莫里斯参数筛选法。

2. 模块框架

图 7-10 给出了敏感性分析模块的框架,涉及输入输出随机参数空间关联样本信息、参数相关性分析、基本敏感性分析方法、结果输出及图形显示。

3. 案例——基于 CFD 输入/输出响应量的关联样本的统计敏感性分析

本小节以炸药爆轰模型及模拟过程为例。炸药爆轰产物采用 JWL 形式的状态方程,采用 Wilkins 反应率模型。图 7-11 给出了圆筒试验结构示意图和计算模型。炸药取 TNT 炸药,性能参数:$\gamma = 3.1$,$\rho_0 = 1.634 \text{ g/cm}^3$,$D_J = 6.932 \text{ km/s}$。紫铜物性参数:$\gamma = 3.68$,$\rho_0 = 8.93 \text{ g/cm}^3$,$c_0 = 3.94 \text{ km/s}$。在 O 点起爆或者面爆。炸药采用 JWL 状态方程和 Wilkins 反应率模型,铜采用 Gruneisen 状态方程和 SG 本构模型。对每个因素采用抽样技术,然后将其输入自主研发的确定性软件(非结构拉氏自适应网格有限体积格式的 CFD 软件),产生敏感度分析响应量的样本。表 7-5 给出了各因素样本计算值。计算参数除了因素栏说明,其余均按统一计算条件取值:JWL 参数

第7章 软件及应用案例

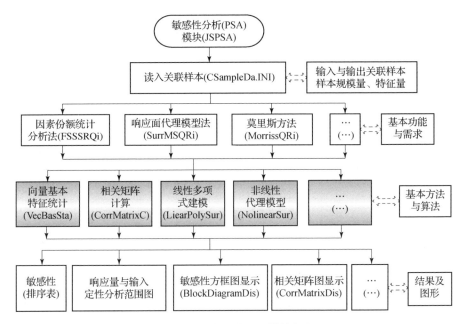

图7-10 敏感性分析模块框架

取 $R_1 = 4.6$，$R_2 = 1.3$，$\omega = 0.38$，燃烧函数中参数取 $n_b = 1.3$、$r_b = 2.1$，采用压缩比起爆时取 $\sigma = 1.03$，采用时间起爆时，按惠更斯原理预先计算起爆时间。

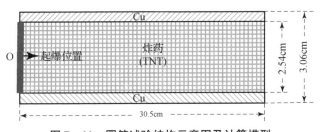

图7-11 圆筒试验结构示意图及计算模型

表7-5 各因素数值模拟产生的样本数据

编号	因素/参数		爆压/GPa	爆速/(km/s)	外管壁时间/位置/(μs/cm)		
1	起爆方式	体积	17.928319	6.95693	32.720/17.5	42.800/32.0	52.000/47.0
		时间	16.741025	6.98147	32.720/18.1	42.800/32.8	52.000/47.9

321

续表

编号	因素/参数		爆压/GPa	爆速/(km/s)	外管壁时间/位置/(μs/cm)		
2	体积起爆燃烧下 n_b	2.0	18.930048	6.93693	32.720/17.3	42.800/31.6	52.000/46.5
		1.65	18.658083	6.94324	32.720/17.4	42.800/31.8	52.000/46.7
		1.3	17.928319	6.95693	32.720/17.5	42.800/32.0	52.000/47.0
		0.95	16.350974	6.98145	32.720/18.0	42.800/32.6	52.000/47.7
3	体积起爆燃烧下 r_b	3.0	18.491352	6.93155	32.720/17.2	42.800/31.5	52.000/46.4
		2.55	18.521055	6.93820	32.720/17.3	42.800/31.6	52.000/46.6
		2.1	17.928319	6.95693	32.720/17.5	42.800/32.0	52.000/47.0
		1.65	16.128897	6.98553	32.720/18.1	42.800/32.8	52.000/47.8
4	时间起爆燃烧下 n_b	2.0	16.853675	6.96932	32.720/18.1	42.800/32.8	52.000/47.8
		1.65	16.803260	6.96734	32.720/18.1	42.800/32.8	52.000/47.8
		1.3	16.741025	6.98147	32.720/18.1	42.800/32.8	52.000/47.9
		0.95	16.616952	6.97697	32.720/18.2	42.800/32.9	52.000/47.9
5	时间起爆燃烧下 r_b	3.0	16.726511	6.97857	32.720/18.0	42.800/32.7	52.000/47.8
		2.55	16.806223	6.98066	32.720/18.1	42.800/32.8	52.000/47.8
		2.1	16.741025	6.98147	32.720/18.1	42.800/32.8	52.000/47.9
		1.65	16.778597	6.98572	32.720/18.2	42.800/32.9	52.000/47.9
6	时间起爆下 JWL-R_1	5.2	16.868501	6.97962	32.720/18.2	42.800/34.4	52.000/51.0
		5.0	16.806207	6.97952	32.720/18.2	42.800/33.9	52.000/50.1
		4.8	16.791979	6.98063	32.720/18.2	42.800/33.4	52.000/49.0
		4.6	16.741025	6.98147	32.720/18.1	42.800/32.8	52.000/47.9
		4.4	16.692020	6.96470	32.720/18.1	42.800/32.3	52.000/46.6

续表

编号	因素/参数		爆压/GPa	爆速/(km/s)	外管壁时间/位置/(μs/cm)		
7	时间起爆下 $JWL-R_2$	1.00	16.734953	6.98080	32.720/18.2	42.800/33.1	52.000/48.6
		1.15	16.740767	6.98101	32.720/18.1	42.800/33.0	52.000/48.2
		1.30	16.741025	6.98147	32.720/18.1	42.800/32.8	52.000/47.9
		1.45	16.730547	6.96352	32.720/18.1	42.800/32.7	52.000/47.6
		1.60	16.712859	6.96367	32.720/18.1	42.800/32.6	52.000/47.4
8	时间起爆下 $JWL-\omega$	0.28	16.812785	6.98037	32.720/18.1	42.800/32.8	52.000/47.8
		0.285	16.810909	6.98013	32.720/18.1	42.800/32.8	52.000/47.8
		0.38	16.741025	6.98147	32.720/18.1	42.800/32.8	52.000/47.9
		0.385	16.737344	6.98149	32.720/18.1	42.800/32.8	52.000/47.9
		0.48	16.672029	6.96457	32.720/18.1	42.800/32.9	52.000/48.0
9	体积起爆下 $JWL-R_1$	5.2	17.998978	6.95823	32.720/17.6	42.800/33.5	52.000/50.1
		5.0	17.962797	6.95895	32.720/17.6	42.800/33.0	52.000/49.2
		4.8	17.955658	6.95891	32.720/17.5	42.800/32.5	52.000/48.2
		4.6	17.928319	6.95693	32.720/17.5	42.800/32.0	52.000/47.0
		4.4	17.936131	6.95770	32.720/17.5	42.800/31.5	52.000/45.8
10	体积起爆下 $JWL-R_2$	1.00	17.963537	6.95842	32.720/17.5	42.800/32.3	52.000/47.8
		1.15	17.958295	6.95549	32.720/17.5	42.800/32.1	52.000/47.3
		1.30	17.928319	6.95693	32.720/17.5	42.800/32.0	52.000/47.0
		1.45	17.948672	6.95851	32.720/17.5	42.800/31.9	52.000/46.7
		1.60	17.950980	6.95776	32.720/17.5	42.800/31.8	52.000/46.5

续表

编号	因素/参数	爆压/GPa	爆速/(km/s)	外管壁时间/位置/(μs/cm)		
11	体积起爆下 JWL $-\omega$	0.28	18.012876	6.95734	32.720/17.5	42.800/32.1	52.000/47.0
		0.285	17.997611	6.95864	32.720/17.5	42.800/32.1	52.000/47.0
		0.38	17.928319	6.95693	32.720/17.5	42.800/32.0	52.000/47.0
		0.385	17.951700	6.95774	32.720/17.5	42.800/32.0	52.000/47.0
		0.48	17.931067	6.95580	32.720/17.5	42.800/32.0	52.000/47.0
12	体积起爆 $-\sigma$	1.02	16.999617	6.97931	32.720/17.9	42.800/32.5	52.000/47.5
		1.025	17.627340	6.96053	32.720/17.7	42.800/32.2	52.000/47.2
		1.03	17.928319	6.95693	32.720/17.5	42.800/32.0	52.000/47.0
		1.035	18.126027	6.95335	32.720/17.4	42.800/31.9	52.000/46.9
		1.04	18.306887	6.95299	32.720/17.3	42.800/31.8	52.000/46.8

注：只是单因素变化，即考虑因素之间是独立的。

基于上述样本数据，表 7-6 是将 12 个因素按速度敏感性的排序。

表 7-6 各因素敏感性排序

编号	误差大小	敏感度排序（因素排序）	误差绝对大小排序
1	$0.31149057 \times 10^{-2}$	12	$0.15519906 \times 10^{-1}$
2	$-0.11447594 \times 10^{-1}$	4	$-0.13032594 \times 10^{-1}$
3	$-0.13032594 \times 10^{-1}$	2	$0.11520906 \times 10^{-1}$
4	$0.76899057 \times 10^{-2}$	10	$-0.11447594 \times 10^{-1}$
5	$0.15519906 \times 10^{-1}$	1	$0.11102906 \times 10^{-1}$
6	$0.11102906 \times 10^{-1}$	5	$-0.87950943 \times 10^{-2}$
7	$0.80089057 \times 10^{-2}$	8	$-0.86630943 \times 10^{-2}$
8	$0.11520906 \times 10^{-1}$	3	$0.80089057 \times 10^{-2}$
9	$-0.79410943 \times 10^{-2}$	9	$-0.79410943 \times 10^{-2}$

续表

编号	误差大小	敏感度排序（因素排序）	误差绝对大小排序
10	$-0.86630943 \times 10^{-2}$	7	$0.76899057 \times 10^{-2}$
11	$-0.87950943 \times 10^{-2}$	6	$-0.54630943 \times 10^{-2}$
12	$-0.54630943 \times 10^{-2}$	11	$0.31149057 \times 10^{-2}$

从图 7–5 和表 7–6 可以看出，通过敏感性分析，对于爆轰模型，各影响因素的敏感性大小排序为时间起爆燃烧下 γ_b、体积起爆燃烧下 γ_b、时间起爆下 JWL–ω、体积起爆燃烧下 n_b、时间起爆下 JWL–R_1、体积起爆下 JWL–ω、体积起爆下 JWL–R_2、时间起爆下 JWL–R_2、体积起爆下 JWL–R_1、时间起爆燃烧下 n_b、体积起爆阈值 σ、起爆方式。由此可知，燃烧函数和 JWL 产物状态方程是两个敏感性强的模型。为此，需要重视其参数选取及模型的形式。

（4）基于关联数据的代理模型的敏感度分析

某单位给出了某实际问题 144 组的 12 个因素和 3 个响应量的有效数据，首先采用了统计分析，图 7–12 给出了相关矩阵。

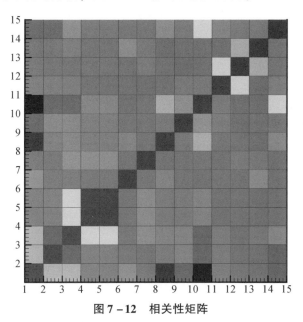

图 7–12　相关性矩阵

从相关性分析，可以看出因素之间的相关性程度，有的相关性很弱，有的相关性很强。实际上，该问题共有 25 个因素，其中 144 组样本中未变化的有 9 个因素（$A_1 \sim A_4$、C_1、D_3、E_1、E_3、E_5），只有 16 个因素变化，按参数 1~16 编号。采用线性多项式，对其数据进行建模。通过一次项系数，图 7-13 给出了 16 个因素的敏感性。从图 7-13 可以看出，1~16 个参数的敏感性程度，参数 B_3、B_4、B_5、C_3、C_4、C_5 共 6 个因素比较敏感。

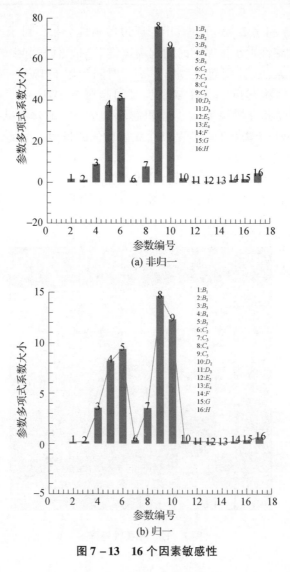

图 7-13　16 个因素敏感性

第 7 章 软件及应用案例

从图 7-13 或表 7-6 可以清楚看出，哪些因素对响应量起关键作用，哪些因素可以忽略。

7.2.5 基于数据的多项式回归模块

回归分析是确立和分析某种响应量（因变量 Y）和重要因素（对响应有影响的自变量 X_1，X_2，…，X_K）之间的函数关系，即力求把 Y 表达成 X 的一个合适的函数，使之在某种意义上最好。

1. 模块功能

当认为因变量可表达成某些自变量的多项式时，求出最好拟合（按最小方差标准）时自变量的各项系数（包括常数项）。本程序模块对于给定数据基于输入因素和输出响应量，能独立建立各个响应量与参数之间的多元线性多项式、多元二次多项式、多元三次多项式、多元四次多项式。需要注意的是输入与输出的关联样本一般要大于多项式回归的系数个数（最好大于 1.5 倍）。回归不仅可建立数据之间的关系，也可以起到滤波作用。

2. 模块框架

图 7-14 给出了基于数据的多项式回归模块的框架，涉及随机参数空间关联样本信息、多项式回归形式、多项式系数求解方法、结果输出及图形显示。

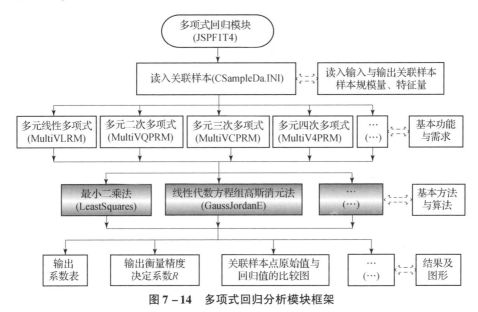

图 7-14 多项式回归分析模块框架

3. 多项式解析函数案例

假设多项式函数形式是四元二次多项式,具体为

$$f(x_1, x_2, x_3, x_4) = 1 + 2x_1 + 3x_1^2 + 4x_1x_2 + 5x_1x_3 + 6x_1x_4 + 7x_2 + 8x_2^2 + \\ 9x_2x_3 + 10x_2x_4 + 11x_3 + 12x_3^2 + 13x_3x_4 + 14x_4 + 15x_4^2$$

根据上述函数随机产生了 200 组关联样本。图 7-15 给出了回归与原始数据的比较。

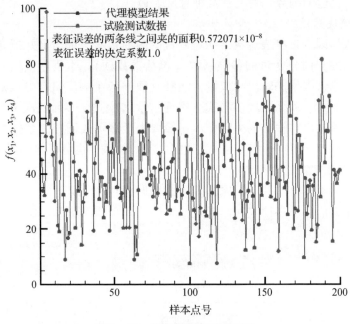

图 7-15 代理模型与试验对比

从图 7-15 可以看出,二次代理模型与解析函数完全一致,这一点也反映在两线之间的面积 0.47207×10^{-8} 与决定系数 1.0 上。需要注意的是,此案例是验证多项式程序模块的正确性,在读入关联样本时,数据有效位数很重要,否则不会完全一致。

7.2.6 基于数据的克里金插值模块

1. 模块功能

基于输入因素和输出响应量,能独立建立各个响应量与参数之间的插值函数。需要注意的是,插值系数个数等于样本个数,从而可以看出,样本量如果很大,求解是非常困难的。为此,对于少量样本,该程序模块可

以建立好的插值代理模型。

克里金方法又称空间局部插值法，是以变异函数理论和结构分析为基础的，广泛用于各类观测的空间插值。该程序模块只要给出输入与输出的关联数据，就可以建立参数与响应量之间的插值函数。其具体功能如下：

（1）数据（实验、模拟）规律分析。通过克里金插值建立插值模型，据此模型开展数据相关规律的分析，对其物理过程加深认识。

（2）补充缺失数据。通过建立的克里金插值模型，可以内插相关数据，并不断验证其精度，达到建立替代复杂物理过程的代理模型。据此，代理模型可以开展敏感性分析、不确定度量化、参数标定、模型优化等功能。

（3）通过数据学习分布，即通过数据探测内部结构（exploring internal structures in the data）。

2. 模块框架

图 7-16 给出了克里金插值模块的框架，涉及随机参数空间关联样本信息、相关矩阵及插值函数权重、权重求解方法、结果输出及图形显示。

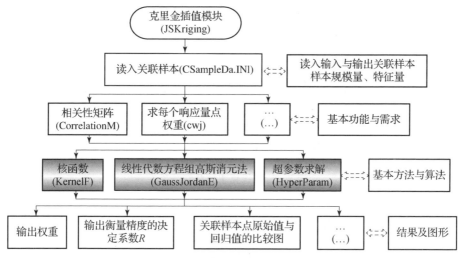

图 7-16 克里金插值模块框架

7.2.7 优化求解模块

1. 模块功能

只要建立好优化问题，就可以通过优化求解算法。本模块包括遗传算法、可变容差法、牛顿下降法等（图 7-17）。其中，可变容差法是把多个

约束的求极小值问题变为一个单约束求极小值问题。设所求解的优化问题为

极小化：$f[x]$，$x \in E^n$

约束条件：$h_i[x] = 0$，$i = 1, 2, \cdots, m$

$g_j[x] \geq 0$，$j = m+1, m+2, \cdots, p$

可变容差法程序模块可求解有约束的 n 元函数 $f[x]$ 的最小值，不需求函数的导数值。

功能描述：给定极大或极小目标函数，各种约束条件（等式约束、不等式约束等），求出使得目标函数达到最小或最大的最优/最佳参数值。

2. 模块框架

图 7-17 给出了优化求解模块的框图。

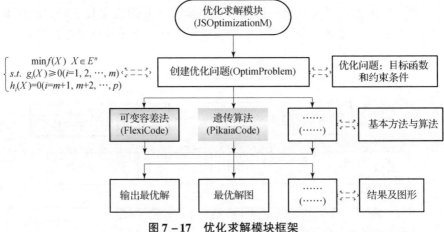

图 7-17 优化求解模块框架

3. 案例

案例 1：解析函数求最优解

带约束的非线性问题（函数）为

极小化：$f[x] = 1000 - x_1^2 - 2x_2^2 - x_3^2 - x_1 x_2 - x_1 x_3$

约束条件：$h_1[x] = x_1^2 + x_2^2 + x_3^2 - 25 = 0$

$h_2[x] = 8x_1 + 14x_2 + 7x_3 - 56 = 0$

$x_i \geq 0$，$i = 1, 2, 3$

此函数采用可变容差求解结果如下：

目标函数值：$f^*(x) = 0.961715 \times 10^3$

自变量值：$x_1^* = 3.52935 \times 10$，$x_2^* = 0.215656$，$x_3^* = 3.53515 \times 10$

约束条件（值）：$h_1[x] = 0.10303 \times 10^{-3}$，$h_2[x] = 0.28248 \times 10^{-4}$

容许误差准则值：$\phi(x) = 0.874538 \times 10^{-4}$

案例 2：解析函数求最优解

带约束的非线性问题（函数）如下。

极小化：$f[x] = x_1^2 + x_2^2 + 2x_3^2 + x_4^2 - 5x_1 - 5x_2 - 21x_3 + 7x_4$

约束条件：$g_1[x] = x_1^2 + x_2^2 + x_3^2 + x_4^2 + x_1 - x_2 + x_3 - x_4 - 8 \leqslant 0$

$g_2[x] = x_1^2 + 2x_2^2 + x_3^2 + 2x_4^2 - x_1 - x_4 - 10 \leqslant 0$

$g_3[x] = 2x_1^2 + x_2^2 + x_3^2 + 2x_1 - x_2 - x_4 - 5 \leqslant 0$

最终优化结果，当收敛标准为 1×10^{-5} 时，有

目标函数值：$f^*(x) = -0.439998 \times 10^2$

自变量值：$x_1^* = 0.450094 \times 10^{-3}$，$x_2^* = 0.100010 \times 10$，$x_3^* = 0.199968 \times 10$，$x_4^* = -0.100027 \times 10$

容许误差准则值：$\phi(x) = 0.542253 \times 10^{-5}$

7.2.8 遗传算法优化模块

1. 模块功能

遗传算法是模拟达尔文生物进化论的自然选择和遗传学机理的生物进化过程的计算模型，是一种通过模拟自然进化过程随机搜索最优解的方法。遗传算法的主要特点：①直接对结构对象进行操作，不存在求导和函数连续性的限定；②具有内在的并行性和更好的全局寻优能力；③采用概率化的寻优方法，不需要确定的规则就能自动获取和指导优化的搜索空间，自适应地调整搜索方向。该算法是一种全局最优的求解方法，适应于多峰问题的求优解。

2. 模块框架

图 7-18 给出了遗传算法求解流程。

3. 案例

案例 1：单峰高维解析函数

该函数是一个单峰函数，其形式为 $f(X;D) = e^{(\frac{-r^2}{\sigma^2})}$。其中，$D$ 为维数（这里 $D=2$）；$\sigma^2 = 0.15$，$r^2 = \sum_{i=1}^{D}(x_i - 0.5)^2$。函数图像如图 7-19 所示。从图可以看出，函数在中心位置达到最大。

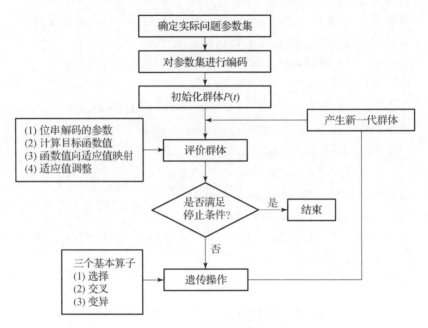

图 7-18 遗传算法求解流程

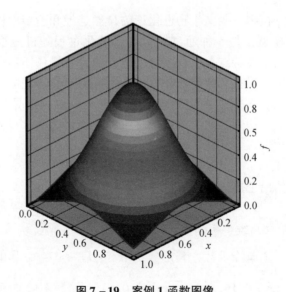

图 7-19 案例 1 函数图像

第7章 软件及应用案例

转为优化问题为

$$\max_{X \in D} f(X;D) = e^{(\frac{-r^2}{\sigma^2})}, \sigma^2 = 0.15, r^2 = \sum_{i=1}^{D}(x_i - 0.5)^2, 约束条件：x_i \in [0,1]$$

计算结果：$x_1 = x_2 = 0.5$，$f = 1.0$。这个解与理论是一致的。

案例 2：电路板多个平台峰函数

该函数是一个平台峰函数，其形式为 $f(X;D) = \frac{1}{D}\sum_{i=1}^{D}\frac{\text{int}(10x_i - \epsilon)}{9}$，$D$ 为维数（这里 $D = 2$）；$\epsilon = 10^{-6}$。函数图像如图 7 - 20 所示。

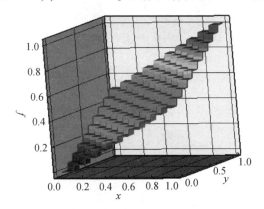

图 7 - 20　案例 2 函数图像

计算结果：$x_1 = 0.9139401$，$x_2 = 0.9459901$，函数值 $f = 1.0$（理论 $x_i \geq 0.9$，$f = 1.0$）。

案例 3：宝塔型多峰函数

该函数是一个多峰函数，其形式为 $f(X;D) = \cos^2(9\pi r)e^{(\frac{-r^2}{\sigma^2})}$，$D$ 为维数（这里 $D = 2$）；$\sigma^2 = 0.15$，$r^2 = \sum_{i=1}^{D}(x_i - 0.5)^2$。函数图像如图 7 - 21 所示。

计算结果：$x_1 = x_2 = 0.5$，$f = 1.0$。与理论一致。

案例 4：双峰函数

该函数是一个双峰函数，其形式为 $f(X;D) = A_1 e^{(\frac{-r_1^2}{\sigma_1^2})} + A_2 e^{(\frac{-r_2^2}{\sigma_2^2})}$，$D$ 为维数（这里 $D = 2$）；$\sigma_1^2 = 0.15$，$\sigma_2^2 = 0.005$，$r_1^2 = \sum_{i=1}^{D}(x_i - 0.5)^2$，$r_2^2 = \sum_{i=1}^{D}(x_i - 0.2)^2$，$A_1 = 0.7$，$A_2 = 1 - 0.7e^{(\frac{-r_1^2}{\sigma_1^2})}$。函数图像如图 7 - 22 所示。

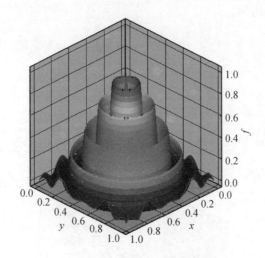

图 7-21 案例 3 函数图像

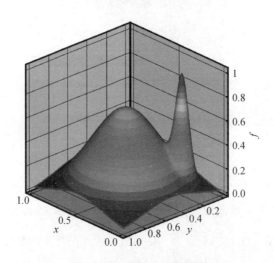

图 7-22 案例 4 函数图像

计算结果：$x_1 = x_2 = 0.2$，$f = 1.0$。与理论分析一致。

案例 5：狭长而平坦的峡谷函数

该函数是位于一个狭长而平坦的峡谷内。一个单峰函数，其形式为 $f(x_1, x_2) = (1-x_1)^2 + 100(x_2 - x_1^2)^2$，其中 $x_1, x_2 \in [-2, 2]$。函数图像如图 7-23 所示。

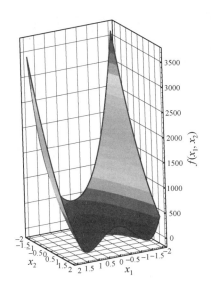

图 7-23 案例 5 函数图像

计算结果：$x_1 = 0.0003$，$x_2 = 0.99989$，$f = 100.977$。与理论分析基本一致。

7.3 软件功能及应用案例

7.3.1 基于试验数据参数标定的模型确认

基于试验数据参数标定是将试验测试数据作为目标，将基于数值模拟建立的代理模型与试验数据之间的残差作为优化函数，在待定参数不确定性范围的约束下，求解优化问题，快速找出数值仿真软件或物理模型能再现试验结果的参数，以达到模型确认的目的。图 7-24 给出了基于试验标定的实施过程，该软件可以基于点数据、时域数据等对模拟进行标定或开展模型修正。

建立目标函数是参数标定问题的重要过程，该目标函数是描述理论模型特性与实验模型特性相关程度的一个表达式，由理论模型参数组成，表示了试验模型与理论模型之间的误差，一般参数标定或模型修正都归结为目标函数的最小化问题。其具体功能如下：

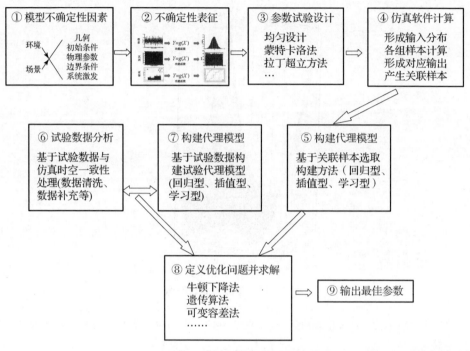

图 7-24 基于试验数据的参数标定

（1）基于流体试验测试的流体特征值的表征数据和等价数值模拟结果，对其模型参数进行标定，达到模型确认的目的，如升力系数的试验数据标定其中的模型参数。

（2）基于流体试验测试的流体特征的演化表征过程数据和等价数值模拟结果，对其模型参数进行标定，达到模型确认的目的，如炸药爆轰圆筒试验管壁自由面飞散速度和位置随时间演变的过程。

（3）针对试验不确定度可以通过参数标定，给出预测型参数的不确定度范围。做法是在试验不确定度范围内遍历其范围，通过多套标定，给出参数的范围。下面给出实际案例。

炸药圆筒试验是将被研究炸药放入等壁厚的紫铜质圆筒中，从圆筒的一端将其引爆，利用高速转镜式扫描相机记录筒壁在爆轰产物驱动下的膨胀过程。圆筒试验装置及示意图如图 7-25 所示，采用狭缝扫描和 VISAR 联合测试方法，炸药尺寸为 $\phi25.0mm \times 305mm$；圆筒内径 $\phi25.0mm$，壁厚 2.5mm，材料为紫铜。狭缝扫描采用平行光后照明技术，狭缝位置距离起爆端 200mm。图 7-26 是针对 PBX9502 炸药 $\phi25.0mm$ 圆筒试验结果，给出了距起爆端 200mm 狭缝处，筒壁在爆轰产物驱动下的膨胀过程，径向壁位置与径向壁速度随时间的演化过程，这个输出响应量是随时间演变的动态数据。

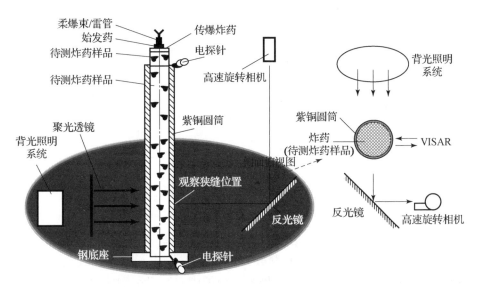

图 7-25 圆筒试验装置及示意图

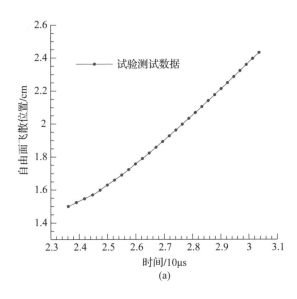

(a)

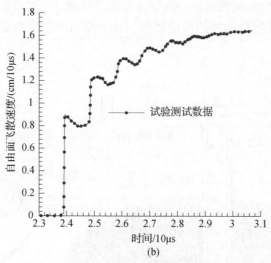

图7-26 PBX9502炸药 ϕ25mm 圆筒试验结果

基于上述试验数据，爆轰产物采用 JWL 状态方程，反应率采用 Wilkins 函数唯象模型。金属材料紫铜理想塑性模型（EP 本构模型）及状态方程参数，数值模拟人工黏性模型。模型中对结果影响比较显著的参数如表7-7所示。

表7-7 爆轰弹塑性流体力学模型中待确定的关键参数

序号	参数	参数分布	参数不确定性范围
1	Para01 PBX9502 密度	正态分布： $\rho(x) = \dfrac{1}{\sqrt{2\pi}\sigma} e^{-\dfrac{(x-\mu)^2}{2\sigma^2}}$	$N(\mu,\sigma^2) = N(1.849, 2.5\times10^{-3})$
2	Para02 JWL - R_1	区间分布：$[a,b]$	$[4.1, 11.0]$
3	Para03 JWL - R_2	区间分布：$[a,b]$	$[1.0, 4.0]$
4	Para04 JWL - w	区间分布：$[a,b]$	$[0.2, 0.5]$
5	Para05 Wilkins 函数系数 - n_b	区间分布：$[a,b]$	$[1.0, 1.3]$

续表

序号	参数	参数分布	参数不确定性范围
6	Para06 Wilkins 函数系数 $-\overline{r}_b$	区间分布:$[a,b]$	$[2.0,2.3]$
7	Para07 二次黏性系数 $-a_{NR}$	区间分布:$[a,b]$	$[1.0,2.0]$
8	Para08 一次(线性)黏性系数 a_L	区间分布:$[a,b]$	$[0.04,1.0]$
9	Para09 Cu 的密度	正态分布: $\rho(x)=\dfrac{1}{\sqrt{2\pi}\sigma}e^{-\frac{(x-\mu)^2}{2\sigma^2}}$	$N(\mu,\sigma^2)=N(8.93,1.6\times10^{-3})$
10	Para10 剪切模量(GPa)	区间分布:$[a,b]$	$[45.9,46.9]$
11	Para11 屈服强度(MPa)	区间分布:$[a,b]$	$[0.108,0.132]$
12	Para12 Grunneisen 系数 γ_0	区间分布:$[a,b]$	$[1.85210,2.26368]$
13	Para13 状态方程系数	区间分布:$[a,b]$	$[8.1621,9.9759]$
14	Para14 材料物性参数 C_0	区间分布:$[a,b]$	$[3.5091,4.2889]$
15	Para15 二次黏性系数 a_{NR}	区间分布:$[a,b]$	$[1.35,1.65]$
16	Para16 一次(线性) 黏性系数 a_L	区间分布:$[a,b]$	$[0.09,0.11]$

(1) 大多待定参数是不能通过试验直接测量的。以铜的格林艾森系数 γ_0 为例,仿真中主要是依据文献和先验认知确定,数学上用区间描述 $\gamma_0\in[1.8521,2.26368]$,即 γ_0 可以取区间内的任意值。

(2) 参数范围或满足分布有的是基于试验给定的,大部分是凭专家经验给定的。

（3）通过圆筒试验数据对其模型中的16个参数进行标定。

根据本书基本方法，基于FORTRAN95语言环境，自主研制参数标定软件（CPUCode.f90）。图7-27给出了参数标定软件框图，涉及两个读入

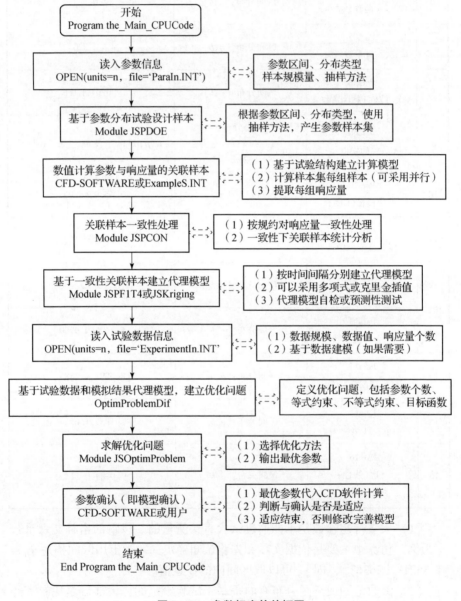

图7-27 参数标定软件框图

文件（ParaIn. INT、ExperimentIn. INT）、一个计算流体力学软件（CFD - SOFTWARE）或读入关联样本数据文件（ExampleS. INT）、4 个功能模块（Module JSPDOE、Module JSPCON、Module JSPF1T4 或 JSKriging、Module JSOptimProblem）、用户定义问题。

建立计算模型。图 7 - 28 给出了计算模型的示意图。采用 LHS 产生了 20 组有效样本，代入自主开发的二维爆轰弹塑性拉氏自适应流体动力学软件，对圆筒试验进行了模拟。

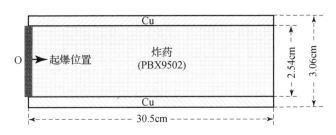

图 7 - 28 圆筒试验结构示意图及计算模型

图 7 - 29 是 20 组距起爆端 200mm 狭缝处，筒壁在爆轰产物驱动下的膨胀过程，径向壁位置与径向壁速度随时间的演化过程。

（1）输出响应量样本时间方向的一致性预处理。基于参数标定的目标函数随时间演变的间隔（如试验数据），将数值模拟输出响应量匹配到该时间间隔上，可以采用插值方法，如简单局部插值、样条插值等。例如，圆筒试验中径向壁速度试验给出了 4001 个时刻，数值模拟给出了 2500 个时刻，这时以试验时刻为基准，将数值模拟结果插值到基准时刻。经过预处理后，就得到随时间演变的 4001 套关联样本。

（2）将每个时间点看成一个静态数据，建立代理模型。这样针对圆筒试验的数值模拟数据，沿时间方向就建立了 4001 个代理模型。假设采用二次多项式，即

$$\bar{V}_{t_i}(\xi_1,\xi_2,\cdots,\xi_{16}) = \beta_{0,t_i} + \sum_{j=1}^{16}\beta_{j,t_i}\xi_i + \sum_{j=1}^{16}\beta_{jj,t_i}\xi_i^2 + \sum_{j=1}^{15}\sum_{k=j+1}^{16}\beta_{jk,t_i}\xi_j\xi_k$$

式中：t_i 为时间离散时刻，$i = 1,2,\cdots,4001$。

基于圆筒试验数据，假设试验数据为 $V_{t_i}^{\text{Experiment}}$，于是可建立优化问题：

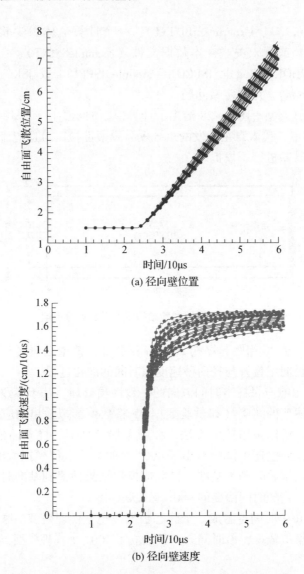

图 7-29　20 组样本爆轰弹塑性流体力学软件模拟结果

$$\begin{cases} \min\left[\sum_{t_i}^{T_{\max}}\left(\dfrac{\bar{V}_{t_i}(\xi_1,\xi_2,\cdots,\xi_{\mathrm{NM\_Para}})-V_{t_i}^{\mathrm{Experiment}}}{V_{t_i}^{\mathrm{Experiment}}}\right)^2\right]\\ \mathrm{s.\,t.}\ \xi_i\in[\xi_i^a,\xi_i^b],i=1,2,\cdots,\mathrm{NM\_para}\end{cases}$$

式中：$T_{\max}$ 为时间方向离散点上界；NM_Para 为考虑参数的个数。

对优化问题采用优化求解算法（如可变容差法）求解，就可得到参数的最佳值，表 7-8 给出了求解得到的参数最佳值。

表 7-8　基于试验数据的代理模型推断的 16 个参数的最佳值

炸药（PBX9502）							
密度	R_1	R_2	w	n_b	$\mu = \dfrac{\rho}{\rho_0} - 1$	a_{NR}	a_L
1.8490	10.8757	2.7602	0.4905	1.0382	2.0602	1.9174	0.7781
紫铜（T2-Cu）							
密度	剪切模量	屈服强度	GM0	Rok	Dc0	a_{NR}	a_L
8.9275	46.0812	0.1282	2.0961	9.2435	3.5949	1.5437	0.1096

注：优化问题求解也可采用其他求解算法。

得到模型参数后，将其参数代入 CFD 确定性软件再精确计算一次，如果结果满足要求，即认为该参数为最佳参数。否则，增加此样本重新建立代理模型，依次循环，直到满足需求，图 7-30 所示为圆筒试验标定结果。从结果可以看出，基本满足要求。

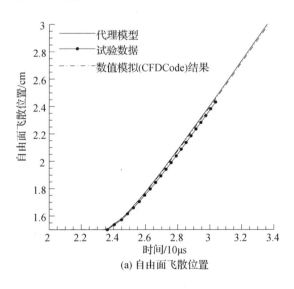

(a) 自由面飞散位置

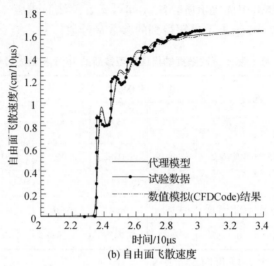

(b) 自由面飞散速度

图 7-30 最佳参数精准模拟、代理模型与试验数据的对比

7.3.2 基于代理模型的不确定度传播量化

在 CFD 中的模型不确定性参数、模型形式和逼近方法三类不确定性中，模型参数的不确定性是最为普遍和最为关注的。基于代理模型的不确定度传播量化主要是由于 CFD 问题模拟过程复杂、耗时，要遍历因素或参数空间，几乎不可能。该软件的能力是基于少量样本，首先通过 CFD 模拟软件产生关联样本，基于关联样本建立响应面模型（代理模型）；其次通过代理模型遍历参数空间，产生大量样本；最后通过统计分析，量化其不确定度。

基于代理模型遍历参数空间是不确定度传播量化的重要过程，该过程需要代理模型定性是合理的，这就需要建立比较准确的代理模型。在此前提下，可以将代理模型遍历结果和抽样计算精确结果耦合，开展统计分析。其具体功能如下：

（1）基于代理模型的遍历样本集，可以开展参数敏感性分析。

（2）基于代理模型遍历样本集与抽样计算精确结果耦合，可以建立更好的代理模型。

（3）基于代理模型的遍历样本集，可以很好地量化参数不确定度的传播。

（4）好的代理模型，可以替代复杂模型过程，填补不能模拟的缺陷。

第7章 软件及应用案例

根据基本方法，基于 FORTRAN95 语言环境，自主研制不确定度传播量化软件。图 7-31 给出了不确定度传播量化软件框图，涉及读入参数文件（ParaIn. INT）、一个计算流体力学软件（CFD-SOFTWARE）或读入关联样本数据文件（ExampleS. INT）、三个功能模块（Module JSPDOE、Module JSPF1T4 或 JSKriging、Module JStatisticAnalysis）。

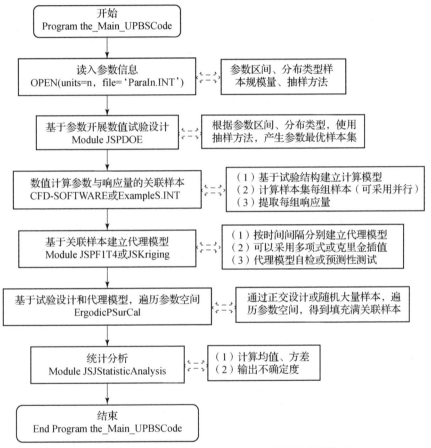

图 7-31 基于代理模型的不确定度传播量化软件框图

7.3.3 基于克里金算法的机器学习模型优化及参数标定

面向复杂工程数值模拟软件的确认，基于克里金插值算法，采用 FORTRAN 90 语言，自主研发了一款多参数寻优、参数标定软件——KrigingMLCode。这里给出了程序简介，介绍了 KrigingMLCode 在标准测试函数算例的验证，以及基于爆轰试验对爆轰流体力学参数标定的典型算例确认，验

345

证和确认了 KrigingMLCode 的可行性和有效性。

7.3.4 基于实验数据的模型修正与确认

在 CFD 的不同领域，针对某些极端物理过程，建立了很多表征其行为的唯象模型。随着实验技术的不断提高，对其模型修正具有重要意义。这里以含应变变化的材料弹塑性本构模型为例。

（1）SG 模型。在 SG 模型中，屈服应力为

$$\sigma_y = \sigma_0'\left[1 + b'pV^{\frac{1}{3}} - h(T - T_0)\right]e^{\frac{fE}{E_m - E}} \quad (7-2)$$

$$\sigma_0' = \sigma_0[1 + \beta(\gamma_i + \varepsilon_p)]^n \quad (7-3)$$

$$\sigma_0 = \min(\sigma_0', \sigma_{\max}) \quad (7-4)$$

如果进一步考虑应变率效应，则式（7-3）变为

$$\sigma_0' = \sigma_0\left[1 + d\ln\left(\frac{\dot{\varepsilon}_p}{\dot{\varepsilon}_0}\right)\right] \times [1 + \beta(\gamma_i + \varepsilon_p)]^n \quad (7-5)$$

在属于低压、低温范畴的一维应力实验，即霍普金森压杆（SHPB/SHTB）实验中，压力和熔化的影响可以忽略。因此，取压力硬化系数 $b' = 0$，并且令熔化影响系数 $f = 0$。从而可以将带应变率效应的 SG 模型变成

$$\sigma_y = \sigma_0[1 + \beta(\gamma_i + \varepsilon_p)]^n \times \left[1 + d\ln\left(\frac{\dot{\varepsilon}_p}{\dot{\varepsilon}_0}\right)\right] \times [1 - h(T - T_0)] \quad (7-6)$$

式中：第一项 $[1 + \beta(\gamma_i + \varepsilon_p)]^n$ 为应变硬化；第二项 $\left[1 + d\ln\left(\frac{\dot{\varepsilon}_p}{\dot{\varepsilon}_0}\right)\right]$ 为应变率硬化；第三项 $[1 - h(T - T_0)]$ 为温度软化；σ_0 为初始屈服应力；β 为应变硬化系数；γ_i 为初始塑性应变，一般 $\gamma_i \approx 0$；n 为应变硬化指数；d 为应变率强化系数；ε_p 为塑性应变；$\dot{\varepsilon}_p$ 为塑性应变率；$\dot{\varepsilon}_0$ 为参考应变率（由实验给出，一般取 $0.1S^{-1}$）；h 为温度软化系数；T 为温度；T_0 为参考初始温度，一般取 300K。对某合金而言，σ_0、β、n、d、h 5 个参数，需要通过实验来确定。

（2）JC 模型。JC 模型同样表示为三项的乘积，分别反映了应变硬化、应变率硬化和温度软化，JC 模型中，屈服应力为

$$\sigma_y = (A + B\varepsilon_p^n)(1 + C\ln\dot{\bar{\varepsilon}})(1 - T^{*m}) \quad (7-7)$$

$$\dot{\bar{\varepsilon}} = \frac{\dot{\varepsilon}_p}{\dot{\varepsilon}_0} \quad (7-8)$$

$$T^* = \frac{T - T_0}{T_m - T_0} \quad (7-9)$$

式中：A、B、n、C、m 5个参数，需要通过实验来确定。A 为材料的静态屈服应力；B 为屈服应力的应变硬化项；n 为应变硬化指数；C 为应变率硬化系数；T 为无量纲温度；T_0 为室温；T_m 为材料熔点。

为了更加适应金属大变形、高应变率和高温环境，将式（7-7）JC 本构模型改进为

$$\sigma_y = \left\{A + B\left[1 - \exp\left(-\frac{\varepsilon_p}{\varepsilon_{p0}}\right)\right]\right\} \times \left[1 + C\ln\left(\frac{\dot{\varepsilon}_p}{\dot{\varepsilon}_0}\right)\right] \times \left[1 - h(T - T_0)\right]$$

(7-10)

式中：A、B、ε_{p0}、C、h 5个参数，需要通过实验来确定。A 为材料的静态屈服应力；B 为屈服应力的应变硬化项；ε_{p0} 为特征塑性应变；n 为应变硬化系数；C 为应变率硬化系数；h 为温度软化系数；T 为无量纲温度；T_0 为室温；T_m 为材料熔点。

分离式 Hopkinson 压杆（Split Hopkinson Pressure Bar，SHPB）实验是从经典 SHPB 实验基础之上发展而来的技术，用来测量材料的动态应力-应变行为。该实验技术的理论基础是一维应力波理论，通过测量两根压杆上的应变来推导试件上的应力-应变关系。SHPB 装置示意图如图 7-32 所示。利用 SHPB 实验，针对合金材料表 7-9 中的 6 种 ε_p 和 T 情况，开展了实验，得到了屈服应力 σ_y 随塑性应变 ε_p 的变化数据。图 7-33 给出了 6 种情况变化的曲线。

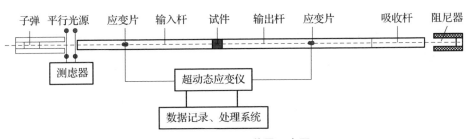

图 7-32 SHPB 装置示意图

表 7-9 ε_p 和 T 的 6 种实验情况

实验代号	情况1	情况2	情况3	情况4	情况5	情况6
ε_p/Mbar	1050	4500	2360	2460	2800	3400
T/K	298	298	300	350	450	550

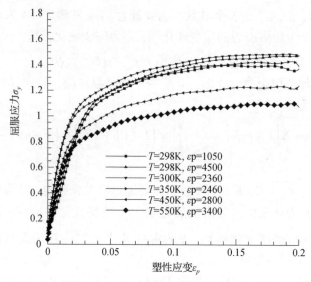

图 7-33 6 种情况下的试验数据

基于图 7-33 中 6 种情况实验数据，采用机器学习方法，分别建立了表征其实验数据的模型。其过程如图 7-34 所示。

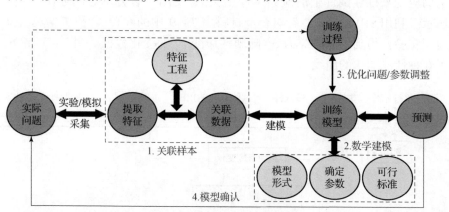

图 7-34 基于数据的机器学习

第一步（关联样本）：将实验测试的屈服应力 σ_y 随塑性应变 ε_p 的变化数据作为关联样本（输入数据）。

第二步（数学建模）：从屈服应力 σ_y 随塑性应变 ε_p 变化曲线，选择多项式回归模型。针对每种情况，采用最小二乘法，建立数学模型，即模型训练。

第三步（优化问题/参数调整）：针对每种情况下构建的数学模型，通过残差收敛可行性标准，不断进行模型训练，得到满足要求的模型参数及形式。

第四步（模型确认）：再次将参数和模型形式用于计算，使其达到确认标准。

采用一元高次多项式对其试验数据进行了学习，从机器学习得到的模型形式几乎是 $L=12$ 的高次多项式，得到试验数据的模型。其形式为

$$\sigma_y^{\text{Experiment}}(\varepsilon_p) = \sum_{i=0}^{L} \beta_i \varepsilon_p^i \tag{7-11}$$

机器学习最大的优点是可以处理复杂过程和大数据，为此，借鉴 SG 模型和 JC 模型的思想，仍采用应变硬化、应变率硬化和温度软化三项的乘积，建立模型：

$$\sigma_y = \left\{ A + B \left[\left[1 - \exp\left(-\frac{\varepsilon_p}{\varepsilon_{p0}} \right) \right] + \varepsilon_p^n \right] \right\} \times \left[1 + c \ln\left(\frac{\dot{\varepsilon}_p}{\dot{\varepsilon}_0} \right) \right] \times \left[1 - h(T - T_0) \right] \tag{7-12}$$

式中：A、B、n、C、h、ε_{p0} 6 个参数，需要通过实验来确定。

本构模型形式精度分析和参数是基于实验测试数据确定的。首先是将实验数据作为优化目标，参数分布作为约束条件，建立优化问题。其次通过求解优化问题，得到参数最佳值。最后将最佳参数代入本构模型计算，与实验数据比较，分析误差，评估模型的好坏，达到确认模型的目的。

根据实验数据的机器学习结果，建立优化问题：

$$\left\{ \min \left[\sum_{\text{NM}_i=1}^{\text{NM}_{\max}} \left(\frac{\sigma_y^{\text{mode}}(\xi_1, \xi_2, \cdots, \xi_{\text{N\_Para}}, \varepsilon_{p,\text{NM}_i}) - \sigma_y^{\text{Experiment}}(\varepsilon_{p,\text{NM}_i})}{\sigma_y^{\text{Experiment}}(\varepsilon_{p,\text{NM}_i})} \right)^2 \right] \atop \text{s.t.} \xi_i \in [\xi_i^a, \xi_i^b], i=1,2,\cdots,\text{N\_para} \right. \tag{7-13}$$

式中：$\text{NM}_{\max}$ 为试验测点总数；N_Para 为考虑试验标定参数个数。

式（7-13）采用了可变容差方法对其求解。可变容差法（Flexible Tolerance Method）是把多个约束的求极小值问题变为一个单约束求极小值问题。

（1）SG 模型。式（7-6）SG 模型有 σ_0、β、n、d、h 5 个参数，凭先验经验，5 个参数取值范围如表 7-10 所示。

将式（7-10）SG 模型和试验数据代入式（7-13），通过求解优化问题，得到最佳参数，表 7-11 给出了最佳参数值。图 7-35 是 SG 本构模型计算结果与实验的对比。

表 7-10 参数取值范围

参数	σ_0/GPa	β	n	d	h/K^{-1}
范围	[0.1,1.0]	[10,3000]	[0.02,0.6]	[0.005,0.5]	[1.0×10^{-6}, 1.0×10^{-2}]

表 7-11 参数最佳值

参数	σ_0/GPa	β	n	d	h/K^{-1}
范围	0.152727	0.128314×10^4	0.421138	0.0112504	0.925158×10^{-3}

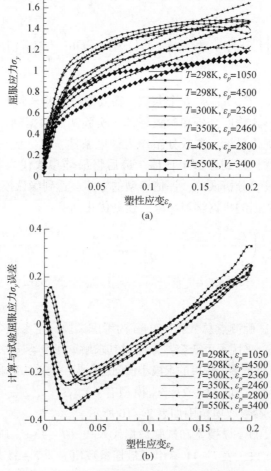

图 7-35 SG 本构模型计算结果与实验的对比

(2) JC 模型。式（7-7）JC 模型有 A、B、n、C、m 5 个参数，凭先验经验，5 个参数范围如表 7-12 所示。

表 7-12　参数取值范围

参数	A/GPa	B	n	C	m
范围	[0.1,1.0]	[0.005,1.0]	[0.01,0.6]	[0.005,0.5]	[0.5,1.25]

将式（7-8）JC 模型和试验数据代入式（7-13），通过求解优化问题，得到最佳参数，表 7-13 给出了最佳参数值。图 7-36 是 JC 本构模型计算结果与实验的对比。

表 7-13　参数最佳值

参数	A/GPa	B	n	C	m
范围	0.100000	1.000000	0.462801	0.221544	0.882285

(3) 改进 JC 模型。式（7-10）改进 JC 模型有 A、B、ε_{p0}、C、h 5 个参数，凭经验 5 个参数范围如表 7-14 所示。

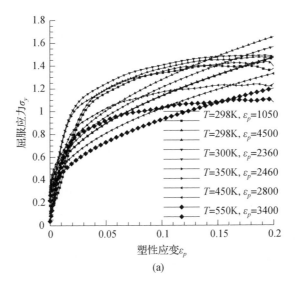

(a)

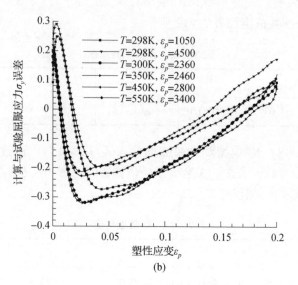

(b)

图 7-36 JC 本构模型计算结果与实验的对比

表 7-14 参数取值范围

参数	A/GPa	B	ε_{p0}	C	h
范围	[0.1, 1.0]	[0.005, 1.0]	[0.015, 0.1]	[0.005, 0.5]	$[1.0\times10^{-6}, 1.0\times10^{-2}]$

将式（7-10）JC 模型和试验数据代入式（7-13），通过求解优化问题，得到最佳参数，表 7-15 给出了最佳参数值。图 7-37 是改进 JC 本构模型计算结果与实验的对比。

表 7-15 参数最佳值

参数	A/GPa	B	ε_{p0}	C	h
范围	0.1	1.0	0.0280309	0.0382192	0.937103×10^{-3}

（4）新模型。式（7-12）新模型有 A、B、n、C、h、ε_{p0} 6 个参数，凭经验，参数取值范围如表 7-16 所示。

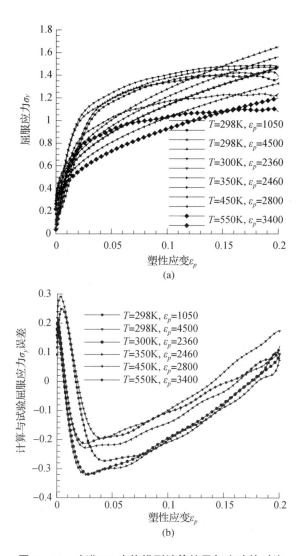

图 7-37 改进 JC 本构模型计算结果与实验的对比

表 7-16 参数取值范围

参数	A/GPa	B	n	C	h	ε_{p0}
范围	[0.1, 1.0]	[0.005, 1.0]	[0.01, 0.6]	[0.005, 0.5]	[$1.0 \times 10^{-6}, 1.0 \times 10^{-2}$]	[0.015, 0.1]

将式 (7-12) 新模型和试验数据代入式 (7-13),通过求解优化问题,得到最佳参数,表 7-17 给出了最佳参数值。图 7-38 是新本构模型计算结果与实验的对比。

表 7-17 参数最佳值

参数	A/GPa	B	n	C	h	ε_{p0}
范围	0.1	0.973883	0.6	0.005	0.870922×10^{-3}	0.0227064×10^{-1}

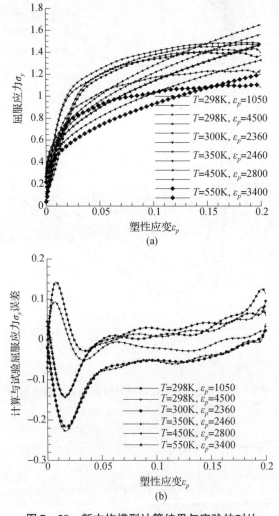

图 7-38 新本构模型计算结果与实验的对比

图 7-39 给出了 6 次实验各模型的平均误差，可以看出模型的精度。从图 7-38～图 7-39 可以看出，SG 模型和 JC 模型误差基本一致，而改进的 JC 模型和新组合模型比 SG 模型和 JC 模型明显提高了精度。SG 模型和 JC 模型与试验的绝对误差约 30%，而改进的 JC 模型和新组合模型大部分在 10% 之内。

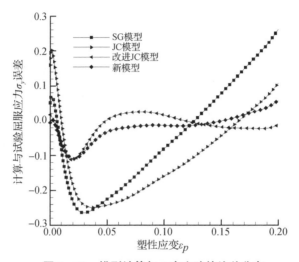

图 7-39　模型计算与 6 次实验的均差分布

参考文献

[1] 王瑞利,江松. 多物理耦合非线性偏微分方程与数值解不确定度量化数学方法[J]. 中国科学:数学,2015,45(6):723-738.

[2] 汤涛,周涛. 不确定性量化的高精度数值方法和理论[J]. 中国科学:数学,2015,45(7):891-928.

[3] 王瑞利,袁国兴,林忠. 科学计算程序的验证与确认[J]. 北京理工大学学报,2010,30(3):353-357.

[4] 张涵信,查俊. 关于CFD验证确认中的不确定度和真值估算[J]. 空气动力学学报,2010,28(1):39-45.

[5] 邓小刚,宗文刚,张来平,等. 计算流体力学中的验证与确认[J]. 力学进展,2007,37(2):279-288.

[6] BAI W, LI L, LI Z M, et al. CFD V&V and Open Benchmark Database [J]. Chinese Journal of Aeronautics, 2006, 19(2):160-167.

[7] 王瑞利,梁霄. 爆轰数值模拟中物理模型分层确认实验研究[J]. 中国测试,2016,42(10):13-20.

[8] 王瑞利,温万治. 复杂工程建模与模拟的验证与确认[J]. 计算机辅助工程,2014,23(4):61-68.

[9] 王瑞利,刘全,刘希强,等. 人为解方法及其在流体力学程序验证中的应用[J]. 计算机应用与软件,2012,29(11):4-7.

[10] 王瑞利,梁霄. 基于误差马尾图量化爆轰数值模拟结果的置信度[J]. 爆炸与冲击,2017,37(6):893-900.

[11] 王瑞利,刘全,温万治. 非嵌入式多项式混沌法在爆轰产物JWL参数评估中的应用[J]. 爆炸与冲击,2015,35(1):9-15.

[12] 王瑞利,梁霄,喻强. 流体力学仿真软件可信度评估与预测能力[J]. 计算机辅助工程,2017,26(6):1-8.

[13] LIANG X, WANG R L. Verification and validation of detonation modeling [J]. Defence Technology, 2019, 15(3):398-408.

[14] WANG R L, LIANG X, LIN W Z. Verification and validation of a detonation computational fluid

dynamics model [J]. Defect and Diffusion Forum, 2016, 366: 40 - 46.

[15] ZHANG J, YIN J P, WANG R L. Model calibration for detonation products: A physics - informed, time - dependent surrogate method based on machine learning [J]. International Journal for Uncertainty Quantification, 2020, 10 (3): 277 - 296.

[16] 胡星志. 活跃子空间降维不确定性设计优化方法及应用研究 [D]. 长沙: 国防科学技术大学, 2016.

[17] 王瑞利, 胡星志, 王朔. 建模与模拟中验证和确认及不确定度量化关键方法 [J]. 数学建模及其应用, 2021, 10 (2): 1 - 16.

[18] 梁霄, 王瑞利. 基于非嵌入多项式混沌的爆轰不确定度量化 [J]. 计算力学学报, 2019, 36 (5): 672 - 677.

[19] LIANG X, WANG R, GHANEM R. Uncertainty quantification of detonation through adapted polynomial chaos [J]. International Journal for Uncertainty Quantification, 2020, 10 (1): 83 - 100.

[20] 梁霄, 陈江涛, 王瑞利. 高维参数不确定爆轰的不确定度量化 [J]. 兵工学报, 2020, 41 (4): 692 - 701.

[21] 梁霄, 王瑞利. 基于自适应和投影 Wiener 混沌的圆筒实验不确定度量化 [J]. 爆炸与冲击, 2019, 39 (4): 041408 - 1 - 041408 - 12.

[22] 王子才, 张冰. 仿真系统的校核、验证与验收 (VV&A): 现状与未来 [J]. 系统仿真学报, 1999, 11 (5): 321 - 325, 340.

[23] 王子才. 关于仿真理论的探讨 [J]. 系统仿真学报, 2000, 12 (6): 604 - 608.

[24] 杨明, 张冰, 马萍, 等. 仿真系统 VV&A 发展的五大关键问题 [J]. 系统仿真学报, 2003, 15 (11): 1506 - 1508, 1513.

[25] ROACHE P J. Verirication and validation in computational science and engineering [M]. Albuquerque NM: Hermosa Publishers, 1998.

[26] OBERKAMPF W J, ROY C J. Verification and validation in scientific computing [M]. New York: Published in the United States of America by Cambridge University Press, 2010.

[27] ROACHE P J, CHIA K N, WHITE F M. Editorial policy statement on the control of numerical accuracy [J]. ASME J. Fluids Engineer, 1986, 108 (1): 2.

[28] SALARI K, KNUPP P. Code verification by the method of manufactured solutions [R]. SAND2000 - 1444, 2000.

[29] TRUCANO T G, PILCH M, Oberkampf W L. On the role of code comparisons in verification and Validation [R]. SAND2003 - 2752, 2003.

[30] ROACHE P J. Quantification of uncertainty in computational fluid dynamics [J]. Annu al Review of Fluid Mechanics, 1997, 29: 123 - 160.

[31] ROACHE P J. Verification of codes and calculations [J]. AIAA Journal, 1998, 36 (5): 696 - 702.

[32] ROACHE P J. Perspective: A method for uniform reporting of grid refinement studies [J]. Journal of Fluids Engineering, 1994, 116 (3): 405 - 413.

[33] KNIO O M, LE MARTRE O P. Uncertainty propagation in CFD using polynomial chaos decomposition [J]. Fluid Dynamics Research, 2006, 38 (9): 616 - 640.

[34] CELIK I, ZHANG W M. Calculation of numerical uncertainty using Richardson extrapolation: Application to some simple turbulent flow calculations [J]. Journal of Fluids Engineering, Transactions of the ASME, 1995, 117 (3): 439 – 445.

[35] ROACHE P J. Need for control of numerical accuracy [J]. Journal of Spacecraft and Rockets, 1990, 27 (2): 98 – 102.

[36] BENEK J A, KRAFT E M, LAUER R F. Validation issues for engine – airframe integration [J]. AIAA Journal, 1998, 36 (5): 759 – 764.

[37] OBERKAMPF W L, BLOTTNER F G, AESCHLIMAN D P. Methodology for computational fluid dynamics: Code verification/validation [C] //Proceedings of the 26th AIAA Fluid Dynamics Conference. San Diego: AIAA95 – 2226, 1995: 19 – 22.

[38] OBERKAMPF W L, BLOTTNER F G. Issues in computational fluid dynamics: Code verification and Validation [J]. AIAA Journal, 1998, 36 (5): 687 – 695.

[39] ROY C J. Grid convergence error analysis for mixed – order numerical schemes [J]. AIAA Journal, 2003, 41 (4): 595 – 604.

[40] ROY C J. Review of code and solution verification procedures for computational simulation [J]. Journal of Computational Physics, 2005, 205 (1): 131 – 156.

[41] 康顺, 石磊, 戴丽萍, 等. CFD 模拟的误差分析及网格收敛性研究 [J]. 工程热物理学报, 2010, 31 (12): 2009 – 2013.

[42] 郑晓静. 风沙运动中的若干力学问题研究 [J]. 中国科学基金, 2006, 20 (5): 285 – 287, 292.

[43] 杨振虎. CFD 程序验证的虚构解方法及其边界精度匹配问题 [J]. 航空计算技术, 2007, 37 (6): 5 – 9.

[44] 杨振虎, 白文, 高福安. 虚构解方法程序验证 [J]. 航空计算技术, 2005, 35 (2): 17 – 19.

[45] 吴晓燕, 许素红, 刘兴堂. 仿真系统 VV&A 标准/规范研究的现状与军事需求分析 [J]. 系统仿真学报, 2003, 15 (8): 1081 – 1084.

[46] 吴晓燕, 赵敏荣, 刘兴堂, 等. 仿真系统可信度评估及模型验证方法研究 [J]. 计算机仿真, 2002, 19 (3): 25 – 27.

[47] 廖瑛, 邓方林, 梁加红, 等. 系统建模与仿真的校核、验证与确认（VV&A）技术 [M]. 长沙: 国防科技大学出版社, 2006.

[48] 刘斌. 软件验证与确认 [M]. 北京: 国防工业出版社, 2011.

[49] 王维平, 朱一凡, 华雪倩, 等. 仿真模型有效性确认与验证 [M]. 长沙: 国防科技大学出版社, 1998.

[50] 王鹏, 修东滨. 不确定性量化导论 [M]. 北京: 科学出版社, 2019.

[51] WU B S. An overview of verification and validation methodology for CFD simulation of ship hydrodynamics [J]. Journal of Ship Mechanics, 2011, 15 (6): 577 – 591.

[52] 张宏涛, 赵宇飞, 李晨峰, 等. 基于多项式混沌展开的边坡稳定可靠性分析 [J]. 岩土工程学报, 2010, 32 (8): 1253 – 1259.

[53] 皮霆, 张云清, 吴景铼. 基于多项式混沌方法的柔性多体系统不确定性分析 [J]. 中国机械工程, 2011, 22 (19): 2341 – 2343, 2348.

[54] 张保强,陈国平,郭勤涛.模型确认热传导挑战问题求解的贝叶斯方法[J].航空学报,2011,32(7):1202-1209.

[55] 张保强,陈国平,郭勤涛.结构动力学模型确认问题的核密度估计方法[J].机械工程学报,2011,47(17):29-36,43.

[56] 赵炜,陈江涛,肖维,等.国家数值风洞工程(NNW)验证与确认系统关键技术研究进展[J].空气动力学学报,2020,38(6):1165-1172.

[57] 刘兴堂,刘力,孙文.仿真系统VV&A及其标准/规范研究[J].计算机仿真,2006,23(3):61-66.

[58] RIZZI J V. Toward establishing credibility in computational fluid dynamics simulations[J]. AIAA Journal,1998,36(5):668-675.

[59] 夏强,万力,王旭升,等.UCODE反演程序的原理及应用[J].地学前缘,2010,17(6):147-151.